"十二五"职业教育国家规划教材
经全国职业教育教材审定委员会审定

高等职业院校教学改革创新示范教材·计算机系列规划教材

计算机组装与维护情境实训（第2版）

褚建立　主　编

柴旭光　王海宾　陈晓纪　副主编

電子工業出版社
Publishing House of Electronics Industry
北京·BEIJING

内 容 简 介

本书主要介绍如何识别、选购计算机硬件系统各配件，组装和拆卸计算机硬件系统，对 BIOS 进行基本设置，对硬盘分区及格式化，安装操作系统及硬件驱动程序，备份与恢复操作系统，搭建虚拟系统实用平台，使用常见工具软件，对计算机硬件系统进行日常维护，排除计算机硬件设备故障，维护计算机外设，选购平板电脑及笔记本电脑。全书以实际操作为主，辅以相应的理论知识，内容新颖，讲解深入浅出，图文并茂，层次清楚，非常适用于当前基于学习情境模式的教学。

本书适合作为高职、大专院校计算机专业的教材和各种计算机维护培训班的培训资料，同时也是广大计算机爱好者和用户的必备参考书，具有很高的实用价值。为便于教学，本书提供配套的电子课件等资源，请登录华信教育资源网（www.hxedu.com.cn）免费下载。

图书在版编目（CIP）数据

计算机组装与维护情境实训/褚建立主编. —2 版. —北京：电子工业出版社，2014.9
高等职业院校教学改革创新示范教材・计算机系列规划教材
“十二五”职业教育国家规划教材

ISBN 978-7-121-24162-8

Ⅰ. ①计…　Ⅱ. ①褚…　Ⅲ. ①电子计算机－组装－高等职业教育－教材②计算机维护－高等职业教育－教材　Ⅳ. ①TP30

中国版本图书馆 CIP 数据核字（2014）第 195920 号

策划编辑：左　雅
责任编辑：左　雅　　特约编辑：朱英兰
印　　刷：三河市双峰印刷装订有限公司
装　　订：三河市双峰印刷装订有限公司
出版发行：电子工业出版社
　　　　　北京市海淀区万寿路 173 信箱　邮编　100036
开　　本：787×1 092　1/16　印张：19.75　字数：506 千字
版　　次：2009 年 2 月第 1 版
　　　　　2014 年 9 月第 2 版
印　　次：2018 年 5 月第 7 次印刷
定　　价：40.00 元

凡所购买电子工业出版社图书有缺损问题，请向购买书店调换。若书店售缺，请与本社发行部联系，联系及邮购电话：（010）88254888，88258888。
质量投诉请发邮件至 zlts@phei.com.cn，盗版侵权举报请发邮件至 dbqq@phei.com.cn。
本书咨询联系方式：（010）88254580　zuoya@phei.com.cn。

前　言

随着计算机技术及互联网技术的迅猛发展，计算机已经走进了千家万户。随着计算机用户的急剧增加及应用范围的不断扩大，如何更好地选购一台计算机，并且保证计算机在日常使用过程中高效、稳定地运行，是每一个计算机用户必须面对的问题。因此，为了让计算机用户熟练掌握计算机及各个部件的选购技巧，并且学会运用一些常用工具软件排除碰到的一些常见的软、硬件故障，我们编写了《计算机组装与维护情景实训》一书。

自 21 世纪以来，针对品牌机用户的不断增多及计算机形式的多元化，本教材加入了平板电脑、笔记本电脑的主流配置、选购策略及日常维护等内容。在硬件方面，新增内容包括目前流行的固态硬盘、一体机电脑、触摸屏和无线网络设备，并详细讲解了小型无线局域网的组建过程。在软件方面，新增内容包括 EFI BIOS 的原理与设置、虚拟平台的搭建与设置、虚拟平台下安装操作系统与维护、Windows 7 系统的安装与维护。

随着高职教育理念的不断发展，高职教育提倡“以实践为基础，以行动能力为导向”的教学模式。为此，我们集合多年计算机维护工作的经验和教学实践，收集目前最新的各种软、硬件技术，融合新的教学理念和教学模式，将全书的结构划分为 5 个大的学习情境，25 个实训任务，真正体现了基于工作过程与行动导向的教学目标。5 个学习情境主要有：

学习情境 1：主要完成计算机系统的认知、主要硬件的选购等工作任务。

学习情境 2：主要完成对计算机硬件系统的组装与拆卸、对 BIOS 进行基本设置等工作任务。

学习情境 3：主要完成对硬盘的分区及格式化、操作系统及硬件驱动程序的安装、操作系统的备份与恢复、虚拟系统实验平台的搭建与维护、常用工具软件的使用等工作任务。

学习情境 4：主要完成对计算机硬件系统的日常维护、计算机硬件设备故障处理、计算机外设维护等工作任务。

学习情境 5：主要完成对平板电脑及笔记本电脑的认知与选购等工作任务。

本书教学理念先进，内容新颖，而且能和前沿最新计算机技术接轨，讲解深入浅出，图文并茂，层次清晰，理论联系实际，尤其是实训任务中步骤详细，按照实训步骤操作完全可以完成任务。通过对本书的学习，学生将对计算机软、硬件系统有一个全面的了解。同时能掌握计算机常用部件的选购策略、组装技巧、软件系统的安装与调试、常见工具软件的使用方法、计算机的日常维护、系统常见故障的检测与排除等方面的技能。全书篇幅合理，以实际操作为基础，辅助以相应的理论知识，既有利于教学，又非常适合自学。

由于计算机硬件更新速度快，此外，因编写时间仓促，限于作者的业务素质和技术水平及实际经验有限，在书中难免有疏忽、遗漏和错误，恳请读者提出宝贵意见和建议，以便今后改进和修正。作者 E-mail 地址为 397310619@qq.com。

本书适合作为各大高校计算机及相关专业教材及微型计算机维护培训班的培训资料，同时也是广大微型计算机爱好者和微型计算机用户从事计算机使用与维护的必备资料，具有较高的实用价值。

全书由邢台职业技术学院褚建立负责统稿并任主编，柴旭光、王海宾、陈晓纪任副主编。本书的任务 1、2、3、4、5 由褚建立编写，任务 6、7、8 由刘京中编写，任务 9、10 由乔丽平编写，任务 11、12、13、15 由高欢编写，任务 16、17、18、21 由柴旭光编写，任务 19、24、25 由王海宾编写，任务 20 由张小志编写，任务 14、22、23 由陈晓纪编写。在本书的编写过程中得到了河北时代、河北宜和友联、邢台光正等公司的支持，在此一并表示深深的感谢。

编　者

目录
CONTENTS

学习情境1

认知计算机系统

计算机是由主板、CPU、内存、硬盘、光驱、显示卡、机箱、声卡等各种硬件组成的，为了了解各个部件的工作原理、技术参数、选购技巧，下面通过11个任务的学习来认识各个部件及掌握选购的常识。

任务1

认识计算机硬件设备

知识目标

- 理解计算机的系统构成；
- 熟悉计算机硬件系统组成；
- 熟悉计算机软件系统组成。

技能目标

- 能够正确识别计算机各组成部件；
- 能够记住计算机各部件的标准名称。

1.1 任务描述

开启一台计算机，观察计算机的运行过程，分析计算机系统的构成；观察一台完整的计算机的主机和外部设备，了解计算机各部件的名称、作用、外观及特点。

1.2 相关知识

1.2.1 初识计算机

自世界上第一台计算机 ENIAC 于 1946 年在美国问世以来，计算机的发展大约每隔 5 年运算速度就会提高 10 倍，可靠性提高 10 倍，而成本降低 10 倍，体积缩小为十分之一。下面介绍几种计算机的类型。

1. 台式计算机

台式计算机，顾名思义是指放置在桌子上的微型计算机，这就是最常见的计算机，在本教材中主要讨论的就是台式计算机。

1974 年 12 月，美国 MITS 公司发布了世界上第一台商用个人计算机 Altair8800，该计算机使用 8080 处理器，外形像一台打字机，如图 1.1 所示。1981 年，美国 IBM 公司首次将 8088 微处理器用于 IBM PC 机中，如图 1.2 所示，从此开创了微机时代。

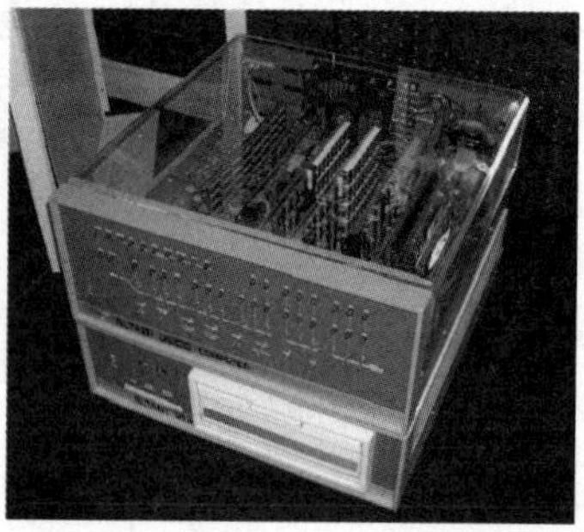

图 1.1 MITS 公司 Altair8800 计算机

图 1.2 IBM PC 计算机

微型计算机（Micro Computer）简称微机，也称为个人计算机（Personal Computer）、PC 或电脑，是电子计算机技术发展到第 4 代的产物。微机的诞生引起了电子计算机领域的一场革命，大大扩展了计算机的应用领域。微机的出现，打破了计算机的神秘感和计算机只能由少数专业人员使用的局面，使得每个普通人都能方便地使用，从而使计算机成为人们日常生活和工作的工具。

目前，在中国生产销售台式计算机的厂商品牌主要有：联想（Lenovo）、戴尔（Dell）、清华同方（THTF）、海尔（Haier）、苹果（Apple）、惠普（HP）、华硕（ASUS）、神舟（HASEE）、宏碁（ACER）等。如图 1.3 所示为一款 Dell 台式计算机，如图 1.4 所示为一款联想台式计算机。

图 1.3 Dell 台式计算机

图 1.4 联想台式计算机

2. 计算机一体机

计算机一体机是目前台式机和笔记本电脑之间的一个新型的市场产物，它将主机部分和显示器部分整合到一起。随着无线技术的发展，计算机一体机的键盘、鼠标与显示器可实现无线连接，机器只有一根电源线。

对于计算机一体机，不同的厂商有不同的叫法，分别有 AllInOne、AIO 计算机、或是屏式计算机。如图 1.5 所示为一款苹果一体机，如图 1.6 所示为一款联想一体机。

图 1.5　苹果一体机

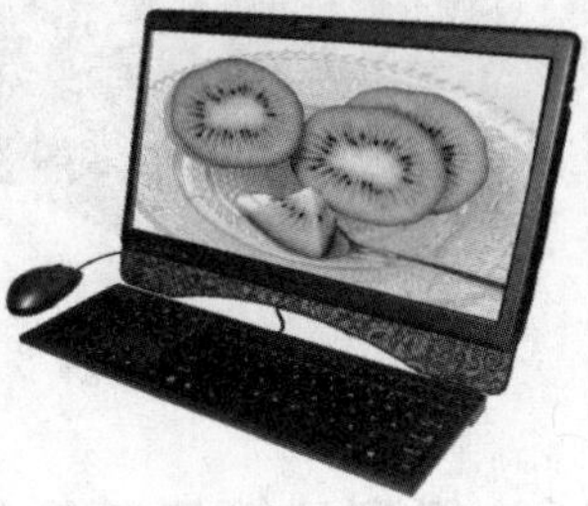

图 1.6　联想一体机

目前，市场上计算机一体机品牌有苹果、惠普、索尼、神舟、三星、联想、戴尔、方正、华硕、明基等。产品和品牌的丰富让用户有了更多的选择余地。

3. 便携式微机

便携式微机又称笔记本电脑，它把主机、键盘、显示器等部件组装在一起，体积只有手提包大小，并能用蓄电池供电，可以随身携带，如图 1.7 所示。

图 1.7　笔记本电脑

便携式微机目前只有原装机，用户无法自己组装。相对而言，价格较高、硬件的扩充和维修都比较困难。

上网本（Netbook）就是轻便和低配置的笔记本电脑，具备上网、收发邮件及即时信息（IM）等功能，并可以实现流畅播放流媒体和音乐。上网本比较强调便携性，多用于在出差、旅游甚至公共交通上的移动上网。

4. 服务器

服务器是一种高档计算机，主要用于网络服务。服务器是高档次、高质量的计算机，它的配置要比一般计算机高得多，价格也比普通计算机贵得多。根据存放位置不同，服务器可分为塔式、机架式和刀片式三种，如图 1.8、图 1.9 和图 1.10 所示。

图 1.9　机架式服务器

图 1.8　塔式服务器

图 1.10　刀片式服务器

1.2.2　微型计算机系统的组成

1. 计算机系统概述

一个完整的计算机系统是由硬件系统和软件系统两部分组成的，如图 1.11 所示。

- 计算机系统
  - 硬件系统
    - 主机
      - 微处理器
        - 控制器
        - 运算器
      - 内存储器
    - 外部设备
      - 外存储器
      - 输入设备
      - 输出设备
  - 软件系统
    - 系统软件
      - 操作系统
      - 语言处理系统
      - 服务性程序
    - 应用软件
      - 套装软件
      - 应用软件包
      - 用户程序

图 1.11　计算机系统的组成

（1）硬件系统。硬件系统是指构成计算机系统的物理实体，主要由各种电子部件和机电装置组成。硬件系统的基本功能是接受计算机程序，并在程序的控制下完成数据输入、数据处理和输出结果等任务。

（2）软件系统。软件系统是指为计算机运行提供服务的各种计算机程序和全部技术资料。软件系统的任务是保证计算机硬件的功能得以充分发挥，并为用户提供一个直观、方便的工作环境。

（3）二者关系。计算机硬件是构成计算机系统的物质基础，而计算机软件是计算机系统的灵魂，二者相辅相成，缺一不可。

2. 计算机硬件系统组成

目前所使用的各种型号的计算机均属于冯·诺依曼结构计算机，由控制器、运算器、存储器、输入设备和输出设备五大部分组成。

在计算机内部，有两种信息在流动，如图 1.12 所示。一种是数据信息，即各种原始数据、中间结果、程序等，这些要由输入设备输入至运算器，再存于存储器中。在运算处理过程中，数据从存储器读入运算器进行运算，运算的结果要存入存储器中，或最后由运算器经输出设备输出。另一种为控制信息，即用户给计算机的各种命令（程序）以数据的形式由存储器送入控制器，由控制器经过译码后变为各种控制信号，由控制器控制输入装置的启动或停止，控制器、运算器按规定一步步地进行各种运算和处理，控制存储器的读或写，控制输出设备的输出结果。

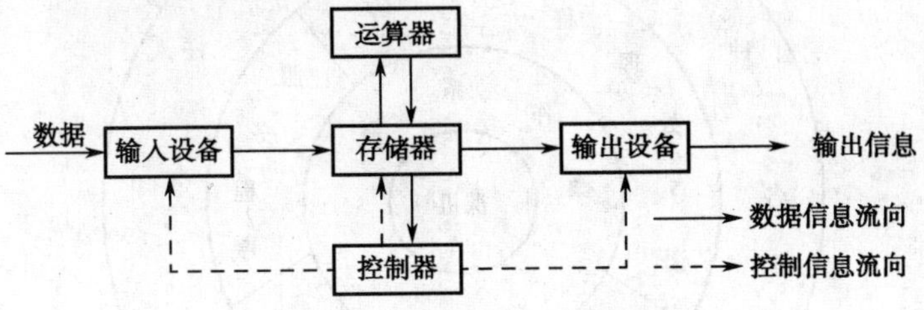

图 1.12　硬件系统中的两种信息流

（1）控制器。控制器是整个计算机的指挥中心，由它从存储器取出程序中的控制信息，经过分析后，按照要求给其他部分发出控制信号，使各部分能够协调一致地工作。

（2）运算器。运算器是一个“信息加工厂”，大量数据的运算和处理工作就是在运算器中完成的。其中的运算主要包括基本算术运算和基本逻辑运算。

（3）存储器。存储器是计算机中用来存放程序和数据的地方，并根据指令要求提供给有关部件使用。计算机中的存储器实际上是指由主存储器（内存）、辅助存储器（外存）和高速缓冲存储器组成的存储器系统。三者按存取速度、存储容量和价格的优劣组成层次结构，以适应 CPU 越来越高的速度要求。它们之间交换数据的层次如图 1.13 所示。

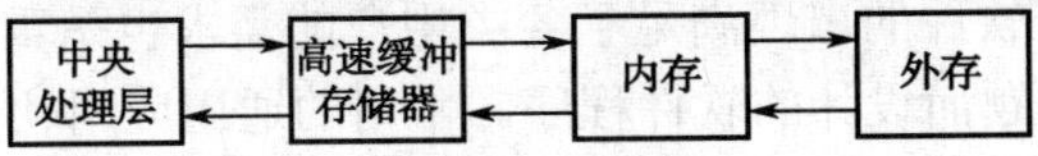

图 1.13　存储器系统层次结构

（4）输入设备。输入设备的主要作用是把程序和数据等信息转换成计算机所能识别的编码，并按顺序送往内存。常见的输入设备有键盘、鼠标、扫描仪、数码相机、摄像机、卡片输入机等。

（5）输出设备。输出设备的主要作用是把计算机处理的数据、计算结果（或中间过程）等内部信息按人们要求的形式输出。常见的输出设备主要有显示器、打印机、绘图仪等。通常把输入设备和输出设备合称为 I/O（输入/输出）设备。

在计算机系统中，输入和输出设备通称为计算机的外部设备。近几年来，随着多媒体技术的迅速发展，各种类型的音频、视频设备都已列入了计算机外部设备的范围之内。

3. 微型计算机的软件系统

软件系统是计算机运行的各种程序、数据及相关的各种技术资料（文档）的总称。计算机系统是在硬件“裸机”的基础上，通过一层层软件的支持，向用户提供一套功能强大、操作方便的系统。通常，计算机软件按其层次不同可分为系统软件和应用软件。

（1）系统软件。系统软件是计算机设计者或厂商提供的使用和管理计算机的软件，通常包括操作系统、语言处理系统、数据库管理系统、各种服务程序及网络系统等。

操作系统（Operating System，OS）是对计算机全部软、硬件资源进行控制和管理的大型程序，是直接运行在裸机上的最基本的系统软件，如图 1.14 所示。其他软件必须在操作系统的支持下才能运行，它是软件系统的核心。操作系统可按其运行环境及管理用户的数量等进行分类。

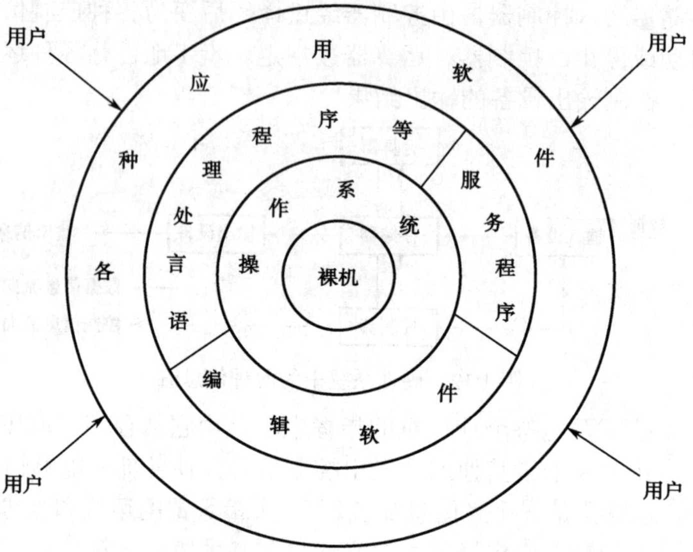

图 1.14　操作系统与软硬件及用户的关系

目前，计算机中常用的操作系统包括 DOS 操作系统、Windows 系列操作系统、UNIX 操作系统、Linux 操作系统、MAC 操作系统等。

（2）应用软件。微机之所以能迅速普及，除了因硬件性能不断提高、价格不断降低之外，大量实用的应用软件的出现满足了各类用户的需求也是重要原因之一。应用软件是为了解决各类实际问题而设计的软件程序。常用的通用应用软件主要有以下几种。

① 文字处理软件，如 WPS、Word、PageMaker 等。

② 电子表格软件，如 Excel、Supercalc、Lotus1-2-3。

③ 绘图软件，如 AutoCAD、3DS、Protel 等。

④ 多媒体课件制作软件，如 PowerPoint、Authorware、Flash 等。

⑤ 网络通信软件，如 Outlook、Foxmail 等。

除了以上的通用应用软件外，还有针对各行各业开发的商业软件，如办公自动化软件、各种信息管理系统等。

1.3　任务实施

1.3.1　认识计算机

步骤 1：整体认识计算机。

一台完整的台式计算机，主要由主机、显示器、键盘、鼠标和一些其他的外部设备组成，如图 1.15 所示。

图 1.15　从外部看到的台式计算机

（1）微型计算机的主体——主机。主机是微型计算机的运算和指挥中心，从外观上看，也就是计算机的主机箱，主机箱内部主要由电源、主板、CPU、内部存储器及各种电源线和信号线组成，这些部件都封装在主机箱内部。从结构上看，主机箱内部还安装有硬盘、光盘驱动器等外部存储设备，以及显示卡、声卡，还可安装网卡、FAX 卡、内置调制解调器、股票接收卡等数据通信设备和外部输出设备卡等。

主机箱一般由特殊的金属材料和塑料面板制成，通常分为立式和卧式两种。颜色、形状各异，有防尘、防静电、抗干扰等作用。

主机箱前面板（如图 1.16 所示）上一般有：光盘驱动器的光盘托盘伸缩口，从此处可以放入和取出光盘片；表示主机工作状态的指示灯和控制开关，分别用于开、关主机和显示其工作状态，例如，电源开关、Reset 复位开关、电源指示灯、硬盘工作状态指示灯等；机箱前置 USB 和音频接口。目前，许多机箱前面板上提供了 USB 接口和音频接口，需要用机箱提供的 USB 线连接到主板上的前置 USB 接口上。

主机箱背面板（如图 1.17 所示）上一般由一些插座、接口组成，它们分别用于主机和外部设备的连接，主要有电源插口、散热风扇排风口、键盘接口、用来连接视频设备的视频接口、用于连接打印机的并行端口、用于连接鼠标或调制解调器等设备的串行接口，以及其他多媒体功能板卡的接口等。

图 1.16　机箱前面板

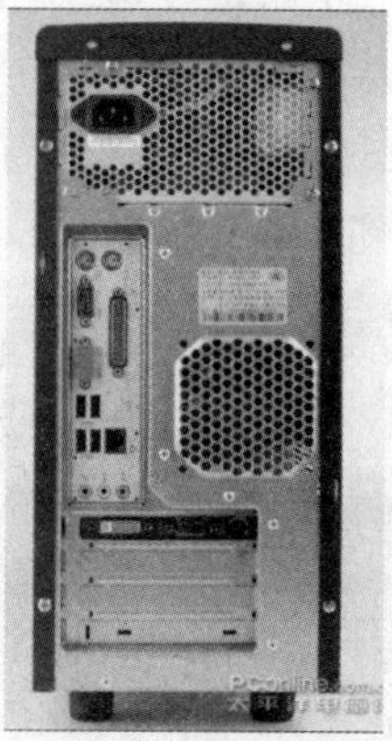

图 1.17　机箱背面板

（2）键盘和鼠标。键盘和鼠标是现代微型计算机中最主要的输入设备，计算机所需要处理的程序、数据和各种操作命令都是通过它们输入的。如图 1.18 所示为一套键盘和鼠标。

图 1.18　键盘和鼠标

（3）显示器和打印机。显示器（如图 1.19 所示为一款 LCD（液晶显示器）和打印机（如图 1.20 所示）是微型计算机常用的输出设备。它们的主要功能就是将计算机的计算结果（包括中间结果和最终结果）显示在显示器上或通过打印机打印在纸上，以便用户查看计算结果或长期保存结果。另外，显示器和打印机还可以显示或打印用户通过计算机编辑的程序文件、文本文件，以及各种图形信息等内容。

图 1.19　液晶显示器

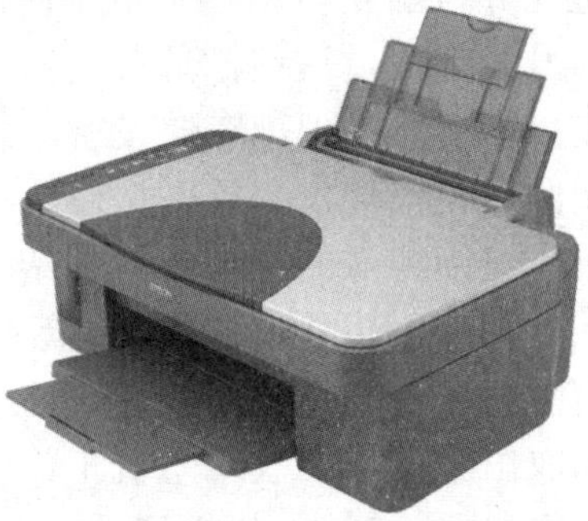

图 1.20　打印机

步骤 2：认识主机箱内各部件。

打开计算机主机箱的侧面板，可以清楚地看到主机箱内的各个部件，如图 1.21 所示。主机箱内部一般安装有电源盒、主机板（包含 CPU 和内存）、硬盘驱动器（简称硬盘）、光盘驱动器（简称光驱或 CD-ROM）、显示卡，以及其他数据通信、多媒体功能板卡（比如网卡、传真卡、声卡、视频卡）等。

（1）主板。主机板又称为系统主板，简称为主板，是一块多层印刷电路板，是计算机主机内的主要部件，CPU（中央处理器）、内存条、显卡、声卡等均要插接在主板上，光盘驱动器、硬盘则通过线缆与其相连，机箱背后的键盘接口、鼠标接口、打印机接口、显示器接口、网卡等也大多是由它引出的，如图 1.22 所示。

图 1.21　主机箱内部结构

图 1.22　主板

（2）CPU。CPU（中央处理器）也叫微处理器，是整个微型计算机运算和控制的核心部件。CPU 在很大程度上决定了计算机的基本性能。现在市场上的 CPU 主要以 Intel 和 AMD 公司生产的为主，平时所说的速龙 II、酷睿 i7/5/3 等指的就是 CPU。如图 1.23 所示为 Intel 的 Intel 酷睿 i7 CPU，如图 1.24 所示为 AMD 速龙 II CPU。

图 1.23　Intel CPU

图 1.24　AMD CPU

（3）内部存储器。内部存储器简称内存，是微型计算机的数据存储中心，主要用来存储程序及等待处理的数据，可与 CPU 直接交换数据。它由大规模半导体集成电路芯片组成，其特点是存储速度快，但容量有限，不能长期保存所有数据。内存条插在主板的内存插槽中，一个内存条上安装有多个 RAM 芯片。现在市场上内存的单条容量有 1GB、2GB、4GB、8GB 等规格，目前的计算机一般都配置了 2GB 以上（主流为 4GB）的内存。如图 1.25 所示为常见的内存条。

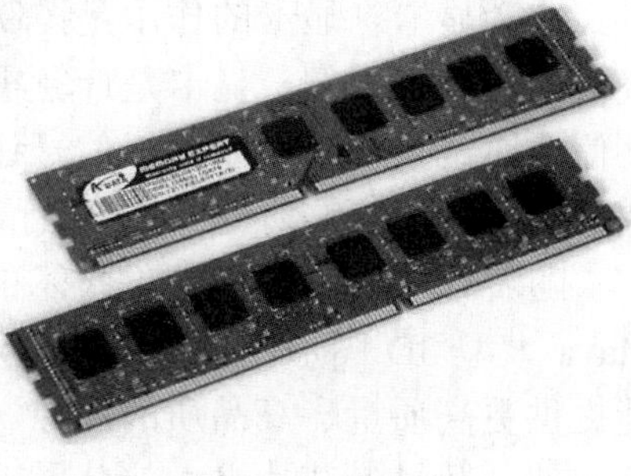

图 1.25　内存条

（4）光驱。光驱也是微机系统中重要的外存设备。从最早的只读型光盘驱动器（CD-ROM）发展到数字只读光盘驱动器（DVD-ROM）、光盘刻录机（CD-RW）、DVD 光盘刻录机（DVD-RW，如图 1.26 所示），以及集成 CD/DVD 读取与 CD-R/RW 刻录于一体的康宝（Combo，如图 1.27 所示）等类型光驱。

图 1.26　DVD 刻录机

图 1.27　Combo 光驱

（5）硬盘。硬盘驱动器，简称硬盘（Hard Disk），是计算机中广泛使用的外部存储器，硬盘的存储介质是若干刚性磁盘片，硬盘由此得名。目前市场上的硬盘几乎都是 3.5 英寸产品，其外观如图 1.28 所示。硬盘作为主要的外部存储设备，随着其设计技术的不断更新，不断朝着容量更大、体积更小、速度更快、性能更可靠、价格更便宜的方向发展。目前主流硬盘大小为 1TB、2TB。

（6）电源。电源也称电源供应器（Power Supply），它提供计算机中所有部件所需要的电能，如图 1.29 所示。电源功率的大小、电流和电压是否稳定直接影响着计算机的使用寿命，电源问题常导致系统不稳定、无法启动甚至烧毁计算机配件。计算机电源是安装在主机箱内的封闭式独立部件，它的作用是将交流电变换为±5V、±12V、±3.3V 等不同电压、稳定可靠的直流电，供给主机箱内的主板、各种适配器和扩展卡等系统部件和键盘鼠标等使用。

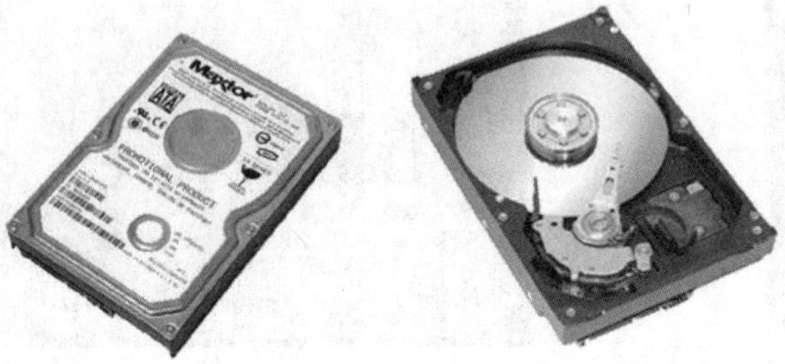

图 1.28　硬盘的外观和内部结构

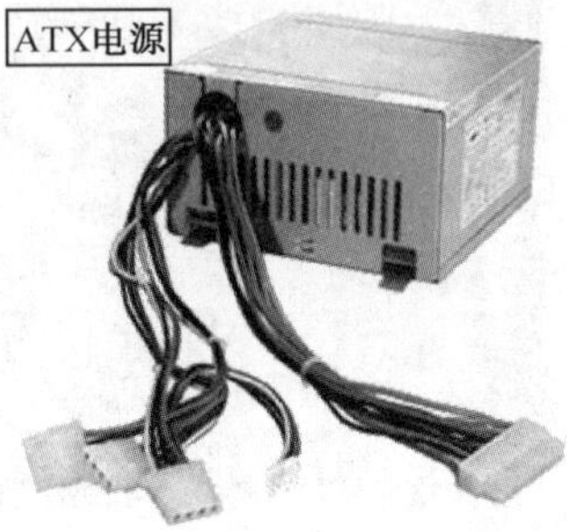

图 1.29　ATX 电源

（7）显卡。显卡的作用是控制显示器上的每一个点的亮度和颜色，使显示器描绘出我们想看到的图像。显卡是计算机中进行数模信号转换的设备，也就是将计算机中的数字信号通过显卡转换成模拟信号让显示器显示出来。目前市场上高性能的显卡还具有图像处理能力，能够协同 CPU 进行部分图片的处理，提高整机的运行速度。

随着计算机技术和图像技术的发展，特别是目前广泛应用的 Windows 操作系统、Maya 大型 3D 图形图像处理软件及 3D 游戏等，都需要高性能显卡的支持，保证计算机能提供更高质量、高品质的图像。显卡的品牌很多，各个厂商的产品种类也很多，但其核心部分及显卡芯片组大部分采用 nVIDIA、AMD、Intel 公司的产品。如图 1.30 所示为一款七彩虹镭风 3870-GD4 显卡的外观。

（8）声卡。声卡的作用包括声音和音乐的回放、声音特效处理、网络电话、MIDI 的制作、语音识别和合成等。声卡已成为多媒体计算机不可缺少的部分。

声卡分为独立的单声卡和集成在主板上的板载声卡两种。而板载声卡一般又分为板载软声卡和板载硬声卡。一般板载软声卡没有主处理芯片，只有一个 CODEC 解码芯片，通过 CPU 的运算来代替声卡主处理芯片的作用。如图 1.31 所示为一款独立声卡的外观。

（9）网卡。网卡又称网络接口卡、网络适配器，安装在主板扩展槽中。随着网络技术的飞速发展，出现了许多种不同类型的网卡，目前主流的网卡主要有 10/100Mb/s 自适应网卡、100Mb/s 网卡、10/100/1000Mb/s 自适应网卡等几种。如图 1.32 所示为一款 10/100/1000Mb/s 自适应网卡。

图 1.30　显卡

图 1.31　声卡

图 1.32　网卡

目前，计算机主板大都已经集成了显卡、声卡、网卡，这些集成的板卡的性能一般，不能满足需要时可以另外再配置单独的显卡、声卡或网卡。

1.3.2 启动和关闭计算机

1. 计算机启动

使用计算机的第一步就是要启动计算机，也就是通常所说的开机。计算机启动一般分为以下几种。

（1）冷启动。冷启动是指计算机在没有加电的状态下初始加电，一般原则是，先开外设电源，后开主机电源，因为主机的运行需要非常稳定的电源，为了防止外设启动引起电源波动影响主机运行，应该先把外设电源接通，同时应避免主机启动后，在同一电源线上再启动其他电器设备，如电视，冰箱，空调等家电设备。而关机时正好相反，应该在关闭计算机程序后，先关主机后关外设，这样可以防止外设电源断开一瞬间产生的电压感应冲击对主机造成意外伤害。

（2）热启动。计算机在 DOS 状态下运行时，同时按 Ctrl+Alt+Delete 组合键，计算机会重新启动，这种启动方式是在不断电状态下进行计算机的程序启动，所以也叫做热启动。

但是在 Windows 窗口下不能进行如此方式的启动，这样硬盘会由于来不及保存数据造成再启动的不正常，甚至引起硬盘的损坏，对于熟练计算机操作的用户经常在程序停止响应后，通过这个组合键来调出任务管理器以查看程序执行列表，从而强行关闭停止响应的程序，对于死机的情况会在不得已的情况下采用连续两次敲击三键产生热启动，当然重启动后系统会立即对硬盘进行检测和修复，大多情况下都会正常修复。

（3）复位启动。复位启动，指在计算机停止响应后（死机），甚至连键盘都不能响应时采用的一种热启动方式，一般在主机面板上都有一个复位按钮开关，轻轻按一下即可，计算机会重新加载硬盘等所有硬件及系统的各种软件，当然它的威胁不亚于热启动。

2. 计算机关闭

（1）正常关机。正常的关机方法有：

- 鼠标单击“开始→关闭系统→关闭计算机→是”按钮，然后再依次关闭显示器→电源开关→其他外设开关→关闭总电源开关。
- 按菜单键用光标键选择“关机”命令即可。

（2）强行关机。计算机有时死机后就连复位开关都无可奈何的时候，我们就只有强行关机了，方法有两种：一种是新增按住主电源开关 5 秒钟左右，电源会自动关闭，当然主机会突然停止所有工作；另一种是直接拔掉电源线。

计算机非正常关机后，下一次启动系统通常会默认进入安全模式，这时我们需要重新启动计算机，才能正常进入系统。有时，我们在安装某些程序时，系统也会提示我们重启后才能正常启动。重新启动的方法是：单击“开始→关闭系统→重新启动计算机→是”按钮，只需等待即可。

习　　题

一、选择题

1．下列系统软件中，属于操作系统的软件是（　　）。

A．Windows 7/8　　B．Word 2010　　C．WPS　　D．Office 2010

2．执行应用程序时，和 CPU 直接交换信息的部件是（　　）。

A．软盘　　B．硬盘　　C．内存　　D．光盘

3．下列设备中既属于输入设备又属于输出设备的是（　　）。

A．硬盘　　B．显示器　　C．打印机　　D．键盘

4．微型计算机的核心部件是（　　）。

A．控制器　　B．存储器　　C．运算器　　D．CPU

5．我们使用计算机时，通常关机的顺序与开机的顺序正好相反，即（　　）。

A．先关闭打印机的电源，再关闭显示器的电源，最后关闭主机的电源

B．先关闭显示器的电源，再关闭主机的电源

C．先关闭显示器的电源，再关闭打印机的电源，最后关闭主机的电源

D．先关闭主机电源，再依次关闭外围设备的电源

二、填空题

1．计算机系统通常由________和________两大部分组成。

2．计算机软件系统分为________和________两大类。

3．中央处理器简称 CPU，它是计算机系统的核心，主要包括________和________两个部件。

4．计算机的外设很多，主要分成三大类，其中，显示器、音箱属于________，键盘、鼠标、扫描仪属于________。

5．计算机硬件主要有________、________、________、________、________、________、________和________等。

6．按设计目的和用途可将计算机分为________和________；按综合性能指标可将计算机划分为________、________、________、________和________。

三、简答题

1．从硬件系统和软件系统两方面简述计算机系统是由哪几部分组成的。

2．简述计算机的发展历程。

3．计算机操作系统的功能有哪些？

4．简述常见的应用软件。

四、实训题

1．从外部观察了解计算机的接口和设备。

2．从外观上认识计算机的硬件各组成部件。

3．打开一台计算机，了解主机箱内部的结构和各组成部件。

4．观察机箱内部各部件的连接。

任务2 认识和选购主板

知识目标

- 熟悉主板的组成；
- 了解主板的分类；
- 熟悉主板芯片组。

技能目标

- 能够识别主板的核心元器件及接口；
- 能够根据需要选购合适的主板。

2.1 任务描述

主板是计算机中的核心部件之一，在选购计算机的各配件时往往需要优先考虑，那么，用户如何在电脑市场上品种繁多的主板中选购合适自己需要的一款呢？

2.2 相关知识

2.2.1 主板的作用

主板又叫主机板（Mainboard）、系统板（System Board）或母板（Motherboard），它安装在主机箱内，是微机最基本的也是最重要的部件之一。

主板是整个微机内部结构的基础，不管是CPU、内存、显示卡还是鼠标、键盘、声卡、网卡等都要通过主板来连接并协调工作。可以说，主板的类型和档次决定着整个微机系统的类型和档次，主板的性能影响着整个微机系统的性能。若主板性能不好，一切插在它上面的部件的性能都不能充分发挥出来。如果把CPU看成是微机的大脑，那么主板是微机的身躯。如图2.1所示是一款华硕P8B75-V主板。

主板实际上就是一块PCB印刷电路板，上面安装了各式各样的电子零件并布满了大量电子线路。当微机工作时由输入设备输入数据，由CPU来完成大量的数据运算，再由主板负责组成输送到各个设备，最后经输出设备反映到我们的感官。

2.2.2 主板的组成

现在市场上的主板虽然品牌繁多，布局不同，但其基本组成是一致的，主要包括南、北桥芯片、板载芯片（I/O控制芯片、时钟频率发生器、RAID控制芯片、网卡控制芯片、声卡控制芯片、电源管理芯片、USB2.0/IEEE 1394控制芯片）、核心部件插槽（安装CPU的Socket插槽及内存DIMM插槽）、内部扩展槽（AGP插槽、PCI-E X1插槽、PCI-E X16

插槽、PCI-E 3.0 插槽）、各种接口（IDE 接口、SATA 接口、USB 接口、串口、并口、PS/2 键盘和鼠标接口）及电子电路器件等。

图 2.1　华硕 P8B75-V 主板

主板的品牌很多，布局不同，但基本结构和使用的技术基本一致。这些主板除 CPU 接口不同外，其他部分几乎是相同的。如图 2.2 所示主板为技嘉 G1.Sniper A88X 。

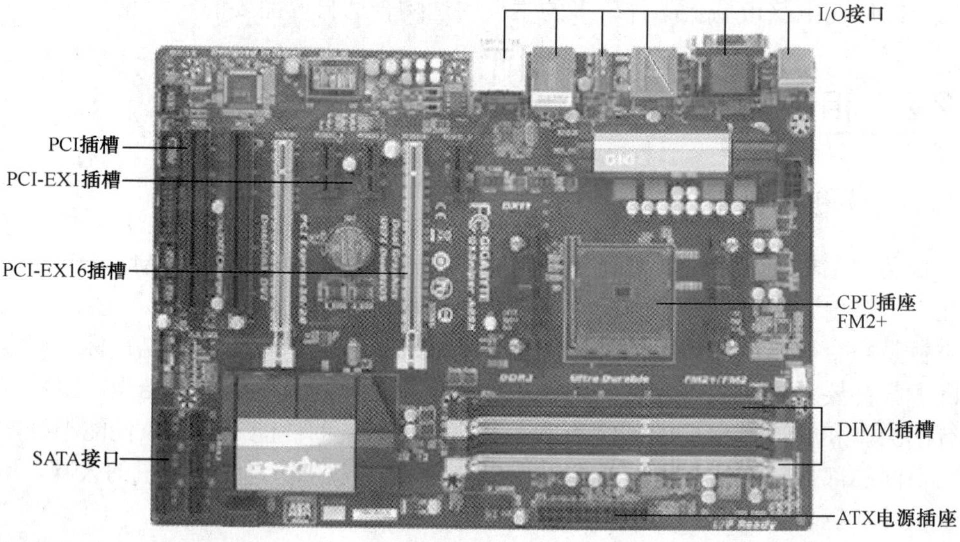

图 2.2　技嘉 G1.Sniper A88X 主板

1. PCB 基板

主板的平面是一块 PCB 印刷电路板，分为四层板和六层板。为了节约成本，现在的主板多为四层板：主信号层、接地层、电源层、次信号层。而六层板增加了辅助电源层和中信号层。六层 PCB 的主板抗电磁干扰能力更强，主板也更加稳定。在电路板上面，是错落有致的电路布线。最上面，则为棱角分明的各个部件：插槽、芯片、电阻、电容等。

2. CPU 插座

主板上最醒目的接口便是 CPU 插座（Socket），它是用来安装 CPU 的接口。CPU 只有正确安装在 CPU 插座上才可以正常地工作。目前 Intel 和 AMD 的 CPU 都采用 Socket 插座。

Socket 系列 CPU 插座采用 ZIF 标准，即零阻力插座。在插座旁边有一个杠杆，拉起杠杆，CPU 的每一个触点（针脚）就可以轻松地插进插座的每个孔位中，然后把杠杆压回原来的位置，就可将 CPU 固定住，如图 2.3 所示。

（a）LGA1366 插座

（b）FM2 插座

图 2.3　CPU 插座

目前采用的 Socket 插座是一个方形插座，插座上分布着数量不等金属触点（以前是针脚孔）。目前市场上主流的主板，CPU 插座常见的有支持 Intel CPU 的 LGA1150、2011、1336、1155、1156 等几种，支持 AMD CPU 的 Socket AM3、AM3+、FM1、FM2、FM2+ 等。CPU 接口类型不同，插座结构也就不同。

3. 控制芯片组

在微机系统中，CPU 起着主要作用，而在主板系统中，起重要作用的则是主板上的逻辑控制芯片组（Chipset），芯片组是主板的核心组成部分，它们将大量复杂的电子元器件最大限度地集成在一起。对于主板而言，芯片组几乎决定了这块主板的性能，进而影响到整个计算机系统性能的发挥，可以说它是主板的灵魂。芯片组的功能和主板上 BIOS 中存储的 BIOS 程序性能是决定主板品质和技术特性的关键因素。

4. 内存插槽

内存插槽的作用是安装内存条。按照内存条与内存插槽的连接情况，内存插槽分为 SIMM 和 DIMM 两种。目前 SIMM 已被淘汰。

采用 DIMM 的内存条类型有 SDRAM、RDRAM、DDR SDRAM、DDR2 SDRAM、DDR3 SDRAM 几种。其中 SDARM 使用 168Pin 接口，内存插槽有两个非对称缺口；DDR RDRAM 采用 184Pin 接口，内存插槽只有 1 个缺口。目前市场上主流的内存插槽为 DDR2、DDR3。DDR2、DDR3 采用 240Pin 接口，内存插槽只有 1 个缺口，但两者位置不同，如图 2.4 所示。

目前，主板支持双通道、三通道技术就是指内存支持的技术，在图 2.4 中的主板，就是支持三通道内存技术，如果采用两条内存则需要插到相同颜色的内存插槽中。

5. 总线扩展槽

总线是构成计算机系统的桥梁，是各个部件之间进行数据传输的公共通道。总线扩展槽是主板负责对外的连接通道，也被称为 I/O 插槽，任何接口卡，例如显卡、声卡、网卡等都要插在扩展槽上才能够与主板沟通，输出图像和声音。目前主板上常见的总线扩展槽有 AGP、PCI 和 PCI-E 插槽。早期的 ISA 等扩展槽已经被淘汰。

（1）PCI 扩展槽。PCI（Peripheral Component Interconnect，外围元间接口）是用于解决外部设备接口的总线。扩展槽为白色且长度较短，PCI 扩展槽仅能插 PCI 接口卡，如 PCI 显卡、PCI 声卡、PCI 网卡等，如图 2.5 所示。

（2）AGP 接口插槽。AGP（Accelerated Graphics Port，加速图形接口）专门用于高速处理图像。AGP 不是一种总线，因为它是点对点连接，即连接控制芯片和 AGP 显卡。

AGP 插槽的形状与 PCI 扩展槽相似，位置在 PCI 插槽的右边偏低，为褐色。AGP 插槽只能插显卡，因此在主板上 AGP 接口只有一个，如图 2.5 所示。

图 2.4　DDR2 和 DDR3 内存插槽

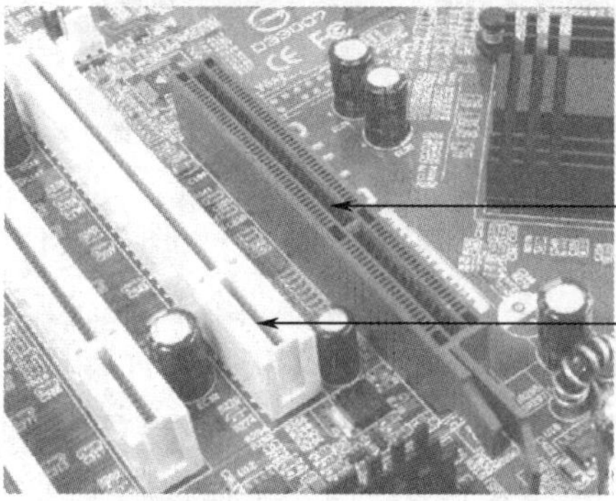

图 2.5　PCI 扩展槽和 AGP 4X 插槽

目前，AGP 接口标准已从 AGP 1X 发展到 AGP 8X，有 AGP 1X、AGP 2X、AGP 4X、AGP 8X 四种，其对应的数据传输率为 266MB/s、533MB/s、1066MB/s 和 2133MB/s。

（3）PCI-E 接口插槽。PCI-E 是 PCI Express 的简称，是最新总线和接口标准，是第三代输入/输出总线，简称 3GIO（Third-Generation Input/Output）。PCI Express 以点对点的方式进行连接，在两个设备间构筑起专用通道，仅供两端的设备使用，如图 2.1 和图 2.2 所示。

2002 年，推出 PCI-E 1.0 标准，2007 年，推出 PCI-E 2.0 标准，2011 年，推出 PCI-E 3.0 标准，目前 PCI-E 4.0 标准也已在制定之中。

PCI-E 1.0 根据总线位宽的不同接口也有所不同，包括了 X1、X4、X8 和 X16。PCI-E X1 的通道单向能提供 250MB/s 的传输速率。PCI-E X16 单向提供 4GB/s 的带宽。

PCI-E 2.0 的通道翻倍，PCI-E X16 单向提供 8GB/s 带宽。

PCI-E 3.0 中的 PCI-E X16 单向提供 16GB/s 的带宽。

PCI Express 总线架构的适用途径非常广，比如台式计算机、笔记本电脑、企业级别的应用、通讯和工作自动化等。

6. 硬盘、光驱、软驱接口

（1）IDE 接口插座。IDE（Integrated Device Electronics，集成设备电子部件）接口也

称 PATA 接口，主要用于连接 IDE 硬盘和 IDE 光驱，如图 2.6 所示。

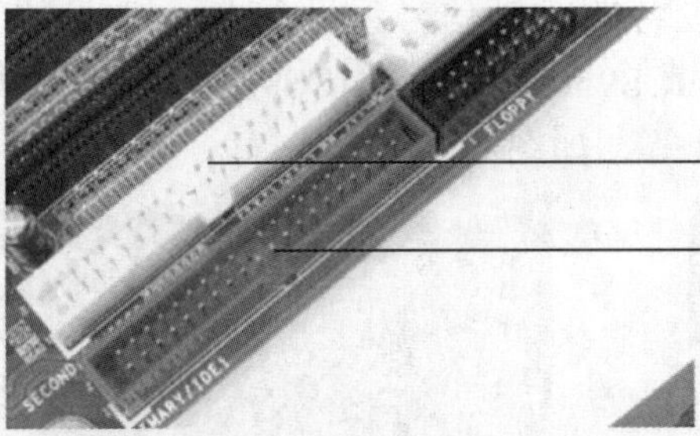

图 2.6　IDE 接口

增强型 IDE（Enhanced IDE）是 Western Digital 为取代 IDE 而开发的接口标准。与 IDE 相比，EIDE 具有支持大容量硬盘、可连接四台 EIDE 设备、数据传输快等优点。

IDE 接口为 40 针双排针插座，主板上都有两个 IDE 设备接口，分别标注为 IDE1 或 Primary IDE 和 IDE2 或 Secondary IDE。对于支持 ATA66/100/133 的硬盘及光驱，一定要使用 80 芯的数据线。目前，市面上的许多主板已取消 IDE 接口。

（2）SATA 接口。目前，越来越多的主板和硬盘都开始支持 SATA（Serial ATA）接口，如图 2.7 所示。SATA 接口仅用 4 根针脚就能完成所有的工作，分别用于连接电源、连接电线、发送数据和接收数据。SATA 1.0 定义的数据传输率为 150MB/s、SATA 2.0 定义的数据传输率为 300MB/s、SATA 3.0 定义的数据传输率为 600MB/s。

SATA 接口插槽带有防差错设计，可以方便地拔、插。带有 SATA 接口的主板如图 2.7 所示。SATA 接口的设备与 IDE 设备不同，没有主、从之分。

图 2.7　主板 SATA 接口

7. 板载芯片

通过使用不同的板载芯片，用户可以根据自己的需求选择产品。与独立板卡相比，采用板载芯片可以有效地降低成本，提高产品的性价比。

（1）I/O 控制芯片。I/O（Input/Output，输入与输出）芯片的功能主要是提供一系列输入输出的接口，如鼠标、键盘、COM 口（串口）、打印机口（并口）、USB 口等，都统一由 I/O 芯片控制。主板上的 I/O 芯片又称 Super I/O 芯片。目前主板上流行的 I/O 芯片有 ITE 公司的 IT8712F-A、华邦（Winbond）公司的 W83627HF、SMSC 公司的 LPC47M172 等，提供软驱控制器、串行/并行接口等，还提供主板风扇接口的监控等功能。它一般位于主板的边缘，如图 2.8 所示。

（2）时钟频率发生器。计算机要进行正确的数据传送及正常的运行，没有时钟信号是不行的。时钟信号在电路中的主要作用就是同步。时钟芯片位于 AGP 插槽的附近，因为时钟给 CPU、北桥、内存等设备的时钟信号线要等长。常见的时钟频率发生器有 RTM862-488、RTM360-110R、ICS950405AF、ICS952607EF、ICS96C535、华邦 W83194BR-SD、Cypress W312-02 等，如图 2.9 所示。

图 2.8　I/O 控制芯片

图 2.9　时钟频率发生器

（3）网卡控制芯片。随着局域网、宽带网的普及和对 ADSL 的支持，如今大多数主板都集成了具备网卡功能的芯片（10/100/1000Mb/s 以太网控制器），同时在后侧 I/O 面板中也有一个 RJ-45 网络接口，网络控制芯片一般在主板后部的 I/O 面板上的 RJ-45 接口附近，如图 2.10 所示。

图 2.10　常见板载网卡控制芯片

（4）声卡控制芯片。现在板载声卡已成为主板的标准配置，几乎所有新出的主板都集成了符合 AC’97Rev 2.3 规范的音频解码芯片 Codec。几乎所有板载声卡的音频解码芯片都为 6 或 8 声道解码，支持 5.1 或 7.1 声道的环绕立体音频输出和立体声输入，支持 DS3D、EAX1.0/ 2.0、A3D、Sensaura 3DPA 等 3D API。对于大部分用户来说，板载声卡已经足够满足影视、游戏的要求。目前常见的声卡控制芯片有 Realteck（瑞昱）ALC 650/655/850/861/883/888/889、AD1888/1980/1981B/1985、CMI 8738/CMI 9739A、VT1616、VIA Envy24 等。对于集成了 AC’97 软声卡的主板，一般在 PCI 插槽上端的主板上能看到一块小小的 AC’97 芯片，如图 2.11 所示。

图 2.11　声卡控制芯片

（5）电源管理芯片。传统主板的电源管理芯片都集成于南桥芯片，但是效果并不是很好。为此，Winbond 开发了 W83301R 电源管理芯片。W83301R 可以同时支持 SDRAM、

DDR、DRAM 内存的深层次休眠。常见的电源管理芯片有 Realteck RT 9237、HIP6302 等。

（6）IEEE 1394 控制芯片。IEEE 1394 接口的传输速率高，（IEEE 1394a-2000 版支持 100/200/400Mb/s 的传输速率，IEEE 1394b 版支持 1.6Gb/s 传输速率），又称为高速串行总线。通常，在 PC 领域称其为 IEEE 1394，在 Mac 上称其为 Fire Wire（火线），在电子消费品则更多地称其为 i-Link。

为了支持当前的数码产品，许多主板采用了 IEEE 1394 控制芯片，并在主板上提供了 IEEE 1394 接口。常见的 IEEE 1394 控制芯片有德州仪器的 TSB43AB22A 和 TSB43AB23、VIA 的 VT6306 和 VT6307、Agere 的 FW3227 等，如图 2.12 所示。

图 2.12　IEEE 1394 控制芯片

（7）BIOS 芯片。BIOS（Basic Input/Output System，基本输入/输出系统），它是安装在主板上的一个 Flash ROM 芯片，其中固化保存着计算机系统最重要的基本输入/输出程序、系统 CMOS 设置程序、开机上电自检程序和系统启动自举程序，为计算机提供最低级的、最直接的硬件控制。目前主板 BIOS 有三大类型：AWARD、AMI 和 PHOENIX，不过 AWARD 已将 PHOENIX 收购，出现了 PHOENIX-AWARD BIOS，如图 2.13 所示。

图 2.13　主板 BIOS 芯片

目前，Intel 推出了 EFI BIOS 系统，来解决 BIOS 界面单调、功能扩展有限的问题。计算机启动时首先通过 BIOS 对计算机进行自检。自检情况一般通过 PC 喇叭发出的响铃予以表达。

（8）CMOS 芯片。CMOS（本意是指互补金属氧化物半导体，一种应用于集成电路芯片制造的原料）是计算机主板上的一块可读写的 RAM 芯片，用来保存当前系统的硬件配置和用户对某些参数的设定（如 BIOS 参数），开机时看到的系统检测过程（如主板厂商信息和各种系统参数信息的显示等）就是 CMOS 中设定程序的执行。CMOS 芯片可由主板的电池供电，即使关闭机器，信息也不会丢失。CMOS RAM 本身只是一块存储器，只有数据保存功能，而对 CMOS 中各项参数的设定要通过专门的程序。现在大都将 CMOS 设置程序做到了 BIOS 芯片中，在开机时通过特定的按键就可进入 CMOS 设置程序，从而方便地对系统进行设置，因此 CMOS 设置又被叫做 BIOS 设置。

为了在主板断电期间维持系统 CMOS 内容和主板上系统时钟的运行，主板上特别地装有一个电池，电池的寿命一般为 2～3 年。常见的电池有：电容电池、纽扣电池和集成块式电池。

8. 电源插座

主板、键盘和所有接口卡都通过电源插座供电。ATX 电源插座是 20 芯双列插座。在软件的配合下，ATX 电源可以实现软件开/关机和键盘开/关机、远程唤醒等电源管理功能。对于 Pentium 4、Athlon64 主板，由于 CPU 的耗电量大，需要专用的 CPU 电源，一般另外提供一个 4 芯插座。新的 Socket775 接口处理器，需要在主板上用 24 芯双列插座，如图 2.14 所示。

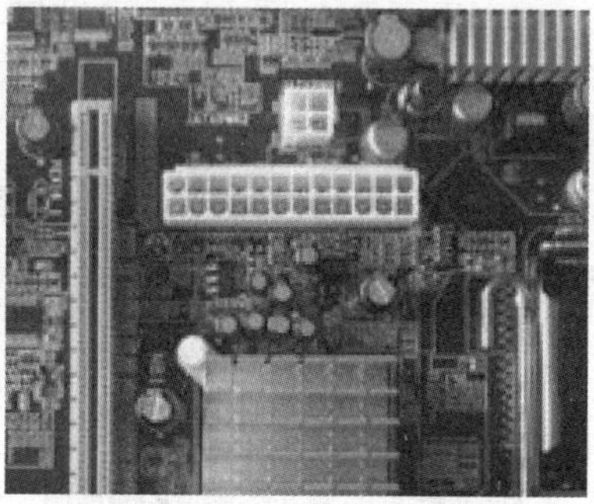

图 2.14　主板电源 24 芯双列插座

9. 电源供电单元

主板的供电系统是指为 CPU、内存和显卡供电的单元，其作用是对电源输送过来的电流进行电压的转换，将电压转换至 CPU 所能接受的内核电压值，保证 CPU 在高频、大电流工作状态下稳定地运行，以及对主机电源输送过来的电流进行整形和过滤，滤除各种杂波和干扰信号以保证计算机的稳定工作。

10. 跳线开关

跳线开关简称跳线（Jumper），是控制电路板上电流流动的小开关，如图 2.15 所示。跳线由两部分组成，一部分是固定在电路板上的，由两根或两根以上金属跳线针组成，另一部分是“跳线帽”，这是一个可以活动的部件，外层是绝缘塑料，内层是导电材料，可以插在跳线针上面，将两根跳线针连接起来。跳线帽扣在两根跳线针上时是接通状态，有电流通过，称为 ON，反之不扣上跳线帽时称为 OFF。主要用于设置 CPU 外频、倍频、电压、清除 CMOS 内容等。

另外，还有使用 DIP 开关实现跳线设置的主板，如图 2.16 所示。它的功能和普通跳线是一样的，只是把小跳线做成了开关。

图 2.15　主板跳线开关

图 2.16　主板 DIP 开关

跳线最常用的地方就是在主板上。早先的跳线用来设置 CPU 的倍频、外频、电压等项目。目前免跳线的技术十分流行，在主板上除了一个清除 CMOS 信息的跳线之外再无任何跳线。只要把 CPU 插入，就可以自动识别，设置频率和工作电压。也可以通过 BIOS

对主频、工作频率和电压进行更改，从而不必使用专门的硬件跳线。

11. 输入/输出接口

主板上输入/输出接口是用于连接机箱外部各种设备的接口。通过这些接口，可以把键盘、鼠标、打印机、扫描仪、U 盘、移动硬盘等设备连接到计算机上，并可以实现计算机之间的互连。目前主板上常见的输入/输出接口有：串口、并口、USB 接口、鼠标接口、键盘接口、IEEE 1394 接口、RJ-45 网口等，如图 2.17 所示。

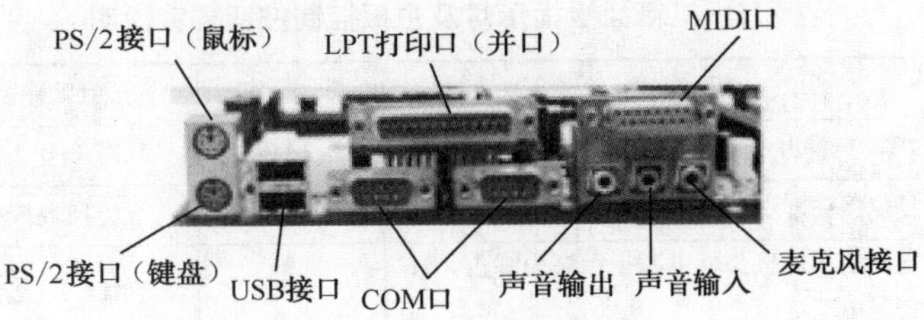

图 2.17　主板外部接口

（1）eSATA 接口。eSATA 的全称是 External Serial ATA（外部串行 ATA），它是 SATA 接口的外部扩展规范，传输速度和 SATA 完全相同，它是用来连接外部而非内部 SATA 设备。例如拥有 eSATA 接口，可以轻松地将 SATA 硬盘与主板的 eSATA 接口连接，而不用打开机箱更换 SATA 硬盘。目前很多台式机的主板上已经提供了 eSATA 接口，如图 2.18 所示。

（2）声卡接口。目前主板中声卡常见的音频接口分为两种，如图 2.19 所示的 8 声道接口（6 个 3.5mm 插孔）或如图 2.20 所示的 6 声道接口（3 个 3.5mm 插孔）。

图 2.18　eSATA 接口

图 2.19　8 声道接口

图 2.20　6 声道接口

（3）DVI 接口。DVI 接口主要连接 LCD 等数字显示设备。目前，DVI 接口有两种，一种是 DVI-D 接口，只能接收数字信号；另一种是 DVI-I 接口，如图 2.21 所示，可同时兼容模拟和数字信号。

（4）HDMI 接口。HDMI（High Definition Multimedia，高清晰度多媒体接口）。新型的主板和显示卡上开始配备 HDMI 接口插座，如图 2.21 所示。只需要一条 HDMI 线，便可以同时传送影音信号，而不像现在需要多条线材来连接。HDMI 接口可以提供高达 5Gb/s 的数据传输带宽，可以传送无压缩的音频信号及高分辨率视频信号。

12. 机箱面板指示灯及控制按钮插针

主板上有一组插针接口，如图 2.22 所示。机箱面板上的电源开关、重置开关、电源指示灯、键盘锁、硬盘指示灯，都连接到该组插针上。插针接头组的用途见表 2.1 所示。

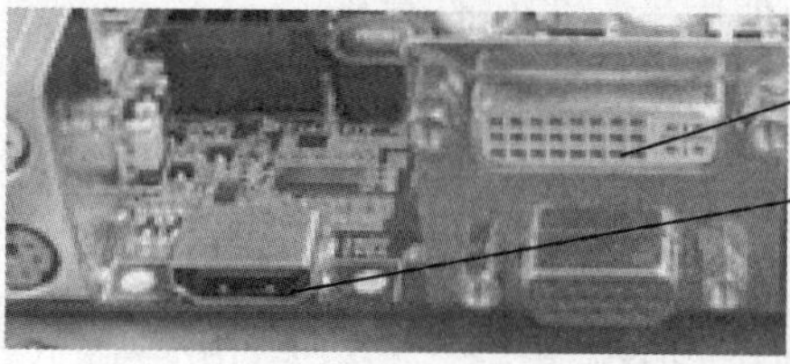

图 2.21　DVI-I、HDMI 接口插座

图 2.22　主板插针

表 2.1　机箱面板指示灯及主板控制按钮插针说明

主板标注	用途	针数	插针顺序及机箱接线常用颜色
PWR SW	ATX 电源开关	2 针	1.黄（+）2.（-）
RESET SW	复位接头，用硬件方式重新启动计算机	2 针	无方向性接头。1.红 2.黑
POWER LED	电源指示灯接头，电源指示灯为绿色，灯亮表示电源接通	2 针	1.绿（+）2.白（-）
SPEAKER	喇叭接头，使计算机发声	4 针	无方向性接头。1.红（+5V）4.黑 2、3 短接将启动板上蜂鸣器，开路关闭板上蜂鸣器
HDD LED	硬盘读写指示灯接头，LED 为红色，灯亮表示正在进行硬盘操作	2 针	1.红（+）2.白（-）

以上说明中所标出的插头连线颜色仅供参考，不同机箱插头连接颜色可能有所不同，不同主板插针接口的排列方式也可能有所不同。

2.2.3　主板的分类

常见的微机主板分类方式有以下几种。

1. 按主板支持 CPU 的类型分类

这是指能在该主板上使用的 CPU 类型。只有采用与主板支持 CPU 类型相同的 CPU，二者才能配套工作。特别需要注意的是，同一名称的 CPU 由于内核不同，能支持它的芯片组也不相同，与这种 CPU 配套的主板也不相同。主板按照 CPU 的接口分为：Socket AM3、AM3+、FM1、FM2、FM2+及 LGA775、1155、1366、2011、1150 等。

2. 按照主板的结构分类

目前，市场上流通的主板结构主要有 ATX、Mini-ITX、Micro ATX、E-ATX 等类型。

（1）ATX 主板。ATX（AT eXternal，扩展的 AT 主板规范）是 Intel 公司首创并得到广大主板厂商响应的主板结构规范，如图 2.1 和图 2.2 所示。

标准 ATX 主板 19cm×30.5cm（长×宽），使用 ATX 电源，符合 ATX 标准的主板上集成了常用的功能芯片和 I/O 端口。ATX 主板提供 7 个 I/O 槽（1 个槽共享），需要配合专门的 ATX 机箱，它是广泛采用的主板结构。

（2）Mini-ITX 结构。Mini-ITX 是由 VIA（威盛电子）定义和推出的一种结构紧凑的微型化的主板设计规范，目前已被各家厂商广泛应用于各种商业和工业应用中。它是用来设计用于小空间小尺寸的专业计算机的，如用在汽车、置顶盒及网络设备中的计算机，但 Mini-ITX 主板也可用于制造瘦客户机。Mini-ITX 主板类似并向下兼容先前的主板 MicroATX 和 Flex-ATX，但它有几个使其与先前主板相区别的特点。

尺寸：170mm×170mm（6.75 英寸×6.75 英寸）。

功率：小于 100 瓦。

结构：Mini-ITX 处理器是超低功率的 x86 处理器，它焊接在主板上且只用 Heatsink 散热器冷却而不是用散热器加风扇冷却。显卡、声卡和局域网连接都集成在 Mini-ITX 主板上。

（3）Micro ATX 主板结构。Micro ATX 板型是 Intel 公司在 1997 年提出的一种主板结构标准，主要是通过减少 PCI 插槽、内存插槽和 ISA 插槽的数量，以达到缩小主板尺寸的目的。

Micro ATX 主板，结构紧凑，常见的尺寸有两种：24.8cm×24.8cm 和 24.8cm×30cm。Micro ATX 主板把扩展插槽减少为 3～4 个，DIMM 插槽为 2～3 个。

（4）E-ATX 主板结构。它是服务器的主板规格。

2.2.4 主板芯片组

芯片组（Chipset）是主板的核心部件，起着协调和控制数据在 CPU、内存和各部件之间传输的作用。一块主板的功能、性能和技术特征都是由主板芯片组的特性决定的。芯片组总是与某种类型的 CPU 配套，每当推出一款新规格的 CPU 时，就会同步推出相应的主板芯片组。主板芯片组的型号决定了主板的主要性能，如支持 CPU 的类型、FSB 频率、内存类型和速度等。作为 PC 机的主要配件，主板及其芯片组的发展，直接关系到 PC 的升级换代。

芯片组按用途可分为服务器/工作站、台式机、笔记本电脑等类型；按芯片数量可分为单芯片芯片组、标准的南北桥芯片组和多芯片芯片组；按是否整合显示卡分为整合芯片组和非整合芯片组。

控制芯片组一般由两片芯片组成，按照在主板上的排列位置的不同，通常分为北桥芯片和南桥芯片。其中靠近 CPU 的一块为北桥芯片，另一块为南桥芯片。北桥芯片提供对 CPU 的类型和主频、内存的类型和最大容量、ISA/PCI/AGP 插槽和 ECC 纠错的支持。南桥芯片则提供对 KBC（键盘控制器）、RTC（实时时钟控制器）、USB（通用串行总线）、Ultra DMA33/66/100/133、EIDE 数据传输方式和 ACPI（高级能源管理）的支持。其中北桥芯片起着主导性的作用，也称为主桥（Host Bridge）。主板使用何种北桥芯片将决定主板支持何种 CPU，而包含在北桥芯片中的内存控制器也将直接决定其支持的内存种类。

除了最通用的南北桥结构外，目前芯片组正向更高级的加速集线架构发展，即中心控制式芯片组。Intel 的 8xx 系列芯片组就是这类芯片组的代表，它将一些子系统如 IDE 接口、音效、Modem 和 USB 直接接入主芯片，能够提供比 PCI 总线宽一倍的带宽，达到了 266MB/s。

芯片组是主板上除 CPU 外尺寸最大的芯片，采用表面封装（PQFP）形式焊接在主板上或采用引脚网状阵列（PGA）封装形式插入主板的插槽中，有的芯片上面覆盖着一块散热片。芯片组只能根据不同的主板和常见的芯片组编号进行识别。主板上常见的控制芯片组有 Intel、VIA、nVIDIA、SiS、AMD 等，其中大部分主板采用 Intel 的控制芯片组。

芯片组产品按所支持的 CPU 主要有两大类型：For Intel（支持 Intel CPU）和 For AMD（支持 AMD CPU）。芯片组的型号按所支持的 CPU 系列不同也分为不同的系列，如支持 Intel Core2 系列的芯片组。

1. 支持 Intel CPU 的芯片组

支持 Intel CPU 的芯片组厂商主要是 Intel，另外 VIA、SiS 和 nVIDIA 等也生产，但数量不多，在这里不再介绍。

Intel 公司是世界上最大的 CPU 制造商，同时也是世界上最大的芯片组开发商，Intel 公司研制开发支持自己的 CPU 的芯片组。Intel 公司芯片组是以字母+数字的形式命名的。从首字母的命名上看，Intel 的台式机主板芯片组主要分为四大类："G"系列面向低端市场，"H"系列面向中低端市场，"P"系列面向主流市场，"X"系列面向高端市场。从后面的数字命名上看，目前主要有 6 系列、7 系列、8 系列。

Intel6 系列芯片组主要包括 P67、H67、H61 和 Z68 。

2. 支持 AMD CPU 的芯片组

目前，市面上主流的 AMD 平台主板芯片组厂商主要为 AMD 和 nVIDIA 两家。

AMD 公司是世界上第二大 CPU 生产商，也是第二大芯片组生产商，AMD 公司研制开发支持自己的 CPU 的芯片组。AMD 公司芯片组是以数字+字母的形式命名的。

从数字的命名上看，AMD 自己的主板芯片组主要分为三类：支持 Socket AM2/AM2+接口的 7 系列，支持 Socket AM3 接口的 8 系列，支持 Socket AM3+接口的 9 系列。同一系列中，根据数字的大小，芯片组等级依次从高到低排列。

从字母的命名上看，带有"D"的是高端独立芯片组，而带有"X"的是中低端非整合芯片组，而带有"S"的是整合芯片组。

AMD 7 系列芯片组包括 770、790X、790Fx 三个系列。AMD 7 系列芯片组支持全线 AM2+处理器，包括 Phenom FX、X4 和 X2 处理器，并向下兼容所有的 AM2 接口处理器。AMD 7 系列芯片组搭配 SB600 南桥芯片。

AMD 8 系列芯片组包括 870、880G、890GX、890FX 芯片组。

AMD 9 系列芯片组北桥包括 970、990X、990FX，南桥芯片有 SB950、SB920 两个型号。

2.3 任务实施：选购主板

主板在微机系统中占有很重要的地位，在选购微机时，主板的选购至关重要。如何选购、安装和维护主板是一件非常重要的任务。一般来说，选择主板需由三方面的因素来决定。

1. 技术要求

不同的 CPU、芯片组、内存，配置不同类型的主板，在选购主板时，需要考虑如下组件：

（1）所能使用的 CPU 的类型、速度和数量；

（2）主板上的芯片组（已安装的）；
（3）DRAM 内存的类型和尺寸；
（4）主板上可安装 DRAM 内存的最大容量；
（5）扩展槽的类型和数量，PCI、PCI-E 和 AGP 等；
（6）所使用的机箱类型；
（7）ROM BIOS（已安装的）；
（8）是否具有 IDE、eSATA、RAID 和 SCSI 控制器；
（9）主板上端口类型（串口、并口、USB 接口、网络接口、音频接口等）。

这些组件决定了计算机的性能，因此选择的第一种方法是选择具有最大扩展空间的主板，以便用户以后升级和更新。第二种方法是选择与当前计算机最匹配的主板。第三种方法是满足用户当前要求的主板。

2. 质量要求

主板是一种高科技、高工艺融为一体的集成产品，主板的稳定性直接决定微机能否正常工作。对于选购者来说，应首先考虑品牌。目前，国内市场上有二三十种品牌的主板，在购买前要认真考虑厂商的售后服务。目前市场上比较知名的主板品牌有微星（MSI）、华硕（ASUS）、精英（ECS）、磐英、Intel、技嘉（Giga-Byte）、华擎（ASRock）、升技（Abit）、建基（Aopen）、磐正（EPoX）、硕泰克（Soltek）、映泰（BIOSSTAR）、联想（QDI）、七彩虹等。

3. 经济要求

选购主板应坚持“以人为本、以用为本”的原则，应根据实际需要的功能和经济状况确定选择什么档次的主板，不要盲目追求最贵、最新、功能最全。在“物尽其用”的基础上还要注意“物超所值”。

在选购主板之前应先明确自己的需要、预算，一旦确定了采用何种 CPU、内存、显卡、硬盘等配件，主板的型号也就容易确定了，也就是说，应先确定计算机的大致配置，特别是先想好买什么样的 CPU，然后再确定主板的类型，而不应该让主板的功能去决定配置方案。

综上所述，主板选择主要从两方面考虑，第一是最佳性能，最佳性能的选择相对容易一些。第二是最佳性能价格比，也就是说要求性能也很好，而且价格比较便宜，这往往是比较难的。在选择最佳性能比，需要在同类型产品进行比较。

2.4 技能训练

2.4.1 识别不同品牌的主板

1. 实训目的

通过本次练习，使学生能够正确识别市场上主流主板及主板技术规格。

2. 实训准备

准备不同品牌的主板让学生认识等。

3. 实训任务

通过网络或走访 IT 市场，了解高档、中档、低档三个档次的不同品牌主板的部件及特性。在表 2.2 中列出了不同档次的主板的部分典型产品代表。

表 2.2　不同档次的主板的部分典型产品代表

档　　次	主板品牌型号
高档	微星 Z87-GD65 GAMING 华硕 Maximus VI Hero 技嘉 G1.Sniper M5 技嘉 GA-Z87X-UD3H 华硕 Maximus VI Impact 华硕 RAMPAGE IV EXTREME/BF3
中档	七彩虹战斧 C.B85AK V20 技嘉 GA-F2A88XM-DS2 华硕 B75M-PLUS 微星 FM2-A55M-E33
低档	微星 760GM-P21（FX） 七彩虹 C.G41 TWIN V22 七彩虹 C.H61U V28 华擎 960GM-VGS3 FX 精英 A55F2-M4

4. 实训步骤

通过网络或走访 IT 市场，在表 2.3 中填入以上各种主板的技术规格。

表 2.3　各种主板的技术规格

姓名		班级		学号	
主板品牌及型号					
规格名称	技术参数				
适用类型					
芯片组系列					
芯片组					
支持 CPU 类型					
CPU 插槽类型					
超线程技术					
前端总线频率					
主板结构					
芯片参数					
北桥芯片					
南桥芯片					

续表

规格名称	技术参数
集成显卡	
显示芯片	
板载音效	
网卡芯片	
板载 RAID	
硬件参数	
支持内存类型	
支持内存传输标准	
支持内存最大容量	
双通道内存	
内存插槽	
显卡接口标准	
硬盘接口标准	
功能参数	
扩展插座	
扩展接口	
电源回路	
BIOS	
外部接口	
键盘接口	
鼠标接口	
USB 接口	
网络支持	
音效支持	
LPT 接口	
COM 接口	
其他接口	

2.4.2 测试不同品牌的主板

1. 实训目的

通过本次练习，使学生能够掌握 Winbench 软件的使用方法。

2. 实训准备

（1）准备一台运行正常的计算机等。

（2）下载主板测试软件，如 Winbench、Winstone、HWiNFO32、WCPUID 等。

3. 实训任务

使用 Winbench 软件对主板进行测试。

4. 实训步骤

步骤 1：搭建测试硬件平台。所谓测试平台，就是由硬件及软件所组成的一套测试用系统配置。在搭建测试平台时，要注意以下几点。

（1）尤其要注意不要使其中某个硬件产品成为瓶颈，即各个硬件产品的搭配要合理，比如，为了测试某个 GeForce 8800GTX 显卡，而与之搭配一个赛扬的 CPU，这样测试出来的数据不仅不准确，而且还不能反映产品的真实性能。

（2）在选择内存、主板等关键部件时，要选用一些稳定性和兼容性比较好的产品，以保证测试顺利地完成。

（3）随时升级最新的 BIOS，并且在测试之前对 BIOS 中的选项进行优化设置，关掉一些不必要的选项，尤其是内存选项的优化。

（4）如果要进行超频测试，还要在 BIOS 中调整 CPU 及电源方面的设置，以通过测试软件测试超频后的稳定性及性能提升效果。

步骤 2：搭建测试软件平台。在软件平台的选择上，可以选择如 Windows 7、Windows 2008 等常用操作系统，并为操作系统打全补丁，为硬件选择最新驱动程序。

步骤 3：安装并运行 Winbench 软件。

步骤 4：逐一尝试使用 Winbench 软件测试主板的各项性能指标。

习　题

一、选择题

1．主板是一块四层或六层的印制电路板，分为上下两层，中间两层，其中上层布有（　　）。

A．信号线　B．元器件　C．信号线和元器件　D．电源线

2．不能直接插在主板上的是（　　）。

A．CPU　B．内存条　C．显示卡　D．硬盘

3．在主板上除了 CPU 之外最大的芯片是（　　）。

A．芯片组　B．ROM-BIOS

C．Cache　D．内存芯片

4．不属于总线扩展槽的是（　　）。

A．ISA　B．PCI　C．LPT　D．AGP

5．芯片组的主要生产厂商有（　　）。

A．Intel 公司　B．VIA 公司

C．SiS 公司　D．ALi 公司

6．主板的核心和灵魂是（　　）。

A．CPU 插座　B．扩展槽

C．控制芯片　D．BIOS 和 CMOS 芯片

7．主板上常见的扩展卡有（　　）。

A．AGP 卡和采集卡　B．采集卡和集成卡

C．PCI 卡和集成卡　D．PCI 卡和 AGP 卡

8．下列（　　）不属于北桥芯片管理的范围之列。

A．处理器　　B．内存

C．AGP接口　　D．IDE接口

9．CPU总线与PCI总线是通过（　　）连接的。

A．南桥芯片　　B．北桥芯片

C．内存　　D．外存

二、填空题

1．目前在主流主板上的BIOS芯片通常为________芯片。

2．在计算机系统中，CPU起着主要作用，而在主板系统中，起重要作用的则是主板上的________。

3．主板上集成的声卡一般都符合________规范。

4．主板外部接口是用来连接________、________、________、________等外部设备的。

5．主板的芯片组按照在主板上的排列位置的不同，通常分为_______芯片和_______芯片。

三、简答题

1．简述主板是由哪几部分组成的。

2．四层和六层PCB板各包括哪几个信号层？

3．控制芯片组在主板中起什么作用？

4．在主板上通常有几个扩展槽？常用的有几种？分别可以插入何种卡？

5．什么是BIOS？什么是CMOS？两者之间有何联系？

6．在主板上常见的输入/输出接口有哪些？分别有什么作用？

7．目前主板通常划分为几类？

8．什么是南桥芯片？什么是北桥芯片？它们的作用是什么？

9．列出几种常见的支持Intel CPU的芯片组。

10．列出几种常见的支持AMD CPU的芯片组。

11．主板上有哪些常用的跳线？

12．选购主板有哪些决定因素？

四、实训题

1．查阅有关电脑商情报刊，上网查看硬件资讯；到当地电脑配件市场考察主板的型号、价格等信息，要求列出不同应用要求或价格档次的CPU与主板的搭配清单。并调查目前当地市场上有哪些品牌主板？

可以参考网站主要有以下几个：

（1）太平洋电脑网：http://www.pconline.com.cn/

（2）eNet硬件：http://www.enet.com.cn/hardwares/

（3）中关村在线：http://www.zol.com.cn/

（4）PCHome：http://hardware.pchome.net/

（5）泡泡网：http://www.pcpop.com/

（6）小熊在线：http://www.beareyes.com.cn/

（7）IT世界硬件：http://www.it.com.cn/diy/

（8）IT168：http://www.it168.com/

（9）新浪硬件：http://tech.sina.com.cn/hardware/

2．选择某一主板，读懂说明书，掌握跳线的方法。

3．目前市面上主板中有哪些芯片组？它们和不同厂商的 CPU 如何搭配？

4．利用有关测试软件测试所用微机的主板信息。

任务 3

认识与选购 CPU

知识目标

- 了解 CPU 的发展历程；
- 熟悉 Intel CPU 系列；
- 熟悉 AMD CPU 系列；
- 熟悉 CPU 的性能指标；
- 熟悉 CPU 的接口。

技能目标

- 能够识别 CPU 的真假；
- 能够对 CPU 进行测试；
- 能够选购 CPU 及散热器。

3.1 任务描述

CPU 是 Central Processing Unit 的缩写，中文全称是中央处理器，又称为微处理器（Micro-processor），是计算机系统的核心部件，是整个计算机系统的指挥中心，主要功能是执行系统的指令、进行逻辑运算、传输和控制输入输出操作指令等。中央处理器也是决定一台计算机的性能最关键和最具代表性的部件，人们常以它来判定计算机的档次，是评判计算机运行性能的主要指标。

CPU 是计算机中的核心部件，相当于计算机的大脑，CPU 的性能也就基本上决定了整台计算机的性能。那么，如何选购合适的 CPU 及散热器呢？在选购的过程中如何鉴定 CPU 的真假并能对 CPU 的性能进行测试呢？

3.2 相关知识

3.2.1 CPU 的组成与工作原理

1. CPU 的外部结构

从外部看 CPU 的结构，主要由基板、核芯、针脚等部分组成。

（1）CPU 的核芯。现在的 CPU 一般在其核芯上加装一个金属盖，此金属盖不仅可以避免核芯受到意外伤害，同时也增加了核芯的散热面积。拿掉散热片后看到的 CPU 核芯如图 3.1 所示。CPU 中间凸起部分是核心芯片，是 CPU 硅晶片部分。CPU 核芯的基本单位为晶体管。CPU 是以硅为原料制成的晶体管，覆上二氧化硅为绝缘层，然后在绝缘层上布金属导线（铜），把独立的晶体管连接成工作单元。

图 3.1　CPU 的外部结构

（2）CPU 的基板。CPU 基板一般为 PCB，是 CPU 核芯和针脚的载体。核芯和针脚都是通过基板来固定的，基板将核芯和针脚连成一个整体，负责核芯和外界的数据传输。

（3）CPU 的接口。CPU 接口是 CPU 内核与主板之间的连接方式。CPU 采用的接口方式有引脚式、卡式、触点式和针脚式等。目前 CPU 的接口主要是针脚式和触点式，对应到主板上就有相应的接口类型。不同核心的 CPU 有不同的 CPU 接口，因此选择 CPU，就必须选择带有与之对应类型的主板。主板 CPU 接口类型不同，在插孔数、体积和形状上都有变化，所以，不能相互混用接插。

（4）CPU 的编码。在 CPU 的散热片上都有 CPU 的编码，会注明 CPU 的名称、时钟频率、二级缓存、前端总线、核心电压、封装方式、产地、生产日期等信息。但 Intel 和 AMD 两家公司标记的形式和含义有所不同。

2. CPU 的工作流程

CPU 由算术逻辑单元 ALU（Arithmetic Logic Unit）、寄存器组 RS（Register Set）、控制单元（Control Unit）和总线（Bus）组成。

首先，BIU 里的指令指针寄存器（Instruction Pointer）会根据内存中的不同存储位置通知 CPU 即将执行的指令在什么地方，并会把数据取出，通过总线送到控制单元中；指令解码器（Instruction Decoder）则从指令寄存器（Instruction Register）中取出指令，翻译成 CPU 可以执行的形式，然后决定完成该指令究竟需要哪些必要的操作，它将告诉 ALU 和 FPU 什么时候计算，再通知什么时候获取下一条指令。

然后指令就被送到 EU 中，CPU 将会执行指令中规定的算术运算和其他各种运算。当数据处理完毕后，再次回到寄存器中，通过不同的指令将决定数据是继续运算还是通过总线保存输出。

基本上，CPU 就是这样一个不断地重复读出数据、处理数据和往内存写数据三项基本工作的一个工厂，它总是有条不紊地执行着由应用程序源源不断地送来的无数指令，事实上，即使是一个简单的程序，也需要大量的运算工作。

3.2.2　CPU 的发展历程

从 1971 年世界上第一款 CPU 处理器诞生至今，在以后的 40 多年的时间里，CPU 从 8086、80286、80386、80486、Pentium、Pentium II 逐步发展到 Pentium III、Pentium 4、64 位处理器、多核处理器。按照其处理信息的字长，CPU 可以分为 4 位、8 位、16 位、32 位及 64 位处理器，不仅速度一日千里，其功能也大幅增加。下面以 Intel 公司的 CPU 为主线，介绍 CPU 的发展历史。

1. 诞生—4 位处理器（Intel 4004）

1971 年，Intel 公司发明了世界上第一片微处理器 Intel 4004，如图 3.2 所示。它能同时处理 4 位数据，采用 10μm 工艺制造，16 针 DIP 封装，芯片核心尺寸 3mm×4mm，共集成 2300 个晶体管，时钟频率为 1MHz，每秒运算能力 6 万次。它包括寄存器、累加器、算术逻辑部件、控制部件、时钟发生器、内部总线等。

2. 8 位处理器（Intel 8008/8080/8085）

1972 年，Intel 公司研制出了第二代微处理器 8008，如图 3.3 所示，它能同时处理 8 位数据。1974 年后又陆续研制出了 8080 处理器、8085 处理器，加上当时 Motorola 公司的 MC6800 微处理器和 Zilog 公司的 Z80 微处理器，一起组成了 8 位微处理器的家族。

3. 16 位处理器（Intel 8086/8088/80286）

1978 年 Intel 公司开发出了具有 16 位处理能力的微处理器 8086。1979 年 Intel 公司又研制出了 8088。1982 年，Intel 公司在 8086 的基础上又生产出了 80286 微处理器，如图 3.4 所示。1981 年 IBM 公司将 Intel 80286 处理器用在 IBM PC/AT 机中，这标志着个人计算机时代的到来。

图 3.2　Intel 4004 处理器

图 3.3　8008 处理器

图 3.4　80286 处理器

4. 32 位处理器（Intel 80386/80486/ Pentium）

（1）Intel 80386。1985 年，Intel 公司生产出了具有划时代意义的产品——80386DX，如图 3.5 所示，配合使用 80387 数字辅助处理器（协处理器）增强浮点运算能力，如图 3.6 所示。

（2）Intel 80486。1989 年，Intel 公司推出了 32 位 80486 微处理器芯片，如图 3.7 所示。

图 3.5　80386 处理器

图 3.6　80387 协处理器

图 3.7　80486 处理器

（3）Intel Pentium。1993 年，Intel 公司推出了 32 位 80586 微处理器，命名为 Pentium（奔腾），如图 3.8 所示。

AMD 和 Cyrix 公司推出的同一级别 CPU 是 AMD K5、Cyrix 6x86 处理器。

（4）Intel Pentium II。1997 年 Intel 公司生产出了 Slot1 接口的 Pentium II 处理器，如图 3.9 所示。

图 3.8　Pentium CPU

图 3.9　Pentium II CPU

1999 年，Intel 公司发布了 Celeron（赛扬）处理器，有早先的 Slot1 接口和后来的 Socket 370 接口。

（5）Intel Pentium III。1999 年 2 月，Intel 公司又发布了第三代的奔腾处理器 Pentium III，如图 3.10 所示。由于 Slot1 的架构逐渐跟不上技术发展的潮流，Intel 公司又生产出了采用 Socket370 架构的处理器 Pentium III，如图 3.11 所示。

图 3.10　Slot1 Pentium III

图 3.11　Socket370 Pentium III

（6）Intel Pentium 4 处理器。2000 年，Intel 公司发布了新一代的 Pentium 4 处理器，Pentium 4 采用 Socket423 架构，Willamette 核心，0.18μm 制造工艺，采用了 4200 万个晶体管，主频为 1.4～2.0GHz，如图 3.12 所示。

2001 年，Intel 公司又生产出了采用 Socket478 架构的 Pentium 4，Northwood 核心，0.13μm 制造工艺，如图 3.13 所示。同样，Pentium 4 的简化本版 Pentium 4 Celeron 也采用了 Socket478 架构，如图 3.14 所示。

图 3.12　Socket423 P4

图 3.13　Socket478 P4

图 3.14　Socket478 P4

2004 年 2 月，Intel 公司发布了代号为 Prescott 的 Pentium 4E 处理器，如图 3.15 所示，采用 Socket478 架构，800MHz 前端总线，采用 0.09μm 制造工艺。

同期，AMD 公司推出了 Athlon XP（速龙），采用 SocketA 架构，如图 3.16 所示。Athlon XP 具有当时最强大的浮点单元设计和优秀的整数计算单元，并引入了全新的命名方式，以处理器的效能表现值（PR）来命名，分别命名为 1500+、2700+、3200+等，实际时钟频率为 1.33～2.25GHz。

2004 年 7 月，AMD 公司推出了 Sempron 处理器，首批上市的采用 SocketA 接口，后来推出了 Socket754 接口的 Sempron 处理器，采用 Athlon 64 核心，但被屏蔽了 64 位运算功能，如图 3.17 所示。2005 年，AMD 公司推出了支持 64 位运算、采用 Socket754 和 Socket 939 接口的 Sempron 处理器，如图 3.18 所示。

图 3.15　Pentium 4E 处理器

图 3.16　SocketA Athlon XP

图 3.17　SocketA Sempron

2004 年 6 月，Intel 公司推出了采用 LGA775 架构的 Pentium 4、Celeron D 及 Pentium 4 EE 处理器，CPU 由此进入新的触点时代，如图 3.19 所示。从这时开始 Intel 的 Celeron 系列处理器就使用 3xx 来命名，Pentium 5 以 5xx 来命名，Pentium 4 Extreme Edition 以 7xx 来命名。

图 3.18　Socket754 Sempron

图 3.19　Socket LGA775

（7）Intel Pentium M。2003 年，Intel 公司发布了新一代的移动平台 Centrino（迅驰），即 Pentium M 处理器，如图 3.20 所示。

5. 64 位处理器

2003 年，AMD 公司生产出第一款 64 位处理器——Athlon 64，它不仅支持 64 位代码，还提供了对 32 位和 16 位的兼容。2004 年 2 月，Intel 公司也推出了支持 64 位运算的 Xeon 处理器，第一次跟在 AMD 后面。

（1）AMD Athlon 64 系列。2003 年 9 月，AMD 公司发布了桌面 Athlon 64 系列处理

器（也称 K8 架构）。面向台式机的 64 位处理器分为 Athlon 64 和 Athlon 64 FX，如图 3.21 和图 3.22 所示，其中 Athlon 64 FX 面向高端用户。

（2）Intel Pentium 64 位系列。2005 年 2 月，Intel 公司发布了桌面 64 位处理器，以 6xx 命名，如图 3.23 所示。在 Pentium 4 5xx 系列中也引入 64 位技术，命名为 Pentium 4 5x1，以后缀 1 来表示。在 Celeron D 中，使用 LGA775 封装的产品和双核心 Pentium D 处理器也支持 64 位技术。

图 3.20　Pentium M

图 3.21　Athlon 64

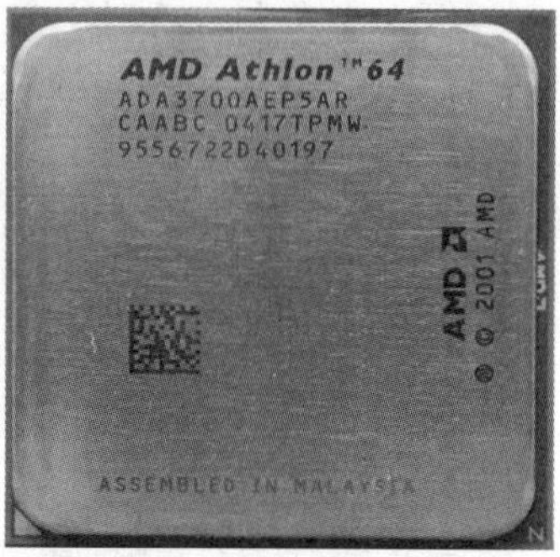

图 3.22　Athlon 64 FX

6. 双核心处理器

（1）Pentium D 和 Pentium Extreme Edition。2005 年 4 月，Intel 公司发布了双核心处理器。称为 Pentium D（不支持超线程技术）和 Pentium Extreme Edition（支持超线程技术），具有 64 位技术，采用 LGA775 封装。Pentium D 最初有 2.8GHz、3.0GHz、3.2GHz 三个型号，而 Pentium Extreme Edition 只有 3.2GHz 一个版本，如图 3.24 所示。

（2）Athlon 64 X2。2005 年 5 月，AMD 公司发布了面向服务器和工作站的企业级 x86 双核计算平台 AMD 双核皓龙处理器 Opteron 和面向桌面型的双核速龙处理器 Athlon 64 X2（包括 4800+、4600+、4400+和 4200+），采用 Socket939 架构，如图 3.25 所示。

图 3.23　Pentium 4

图 3.24　64 位 Pentium D

图 3.25　Athlon 64 X2

7. Intel Core 微架构

Pentium、PentiumII、Pentium III、Pentium 4、Pentium D 使用的 Netburst 架构已经不能满足性能、功耗等方面的需求。2006 年 7 月，Intel 公司发布了新一代的全新的微架构桌面处理器——Core 2 Duo（酷睿 2），并且正式宣布结束 Pentium 时代。

Intel 酷睿处理器家族有酷睿 i7 处理器至尊版、酷睿 i7 处理器、酷睿 i5 处理器、酷睿 2 至尊版处理器（Core 2 Exreme）、酷睿 2 四核处理器（Core 2 Quad）、酷睿 2 双核处理器（Core 2 Duo）六个产品系列。

（1）酷睿 i7 处理器至尊版。酷睿 i7 处理器至尊版全部采用 45 纳米处理器制造技术，使用 LGA1366 接口，四核心。如图 3.26 所示为酷睿处理器 975 至尊版。

（2）酷睿 i7 处理器。酷睿 i7 系列处理器采用 LGA1366 或 LGA1156 接口，45 纳米处理器技术，支持英特尔超线程（HT）技术、英特尔睿频加速技术。如图 3.27 所示为一款 i7 940 处理器。

图 3.26　i7 975 处理器

图 3.27　i7 940 处理器

（3）酷睿 i5 处理器。酷睿 i5 处理器采用 45 纳米处理器技术，采用 LGA1156 接口，不支持英特尔超线程（HT）技术，但支持英特尔睿频加速技术，采用全新三级缓存设计。如图 3.28 所示为一款 i5 750 处理器。

（4）酷睿 2 至尊版处理器。酷睿 2 至尊版处理器支持英特尔虚拟化技术（英特尔 VT）、英特尔可信执行技术（英特尔 TXT）和英特尔 64 架构要求计算机系统具备。采用基于英特尔 975X 高速芯片组的平台（支持双显卡）和基于英特尔 P965 高速芯片组的平台（采用专为增强系统性能而优化的内存引擎）。如图 3.29 所示为一款 QX9770 处理器。

图 3.28　i5 750 处理器

图 3.29　QX9770 处理器

（5）酷睿 2 四核处理器（Core 2 Quad）。Intel 公司于 2006 年 11 月发布了四核桌面处理器 Core 2 Quad（酷睿 2 四核），以 Q 开头，核心代号为 Kentsfield，采用 LGA775 接口。如图 3.30 所示为一款酷睿 2 四核处理器。

（6）酷睿 2 双核处理器（Core 2 Duo）。桌面型 Core 2 Duo 处理器采用 LGA775 接口，以“E”开头，性能从低到高分为 E4xx、E6xx、E8xx 三个系列。Core 2 Duo 系列的命名，由一个前缀字母加四位数字组成，形式是 Core 2 Duo 字母+xxxx，例如 Core 2 Duo E8400 等。如图 3.31 所示为一款酷睿 2 双核处理器。

图 3.30　酷睿 2 四核处理器

图 3.31　酷睿 2 双核处理器

8. AMD K10 微架构

K10 是 AMD 新一代 CPU 的架构，是现有 K8 架构的升级（没有 K9）。K10 架构采用四核，每核心 512KB 二级缓存、共享 2MB 三级缓存、Hypertransport3.0 总线、增强型 PowerNow 省电技术、AMD-V 虚拟化技术、领先的性能每瓦特指标、引入全新 SSE 128bit 技术等。

这一时期 AMD 公司的 CPU 主要有针对低端入门级市场的 AMD 闪龙，面向中端市场的速龙，以及面向高端市场的 AMD 羿龙。

（1）AMD 闪龙（Sempron 系列处理器）。闪龙系列 CPU 的核心类型有 Paris、Palermo、Manila 三种类型。

（2）AMD 速龙。Athlon 64 X2 是 AMD 的桌面双核心处理器，竞争对手是英特尔的 Pentium D 处理器。从架构上来看，Athlon 64 X2 除了多个“芯”外与目前的 Athlon 64 并没有任何区别。如图 3.32 为一款 AMD 速龙处理器。

（3）AMD 羿龙（Phenom 系列处理器）。AMD 羿龙是采用 K10 微架构的 Phenom 处理器系列。Phenom 处理器分为三个系列：双路四核心 Phenom FX（Agena FX）、四核心 Phenom X4（Agena）、双核心 Phenom X2（Kuma）。如图 3.33 所示为一款 AMD 羿龙处理器。

图 3.32　AMD 速龙处理器

图 3.33　AMD 羿龙处理器

9. 未来发展

多核处理器是未来 CPU 发展的主旋律，但协处理器的技术在很大程度上也将影响 CPU 架构的发展和设计思路。未来 CPU 的发展方向可能是“主处理器+多个协处理器”模式。

3.2.3 CPU 的接口类型

不同类型的 CPU 接口，在插孔数、体积、形状方面都有相应的变化，所以不能互相插接。目前主流的 CPU 接口类型主要有以下几种。

1. Intel CPU 接口类型

（1）LGA775 接口。又称为 Socket T，如图 3.34 所示。采用此种接口的 CPU 有单核心 P4、P4 EE、Celeron D，以及双核心的 Pentium D 和 Pentium EE 等。Socket 775 接口 CPU 的底部没有传统的针脚，而代之以 775 个触点，通过与对应的 Socket775 插槽内的 775 根触针来传输信号。Socket775 接口不仅能够有效地提升处理器的信号强度和处理频率，也可以提高处理器生产的良品率、降低生产成本。

图 3.34　LGA775 接口

（2）LGA1156。又称 Socket H1，是 Intel 在 LGA775 和 LGA1366 之后的 CPU 插槽，针脚数为 1156，如图 3.35 所示。采用此种接口的 CPU 有 Intel 的 Core i3、i5、i7 处理器（Nehalem 系列），读取速度比 LGA775 快。此 CPU 接口已被 LGA1155 所取代，两者互不兼容。

（3）LGA1155。又称 Socket Hz，是 Intel 公司在 2011 年推出的新核心 Sandy Bridge 所采用的接口。相比 LGA1156 接口将减少 1 个触点，并且两者是互不兼容的，如图 3.36 所示。但 1155 是 Intel 目前主流的 S&B 平台，可以选择的 CPU 和主板的种类很多，G5XX\G6XX\I3\I5\I7，主板方面有 Z68\P67\H67\H61。

图 3.35　LGA1156 接口

图 3.36　LGA1155 接口

（4）LGA1366。又称 Socket B，如图 3.37 所示。Intel 从 NehalemBloomfield 架构处理器开始使用 QPI 总线。为了支持 QPI 总线所带来的超高带宽，新的 LGA1366 接口诞生了。LGA1366 要比 LGA775 多 600 个针脚，这些针脚用于 QPI 总线、三条 64 位 DDR3 内存通道连接等。采用此种接口的 CPU 为 Intel 的采用 Bloomfield、Gainestown、Nehalem 系列的处理器。

（5）LGA2011。又称 Socket R，2011 年 11 月推出，是英特尔 Sandy Bridge-EX 微架

构 CPU 所使用的 CPU 接口。LGA2011 接口取代 LGA1366 接口，成为 Intel 最新的旗舰产品，如图 3.38 所示。LGA2011 接口有 2011 个触点，处理器最高可达八核，支持四通道 DDR3 内存，支持 PCI-E 3.0 规范。

（6）LGA1150。又称 Socket H3，是 Intel 最新的桌面型 CPU 插座（2013 年推出），供基于 Haswell 微架构的处理器使用，如图 3.39 所示。LGA1150 以后将取代现行的 LGA1155。LGA1150 的插座上有 1150 个突出的金属接触位，处理器上则与之对应有 1150 个金属触点。和 LGA1156 过渡至 LGA1155 一样，LGA1150 和 LGA1155 互不兼容。

图 3.37　LGA1366 接口

图 3.38　LGA2011 接口

图 3.39　LGA1150 接口

2. AMD CPU 接口类型

（1）Socket AM2。Socket AM2 是 2006 年发布的支持 DDR2 内存的 AMD 64 位桌面 CPU 的接口标准，具有 940 根 CPU 针脚，支持双通道 DDR2 内存，如图 3.40 所示。主要适用于 Sempron、Athlon 64、Athlon 64 X2 及 Athlon 64 FX 等全系列 AMD 桌面 CPU；支持 200MHz 外频和 1000MHz 的 HyperTransport 总线频率，支持双通道 DDR2 内存。

（2）Socket AM2+。2007 年推出，Socket AM2+完全相容于 Socket AM2，用于 Socket AM2 的处理器也能用于 Socket AM2+的底板，反之亦然，如图 3.41 所示。

图 3.40　Socket AM2 接口

图 3.41　Socket AM2+接口

（3）Socket AM3。2009 年 2 月推出，具有 940 个插孔，但只有其中 938 个是激活的，可用于多款 AMD 处理器，包括 Sempron II、Athlon II 及 Phenom II 系列，如图 3.42 所示。

（4）Socket AM3＋。2011 年 10 月推出，具有 942 个插孔，但只有 940 个是激活的，可用于 AMD FX 系列的处理器。AM3＋同时向下兼容 AM3，如图 3.43 所示。

图 3.42　Socket AM3 接口

图 3.43　Socket AM3+接口

（5）Socket FM1 接口。2011 年 6 月推出，为“Llano”的新处理器所用的桌上型计算机 CPU 插槽。针脚有 905 个，可用于 AMD Athlon II X4 处理器，如图 3.44 所示。

（6）Socket FM2。Socket FM2 是 AMD Trinity APU 桌面平台的 CPU 插座。FM2 接口不向下兼容 FM1，如图 3.45 所示。

图 3.44　Socket FM1 接口

图 3.45　Socket FM2 接口

3.2.4　CPU 的技术规格参数

CPU 的优劣是由有关性能指标来衡量的。了解某款 CPU，需要阅读 CPU 的技术规格书。打开中关村在线（www.zol.com.cn）网站，选择 DIY 硬件中的 CPU，就列出市场上主流的 CPU，如 Intel 酷睿 i7 4770K，会显示该款 CPU 的技术参数，如表 3.1 所示。

表 3.1　Intel 酷睿 i7 4770K CPU 参数

重要参数	插槽类型：LGA1150	核心数量：四核心八线程
	CPU 主频：3.5GHz	核心代号：Haswell
	最大睿频：3.9GHz	热设计功耗（TDP）：84W
	制作工艺：22 纳米	适用类型：台式机
	二级缓存：4×256KB	倍频：39 倍
	三级缓存：8MB	外频：100MHz

续表

详细参数	基本参数	适用类型：台式机 CPU 系列：酷睿 i7 4700 包装形式：盒装
	CPU 频率	CPU 主频：3.5GHz 最大睿频：3.9GHz 外频：100MHz 倍频：39 倍
	CPU 插槽	插槽类型：LGA1150 针脚数目：1150pin
	CPU 内核	核心代号：Haswell 核心数量：四核心 线程数：八线程 制作工艺：22 纳米 热设计功耗（TDP）：84W
	CPU 缓存	一级缓存：2×64KB 二级缓存：4×256KB 三级缓存：8MB
	技术参数	指令集：SSE 4.1/4.2，AVX 2.0 内存控制器：双通道 DDR3 1333/1600 支持最大内存：32GB 超线程技术：支持 虚拟化技术：Intel VT 64 位处理器：是
	显卡参数	集成显卡：是 显卡基本频率：350MHz 显卡最大动态频率：1.25GHz 其他参数：处理器显卡：Intel HD Graphics 4600

1. CPU 的基本参数

CPU 的基本参数包括 CPU 的适用类型、CPU 系列型号、核芯类型、接口类型、针脚数目和制造工艺等。

（1）CPU 的适用类型。CPU 适用类型是指计算机类型。笔记本电脑、台式计算机、服务器所使用的 CPU 类型是不同的。

（2）CPU 型号。CPU 厂商会根据 CPU 产品的市场定位来给属于同一系列的 CPU 确定一个系列型号便于分类和管理，一般来说，CPU 系列型号是区分 CPU 性能的重要标识。比如，目前 Intel 针对台式计算机的主流 CPU 系列型号有：英特尔酷睿 i7 处理器至尊版、第四代智能英特尔酷睿 i7 处理器、第四代智能英特尔酷睿 i5 处理器、第四代智能英特尔酷睿 i3 处理器、第四代智能英特尔酷睿 i7 博锐处理器、第四代智能英特尔酷睿 i5 博锐处理器等系列。

（3）核芯类型。核芯（Die）又称内核，是由单晶硅以一定的生产工艺制造出来的。为了便于 CPU 设计、生产、销售的管理，CPU 制造商会对各种 CPU 核芯给出相应的代号，这就是所谓的 CPU 核芯类型。每一种核芯类型都会有不同的制造工艺、核芯面积、核芯电压、电流大小、晶体管数量、缓存大小、主频范围、流水线架构和支持的指令集、功耗、封装方式、接口类型和前端总线频率等。因此，核芯类型在一定程度上决定了CPU的工作性能。

（4）接口类型。CPU接口是CPU内核与主板之间的连接方式。不同核心的CPU接口也不同，主要接口方式有引脚式、卡式、触点式和针脚式等。接口类型不同，在插孔数、体积和形状上都有变化，所以，不能相互混用接插。

（5）针脚数目。CPU针脚数目是指CPU的引出线，这与CPU接口类型中具有相同的数字。

（6）制造工艺。CPU的制造工艺是用来表征组成芯片的电子线路或元件的细致程度，通常采用μm（微米）作为单位，也有使用nm（纳米）作为单位的，1μm＝1000 nm。

（7）工作电压。工作电压（Supply Voltage）是指CPU正常工作所需的电压。工作电压越低，说明CPU制造工艺越先进，CPU运行时耗电功率就越小。早期CPU的工作电压一般为5V，目前主流CPU的工作电压一般都低于1.5V。

2. CPU的技术参数

CPU的技术参数包括处理器主频、系统总线频率、前端总线频率、倍频和CPU指令集等。

（1）处理器主频。主频也叫CPU的时钟频率（CPU Clock Speed），是CPU内核运行时的时钟频率。单位通常是GHz。

假如某CPU的型号是“Intel Core 2 Duo E8200 2.66GHz”，其中，“2.66GHz”就是其主频。从理论上讲，CPU的频率越高，运算速度就越快，性能也就越高。

（2）外频。外频又称外部时钟频率，是主板上晶体振荡电路为CPU提供的基准频率，单位是MHz，是CPU与计算机其他部件（主要是主板）之间同步进行的速度。外频实际上也是整个计算机系统的基准频率。外频速度越高，CPU与其他部件间的数据传输速度越快，整机的性能越好。目前主流CPU的外频基本上是200MHz、266MHz和333MHz等几种。

（3）前端总线频率FSB（Front Side Bus）。前端总线就是CPU与北桥芯片之间的通道，负责CPU与北桥芯片之间的数据传输，其频率高低直接影响CPU访问内存的速度。单位为MHz。它反映了FSB传输数据的速率。如果主板不支持CPU所需要的前端总线频率，系统就无法工作。也就是说，需要主板和CPU都支持某个前端总线频率，系统才能工作。目前前端总线的频率有800MHz、1066MHz、1333MHz、1600MHz、2000MHz等。

（4）倍频。倍频是CPU的时钟频率和系统总线频率（外频）间相差的倍数，倍频越高，时钟频率就越高。主频、外频和倍频三者之间的关系是：

CPU的主频＝外频×倍频

在外频不变的情况下，倍频越大，CPU的实际频率就越高，运行速度就越快。

（5）CPU指令集。CPU通过执行指令完成运算和控制系统。每种CPU在设计时都规定了其与硬件电路相配合的指令系统，即能执行的全部指令的集合。扩展指令集反映了CPU功能的强弱，是CPU的重要指标。

目前，Intel和AMD的PC机CPU扩展指令集是指在x86指令集基础上，为了提高CPU性能开发的指令集。常见的扩展指令集有Intel的MMX、SSE、SSE2、SSE3、SSE4、SSE5和AMD的3D now！等，分别增强了CPU对多媒体信息、因特网数据流、视频信息和三维（3D）数据等的处理能力。

（6）超线程技术。超线程（Hyper-threading，HT）是 Intel 公司在 Pentium 4 中新增的一项技术。所谓超线程技术就是利用特殊的硬件指令，把多线程处理器内部的两个逻辑内核模拟成两个物理芯片，从而使单个处理器就能“享用”线程级的并行计算的处理器技术。应用超线程技术的 CPU 可同时进行多任务的处理，当计算机系统应用超线程技术后，性能可以提高 25%以上。

（7）虚拟化技术。CPU 的虚拟化技术是一种硬件方案，支持虚拟技术的 CPU 带有特别优化过的指令集来控制虚拟过程，通过这些指令集，VMM 会很容易提高性能，相比软件的虚拟实现方式会在很大程度上提高性能。

（8）Turbo Boost 技术（英特尔睿频加速技术）。英特尔睿频加速技术是英特尔酷睿 i7/i5 处理器的独有特性，也是英特尔新宣布的一项技术。这项技术可以理解为自动超频。当开启睿频加速之后，CPU 会根据当前的任务量自动调整 CPU 主频，从而重任务时发挥最大的性能，轻任务时发挥最大节能优势。

（9）EM64T 技术。Intel 的 EM64T 技术全名是 Extended Memory 64 Tenchnology 中文解释就是扩展 64bit 内存技术。

3. CPU Cache

CPU 的高速缓存（Cache）是内置在 CPU 中的一种临时存储器，读/写速度比内存快。它为 CPU 和内存之间提供了一个高速数据缓冲区。内置的高速缓存可以提高 CPU 的运行效率。缓存的工作原理是：当 CPU 要读取一个数据时，首先从缓存中查找，如果找到就立即读取并送给 CPU 处理；如果未能找到，才从内存中进行读取，同时把这个数据所在的数据块调入缓存中，以便以后能够快速地从缓存中读取该数据，而不必再去读内存。CPU 的缓存分为一级缓存（L1 Cache）、二级缓存（L2 Cache）和三级缓存（L3 Cache）三种。

（1）一级缓存。一级缓存（内部缓存）是指封装在 CPU 芯片内部的高速缓存。它用来暂时存储 CPU 运算时的部分指令和数据。内部缓存的存取速度与 CPU 主频相同，容量单位一般为 KB。容量基本为 64～256KB。一级缓存越大，CPU 工作时与存取速度较慢的二级缓存和内存间交换数据的次数越少，相对来说，计算机的运算速度就越高。

（2）二级缓存。二级缓存的容量分为 512KB、1MB、2MB、2MB×2、3MB、4MB、6MB、8MB 和 12MB 等多种。二级高速缓存主要存放计算机运行时操作系统的指令、程序数据和地址指针等。

二级高速缓存的容量是各生产商尽最大能力提高的对象。CPU 的二级高速缓存容量是衡量 CPU 性能的重要参数指标之一，因此在选购时一定要重点看这个参数。

二级高速缓存的容量一般用来作为高端和低端 CPU 产品的分界标准。CPU 的二级高速缓存容量目前多为 1MB（低端）和 12MB（高端）。

（3）三级缓存。三级缓存的应用可以进一步降低内存延迟，同时提升大数据量计算时处理器的性能。

4. 其他参数

（1）多核。多核 CPU 就是基于单个半导体的一个 CPU 上拥有多个相同功能的处理器核心，即将多个物理处理器核心整合入一个内核中。

现在，CPU 的发展方向已经转移到多核和性能功耗比上。与单纯提升 CPU 频率相比，采用多核设计，CPU 的性能功耗比将得到有效的提升。目前 CPU 的内核有 2、4、6 和 8 核等。

（2）节电技术。微机即便在睡眠和待机状态下，能耗也是很大的，所以，Intel 和 AMD 公司都推出了各自降低 CPU 功耗的技术。

① Intel 的 EIST 技术。EIST（Enhanced Intel SpeedStep Technology）即智能降频技术，是 Intel 公司专门为移动平台和服务器平台处理器开发的一种节电技术，它通过操作系统检测 CPU 的负荷而实时调整 CPU 的运行频率及电压。如果在一段时间内 CPU 负荷比较低，将会降低 CPU 的工作频率和电压已达到降噪节能的目的。

② AMD 的 C&Q。C&Q（Cool and Quiet，即冷又静），是 AMD 第一种用于台式机处理器的节能技术。当处理器的任务不是很重时，根据 CPU 任务量的多少调用和关闭一些晶体管，可大幅度减轻散热系统的压力。目前，AMD 全系列 CPU 都支持 C&Q 技术。

（3）乱序执行技术。乱序执行（Out-of-Order Execution）是指 CPU 允许将多条指令不按程序规定的顺序，分开发送给各相应电路单元处理的技术。

3.2.5 市场主流 CPU 产品

目前生产 CPU 的主要厂商有 Intel 和 AMD 公司两家。随着 CPU 产品的不断增多，各种价格、各种档次、各种型号的产品参差不齐。两公司的同级产品性能接近，各有千秋，但 AMD 的价格略低。那么应如何选择适合自己的 CPU 产品呢？下面首先介绍 Intel 公司和 AMD 公司的主要产品。

1. Intel CPU

目前，市场上 Intel 公司的处理器产品系列见表 3.2 所示。

表 3.2 Intel 公司处理器产品

序　号	产 品 系 列	处理器产品	使 用 对 象
1	智能英特尔酷睿处理器家族	第四代智能英特尔酷睿 i7 处理器	台式机，笔记本电脑
		第四代智能英特尔酷睿 i5 处理器	
		第四代智能英特尔酷睿 i3 处理器	
		智能英特尔酷睿 i7 处理器至尊版	
		第四代智能英特尔酷睿博锐处理器	
2	经济型处理器	英特尔奔腾处理器	笔记本电脑，台式机
		英特尔赛扬处理器	笔记本电脑，台式机
3	英特尔至强处理器系列	英特尔至强 E7 系列	服务器
		英特尔至强 E5 系列	
		英特尔至强 E3 系列	
		英特尔至强融核协处理器	
4	英特尔凌动处理器		平板电脑，智能手机，数字标牌，车载信息娱乐平台，数字标牌，车载信息娱乐系统，嵌入式设备
5	英特尔安腾处理器		服务器

（1）Intel 酷睿处理器家族。目前主流的 Intel 酷睿处理器家族为第四代英特尔酷睿处理器，产品有 i7、i5、i3、酷睿 i7 处理器至尊版、酷睿博锐处理器等 5 个产品系列。在这里只是列出每个家族有代表性的产品，详细的产品请参看 http://www.intel.com/products/processor%5Fnumber/zho/。

① 英特尔酷睿 i7 处理器至尊版。英特尔酷睿 i7 处理器至尊版面对最苛刻的任务、多媒体、极速游戏等让用户享受最高性能。表 3.3 列出了市场上部分 Intel 酷睿 i7 至尊版系列处理器。

表 3.3　第四代智能英特尔酷睿 i7 处理器至尊版一览表

处理器号	处理器技术	高速缓存	时钟速度	内核数	线程数
i7-4960X	22nm	15MB	4.0GHz	6/12	12
i7-4930K	22nm	12MB	3.9GHz	6	12
i7-4820K	22nm	10MB	3.9GHz	4	8
i7-3970X	22nm	15MB	4.0GHz	6	12
i7-3960X	32nm	15MB	3.90 GHz	6	12
i7-3930K	32nm	12MB	3.8GHz	6	12
i7-3820	32nm	10MB	3.8GHz	4	8

② 第四代智能英特尔酷睿 i7 处理器。英特尔酷睿 i7 处理器为四核处理器，具备 8 路多任务功能和额外的 L3 高速缓存。

第四代智能英特尔酷睿 i7 处理器提供通过高清和 3-D、多任务处理和多媒体显著体现的与众不同之处，是适用最苛刻的任务的最理想选择。如图 3.46 所示为一款第四代智能英特尔酷睿 i7 处理器。表 3.4 列出了市场上的第四代智能英特尔酷睿 i7 处理器。

图 3.46　i7-4770K 处理器

表 3.4　第四代智能英特尔酷睿 i7 处理器一览表

处理器号	高速缓存	时钟速度	内核数/线程数	内存类型	图　形
i7-4960HQ	6.0 MB	2.60 GHz	4 / 8	DDR3L-1333,1600	IntelIris Pro Graphics 5200
i7-4600M	4.0 MB	2.90 GHz	2 / 4	DDR3L-1333,1600	Intel HD Graphics 4600
i7-4600U	4.0 MB	2.10 GHz	2 / 4	DDR3L-1333/1600; LPDDR3-1333/1600	Intel HD Graphics 4400

续表

处理器号	高速缓存	时钟速度	内核数/线程数	内存类型	图　形
I7-4610Y	4.0 MB	1.70 GHz	2 / 4	DDR3L-1333/1600; LPDDR3-1333/1600	Intel HD Graphics 4200

③ 第四代智能英特尔酷睿 i5 处理器。英特尔酷睿 i5 处理器为双核或四核处理器，采用英特尔睿频加速技术 2.0，其 4 路多任务功能可以随时根据需要加快处理速度，并提供安全特性以保护信息和数据。采用英特尔智能高速缓存，可以根据工作负载动态分配到每个处理器内核，大大降低了延迟，并提升了系统性能。

表 3.5 列出了目前市场上的第四代智能英特尔酷睿 i5 处理器部分产品。

表 3.5　第四代智能英特尔酷睿 i5 处理器部分产品一览表

处理器号	高速缓存	时钟速度	内核数/线程数	内存类型	图　形
i5-4200H	3.0 MB	2.80 GHz	2 / 4	DDR3L-1333,1600	Intel HD Graphics 4600
i5-4440	6.0 MB	3.10 GHz	4 / 4	DDR3-1333/1600	IntelHD Graphics 4600
i5-4440S	6.0 MB	2.80 GHz	4 / 4	DDR3-1333/1600	Intel HD Graphics 4600
i5-4400E	3.0 MB	2.70 GHz	2 / 4	DDR3L-1333,1600	Intel HD Graphics 4600

④ 第四代智能英特尔酷睿 i3 处理器。英特尔酷睿 i3 处理器提供了经济型计算机的基础，为双核处理器，支持英特尔超线程（HT）技术、英特尔智能高速缓存技术和英特尔虚拟化技术（VT-x），但不支持英特尔睿频加速技术，具备 4 路多任务功能和内置用于软件更新的性能空间，是保证投资回报的极佳选择。表 3.6 列出了目前市场上的第四代智能英特尔酷睿 i3 处理器部分产品。

表 3.6　第四代智能英特尔酷睿 i3 处理器部分产品一览表

处理器号	高速缓存	时钟速度	内核数/线程数	内存类型	图　形
i3-4000M	3.0 MB	2.40 GHz	2 / 4	DDR3L-1333,1600	Intel HD Graphics 4600
i3-4005U	3.0 MB	1.70 GHz	2 / 4	DDR3L-1333/1600; LPDDR3-1333/1600	Intel HD Graphics 4400
i3-4100E	3.0 MB	2.40 GHz	2 / 4	DDR3L-1333,1600	Intel HD Graphics 4600
i3-4102E	3.0 MB	1.60 GHz	2 / 4	DDR3L-1333,1600	Intel HD Graphics 4600

（2）其他系列 Intel CPU。目前市场上 Intel 第四代酷睿处理器家族为主流，除此以外还有英特尔酷睿博锐处理器家族、英特尔奔腾处理器、英特尔赛扬处理器等系列产品。更详细的介绍请参阅 http://www.intel.com.cn 网站的产品介绍。

2. AMD CPU

目前，AMD 公司生产的台式机 CPU 主要有针对低端入门级市场的 AMD 闪龙，面向中端市场的速龙 II，面向高端市场的 AMD 羿龙 II，以及 AMD FX 处理器和 AMD A 系列 APU 处理器。

（1）AMD FX 系列处理器。AMD FX 系列处理器是八核台式机处理器，全新“Bulldozer”架构，无与伦比的多任务处理能力，纯正的内核性能，使用简单易用的 AMD Overdrive™和 AMD Catalyst Control Center™软件套件可实现超频，采用全新的 32 纳米封装，漏电率降低，效率更高，时钟频率空间更大，散热效果更好。

如图 3.47 所示为一款 AMD FX 系列处理器。表 3.7 列出了目前市场上的 AMD FX 系列处理器部分产品。

图 3.47　AMD FX-8350 处理器

表 3.7　AMD FX 系列处理器部分产品一览表

型　号	频　率	内 核 数	缓　存	封　装	设 计 功 率
FX-9370	4.7GHz	8	8MB	Socket AM3+	220W
FX-8350	4.0GHz	8	8MB	Socket AM3+	125W
FX-8320	3.5GHz	8	8MB	Socket AM3+	125W
FX-6300	3.5GHz	8	8MB	Socket AM3+	95W
FX-4350	4.2GHz	8	8MB	Socket AM3+	125W

（2）AMD A 系列 APU 处理器。AMD A 系列 APU 处理器通过革新台式机加速处理器，使其同时具备多核 CPU 的强大功能和 AMD Radeon 显卡之美，在单一高能效芯片上实现功能多合一，让个人计算机上的游戏焕然一新。借助 AMD Turbo Core 3.0 技术，轻松穿行于各种应用中，享受 AMD HD3D 游戏技术带来的增强型逼真感体验，使用 AMD 宽域技术最多可连接六台显示器。

（3）AMD 羿龙 II 处理器。AMD 羿龙 II 处理器是业界真四核 x86 处理器，采用直连架构的 AMD64 技术、AMD 平衡的智能缓存技术、HyperTransport™（超传输）技术，并拥有快速虚拟化索引的 AMD 虚拟化™（AMD-V™）技术。AMD 羿龙 II 处理器有六核、四核、双核等型号。

如图 3.48 所示为一款 AMD 羿龙 II 六核处理器，图 3.49 所示为一款 AMD 羿龙 II 四核处理器。表 3.8 列出了目前市场上的 AMD 羿龙 II 处理器部分产品。

图 3.48　六核 1090 处理器

图 3.49　四核 980 处理器

表 3.8 AMD 羿龙 II 处理器部分产品一览表

型号	频率	二级缓存容量	三级缓存	封装	设计功率	CMOS 技术
1100T	3.3 GHz	3MB	6MB	AM3+	125W	45nm SOI
1090T	3.2 GHz	3MB	6MB	AM3+	125W	45nm SOI
1075T	3.0 GHz	3MB	6MB	AM3+	125W	45nm SOI
1065T	2.9 GHz	3MB	6MB	AM3+	95W	45nm SOI
1055T	2.8 GHz	3MB	6MB	AM3+	125W	45nm SOI
1045T	2.7 GHz	3MB	6MB	AM3+	95W	45nm SOI

（4）AMD 速龙 II 处理器。AMD 速龙 II 处理器支持 AMD PowerNow!™技术（凉又静技术）、AMD64 技术、增强型病毒防护和 HyperTransport™（超传输）技术。AMD 速龙 II 处理器市场型号由 AM3 封装：双核 270、265、260、255、250、240、250e、245e、270u、170u，三核 460、455、450、425e、420e，四核 650、645、640、620e、615e。

如图 3.50 所示为一款 AMD 速龙 II 四核处理器，图 3.51 所示为一款 AMD 速龙 II 三核处理器。

图 3.50 四核 645

图 3.51 三核 435

（5）AMD 闪龙处理器。AMD 闪龙处理器支持 AMD 64 位技术，HyperTransport（超传输）技术，高速缓存高达 258KB，一个采用 1600MHz 全双工总线技术的 16 位链接，以及集成的内存控制器。采用 AM3 封装技术。

关于 AMD 处理器更详细的介绍请参阅 http://www.amd.com/cn 网站的产品介绍。

3.2.6 CPU 散热器

随着 CPU 的频率不断提高，CPU 的发热量也在不断上升，CPU 的散热问题变得越来越重要。经过近几年的发展，散热器的产品除了不断丰富之外，在技术上也逐渐成熟，各大散热器厂商更是不断地开发出有自己特色的散热技术。虽然 CPU 散热器根据工作原理不同可以分为风冷式、热管散热式、水冷式、半导体制冷式和液态氮制冷等几种，但常用的散热器仍然是风冷式，如图 3.52 所示。热管散热器也有一定范围的应用，如图 3.53 所示。

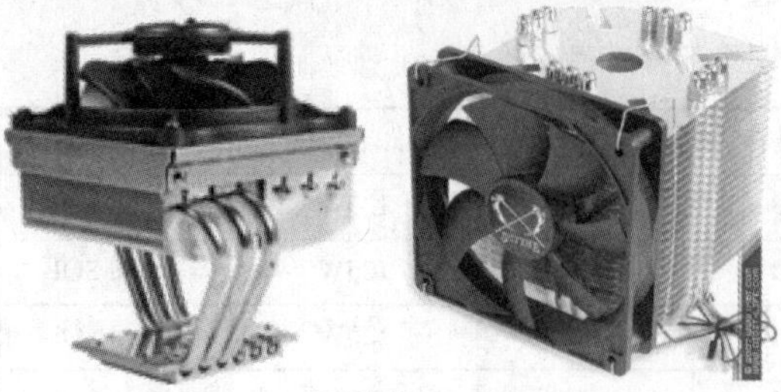

图 3.52　风冷散热器

图 3.53　热管散热器

风冷散热方式的工作原理是：CPU 产生的热量通过热传导传递到散热片，风扇高速转动将绝大部分热量通过对流（强制对流和自然对流）的方式带走，只有极少部分的热量通过辐射方式直接散发。风冷散热器的制造成本低，可操作性强，使用起来也方便安全，所以成为现在常用的散热方式。风冷散热器主要由散热片、风扇和扣具构成。风冷式散热器的组件介绍如下。

1. 散热片

散热片由底座和鳍片（或称鳃片）两部分组成。CPU 的内核面积通常不到 $2cm^2$，但功耗却达到几十瓦。通过散热片的底座把 CPU 内核处的热量传导到巨大面积的鳍片上，最终将热量散发到空气中。散热效果与散热片的底座表面积、鳍片和空气的接触面积有关，热交换面积越大，散热效果就越好。

（1）散热片的材料。散热片的材料主要分为铜、铝两种。由于铝材质价廉，延展性好，易于成形，所以早期多为铝质散热器，但其缺点是导热性能不高。在高端散热器产品上多选用纯铜材质，但由于铜比铝较难以挤压成形，工艺要求更加严格，因此，铜制散热片的成本要远远高于铝制散热片。为此，目前中、高端产品中，普遍采用铜铝结合的散热器技术，即底部镶铜，CPU 散发的热量通过铜散热片传递给铝质鳍片，再通过风扇的对流作用散发到空气中，完成热传导过程。

（2）散热片设计和工艺。散热片体积越大，其吸收和传递的热量就越多，散热效率就越高。但受空间（主板上其他元器件的排列）和成本所限，散热器的体积到达一定程度后，就难以再继续增大了。因此，为了继续提升散热片的散热效果，不得不在散热鳍片的造型和数量上下工夫。目前，散热片多采用挤压技术、切割技术、折叶技术和锻造技术。

散热片与 CPU 接触面应尽可能平滑，这有利于降低 CPU 内核与散热片的热阻。为使 CPU 运转时散发出的热量得到良好的传递，Intel 公司和 AMD 公司对其 CPU 产品配套的散热片平整度有严格的要求。

2. 风扇

对于风冷散热器，要通过风扇的强制对流来加快热量的散失，因此，风扇对整个散热效果起到了决定性的作用，它的质量好坏往往决定了散热器效果和使用寿命。评价一款风扇的好坏主要通过考察风量、噪声、风压大小，采用何种轴承，使用寿命长短等因素。

（1）风扇口径。风扇口径就是风扇的通风面积，这是一个很重要的指标，它关系到风扇的排风量。风扇的口径越大，排风量也就越大，风力效果的作用面也就越大。

但要注意，在使用 Micro ATX 型主板时，风扇的口径不能太大，以防止出现无法安装的情况。

（2）风扇转速。风扇转速是衡量风扇能力的重要指标，有些风扇转速已达 4000rpm 以上。一般来说，同样尺寸的风扇，转速越高，风量也就越大，CPU 获得的冷却效果就越好。风扇的转速与风扇的功率是密不可分的。功率越高，风扇的转速也就越高，向 CPU 传送的进风量就越大，但其噪声也会随之增加，所以应权衡考虑。

（3）风扇的排风量。风扇排风量即体积流量，是指单位时间内流过的气体的体积。这当然是越大越好，一般而言，风扇尺寸变大，转速提高，都会增加其风量。

（4）风扇的噪声。风扇噪声与摩擦力、空气流动有关。风扇转速越高、风量越大，产生的噪声也会越大，另外，风扇自身的振动也是不可忽视的因素。从解决噪声的角度来说，风扇是越大越好。风扇高速转动时，转轴和轴承之间会摩擦碰撞，这也是风扇噪声的一个主要来源。

（5）风扇轴承。风扇的轴承是散热器的关键部件。目前，风扇采用的轴承主要有油封轴承、单滚珠轴承、双滚珠轴承、液压轴承、磁悬浮轴承、汽化轴承和流体保护系统轴承等。它们都有自身的优缺点，价格也差异较大。如果对常用的油封轴承、单滚珠轴承和双滚珠轴承进行比较，从噪声大小来说：双滚珠轴承>单滚珠轴承>油封轴承，但使用寿命却恰恰相反。后面几种轴承都是新近采用的技术，虽然优点相当明显，但价格很高。

3.3 任务实施

3.3.1 选购 CPU

前面介绍了 CPU 的基本知识、结构和性能指标，即对目前市场上的主流 CPU 型号做了详细介绍。但目前市场上的 CPU 型号多种多样，CPU 选择范围越来越大，而且在每一个档次上都有不同的选择，该如何选择一款合适的 CPU 呢？下面介绍一些在选购 CPU 时可能会用到的小知识和小技巧。

1. 根据 CPU 性能参数，把握按需选购的原则

CPU 是决定计算机性能的主要部件之一，在价格上也有很大差别。选购 CPU 不仅要知道市场行情，了解双/四/六/八核 CPU、自动超频等热点，更要把握按需选购的原则。

首先，不要盲目追求主频。目前，主流 CPU 工作频率已经很高，多核处理器的出现也使市场得到迅速划分。主频低不等于计算机性能差。

其次，正确划分用户群。对不同消费群体选购 CPU 有不同的建议。

（1）初级用户通常是学生和计算机初学者。他们买计算机的主要用途就是学习、处理基本文档、上网和听音乐、看电影等。因此对 CPU 的要求不是很高，也没有必要购买价格很高的 CPU。

（2）中级用户。中级用户一般是对计算机知识有了一定的了解，对计算机的操作、使用相当熟悉的用户，也是最大的用户群体。高校中对技术比较感兴趣的学生，或者对计算机游戏特别痴迷的朋友，或者在工作中需要处理一些较为复杂，要求较高的工作，

如视频采集、媒体影音图像的处理等的白领阶层都应该属于这一群体。

（3）高级用户。专业图形处理工作者、超级游戏玩家和超级DIY爱好者都应该属于这一用户群，但是并不是说这类用户都应该使用最新、最快、最贵的CPU。

2. 品牌与选择原则

一般来说，Intel以品牌、稳定性和兼容性取胜，AMD以性能高、价格低取胜。按照Intel和AMD的产品定位，Intel的赛扬系列和AMD的闪龙系列适合商用、办公、家庭的日常计算和处理，属于中低端产品，性价比高。

Intel的酷睿i7处理器至尊版和AMD的FX版，适合专业人员的特殊任务计算和处理，属于高端产品。

3. 区别散装与盒装

市场上零售的CPU，主要有盒装和散装两种类型。从技术角度而言，散装CPU和盒装CPU并没有本质的区别，在质量上是一样的。从理论上说，盒装和散装产品在性能、稳定性及可超频的潜力方面不存在任何差距，主要差别在质保时间的长短及是否带散热器。一般而言，盒装CPU的保修期通常为三年，而且带有一台质量较好的散热风扇，而散装CPU一般的质保时间是一年，不带散热器。所以，盒装CPU比散装CPU价格高。

盒装CPU的真假可从以下三方面进行识别。

（1）识别Intel公司CPU的方法。对于Intel公司的盒装CPU，识别方法很简单：首先，盒装产品提供三年质保；其次，真盒装CPU说明书封套上的字体细致，图像清晰，说明书正面有激光防伪标志，并可拨打800免费电话进行查询，假货字体粗糙，没有激光防伪标志，纸张偏大、图像模糊。

正品盒装CPU表面上的序列号，与包装盒上的系列号应该是相同的，而且与散热风扇的序列号也应该是相对应的，可以通过拨打800（8008201100）免费电话进行验证。

（2）识别AMD公司CPU的方法。首先，看封品贴的防伪标签，真盒的标签颜色比较暗，可以很容易地看到镭射图案全图，而且用手摸上去有凸凹的感觉；其次，真盒的封条有点绿色，并且颜色过渡比较自然，还有用手摸防伪标签旁边会有磨砂的感觉；再次，真盒的条形码做工细腻，序列号完全和盒包内CPU上的序列号吻合；最后，正品盒包的CPU表面上的序列号、产地与包装盒的表面印制的序列号、产地一致，并且风扇也享受三年的保修。所以大家在购买时，如果发现质保标签和处理器表面的SN校验码不相同就应该拒绝购买。

（3）利用软件检测。由于CPU外观在不断地变化，CPU造假水平又在不断地提高，依靠肉眼已经很难辨别CPU的真伪了，因此使用专门的软件（例如WCPUID和Intel CPU ID Utility）对CPU进行检测，是目前辨别CPU真伪的最主要手段。

4. 盒装CPU和散装CPU的选购

对于CPU厂商而言，其产品按照供应方式可以分为两类：一类供应给品牌机厂商，另一类供应给零售市场。面向零售市场的产品大部分为盒装产品，而散装产品则部分来源于品牌机厂商外泄及代理商的销售策略。由于盒装CPU的保修期要长一些（通常为三年），而且附带有一只质量较好的散热风扇，因此往往受到广大消费者的喜爱。然而这并不意味着散装 CPU 就没有质保，只要选择信誉较好的代理商，一般都能得到为期一年的常规保修时间。事实上，CPU 并不存在保修的概念，此时的保修等于是保换，因此不必担心散装的质保水准会有任何水分。

3.3.2 选购 CPU 散热器

随着热管和各种优秀技术的引入，但风冷散热器依然是大家的首选产品。选购散热器要注意以下问题。

1. 适用的平台不同，散热器也不同

目前，桌面机处理器的主流平台主要有 Intel LGA775 和 AMD Socket AM2，这两种平台要使用各自的散热器。LGA775 接口类型比较简单，外端只有散热器固定孔而没有安装支架。AMD AM2 用 4 个螺钉将支架固定于主板上。在购买散热器时必须特别注意，以免购入不适合的产品而无法使用。

2. 要明确主要用途

用于超频的，就必须将散热器的性能放在第一位，噪声及功耗作为次要的选择；如果是一位音乐爱好者或者需要长时间工作者，噪声、功耗才是首先需要考虑的。

如果购买的是盒装 CPU，其包装中一般都会附带一个原装散热器，只要不超频使用 CPU，就没有必要另外购买散热器。

3.4 技能训练

3.4.1 识别 CPU

1. 实训目的

通过本次练习，使学生能够正确识别市场上的主流 CPU。

2. 实训准备

准备不同品牌的 CPU 让学生识别等。

3. 实训任务

通过网络、走访 IT 市场并利用 CPU 测试软件，了解不同档次的不同品牌的 CPU 的技术指标。在表 3.9 中列出了不同档次的部分典型产品代表。

表 3.9 不同档次的主板的部分典型产品代表

品 牌	型 号
Intel	Intel 酷睿 i7 4770K、i7 3770K、i5 4570、i3 4130、i7 920
AMD	AMD A10-6800K、AMD 速龙 II X4 750K、AMD A10-5800K、AMD A8-5600K

4. 实训步骤

通过网络、走访 IT 市场并使用 CPU，在表 3.10 中填入以上各款 CPU 的技术规格。

表 3.10　各种主板的技术规格

姓名		班级		学号	
CPU 品牌及型号					
规格名称	技术参数				
制造工艺					
核心					
接口					
外频					
前端总线频率					
一级缓存					
二级缓存					
支持指令集					
功耗					
核心电压					
节能技术					
大约价格					

3.4.2　测试 CPU

1. 实训目的

通过本次练习，使学生能够掌握 CPU-Z 或 AID64 软件的使用。

2. 实训准备

（1）一台可正常运行的计算机。
（2）CPU-Z 软件。
（3）AID64 软件。

3. 实训任务

使用 CPU-Z 软件或 AID64 软件对 CPU 进行测试。

4. 实训步骤

步骤 1：搭建测试硬件平台。
步骤 2：搭建测试软件平台。
步骤 3：安装并运行 CPU-Z 软件或 AID64 软件。
步骤 4：逐一尝试使用 CPU-Z 软件或 AID64 软件测试 CPU 的各项性能指标。

习 题

一、选择题

1．下面 CPU 指令集中（　　）是多媒体扩展指令集。

A．SIMD　　B．MMX　　C．3Dnow!　　D．SSE

2．下列厂商中（　　）是 Celeron（赛扬）CPU 的生产厂商。

A．AMD　　B．Intel　　C．SiS　　D．VIA

3．CPU 分为非 Intel 和 Intel 及其兼容产品，非 Intel 产品的主要代表厂商是（　　）。

A．AMD 公司　　B．Motorola 公司

C．威盛公司　　D．IDT 公司

4．CPU 的主频由外频与倍频决定，在外频一定的情况下，通过（　　）提高 CPU 的运行速度，称之为超频。

A．外频　　B．速度　　C．主频　　D．缓存

5．CPU 的接口种类很多，现在大多数 CPU 的接口为（　　）接口。

A．针脚式　　B．引脚式　　C．卡式　　D．触点式

6．以下 CPU 中，采用 LGA1155 接口的是（　　）。

A．Celeron　　B．PhenomII

C．Core2 Duo　　D．Core　i5

二、填空题

1．CPU 的主频＝________×________。

2．目前 CPU 的接口主要有________和________两大类。

3．CPU 采用的扩展指令集有 Intel 公司的________、________和 AMD 公司的________等几种。

4．按照 CPU 处理信息的字长，可以把它分为__________、__________、__________、________及________微处理器。

5．在 CPU 中，用来暂时存放数据、指令等各种信息的部件是________。

6．CPU 的主要性能指标有________、________、________等。（列举其中三个。）

7．给 CPU 加上散热片和风扇的主要目的是为了________。

三、简答题

1．什么是 CPU 的主频和外频？它们之间的关系如何？

2．什么是前端总线频率（FSB）？它与外频有何联系？

3．CPU 中的高速缓存有什么作用？

4．CPU 的主要性能指标有哪些？

5．什么是 CPU 双核心技术？它与超线程技术有何不同？

6．Core i7 四核心 CPU 与 Core 2 Quad 四核心 CPU 有何不同？

7．选购 CPU 时应注意哪些事项？

四、实训题

1．到市场或上网了解当前台式计算机用的主流 CPU 的型号、价格等情况。

2．到市场或上网了解当前笔记本电脑用的主流 CPU 的型号、价格等情况。

3．观察并熟悉 Intel 公司、AMD 公司所生产的各型号 CPU 的结构（包括 Socket 架构和 Slot 架构）、标志、品牌、型号、外形及防错接特征。

任务 4

认识和选购内存

知识目标

- 了解内存的分类；
- 熟悉内存的主要性能指标；
- 熟悉内存的物理结构；
- 熟悉 DDR3 内存参数；
- 了解内存芯片封装技术。

技能目标

- 能识别 DDR2/DDR3 内存的编号；
- 能选购合适的内存；
- 能够使用测试软件对内存等进行测试。

4.1 任务描述

内存储器是 CPU 可直接进行访问的存储器。内存作为计算机硬件的必要组成部分之一，其地位越来越重要，内存的容量与性能也已成为衡量微机整体性能的一个决定性因素。微型计算机的内存储器由于采用大规模及超大规模集成电路工艺制造，所以具有密度大、体积小、重量轻、存取速度快等特点。

内存是计算机的核心部件之一，内存的质量决定了计算机能否充分发挥其工作性能、能否稳定地工作。那么，如何认识和选购合适的内存呢？

4.2 相关知识

4.2.1 存储器概述

计算机的工作过程就是在程序的控制下对数据信息进行加工处理的过程。因此，计算机中必须有存放程序和数据的元器件，这个元器件就是人们所说的存储器，它是计算机的重要组成部分。

1. 计算机存储结构

根据存储器的存储容量、存取速度和存储成本等指标，计算机通常采用多级存储结构，如图 4.1 所示。

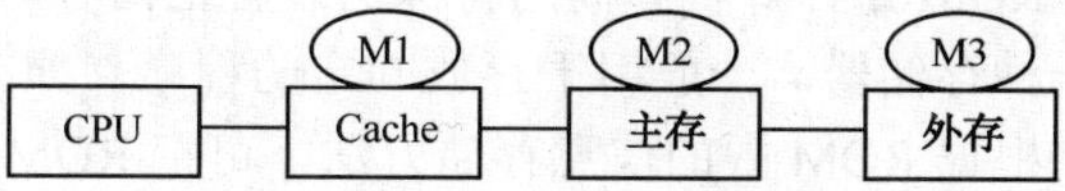

图 4.1 计算机多级存储结构

从图 4.1 中可以看出，计算机的存储采用三级结构，离 CPU 最近的采用 Cache 存储器，第二级采用动态随机存储器，第三级采用外存储器。

三级存储结构能有效地解决存储容量、存储成本和存储速度之间的矛盾，三者之间的关系如图 4.2 所示。

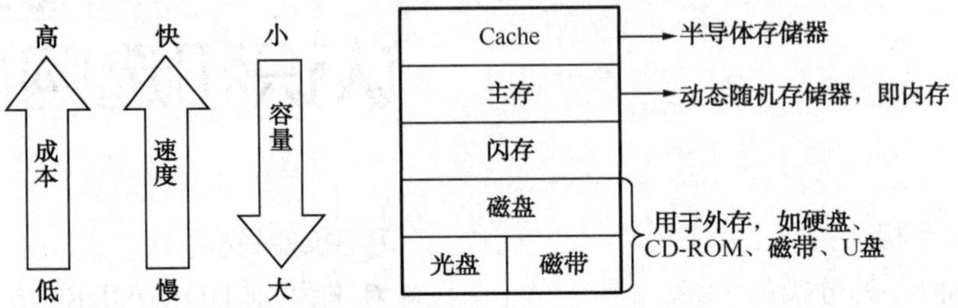

图 4.2　存储器分类及其相互关系

从图 4.2 中可以看出，磁盘、磁带、光盘和闪存的容量大、成本低，但存取速度慢，主要用于外存，又称辅助存储器，常见外存有硬盘、CD-ROM、磁带和 U 盘（属于半导体存储器）等，能长期保存信息，并且不依赖于外来供电维持信息的保存状态。Cache 存储器属于半导体存储器，存取速度快，但容量相对较小，价格贵。主存采用动态随机存储器，其存取速度比 Cache 慢，但比外存储器快，俗称内存，内存储器由半导体芯片组成，依赖于外来供电维持信息的保存状态。

2. 半导体存储器分类

半导体存储器是利用半导体作为存储单元的存储器。半导体存储器分为 ROM（Read Only Memory，只读存储器）和 RAM（Random Access Memory，随机存取存储器），而 RAM 又分为 DRAM（Dynamic RAM，动态随机存取存储器）和 SRAM（Static RAM，静态随机存取存储器）。

其中 SRAM 主要用于 Cache，DRAM 主要用于主存（俗称内存），而 ROM 用于非频繁存取的场所。

4.2.2　内存的分类

内存通常被叫做 RAM，在计算机系统中具有非常重要的作用，是 CPU 与硬盘之间数据交换的桥梁，是数据传输过程中的一个寄存纽带。内存的主要功能是存放数据、执行指令及结果，并根据需要写入或读出数据。

1. 按内存的工作原理分类

内存泛指计算机系统中存放数据和指令的半导体存储单元，包括 RAM、ROM 和 Cache 等。因为 RAM 是其中最主要的存储器，整个计算机系统的存储容量主要由它的容量决定，所以人们习惯将 RAM 直接称为内存，而后两种，则仍称为 ROM 和 Cache。

（1）只读存储器。ROM 是计算机厂商用特殊的装置把内容写在芯片中，只能读取，不能随意改变内容的一种存储器，一般用于存放固定的程序，如 BIOS。ROM 中的内容不会因为掉电而丢失。根据 ROM 中的信息存储方法，可把 ROM 分为以下几类。

① 普通 ROM 或称掩膜 ROM。这种 ROM 中的信息是在芯片制造时由生产厂商写入

的，其中的内容一经写入就不能再被更改。这种ROM又可分为MOS型和双极型两种。MOS型功耗小，但速度较慢；双极型速度较快但功耗大。

② 一次可编程只读存储器PROM（Programming ROM）。PROM出厂时里面没有被写入信息，允许用户采用特定的设备将编好的程序固化在PROM中，和普通ROM一样，PROM中的内容一旦写入也就不能再更改了。

③ 多次改写可擦除可编程只读存储器。这类ROM有可擦编程只读存储器EPROM、电可擦除可编程只读存储器EEPROM和闪速存储器Flash Memory三类。

（2）随机存储器。RAM是最主要的存储器，整个计算机系统的内存容量主要由它的容量决定，我们常提到的计算机内存都指的是RAM，它以内存条的形式插在主板上，内存条上焊有不同类型的内存芯片。根据其制造原理不同，内存分为静态和动态两种。

① 静态RAM（SRAM）。SRAM存储单元的基本结构是一个双稳态电路，由于读、写的转换被写电路控制，所以只要写电路不工作，电路有电，开关就保持现状，不需要刷新，因此SRAM又叫静态RAM。微机的外部高速缓存就是SRAM。

② 动态RAM（DRAM）。DRAM就是通常所说的内存，它是针对静态RAM来说的。SRAM中存储的数据，只要不断电就不会丢失，也不需要进行刷新。而DRAM中存储的数据是需要不断地进行刷新的。因为一个DRAM单元由一个晶体管和一个小电容组成。晶体管通过小电容的电压来保持断开、接通的状态，当小电容有电时，晶体管接通表示1，当小电容没电时，晶体管就断开表示0。但是充电后的小电容上的电荷很快就会丢失，所以，需要不断地进行“刷新”。

所谓刷新，就是给DRAM的存储单元充电。在存储单元刷新的过程中，程序不能访问它们，在本次访问后，下次访问前，存储单元又必须进行刷新。

另外，内存还应用于显卡、声卡及CMOS等设备中，用于充当设备缓存或保存固定的程序及数据。

根据内存的访问方式DRAM又分为两种：同步内存和异步内存。区分的标准是看它们能不能和系统时钟同步，在SDRAM之前的EDO内存采用的存取方式是通过内存控制电路（在主板的芯片组中，一般在北桥芯片组中）发出行地址选择信号（RAS）和列地址选择信号（CAS）来指定哪一块存储体将被访问。当系统的速度逐渐增加，特别是超过66MHz以后，EDO内存的速度就显得太慢了，CPU总要等待内存的数据，严重影响了性能，内存成了一个很大的瓶颈。因此出现了与系统时钟频率同步的DRAM。

2. 按内存的技术标准分类

根据内存条的不同技术标准（如数据传输率、存取时间、潜伏期、制造技术、操作程序等），DRAM又可以分为不同的类型，主要有以下几种。

（1）FPM DRAM内存条。FPM DRAM（Fast Page Mode DRAM，快速翻页动态存储器）在386时代很流行，FPM DRAM内存使用30针脚。

（2）EDO DRAM内存条。EDO DRAM（Extended Data Out DRAM，扩展数据输出动态存储器）主要流行在486及早期的奔腾计算机上，EDO DRAM内存使用72针脚。

（3）SDRAM内存条。SDRAM（Synchronous DRAM，同步动态随机存储器）是Pentium II/III使用的一种内存类型。其工作速度与系统总线速度是同步的。SDRAM按标准运行工作频率分为PC66、PC100和PC133三大标准，这里的66、100及133就是指系统总线频率，即PC100内存最适用于系统总线为100MHz的计算机中。

（4）DDR SDRAM内存条。DDR是“Double Data Rate SDRAM”（双倍数据速率的SDRAM内存）的缩写，DDR内存条用在Pentium 4级别的计算机上，DDR内存使用184针脚，非对称设计，工作电压为1.8V。常见容量有128MB、256MB、512MB、1GB等，如图4.3所示为一块KINGBOX 1GB－400内存条。

图4.3　DDR SDRAM内存

DDR，英文原意为“Double Data Rate”，即双数据传输模式。我们日常所使用的SDRAM都是“单数据传输模式”，这种内存的特性是在一个内存时钟周期中，在一个方波上升沿时进行一次操作（读或写），而DDR则引用了一种新的设计，在系统时钟的上升沿及下降沿都传输数据。同速率的DDR内存与SDRAM内存相比，性能要超出一倍，可以简单理解为100MHz DDR＝200MHz SDRAM。因此，在相同的系统频率下，数据传输速率（也称等效频率）是SDRAM的两倍，所以在标志上采用了“数据传输频率＝时钟频率×2”的方法。如DDR的传输频率为200MHz，时钟频率为100MHz。

用PC值表示DDR规格的方法与SDRAM不同，PC后面的数字表示传输速率，如PC3200，表示内存传输速率为3.2GB/s，数据传输频率400MHz，工作（时钟）频率200MHz。

（5）RDRAM内存条。RDRAM（Rambus DRAM，存储器总线式动态随机存储器）原是Rambus公司为电视游戏机提出的一种内存规格，正式命名为Direct Rambus DRAM，简称DRDRAM或RDRAM，如图4.4所示。RDRAM的内存接口为16位，RDRAM内存条也被称为RIMM，针脚为184针，板载一块SPD ROM，用于在系统开启时提供初始化信息（Initialization Information）。内存的速度有600MHz、700MHz与800MHz三个版本。

图4.4　IBM Rambus内存

对采用Rambus内存模组的主机板而言，必须将三组内存扩充插槽完全插满，如果Rambus模组不足的话，只有安装不含RDRAM芯片的中继模组（Continuity RIMM Module，C-RIMM），才能提供信号的串接工作，让数据的传输畅通。

（6）DDR2 SDRAM内存条。DDR2内存条用在Intel LGA775 Pentium 4/D、Core 2和AMD Athlon 64 X2、Phenom级别的计算机上。DDR2内存条用240个引脚、工作电压1.8V、采用0.13μm工艺制造，内存条的SPD芯片与DDR不同，通常被焊接在内存条的中间位置。常见的容量有256MB、512MB、1GB、2GB等，如图4.5所示为一条金特尔（Kintell）2GB DDR2 800内存条。

DDR2 和 DDR SARAM 的基本原理类似。DDR2 采用“4 位存取（4 bit Prefect）”技术，它将 DRAM 的核心频率、时钟频率和数据传输率进一步分开，时钟频率为核心频率的 2 倍，数据频率为时钟频率的 2 倍，这样 DDR2 的数据频率为核心频率的 4 倍。当核心频率为 200MHz 时，数据频率为 800MHz，这就是 DDR2 800。常见 DDR2 SDRAM 性能如表 4.1 所示。

图 4.5 DDR2 SDRAM 内存条

表 4.1 常见 DDR2 SDRAM 性能

标准名称	内存时钟	数据频率	单通道带宽	双通道带宽	模块名称
DDR2 400	100MHz	200MHz	(100MHz×4×64bit)/8=3.2GB/s	6.4GB/s	PC2-3200
DDR2 533	133MHz	266MHz	(133MHz×4×64bit)/8=4.3GB/s	8.6GB/s	PC2-4300
DDR2 667	166MHz	333MHz	(166MHz×4×64bit)/8=5.3GB/s	10.6GB/s	PC3-5300
DDR2 800	200MHz	400MHz	(200MHz×4×64bit)/8=6.4GB/s	12.8GB/s	PC2-6400
DDR2 1066	266MHz	533MHz	(266MHz×4×64bit)/8=8.5GB/s	17GB/s	PC2-8500

双通道内存技术始于 DDR2，这项技术需要主板芯片组的支持，并且组成双通道的两条内存的 CAS 延迟、容量需要相同。

（7）DDR3 SDRAM 内存条。DDR3 SDRAM 内存条用在 Intel Core 2 级别的 P35 芯片组的计算机上。DDR3 内存条用 240 个引脚、工作电压为 1.5V、起始传输频率为 1066MHz。但 DDR3 针脚隔断槽口与 DDR2 不同，DDR3 内存左右两侧安装卡口与 DDR2 不同。常见的容量有 1GB、2GB、4GB、8GB 等，如图 4.6 所示为一条威刚（A-DATA）DDR31066 1GB 内存条。

图 4.6 DDR3 SDRAM 内存条

DDR3 与 DDR2 的基本原理类似，但 DDR3 采用“8 位存取”技术，将 DRAM 的核心频率、时钟频率和数据传输率进一步分开，数据频率仍然为时钟频率的 2 倍，而时钟频率又为核心频率的 4 倍，这样，DDR3 的数据频率实际上是核心频率的 8 倍，因此，核心频率运行在 200MHz 时，数据频率达到 1600MHz。常见 DDR3 SDRAM 性能如表 4.2 所示。

表 4.2　常见 DDR3 SDRAM 性能

标准名称	内存时钟	数据频率	单通道带宽	双通道带宽	模块名称
DDR3 800	100MHz	400MHz	(100MHz×8×64bit)/8=6.4GB/s	12.8GB/s	PC3-6400
DDR3 1066	133MHz	533MHz	(133MHz×8×64bit)/8=8.6GB/s	17GB/s	PC3-8500
DDR3 1333	166MHz	667MHz	(166MHz×8×64bit)/8=10.6GB/s	21.2GB/s	PC3-10600
DDR3 1600	200MHz	800MHz	(200MHz×8×64bit)/8=12.8GB/s	25.6GB/s	PC3-12800
DDR3 1800	226MHz	900MHz	(226MHz×8×64bit)/8=14.5GB/s	29GB/s	PC3-14500
DDR3 2000	250MHz	1000MHz	(250MHz×8×64bit)/8=16GB/s	32GB/s	PC3-16000
DDR3 2133	266MHz	1066MHz	(266MHz×8×64bit)/8=17GB/s	34GB/s	PC3-17000
DDR3 2200	275MHz	1100MHz	(275MHz×8×64bit)/8=17.6GB/s	35.2GB/s	PC3-17600

三通道内存技术始于 DDR3，相比双通道的 DDR2，内存带宽得到了巨大的提升。

4.2.3　内存的单位和主要性能指标

1. 内存的单位

存储器是具有“记忆”功能的设备，它用具有两种稳定状态的物理器件来表示二进制数码“0”和“1”，这种器件称为记忆元件或记忆单元。记忆元件可以是磁芯、半导体触发器、MOS 电路或电容器等。

（1）位（bit），二进制数的最基本单位，也是存储器存储信息的最小单位，如十进制数的 11 在计算机中就用 1011 来表示，1011 中的一个 0 或 1 就是一个位。

（2）字节（Byte）。8 位二进制数称为一个字节（B），内存容量即是指具有多少字节，字节是微机中最常用的单位。1B＝8bit。

（3）内存的单位换算。常用的内存单位及其换算如下：

千字节（KB，Kilo Byte）：1KB＝1024B。

兆字节（MB，Mega Byte）：1MB＝1024KB。

吉字节（GB，Giga Byte）：1GB＝1024MB。

太字节（TB，Tera Byte）：1TB＝1024GB。

2. 内存的主要性能指标

（1）容量。每个时期内存条的容量都分为多种规格，168 线 SDRAM 内存条常见的内存容量有 32MB、64MB、128MB、256MB、512MB 甚至 1GB，单条 DDR 和 DDR2/3 内存条常见的内存容量为 128MB、256MB、512MB、1GB、2GB、4GB 和 8GB 等几种，目前主流的是 4GB、8GB。

主板上通常都至少提供两个内存插槽，因此，如果同时在计算机中安装多条内存，计算机中内存的总容量是所有内存容量之和。

（2）时钟频率（f）和时钟周期（T_{ck}）。时钟频率代表了 DRAM 能稳定运行的最大频率，也就是通常所说的内存主频。内存时钟频率是以 MHz 为单位来计量的。频率越高在一定程度上代表着内存所能达到的速度越快。内存的时钟周期由时钟频率决定，T_{ck}＝

1/*f*，例如，对于外频为 100MHz 的系统来说，一个系统时钟周期为 10ns。

DDR2 内存的基准时钟频率为 400MHz、533MHz、667MHz、800MHz、1066MHz 和 1200MHz。DDR3 内存的基准时钟频率为 1066MHz、1333MHz、1600MHz、1800MHz、1866MHz、2000MHz、2200MHz 和 2400MHz。

内存时钟周期代表着内存运行的最大工作频率，一般在内存上标志为“-X”。X 越小说明内存芯片所能运行的频率就越高，通常与内存的运行频率成反比。对于一条 DDR2 来说，它芯片上的标志-5 代表它可运行的最高时钟周期为 5ns，内存标准工作频率为 1/5×1000＝200MHz，即可以在 200MHz 的外频下正常工作。

（3）数据宽度和带宽。内存的数据宽度是指内存同时传输数据的位数，以 bit 为单位。内存带宽是指内存的数据传输速率，是指单位时间内通过内存的数量，通常以 GB/s 表示计算内存带宽的公式为：

内存最大带宽（MB/s）＝［最大时钟频率（MHz）×每个时钟周期内交换的数据包个数×总线宽度（bit）］/8。

如果内存是 SDRAM，则每个时钟周期内交换的数据包个数为 1；如果是 DDR，则为 2；如果是 DDR2，则为 4；如果是 DDR3，则为 8。再除以 8，是将位换算成字节。

在选购时要注意内存的总线频率要与 CPU 的前端总线频率相匹配。

（4）延迟。延迟也称存取时间，是指从 CPU 发出指令从内存存取数据，到从内存中取到数据并传到 CPU 之中，是需要一段时间的，这就是内存的延迟时间。延迟是内存的重要性能指标。

（5）工作电压。内存能稳定工作时的电压叫工作电压。必须对内存不间断地进行供电，才能保证其正常工作。SDRAM 内存一般使用 3.3V 电压，RDRAM 和 DDR 均采用 2.5V 工作电压，DDR2 采用 1.8V 工作电压，DDR3 采用 1.5V 工作电压。

（6）内存的“线”数。内存的“线”数是指内存条与主板插接时的接触点数，这些接触点就是“金手指”。目前，SDRAM 内存条采用 168 线，DDR 内存条采用 184 线，RDRAM 内存条采用 184 线，DDR2/3 采用 240 线。

（7）奇偶校验（Parity）、非奇偶校验（Non-Parity）。根据内存中是否存在奇偶校验位，又可将 DRAM 分为非奇偶校验内存和奇偶校验内存。非奇偶校验内存的每 1 字节只有 8 位，若它的某一位存储了错误的值，就会使其中存储的相应数据发生改变，导致应用程序发生错误。而奇偶校验内存在每 1 字节（8 位）外又额外增加了一位作为错误检测之用。虽然有些主板可以使用带奇偶校验位或不带奇偶校验位两种内存条，但是两种内存条不能并用。

（8）ECC（Error Checking and Correcting，错误检查和纠正）。ECC 也是在原来的数据位上再外加若干位来实现的。对于 8 位数据，则需 1 位用于 Parity 检验，5 位用于 ECC，这额外的 5 位是用来重建数据的。

4.2.4 DDR3 SDRAM 内存的物理结构

下面以品牌为威刚（A-DATA）的 DDR3 内存条为例讲述 DDR3 内存条的结构，如图 4.7 所示。

（1）PCB 板。PCB 板的电气性能是决定内存稳定性的关键，各种电子元件及内存芯片都集中在其中一面，导线则集中在另一面。内存条的 PCB 板多数都是绿色的。PCB 板设计很精密，采用了多层设计，例如，4 层或 6 层等，其内部也有金属的布线。理论上 6 层 PCB 板比 4 层 PCB 板的电气性能要好，性能也较稳定，所以名牌内存多采用 6 层 PCB 板制造。因为 PCB 板制造严密，所以从肉眼上较难分辨出 PCB 板是 4 层还是 6 层的，只能借助一些印在 PCB 板上的符号或标志来断定。

图 4.7　DDR3 SDRAM 内存条的结构

（2）金手指。金手指实际上是在一层铜皮（也叫覆铜板）上通过特殊工艺再覆上一层金，因为金不易被氧化，具有超强的导通性。内存处理单元的所有数据流、电子流正是通过金手指与内存插槽的接触点与 PC 机系统进行交换的，作为输出/输入端口。做工出色的内存其金手指富有金属光泽，圆润无毛刺。

（3）内存芯片。内存上的芯片也称为内存颗粒，是内存的灵魂所在，内存的性能、速度、容量都是由内存芯片决定的。内存芯片颗粒如图 4.8 所示。

（4）内存芯片空位。一般内存每面焊接 8 片内存芯片，如果多出一个空位没有焊接芯片，则这个空位是预留 ECC 校验模块的位置。

（5）电容。PCB 板上还有一些必不可少的电子元件就是电容和电阻，这是为了提高内存条电气性能，增加内存抗电磁干扰的作用。电容采用贴片式电容，因为内存条的体积较小，不可能使用直立式电容，但这种贴片式电容性能一点不差，它为提高内存条的稳定性起了很大作用。

电容一般在 PCB 边缘及 DRAM 芯片周围，如图 4.9 所示。

图 4.8　内存芯片

图 4.9　内存条上的电容

（6）电阻。内存上的电阻采用贴片式电阻，因为在数据传输的过程中要对不同的信号进行阻抗匹配和信号衰减，所以很多地方都要用到电阻。一般好的内存条电阻的分布规划也很整齐合理。

（7）内存固定卡缺口。内存条插到主板上后，主板上的内存插槽会有两个夹子牢固地扣住内存，这个缺口便是用于固定内存用的。

（8）内存引脚缺口。内存引脚上的缺口一是用来防止内存插反，二是用来区分不同的内存，以前的 SDRAM 内存条是有两个缺口的，而 DDR 则只有一个缺口，不能混插。

（9）SPD。SPD（Serial Presence Detect，串行存在检测）是一个 8 针脚的小芯片，它实际上是一个 EEPROM 可擦写存储器，容量为 256 字节，可以写入一点信息，信息中包括芯片厂商、内存厂商、工作频率、容量、电压、行地址/列地址数量、是否具备 ECC

校验、各种主要操作时序（如 CL、tRCD、tRP、tRAS）等，以协调计算机系统更好地工作。

SPD 中的参数都是由内存制造厂商根据内存芯片的实际性能写入的，主要是协助北桥芯片精确调整内存的时序参数，以达到最佳的运行效果。如果在 BIOS 中将内存设置选项定为“By SPD”，当开机时，主板 BIOS 就会读取 SPD 中的参数，主板北桥芯片组则根据这些参数自动配置相应的内存工作时序，从而可以充分发挥内存的性能。

（10）标签。内存条上一般有芯片标签，通常包括厂商名称、单片容量、芯片类型、工作速度、生产日期等内容，其中还可能有电压、容量系数和一些厂商的特殊标志在里面。芯片标签是观察内存条性能参数的重要依据，如图 4.10 所示。

图 4.10　内存条的标签

虽然内存条的品牌较多，如 Kingston（金士顿）、Leadram（超胜）、Samsung（三星）、Apacer（宇瞻）、Kingmax（胜创）等。但内存芯片的制造商只有几家，所以许多不同品牌的内存条上焊接着相同型号的内存芯片，常见的内存芯片制造商有：Samsung、Micron Hynix（现代）、Mosel Vitelic、Infineon、Nanya 等。

4.2.5　内存芯片封装

封装技术其实就是一种将集成电路内核加上外壳和引脚的技术，它不仅起着安装、固定、密封、保护芯片和增强导热性能的作用，而且还是沟通芯片内部与外部电路的桥梁，即芯片上的接点用导线封装到外壳的引脚上，这些引脚又通过印刷电路板上的导线与其他器件建立连接。因此，封装技术直接影响到芯片自身性能的发挥和与之连接的 PCB 的设计和制造。

内存芯片封装在 PCB 上的方式有很多种，目前主要有 TSOP、BGA、CSP 等封装方式。

1. TSOP 封装

TSOP（Thin Small Outline Package，薄型小尺寸封装）封装是在芯片的周围做出针脚，采用 SMT 技术（表面安装技术）直接附着在 PCB 的表面。TSOP 封装的寄生参数（电流大幅度变化时，引起输出电压扰动）较小，适合高频应用，可靠性也比较高。同时 TSOP 封装具有成品率高、价格便宜等优点，因此得到了极为广泛的应用，是目前主流的封装形式。改进型的 TSOP 技术 TSOPII 目前广泛应用于 SDRAM、DDR SDRAM 内存上，如图 4.11 所示。

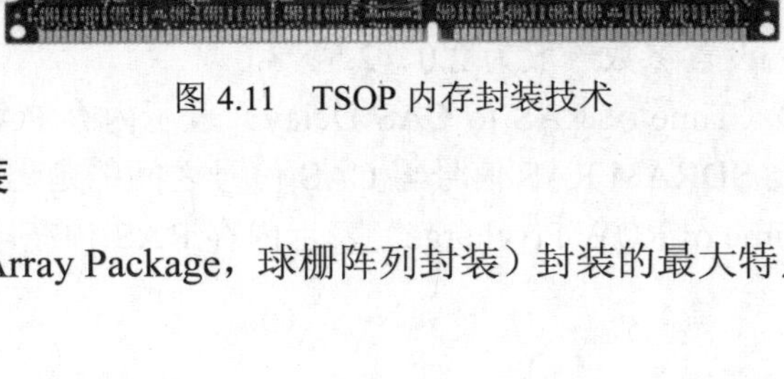

图 4.11　TSOP 内存封装技术

2. BGA 封装

BGA（Ball Grid Array Package，球栅阵列封装）封装的最大特点是 BGA 芯片的边缘没有针脚，而是通过芯片下面的球状引脚与印刷板连接的。采用 BGA 封装可以在体积不变的情况下将内存容量提高 2～3 倍。与 TSOP 相比，BGA 具有更小的体积、更好的散热性能和电气性能。目前 DDR2 采用的 FBGA（Fine-Pitch Ball Grid Array，细密球栅阵列封装）封装也属于 BGA 体系，为 BGA 的改进型，如图 4.12 所示。

图 4.12　FBGA 内存封装技术

3. CSP 封装

CSP（Chip Scale Package，芯片级封装）封装是最新一代的内存芯片封装技术。CSP 封装可以让芯片面积与封装面积之比超过 1 : 1.14，已经相当接近 1 : 1 的理想情况，绝对尺寸也只有 32mm^2。约为普通的 BGA 的 1/3，仅仅相当于 TSOP 内存芯片面积的 1/6。在相同体积下，PCB 板上可以装入更多的芯片，增大单条容量。CSP 封装内存不但体积小，同时也更薄，其金属基板到散热体的有效散热路径仅有 0.2mm，大大提高了内存芯片在长时间运行时的可靠性。该封装比较脆弱，PCB 板的变形有可能引起芯片破裂。目前该封装技术主要用于 DDR3 内存，如图 4.13 技术。

图 4.13　CSP 内存封装技术

4.2.6　DDR3 SDRAM 的主要参数

内存的参数通常可以在 BIOS 中设置，其性能的优劣往往体现在这些数字中，对于 DDR SDRAM 内存条，主要有以下性能参数。

（1）CAS 和 RAS。CAS（Column Address Strobe 或 Column Address Select）即列地址选通脉冲。在整个内存矩阵中，CAS 按列地址管理物理地址，因此在稳定的基础上，这个参数值越低越好。RAS（Row Address Strobe）即行地址选通脉冲，在 DRAM 数据位中，用列地址和行地址的交叉点定位每个单元的存储地址。行地址的选通由 RAS 控制。

（2）CAS 等待时间 CL。CAS Latency 又称为 CAS 的延迟时间，意思是 CAS 信号需要经过多少个时钟周期之后才能读写数据，即纵向地址脉冲的反应时间。同时该参数也决定了在一次内存突发传送过程中完成第一部分传送所需要的时钟周期数。这个参数越小，内存的速度越快，设置参数一般为 2.0、2.5、3.0。

（3）tRCD。tRCD（Time of RAS to CAS Delay）表示内存 RAS 传输到 CAS 的延迟时间。该参数可以控制 SDRAM RAS 信号与 CAS 信号之间的延迟，一般为 2、3、4。

（4）tRP。tRP（Time of ROW Precharge）表示内存 RAS 预充电时间。该参数可以控

制在进行 SDRAM 刷新操作之前 RAS 预充电所需要的时钟周期数，一般为 2、3、4。

（5）tRAS。tRAS（Time of Row Active Strobe）表示行地址选通脉冲时间，从收到一个请求后到初始化 RAS 真正开始接收数据的间隔时间，一般为 5～8。

（6）tCK。即 tCLK，系统时钟周期。它可以反映内存所能运行的最大频率，数字越小说明内存芯片所能运行的频率越高。许多内存标号的尾数就是 tCK，如标明“-6”，就说明运行时钟周期为 6ns。

（7）tAC。Access Time from CLK，最大 CAS 延迟时的最大访问时间。PC100 规范要求在 CL＝3 时 tAC 不大于 6ns，而 PC133 规范要求 tAC 不超过 5.4ns。由于是双向并行传输的，DDR 内存对 tAC 也有一定的要求，对于 DDR266，tAC 的允许范围是±0.75ns；对于 DDR333 和 DDR400，则是±0.7ns。

（8）Bank。在 SDRAM 内存模组上，Bank 数表示该内存的物理存储体的数量，相当于列的意思。由于内存的寻址原理是先要指定一个行，再指定一个列，这个阵列称为存储芯片的逻辑 Bank。芯片的逻辑 Bank 通常为 2、4 或者 8 个 Bank，都是 2 的幂。Bank 还可以表示 DIMM 或 SIMM 插槽，例如，用 Bank0/1 表示第一个 DIMM 插槽，Bank2/3 表示第二个 DIMM 插槽等。

（9）Parity Check。奇偶校验，是通过在每 1 字节上加一个数据位对数据进行检查的一种校验方法，这个附加位用来表示该字节中的“1”的数目是奇数还是偶数。通过这个附加位就可以验证读写的过程中是否出现了错误。奇偶校验内存可以检测出部分错误，但不能纠正错误。

（10）Bank Interleave。在大量数据写入或读取分散性数据的时候，如果在当前 Bank 读取完成后再转移到其他 Bank，就要经过一个预充电时间。通过使不同 Bank 的读取和预充电时间交错进行而互不干扰，会减少充电周期对工作效率的影响，从而提高内存的性能。常见的有 2 路 Bank Interleave、4 路 Bank Interleave 等模式。

在内存条的标志上，通常按 CL-tRCD-tRP-tRAS 的顺序列出这四个参数。在 DDR SDRAM 的制造过程中，厂商已经将这些特性参数写入 SPD 芯片中。在开机时，主板的 BIOS 就会检查此项内容，并以这些参数值作为默认的模式运行。

4.2.7 常见的 DDR3 SDRAM 内存标志

各种内存都有各自的编号，在内存芯片上的编号提供了内存关键参数的相关信息，主要包括以下几种。

（1）芯片的容量。也称芯片的密度，当我们见到一个内存模组，在不知道容量的时候，可以通过芯片的容量来计算出模组的容量，计算方式就是用芯片的数量乘以芯片的容量。单位是 bit 或 b，除以 8 就可以换算为字节（单位用大写字母 B 表示）的容量。

（2）芯片的位宽。可以说是芯片的结构，知道了芯片的位宽后，乘以芯片的数量就可以得出内存模组的总位宽，并以此能判断模组的物理 Bank 数量。如 8 颗 8bit 的芯片组成的模组，就是单物理 Bank 模组，如果是 16 颗 8bit 芯片，就是双物理 Bank。对于内存子系统而言，增加一个物理 Bank，就会增加可供管理的页面数量，有利于提高内存管理效率。

（3）芯片的逻辑 Bank 数量。逻辑 Bank 数量可以帮助用户判断页面数量，进而设置相应的交错策略。

（4）芯片的工作速度。这是最重要的信息，有的厂商还附带规定了相关的CL、tRCD、tRP时序参数，这无疑对我们了解芯片的能力是非常有用的，它可以免除我们查看SPD中的时序信息的麻烦(理论上,SPD中的时序信息要与所使用的内存芯片的参数相一致)。

除此之外，还会有封装类型、刷新设置、接口、电压等方面的信息。下面就来介绍一下常见的内存厂商的产品及其标志的意义。

目前使用三星的内存芯片来生产内存条的厂商非常多，在市场上有很高的占有率。三星公司半导体网站为：http://www.samsung.com/cn/business/semiconductor/index.html。三星DDR3内存编码规则（K 4 B XX XX X X X - X X XX）如下。

（1）第一字段（第1位）：表示芯片品牌，K代表是三星内存芯片。

（2）第二字段（第2位）：表示芯片类型，4代表DRAM。

（3）第三字段（第3位）：表示芯片的细分类型说明，B代表DDR3 SDRAM。

（4）第四字段（第4、5位）：表示容量。

（5）第五字段（第6、7位）：表示芯片结构（位宽）。

（6）第六字段（第8位）：表示逻辑Bank数量，3、4、5分别代表4、8、16Banks。

（7）第七字段（第9位）：表示接口类型与电压，6代表SSTL（1.5V、1.5V）。

（8）第八字段（第10位）：表示表示内存芯片的修正版本，M、A、B、C、D、E、F、G、H分别代表第1、2、3、4、5、6、7、8、9版。

（9）第九字段（第11位）：表示内存芯片的封装材料，Z代表FBGA（Lead-free）封装；H代表FBGA（Halogen free&Lead-free）封装；J代表FBGA DDP（Lead-free）封装；M代表FBGA DDP（Halogen free&Lead-free）封装。

（10）第十字段（第12位）：表示工作温度与能耗，C代表温度（0℃～85℃）和正常能耗；L代表温度（0℃～85℃）和低能耗；Y代表温度（0℃～85℃）和低能耗（1.35V）。

（11）第十一字段（第13、14位）：表示内存芯片的速度标志，F6代表DDR3-800（400MHz @6-6-6）；F8代表DDR3-1066（533MHz@7-7-7）；H9代表DDR3-1333（667MHz @9-9-9）；K0代表DDR3-1600（800MHz@11-11-11）。

其他品牌如Micron、Nanya的内存编号也各不相同。

（1）Micron（美光科技）内存编号。美光科技的编号相当详细，这是因为它将所有的DRAM芯片编号进行了统一。限于篇幅，在这里不再详细介绍，请参看美光科技公司网站：http://www.micron.com。

（2）Nanya（南亚科技）内存编号。Nanya内存编号将SDRAM、DDR SDRAM与DDR2 SDRAM统一起来，而且也比较简明，在芯片结构方面，规则与美光的一样，并且也没有逻辑Bank数量的编码。限于篇幅，在这里不再详细介绍，请参看南亚科技公司网站：http://www.nanya.com/index.aspx?lan=zh-cn。

4.2.8 笔记本电脑内存

由于笔记本电脑整合性高，设计精密，对于内存的要求比较高，笔记本电脑内存必须符合小巧的特点，需采用优质的元件和先进的工艺，拥有体积小、容量大、速度快、耗电低、散热好等特性。出于追求体积小巧的考虑，大部分笔记本电脑最多只有两个内存插槽。

笔记本电脑内存规格也分为 DDR、DDR2、DDR3。主流的 DDR2 和 DDR3 笔记本电脑内存大多采用 240 线的 DIMM 插槽。笔记本电脑 DDR3 内存如图 4.14 所示。

图 4.14 笔记本电脑的三星 4GB DDR3 1333 内存

4.2.9 高速缓冲存储器

高速缓冲存储器 Cache 是设备（如 CPU、磁盘等）与内存之间的临时存储器，其容量比内存小但交换速度比内存快，Cache 采用 SRAM 存储器。

1. CPU Cache

利用 SRAM 存储器的 Cache 是介于 CPU 和主存之间的小容量存储器，存取速度比主存快。能高速地向 CPU 提供指令和数据，加快程序的执行速度。Cache 是为了解决 CPU 和主存间速度不匹配而采用的一项重要技术。用于 CPU 快速存储的 Cache 位置如图 4.15 所示。

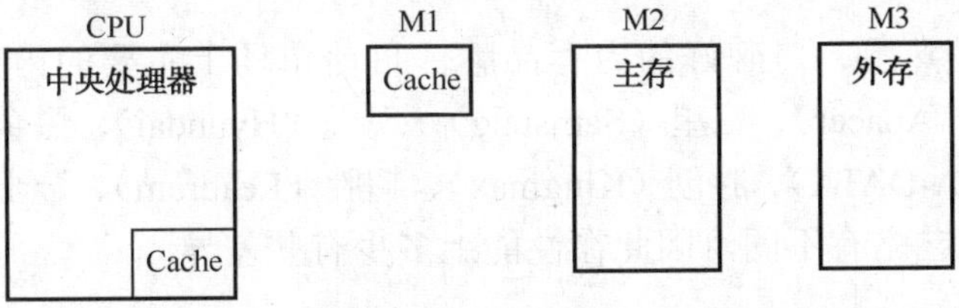

图 4.15 CPU Cache 在存储结构中的位置

早期计算机是没有 Cache 的，只有主存和外存。随着计算机的运算速度提高，为了缓解 CPU 与主存之间的速度匹配问题，Intel 从 Pentium 开始将 Cache 分开，通常分为一级高速缓存 L1 Cache 和二级高速缓存 L2 Cache。L1 Cache 集成在 CPU 中，被称为片内 Cache。L1 Cache 分为指令 Cache 和数据 Cache，分别用来寄放数据和执行程序指令，两个 Cache 可以同时被 CPU 访问，减少了争用 Cache 所造成的冲突，提高了 CPU 的效能。L2 Cache 没集成在 CPU 内，而在主板上或与 CPU 集成在同一块电路板上，被称为片外 Cache。从 Pentium III 开始，L2 Cache 被集成在 CPU 内，L2 Cache 只存储数据。

2. 外部设备 Cache

Cache 技术是高速缓存技术，外部设备也采用 Cache 技术，一般来说，在传输速度有较大差异的设备之间都可采用 Cache 作为匹配来调节速度差异，如显示器、硬盘、光驱和网络设备中都使用 Cache 技术来提高设备传输性能。但由于磁盘等外部设备与 CPU 之间的存取速度要慢得多，所以，磁盘 Cache 并没有使用 SRAM，而是使用 SDRAM 存储器作为 Cache。

4.3 任务实施：选购内存条

内存作为计算机的三大件之一，一直是人们关注的焦点。从一定程度上讲，计算机的性能瓶颈并不在于 CPU 或者其他部件，而在于内存的容量与速率。随着半导体技术集成工艺的发展，各种内存新技术层出不穷，内存条的容量越来越大，速率越来越快，而价格越来越低。面对种类繁多、质量不等的内存条，选购时应注意以下几个方面。

1. 考虑主板类型

由于不同的主板所采用的芯片组不同，因此，不同的主板所支持的内存类型与内存的最大容量不同。除此之外，主板支持的最大内存容量还受主板上内存插槽数量的限制。因此，在选购内存之前，首先应考虑主板的类型。

2. 确定内存的容量

内存的容量要有足够的余地，如果内存容量太小，会降低系统的运行速率。就目前的软件使用情况看，内存一般应该配置在 2GB 以上。如果要运行规模大的图形软件，可以使用 4GB 甚至 8GB 的内存。对于支持双通道内存的主板要配两个内存条。另外，为便于以后扩充内存，尽量使用单条容量大的内存。

3. 注重内存的品牌

最好选择比较熟悉、口碑好的内存品牌。目前市场上主要的内存品牌有：金士顿（Kingston）、宇瞻（Apacer）、三星（Samsung）、现代（Hyundai）、黑金刚（Kingbox）、金邦（Geil）、威刚（A-DATA）、胜创（Kingmax）、超胜（Leadram）、金士泰（Kingstek）等。这些内存产品的工艺略有不同，因此在性能上多少有些差异。

4. 其他注意事项

确定内存条的类型、容量和品牌后，在购买内存条时还要注意以下几点。

（1）注意内存条做工。正品芯片的表面一般都很有质感，要么有光泽或荧光感，要么是亚光的。而 Remark 的内存条，需要打磨或腐蚀芯片表现，一般都会在芯片的外观表现出来。如果芯片表面色泽不纯甚至比较粗糙、发毛，这个芯片的表面就一定受到了磨损。

（2）仔细观察电路板。PCB 做工要求板面光洁，布线清晰明了；元器件焊接整齐划一，绝对不允许有错位；焊点有光泽、均匀、饱满；金手指光亮，不能有发白或发黑的现象；电路板上应该印有厂商的标志；电路板边缘整齐而无毛边。常见的劣质内存条经常有芯片上的标志模糊或混乱，电路板粗糙，金手指色泽晦暗，电容歪歪扭扭，焊点不整齐。

（3）注意售后服务。要注意询问商家一些必需的问题，例如产品的品质、使用时的注意事项、售后服务事项特别是质保期限。

（4）验证。根据产品标签，到公司网站进行验证。

4.4 技能训练

4.4.1 识别内存

1. 实训目的

通过本次练习，使学生能够正确识别市场上的主流内存。

2. 实训准备

准备不同品牌的内存让学生识别等。

3. 实训任务

通过网络、走访 IT 市场并利用内存测试软件，了解不同档次的不同品牌的内存的技术指标。在表 4.3 中列出了不同档次的部分典型产品代表。

表 4.3 不同品牌的内存

品 牌	型 号
金士顿	金士顿骇客神条 Genesis 系列 16GB DDR3 2400（KHX24C11K4/16X） 金士顿骇客神条 8GB DDR3 2400（KHX24C11T1K2/8X） 金士顿 DDR3 2133 4GB 骇客神条套装（KHX2133C8D3T1K2/4GX） 金士顿 DDR3 2000 6GB 骇客神条套装（KHX2000C9D3T1K3/6GX） 金士顿 DDR3 1800 2GB（KHX1800C8D3/2GB） 金士顿 DDR3 1600 2GB 骇客神条（KHX12800D3/2GB） 金士顿 DDR3 1333 2GB（KVR1333D3N9/2GB） 金士顿 DDR3 1333 1GB 金士顿 DDR3 1066 2GB（KVR1066D3N7/2GB） 金士顿 DDR2 1066 2GB（KHX8500D2） 金士顿 DDR2 800 2GB（KVR800D2N6/2GB）
宇瞻	宇瞻捷豹战神 4GB DDR3 2400 双通道 宇瞻猎豹二代 DDR3 2000 6GB 套装 宇瞻捷豹 DDR3 1800 4GB 套装 宇瞻捷豹 DDR3 1600 4GB 套 宇瞻 6GB DDR3 1333（2GB×3）
金邦	金邦 12GB DDR3-2000（GU312GB2000C8HC 六通道套装） 金邦 2GB DDR2 1066（千禧条） 金邦白金版 2GB DDR3 1333 金邦白金 2GB DDR2 800
威刚	威刚 16GB DDR3 2400（游戏威龙） 威刚 6GB DDR3 2133X V2.0 威刚 2GB DDR3 1333G（游戏威龙） 威刚 1GB DDR 400 威刚万紫千红 DDR3 1333 2GB

续表

品　牌	型　号
黑金刚	黑金刚 DDR3 1600 2GB 黑金刚 DDR3 1333 2GB 黑金刚悍将版 DDRII 1066 2GB 黑金刚金刚版 DDRII 800 2GB 黑金刚金刚版 DDRII 800 1GB 黑金刚金刚版 DDRII 667 2GB 黑金刚 DDR3 2GB 1333

4. 实训步骤

通过网络、走访 IT 市场并使用内存，在表 4.4 中填入以上各款内存的技术规格。

表 4.4　各种内存的参数

姓名		班级		学号	
型号					
主要参数					
适用类型					
内存类型					
内存主频					
内存总容量					
内存容量描述					
性能参数					
芯片分布					
针脚数目					
颗粒封装					
延迟描述					
内存电压					
ECC 校验					

4.4.2　测试内存

1. 实训目的

通过本次练习，使学生能够掌握 Memtest 的使用。

2. 实训准备

（1）一台运行正常的计算机。
（2）Memtest 软件。

3. 实训任务

使用 Memtest 软件对内存进行测试。

4. 实训步骤

步骤 1：搭建测试硬件平台。

步骤 2：搭建测试软件平台。

步骤 3：安装并运行 Memtest 软件。

步骤 4：逐一尝试使用 Memtest 软件测试内存的各项性能指标。

习　题

一、选择题

1. ROM 的含义是（　　）。

A. 软盘驱动器　　B. 随机存储器
C. 硬盘驱动器具　　D. 只读存储器

2. 下列存储器中，属于高速缓存的是（　　）。

A. EPROM　　B. Cache　　C. DRAM　　D. CD-ROM

3. 计算机的内存用来存放（　　）。

A. 当前正在运行的程序和所需的数据　　B. 暂时需要读出的程序和数据
C. 目前不需要的程序和数据　　D. 暂时需要写入的程序和数据

4. 属于静态存储器的是（　　）。

A. SDRAM　　B. DRAM　　C. EPROM　　D. SRAM

5. 下列存储器中，用作高速缓存的是（　　）。

A. EDO RAM　　B. PB SRAM
C. SDRAM　　D. FLASH ROM

6. 存储器的容量一般用字节来表示，1MB 的含义是（　　）。

A. 1000 K 字节　　B. 1024 K 字节
C. 1000 个汉字　　D. 1024 个汉字

7. 下列对 ROM 和 RAM 的论述正确的是（　　）。

A. 计算机对 ROM 既能读也能写　　B. RAM 中所存的内容会因为断电而丢失
C. ROM 的存取速度比 RAM 快　　D. RAM 可以存放永久性的系统程序

二、填空题

1. 内存针脚数必须与主板上内存插槽口的针数相匹配，一般槽口有__________针、__________针和__________针三种。

2. RAM 一般又可分为两大类型：__________和__________。

3. 内存的数据带宽的计算公式是：数据带宽＝__________×__________。

4. 内存的工作频率表示的是内存的传输数据的频率，一般使用__________为计量单位。

三、简答题

1. 在计算机中内存的主要作用是什么？

2．内存的主要技术指标有哪些？

3．在内存条上的 SPD 芯片有什么作用？什么是 CL 参数？

4．目前常用的内存条接口有哪些类型？

5．试比较 SDRAM、DDR SDRAM、RDRAM 三种内存条的特点？

6．选购内存时应注意哪些事项？

四、实训题

1．目前市场上流行哪几种类型的内存条？其单条容量、工作速度、特点和价格等如何？

2．比较 DDR、DDR2 和 DDR3 有何区别。

任务5 认识与选购硬盘驱动器

知识目标

- 了解硬盘驱动器的分类；
- 熟悉硬盘的结构；
- 理解硬盘的工作原理；
- 熟悉硬盘的性能指标；
- 熟悉主流硬盘的品牌及型号。

技能目标

- 能够通过硬盘的编号识别硬盘性能指标；
- 能够选购合适的硬盘。

5.1 任务描述

硬盘驱动器，简称硬盘（Hard Disk），是微型计算机中广泛使用的外部存储器，它具有比软盘大得多的容量，速度快，可靠性高，几乎不存在磨损等问题，硬盘的存储介质是若干刚性磁盘片，硬盘由此得名。

硬盘驱动器是计算机的主要存储设备，硬盘的质量直接决定了计算机工作的稳定性及计算机中数据的安全性。那么，如何选购合适的硬盘呢？

5.2 相关知识

硬盘作为主要的外部存储设备，随着其设计技术的不断更新，不断朝着容量更大、体积更小、速度更快、性能更可靠、价格更便宜的方向发展。目前市场上的台式机硬盘几乎都是 3.5 英寸产品，其外观如图 5.1 所示。

图 5.1　硬盘的外观和内部结构

5.2.1　硬盘驱动器的分类

1. 按照物理尺寸

硬盘可分为主要用在台式计算机和服务器上的3.5英寸型和5.25英寸型（已经被淘汰），主要用于笔记本电脑的2.5英寸型，面向迷你笔记本电脑和便携音乐播放机的1.8英寸型，以及用于CF卡的1英寸型共5类，如图5.2所示。

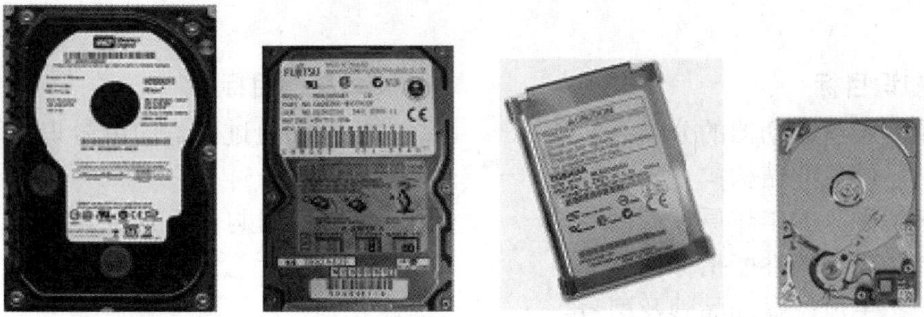

（a）3.5英寸　（b）2.5英寸　（c）1.8英寸　（d）1英寸

图5.2　各种尺寸的硬盘

2. 按接口类型

目前，市面上流行的硬盘，其接口类型大致可分为：PATA（IDE）、SCSI和SATA三种。

（1）PATA接口。PATA的全称是Paralle ATA，即并行ATA硬盘接口规范，曾经是市面上最常用的硬盘接口规范。ATA的英文全称为“Advanced Technology Attachment”，中文名称为“高级技术附加装置”。在ATA接口标准的整个发展过程中，到目前为止可以划分为7个不同的版本，也就是从ATA-1（IDE）、ATA-2（EIDE Enhanced IDE/Fast ATA）、ATA-3（FastATA-2）、……，一直到现在的ATA-7（ATA 133）。

通常所说的Ultra ATA/133，使用80线数据电缆，数据传输速率达到133MB/s。

（2）SCSI接口。SCSI（Small Computer System Interface，小型计算机系统接口）接口广泛应用在硬盘、光驱、ZIP、MO、磁带机、光盘刻录机设备上。在家用微机上使用较少，主要用在网络服务器、工作站和高档微机上。如图5.3所示是一款SCSI接口的硬盘。

（3）Serial ATA（简称SATA）接口。2000年Intel公司发布SATA接口技术，现在SATA硬盘已经逐渐取代了传统的PATA硬盘，成为市场的主流，如图5.4所示。

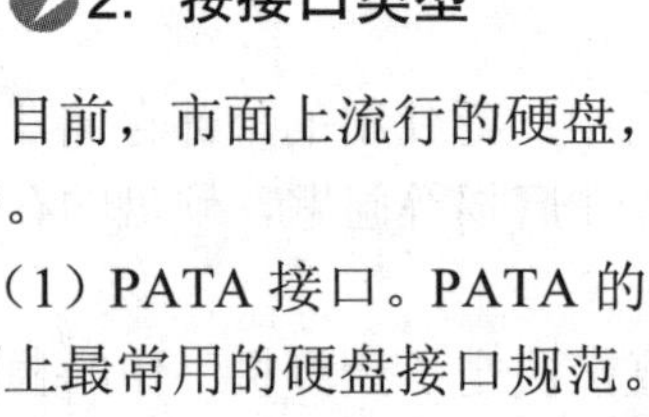

图5.3　SCSI接口的硬盘

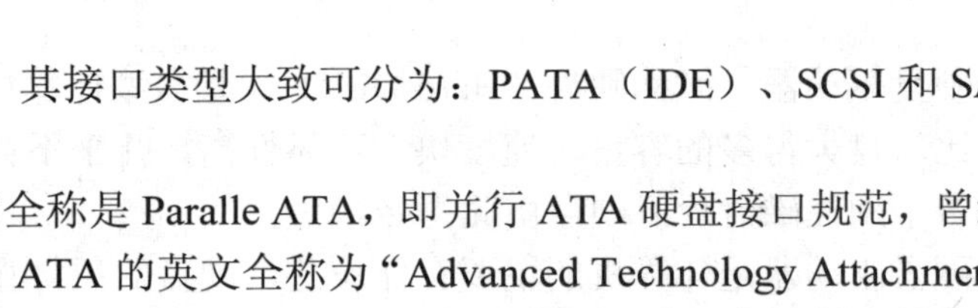

图5.4　SATA接口的硬盘

Serial ATA（串行ATA）采用串行数据传输方式，每一个时钟周期只传输一位数据。由于串行传输方式不会遇到信号干扰问题，所以要提高传输速率只需要提高工作频率即可。

目前在 Serial ATA 标准中只需要 4 线电缆就可完成所有工作（第 1 针供电，第 2 针接地，第 3 针数据发送端，第 4 针数据接收端），极大地减少了接口的针脚，并减少了机箱内占用的空间，十分有利于计算机的散热，并且 Serial ATA 采用低电压设计，有效地降低了功耗。这种接口，采用点对点传输协议，故没有主从之分，并且每个驱动器独享数据带宽，也不再受限于单通道只能连接两块硬盘。

Serial ATA 规范 1.0 版中，规定了数据传输速率理论值为 1.2Gb/s，Serial ATA 2.0 的数据传输速率理论可达到 3Gb/s，Serial ATA 3.0 的数据传输速率理论可达到 6Gb/s。

3. 按存储技术分类

传统的硬盘采用 IBM 的温彻斯特（Winchester）技术，而新型的硬盘采用半导体存储技术，即固态硬盘（Solid-State Disk，SSD）。三星电子、TDK、Sandisk、PQI、A-data 等公司通过 Flash 芯片制造了 32GB、64GB、128GB 等容量，采用 IDE、SATA 接口的 SSD 固态硬盘，这种产品主要用在小型笔记本电脑、平板电脑（Tablet PC）等市场。固态硬盘有许多优势，但目前价格较贵。SSD 硬盘的外观如图 5.5 所示。

图 5.5　固态硬盘

5.2.2　传统硬盘介绍

1. 传统硬盘的结构

硬盘作为微型计算机主要的外部存储设备，随着设计技术的不断更新和广泛应用，不断朝着容量更大、体积更小、速度更快、性能更可靠、价格更便宜的方向发展。

硬盘的零部件不多，机械部分有盘片、磁头（臂）、马达、基座和外壳；电路部分由主控芯片、缓存芯片和马达控制芯片等组成。

（1）硬盘的外部结构。目前，市场上主要硬盘产品的内部盘片直径有 3.5 英寸、2.5 英寸、1.8 英寸和 1 英寸（后三种常用于笔记本电脑及部分袖珍精密仪器中，现在台式机常用 3.5 英寸盘片）。常用的 3.5 英寸硬盘正面都贴有硬盘的标签，标签上一般都标注着与硬盘相关的信息，例如，产品型号、产地、出厂日期、产品序列号等。在硬盘的一端有电源接口插座、主从设置跳线器和数据线接口插座，而硬盘的背面则是控制电路板等。如图 5.6 所示为一款 3.5 英寸硬盘正面和背面的外部结构，主要由电源接口、数据接口和控制电路板等构成。

① 电源接口。电源接口与主机电源相连，为硬盘工作提供电力保证。一般而言，IDE 硬盘采用最常见的 4 针 D 形电源接口，如图 5.7（a）所示。而 Serial ATA 硬盘不再使用 4 针的 D 形电源接口，而是使用易于插拔的接口代替，这种接口有 15 个插针，如图 5.7（b）所示。从发展趋势看，能够直接扩展出 Serial ATA 硬盘电源接口线的 ATX 电源线将

流行，如图 5.7（c）所示。

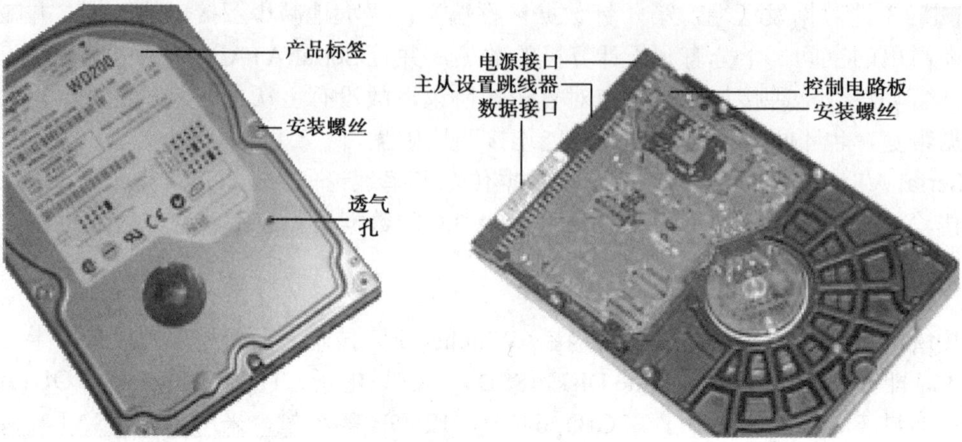

图 5.6　硬盘的外部结构

（a）IDE电源线　　（b）SATA电源线　　（c）IDE、SATA转接线

图 5.7　各种硬盘电源线

② 数据接口。数据接口是硬盘数据和主板控制器之间进行数据传输交换的纽带，使用时是用一根数据电缆将其与主板硬盘接口或与其他控制适配器的接口相连接。根据连接方式的差异，常用接口分为 IDE 接口、SCSI 接口和 Serial ATA 接口，如图 5.8 所示。其中目前 IDE 硬盘接口为 80 芯（支持 ATA66/100/133）；SCSI 硬盘接口为 80 针接口。Serial ATA 接口是最简单的，是目前硬盘的主流接口。

（a）IDE硬盘接口　　（b）SCSI硬盘接口　　（c）Serial ATA接口

图 5.8　硬盘数据接口

③ 控制电路板。控制电路板一般裸露在硬盘下表面，以利于散热。大多数的控制电路板都采用贴片式元件焊接，包括主轴调速电路、磁头驱动与伺服定位电路、读写电路、控制与接口电路等，如图 5.9 所示。在电路板上还有一块高效的单片机 ROM 芯片，其固化的软件可以进行硬盘初始化，执行加电和启动主轴电机，加电初始寻道、定位及故障检测等。在电路板上还有高速缓存芯片，目前高达 32 MB 或 64MB。

④ 固定盖板。硬盘的外壳与底板结合成一个密封的整体，正面的外壳保证了硬盘盘片和机构的稳定运行。在固定面板上贴有产品标签，上面印着产品型号、产品序列号、产地、生产日期等信息。除此，还有一个透气孔，使硬盘内部气压与大气气压保持一致。

另外，硬盘侧面还有一个向盘片表面写入伺服信号的 Servo 孔，如图 5.10 所示。

图 5.9　硬盘控制电路板

图 5.10　Servo 孔

⑤ 安装螺孔。用于硬盘的安装，对于 3.5 英寸的产品，固定盖板和侧面都具有安装孔，可以方便灵活地放置。

（2）硬盘的内部结构。硬盘的内部结构由固定面板、控制电路板、磁头组件、接口及附件等几大部分组成，而磁头组件（Hard Disk Assembly，HAD）是构成硬盘的核心，封装在硬盘的净化腔体内，如图 5.11 所示，磁头组件包括浮动磁头组件、磁头驱动机构、盘片及主轴驱动机构、前置读写控制电路等。

图 5.11　硬盘内部结构

2. 传统硬盘驱动器的性能参数

硬盘的性能参数，或称性能指标，决定了整块硬盘所具备的功能及性能的高低，在选购硬盘的过程中，需对这些性能参数有所了解。

（1）容量（Volume）。作为计算机系统的数据存储器，容量是硬盘最主要的参数，容量越大越好。

硬盘的容量以 MB、GB、TB 为单位，1GB＝1024MB。但硬盘厂商在标称硬盘容量时通常取 1GB＝1000MB，因此，在 BIOS 中或在格式化硬盘时看到的容量会比厂商的标称值小。

（2）转速（单位：rpm）。转速（Rotational speed 或 Spindle speed）是指硬盘盘片每分钟转动的圈数，单位为 rpm，有时也用 r/min 表示，转速是决定硬盘内部数据传输速率的决定性因素之一，同时，也是区别硬盘档次的主要标志。目前，市场上 IDE 硬盘的主轴转速为 5400～7200rpm，主流硬盘的转速为 7200rpm，SCSI 硬盘的主轴转速可达 7200～10000rpm，而 SCSI 硬盘的最高转速高达 15000rpm（希捷“捷豹 X15”系列硬盘）。

（3）数据传输率（单位：Mb/s）。硬盘的数据传输率（Data Transfer Rate）是指硬盘读写数据的速度，单位为 Mb/s。硬盘数据传输率又包括了内部数据传输率和外部数据传输率。

① 内部传输率（Internal Transfer Rate），也称为持续传输率（Sustained Transfer Rate），是指磁介质到硬盘缓存间的最大数据传输率。内部传输率主要依赖于硬盘的旋转速度。例如，WD2000JB 硬盘的最大内部数据传输率为 71.2Mb/s。

② 外部传输率（External Transfer Rate），也称为突发数据传输率（Burst Data Transfer Rate）或接口数据传输率，它标称的是系统总线与硬盘缓冲区之间的数据传输率，外部数据传输率与硬盘接口类型和硬盘缓存的大小有关。目前，采用 ATA/133 接口的硬盘的最大外部数据传输率为 133Mb/s，采用 SATA 接口的硬盘最高传输速率可以达到 6Gb/s。

由于硬盘的内部数据传输率要小于外部数据传输率，所以，内部数据传输率的高低才是衡量硬盘性能的真正标准，如图 5.12 所示。

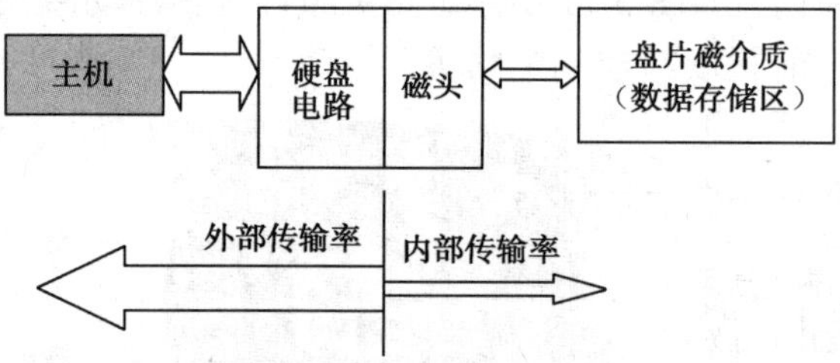

图 5.12　硬盘内/外数据传输率瓶颈

（4）平均访问时间（单位：ms）。平均访问时间（Average Access Time）是指磁头从起始位置到达目标磁道位置且从目标磁道上找到要读写的数据扇区所需要的时间。

平均访问时间体现了硬盘的读写速度，它包括了硬盘的寻道时间和等待时间，即平均访问时间＝平均寻道时间+平均等待时间。

硬盘的平均寻道时间（Average Seek Time）是指硬盘的磁头移动到盘面指定磁道所需要的时间。这个时间越小越好。目前，硬盘的平均寻道时间通常在 8～12ms。

硬盘的等待时间又称为潜伏期（Latency），是指磁头已处于要访问的磁道，等待所要访问的扇区旋转至磁头下方的时间。平均等待时间为盘片旋转一周所需时间的 1/2，一般应在 4ms 以下。

（5）高速缓存（单位：KB、MB）。与主板上的高速缓存（Cache）一样，缓存是硬盘与外部总线交换数据的场所，当磁头从硬盘盘片上将磁记录转化为电信号时，硬盘会临时将数据保存到数据缓存内，当数据缓存内的暂存数据传输完毕后，硬盘会清空缓存，然后再进行下一次的填充与清空。这个填充、清空和再填充的周期与主机系统总线周期一致。现在硬盘数据缓存一般以 SDRAM 为主。目前，硬盘的高速缓存一般为 16～64MB，主流 SATA 硬盘的数据缓存为 32MB 和 64MB。缓存大的硬盘在存取零散文件时具有很大的优势。

（6）硬盘单碟容量。单碟容量是指硬盘单个盘片的存储容量，由单位记录密度（每平方英寸）决定，通过提高单碟容量，可以缩短寻道时间和等待时间，并极大地降低了硬盘的成本。单盘容量越大，单位成本越低，平均访问时间也越短。目前，市面上大多数硬盘的单碟容量为 60GB、80GB、100GB、200GB、250GB，而更高的容量则已达到了 1TB。

（7）磁头数（Heads）。硬盘的磁头数与硬盘体内的盘片数目有关。由于每个盘片均有 2 个磁面，每面都应有 1 个磁头，因此，磁头数一般为盘片数的 2 倍。每面磁道数与每磁道所含的扇区数与硬盘的种类及容量有关。

（8）柱面。硬盘通常由重叠的一组盘片（盘片最多为 14 片，一般均在 1～10 片）构成，每个盘面都被划分为数目相等的磁道，并从外缘以“0”开始编号，具有相同编号的磁道形成一个圆柱，称为硬盘的柱面。硬盘的柱面数与一个盘面上的磁道数是相等的。由于每个盘面都有自己的磁头，因此，盘面数等于总的磁头数。

（9）每磁道扇区数（Sector）。把硬盘的磁道进一步划分为扇区，每个扇区是 512KB。格式化后，硬盘的容量由 3 个参数决定，即硬盘容量＝磁头数×柱面数×扇区数×512（KB）。

（10）交错因子。交错因子就是每两个连续逻辑扇区之间所间隔的物理扇区数。交错因子是硬盘低级格式化时，需要给定的一个主要参数，取值范围在 1:1 到 5:1，具体数值视硬盘类型而定。交错因子对硬盘的存取速度有很大影响。虽然硬盘的物理扇区在磁道上是连续排列的，但进行格式化后的逻辑扇区却是交叉排列的，也就是说，连续的物理扇区对应不连续的逻辑扇区。

（11）MTBF。MTBF 即连续无故障工作时间，它指硬盘从开始使用到第一次出现故障的最长时间，单位是小时。该指标关系到硬盘的使用寿命，一般硬盘的 MTBF 至少在 30000 小时或 40000 小时。如果硬盘按每天工作 10 小时计算，其寿命至少也有 8 年之久。

（12）NCQ 技术。NCQ（Native Command Queuing，全速命令排队）技术是一种使硬盘内部优化工作负荷执行顺序，通过对内部队列中的命令进行重新排序实现智能数据管理，改善硬盘因机械部件而受到的各种性能制约。NCQ 技术是 SATA2.0 规范中的重要组成部分，也是 SATA2.0 规范唯一与硬盘性能相关的技术。

目前希捷、迈拓、日立等硬盘厂商已经在 SATA 硬盘中应用了 NCQ 技术。不过，要充分享用 NCQ 技术，只有硬盘支持是不行的，还要对应的硬盘控制器（如南桥芯片中的磁盘控制器）支持才行。例如，Intel 从 945 芯片组的 ICH7R 南桥开始支持 NCQ 技术，nVIDIA 从 nForce4 SLI 芯片组开始支持 NCQ 技术。

5.2.3 固态硬盘介绍

固态硬盘（Solid State Drive、IDE Flash Disk）由控制单元和存储单元（Flash 芯片）组成，简单地说就是用固态电子存储芯片阵列而制成的硬盘。固态硬盘的接口规范和定义、功能及使用方法上与普通硬盘相同，在产品外形和尺寸上也与普通硬盘一致，其芯片的工作温度范围很宽（-40℃～85℃）。目前，固态硬盘广泛应用于军事、车载、工控、视频监控、网络监控、网络终端、电力、医疗、航空、导航设备等领域。厂商只需购买 NAND 存储器，再配合适当的控制芯片，就可以制造固态硬盘了。

1. 分类

固态硬盘的存储介质分为两种：一种是采用闪存（Flash 芯片）作为存储介质，另外一种是采用 DRAM 作为存储介质。

（1）基于闪存的固态硬盘。基于闪存的固态硬盘（IDE Flash Disk、Serial ATA Flash Disk）采用 Flash 芯片作为存储介质，这也是我们通常所说的 SSD。它的外观可以被制作成多种模样，例如，笔记本电脑硬盘、微硬盘、存储卡、U 盘等样式。

这种 SSD 固态硬盘最大的优点就是可以移动，而且数据保护不受电源控制，能适应于各种环境，但是使用年限不高，适合于个人用户使用。

（2）基于 DRAM 的固态硬盘。采用 DRAM 作为存储介质，目前应用范围较窄。

这种固态硬盘仿效传统硬盘的设计，可被绝大部分操作系统的文件系统工具进行卷设置和管理，并提供工业标准的 PCI 和 FC 接口用于连接主机或者服务器。应用方式可分为 SSD 硬盘和 SSD 硬盘阵列两种。它是一种高性能的存储器，而且使用寿命很长，美中不足的是需要独立电源来保护数据安全。DRAM 固态硬盘属于比较非主流的设备。

2. 接口

基于闪存的固态硬盘主流接口类型有：SATA 2.0、SATA 3.0 和 IDE 三种。

3. 结构

基于闪存的固态硬盘是固态硬盘的主要类别，其内部构造十分简单，固态硬盘内主体其实就是一块 PCB 板，而这块 PCB 板上最基本的配件就是控制芯片、缓存芯片和用于存储数据的闪存芯片。

目前市面上比较常见的固态硬盘有 Indilinx、SandForce、JMicron、Marvell、Samsung 及 Intel 等多种主控芯片。主控芯片是固态硬盘的大脑，其作用一是合理调配数据在各个闪存芯片上的负荷，二是承担了整个数据中转，连接闪存芯片和外部 SATA 接口。不同的主控之间能力相差非常大，在数据处理能力、算法、对闪存芯片的读取写入控制上会有非常大的不同，直接会导致固态硬盘产品在性能上差距高达数十倍。表 5.1 列出了常见的固态硬盘主控芯片品牌、型号和代表产品。

表 5.1　固态硬盘主控芯片品牌、型号、产品一览表

品　牌	型　号	代 表 产 品
Intel	PC29AS21AA0、PC29AS21BA0	Intel 320 Series G3（80GB）
SandForce	SF-1500/SF-1200、SF-2000 系列	OCZ Agility 3 SATA3 60GB
JMicron	JMF602、JMF612、JMF618	金士顿的 SSD Now V 系列
Marvell	88SS9174-BJP2、88SS9174-BKK2	Intel 的 510 系列、镁光 C400、浦科特 PX-128M2S
Indilinx	IDX110M00-LC、IDX110M01-LC	SOLIDATA K5-64Me
三星	S3C49RBX01-YH80、S3C29RBB01-YK40	三星 SLC 3.5 100GB
东芝	TC58NCF602GAT、TC58NCF618GBT、T6UG1XBG	金士顿 SSDNow V+100 系列

主控芯片旁边是缓存芯片，固态硬盘和传统硬盘一样需要高速的缓存芯片辅助主控芯片进行数据处理。这里需要注意的是，目前有一些廉价固态硬盘方案为了节省成本，

省去了这块缓存芯片，这样对于使用时的性能会有一定的影响。

除了主控芯片和缓存芯片以外，PCB 板上其余的大部分位置都是 NAND Flash 闪存芯片了。NAND Flash 闪存芯片又分为 SLC（单层单元）和 MLC（多层单元）NAND 闪存。

（1）SLC 全称是 Single Level Cell（单层式储存），因为结构简单，在写入数据时电压变化的区间小，所以寿命较长，传统的 SLC NAND 闪存可以经受 10 万次的读写。而且因为一组电压即可驱动，所以其速度表现更好，目前很多高端固态硬盘都是都采用该类型的 Flash 闪存芯片。

（2）MLC 全称是 Multi Leveled Cell（多层式储存），它采用较高的电压驱动，通过不同级别的电压在一个块中记录两组位信息，这样就可以将原本 SLC 的记录密度理论提升一倍。作为目前在固态硬盘中应用最为广泛的 MLC NAND 闪存，其最大的特点就是以更高的存储密度换取更低的存储成本，但其写入寿命较短。

4. 固态硬盘的特性

（1）读写速度快。采用闪存作为存储介质，读取速度相对机械硬盘更快。固态硬盘不用磁头，寻道时间几乎为 0。固态硬盘持续读写速度达到 500MB/s 远远超过机械硬盘的 100MB/s 的速度。

（2）物理特性，低功耗、无噪声、抗震动、低热量、体积小、工作温度范围大。固态硬盘没有机械马达和风扇，工作时噪音值为 0 分贝。

（3）容价比低。这里指的是容量和价格的比，相比机械硬盘，固态硬盘的容价比的确低得没话说。如今 1TB 机械硬盘 350 元，而 120GB 固态硬盘一般 650 元甚至更高。

（4）寿命限制。固态硬盘闪存具有擦写次数限制的问题。闪存完全擦写一次叫做 1 次 P/E，因此闪存的寿命就以 P/E 作单位。34nm 的闪存芯片寿命约是 5000 次 P/E，而 25nm 的寿命约是 3000 次 P/E。

5.2.4 固态混合型硬盘

固态混合硬盘技术使用正确的极快 NAND 闪存量（固态硬盘中使用的相同类型）来提升系统性能。希捷 Adaptive Memory 技术高效识别最常用的数据并将其存储在 NAND 闪存中。这些结果使开机时间、应用程序负载和总体系统响应能力得到极大改善。

固态混合型硬盘（SSHD）将 SSD 和 HDD 的优势结合成一种价格合理、性能强劲的混合硬盘。您会对在台式机系统中获得类似固态硬盘的性能所付出的成本之低惊讶不已。

由于 SSHD 融合了 HDD 和 SSD 技术的优势，所以固态混合硬盘产品获得这两者的可靠性之和。

现在 SSHD 可用于台式计算机。以台式机硬盘的巨大容量获得集成固态硬盘的速度和效力，特性如下：高达 4TB 的大存储容量；固态速度可实现高速、高响应的系统性能；创新使用固态内存交付实惠的性能和容量；NAND 闪存和硬盘技术更好地协作以交付更好的可靠性。

5.2.5 笔记本电脑硬盘

笔记本电脑硬盘是专为像笔记本电脑这样的移动设备而设计的，具有小体积，低功耗，防震等特点。

（1）尺寸。笔记本电脑所使用的硬盘一般是 2.5 英寸，2.5 英寸硬盘只使用一个或两个磁盘进行工作。

（2）厚度。标准的笔记本电脑硬盘有 7mm、9.5mm、12.5mm、17.5mm 四种厚度。

（3）转数。笔记本电脑硬盘现在最快的是 10000rpm。

（4）接口类型。目前，在笔记本电脑硬盘中也开始广泛应用 Serial ATA 接口技术，采用该接口仅以 4 只针脚便能完成所有工作。

（5）容量技术。笔记本电脑的硬盘普遍采用了磁阻磁头（MR）技术或扩展磁阻磁头（MRX）技术。

（6）特点。笔记本电脑硬盘和台式机硬盘从产品结构和工作原理看，并没有本质的区别，笔记本电脑硬盘最大的特点就是体积小巧，目前标准产品的直径仅为 2.5 英寸（还有 1.8 英寸甚至更小的），厚度也远低于 3.5 英寸硬盘。一般厚度仅有 8.5～12.5mm，重量在 100 克左右，堪称小巧玲珑。

5.2.6 市场主流硬盘驱动器介绍

硬盘市场曾经是“群雄逐鹿”的格局，然而迈拓收购了昆腾，希捷又收购了迈拓，IBM 的硬盘业务出售给日立环球。2011 年 3 月，日立环球又被西数收购，2011 年 4 月希捷收购了三星的硬盘业务，硬盘产业的市场格局已然只剩下“两雄争霸”。作为一个极为成熟的行业，传统硬盘领域已经很难有新的技术突破来造就新的机会，未来 SSD 市场还将成为新的战略制高点。

1. 希捷硬盘

希捷（Seagate）公司是全球硬盘领域中最大的生产商。目前希捷生产的内置硬盘主要有以下几种。

（1）希捷笔记本电脑硬盘。希捷笔记本电脑硬盘为所有移动市场需求提供行业领先的创新设计、超高的性能、可靠性和价值，目前市场上有以下几种。

① 固态混合型笔记本电脑硬盘。目前市场上流通的希捷固态混合硬盘有 500GB 和 1TB 两种型号。其中 500GB 的有转速（7200rpm）、厚度（9.5 毫米）和转速（5400rpm）、厚度（7 毫米）两种型号，1TB 的转速为 5400rpm、厚度为 9.5 毫米。

② 希捷 600 消费级固态硬盘。这种硬盘有 120GB、240GB、480GB 三个型号。

③ 希捷超薄型笔记本电脑硬盘。这种硬盘是专为纤薄笔记本电脑和超级本设计的最纤薄、最实惠的一款硬盘，提供 500GB 和 320GB 存储容量和自加密硬盘选择。

④ 希捷薄型笔记本电脑硬盘。这种硬盘（原 Momentus Thin）功能丰富、纤薄、轻巧，具有 250GB、320GB 和 500GB 容量选择，支持 5400rpm 和 7200rpm 两种速率，都支持用于超薄计算的无损设计。

（2）台式机硬盘。目前台式机市场上的内置希捷硬盘产品主要是 Desktop HDD.15、7200.14、7200.12 三个系列，容量从 160GB 到 4TB 多种容量大小，转速 7200rpm，缓存有 8MB、16MB、32MB、64MB 等规格，单碟 1TB。希捷硬盘主要规格见表 5.2。

表 5.2 希捷台式机硬盘

系　列	容量（GB）	接口速度	转速（rpm）	缓　存
Desktop HDD.15	4TB	6Gb/s	7200	64MB
7200.14	250GB、320GB、1TB、2TB、3TB	6Gb/s	7200	16MB、32MB、64MB
7200.12	160GB、250GB、320GB、500GB、750GB、1TB	6Gb/s	7200	16MB、32MB

（3）固态混合型台式机硬盘。既具有固态硬盘的超高性能又有传统硬盘的超大容量，目前有 1TB、2TB 和 4TB 三种规格。

2. 西部数据硬盘

（1）台式机硬盘。在台式机市场，从 2008 年 6 月开始，西部数据（Western Digital）硬盘采用新的命名分类方式，主要有以下三个系列。

① WD Blue 系列（蓝版，民用高性价比、主流型号）：支持接口 SATA（6Gb/s、3Gb/s）和 PATA（100MB/s）三种，容量从 80GB 到 1TB，转速 7200rpm，外形尺寸为 3.5 英寸，高速缓存有 8MB、16MB、32MB 和 64MB 等。WD Blue 为日常计算机应用提供可靠性能。

② WD Green 系列(绿版，主打低功耗、低噪音等环保特性)：支持接口 SATA(6Gb/s、3Gb/s)，容量从 500GB 到 4TB，外形尺寸为 3.5 英寸，高速缓存为 64MB 等。WD Green 代表 WD 的 GreenPower 技术，它的特点是低温、安静和环保。

③ WD Black 系列（黑版，桌面高性能产品）：支持接口 SATA（6Gb/s、3Gb/s），容量从 500GB 到 4TB，外形尺寸为 3.5 英寸，高速缓存为 64MB 等。WD Black 系列为性能发烧友提供了最强大的性能，它是高性能台式机硬盘的代名词。

（2）笔记本电脑硬盘。西部数据（Western Digital）为笔记本电脑提供的和台式机一样的三个系列的笔记本电脑硬盘，同系列相比容量比台式机小，外形尺寸为 2.5 英寸，缓存为 8MB 或 16MB。

西部数据没有混合固态硬盘产品。有兴趣的读者可以登录西部数据（Western Digital）的网站进行查询，网址为 http://www.wdc.com/cn/。

5.3 任务实施

5.3.1 选购硬盘驱动器

购买硬盘和其他设备要坚持“高性价比”和“好用够用”相结合的原则。选购硬盘主要考虑以下要素。

（1）硬盘容量。硬盘的容量是选购硬盘的首要因素。从市场行情看，随着硬盘容量的增加，每单位容量的费用就越低。目前，PC 机硬盘的容量有 250GB、300GB、400GB、500GB、750GB、1TB、1.5TB、2TB、3TB。主流容量是 320GB、500GB、750GB、1TB。除了看整盘容量外，尽量购买单碟容量大的硬盘，单碟容量大的硬盘比单碟容量小的硬盘性能高。

（2）品牌。目前市场上，主流硬盘的品牌有：希捷、西部数据、日立（Hitachi）等。

在选购硬盘时，应从正规渠道购买盒装硬盘产品，以确保质量。

（3）看硬盘接口。根据选定的主板决定选用何种接口的硬盘。目前市场上台式机有IDE和SATA两种接口的内置硬盘，而SATA接口的硬盘是市场的主流，传输速率可以达到6Gb/s。为了兼容以前的主板，目前西部数据继续供应IDE硬盘。

（4）看稳定性。随着硬盘容量的增大，转速的加快，硬盘稳定性的问题日益突出。在选购硬盘之前要多参考一些权威机构的测试数据，多做市场调查，最好不要选择那些返修率高的品牌。另外，硬盘表面温度越低，硬盘的散热性和数据读写稳定性就越好。

（5）看缓存大小。在选购时应尽量选择缓存大的硬盘。目前硬盘缓存容量有16MB、32MB、64MB几种规格。对于相同容量的硬盘而言，缓存增加一档，价格增加几十元。

（6）看转速。选购硬盘的第二个因素就是看转速。硬盘的转速越快，其数据传输率越快，硬盘的整体性能也随之提高。目前市场上台式机硬盘转速基本上都是7200rpm。

（7）看售后服务。目前，各个厂商对于硬盘的售后服务和质量保证做得都不错，尤其是各品牌的盒装正品，为消费者提供2～3年甚至5年的质保，并且提供数据恢复服务。建议选购提供3年以上的质保的正品。

（8）区分行货和水货。目前市场上硬盘存在水货和行货两种。水货不是假货，而是没有相应的售后服务的产品。辨别假货的方法是先看硬盘的代理商贴在自己代理的硬盘产品上的防伪标签，再看硬盘盘体和代理保修单上的硬盘编号是否一致。

5.3.2 识别硬盘

1. 实训目的

通过本次练习，使学生能够正确识别市场上的主流硬盘。

2. 实训准备

准备不同品牌的硬盘让学生识别等。

3. 实训任务

通过网络、走访IT市场并利用测试软件，了解不同档次不同品牌的硬盘的技术指标。在表5.3中列出了不同档次的部分典型产品代表。

表5.3 不同品牌的硬盘

品 牌	型 号
西部数据	WD10EZEX、WD10EALX、WD6400AAKS、WD30EZRX、WD7500AZRX、WD20EARS、WD2002FAEX、WD7501AALS、WD5000AAKB
希捷	ST1000DM003、ST2000DM001、ST3000DM001、ST1000DX001、ST33000651AS、ST32000641AS、ST3000DM001、ST750DM003、ST500DM002

4. 实训步骤

通过网络、走访IT市场并使用硬盘，在表5.4中填入以上各款硬盘的技术规格。

表 5.4 各种硬盘的参数

姓名		班级		学号	
型号					
基本参数					
容量					
接口标准					
盘体尺寸					
性能参数					
转速					
缓存容量					
平均寻道时间					
传输标准					
单碟容量					
NCQ					

5.3.3 测试硬盘

1. 实训目的

通过本次练习，使学生能够掌握 Sisoft Sandra 的使用。

2. 实训准备

（1）一台运行正常的计算机。
（2）Sisoft Sandra 软件。

3. 实训任务

使用 Sisoft Sandra 软件对硬盘进行测试。

4. 实训步骤

步骤 1：搭建测试硬件平台。
步骤 2：搭建测试软件平台。
步骤 3：安装并运行 Sisoft Sandra 软件。
步骤 4：逐一尝试使用 Sisoft Sandra 软件测试硬盘的各项性能指标。

习　题

一、选择题

1．硬盘的数据传输率是衡量硬盘速度的一个重要参数，它是指计算机从硬盘中准确找到相应数据并传送到内存的速率，它分为内部和外部传输率，其内部传输率是指（　　）的最大数据传输率。

A．硬盘的高速缓存到内存　　B．CPU 到 Cache

C．内存到 CPU　　D．硬盘的磁头到硬盘的高速缓存

2．在微机系统中（　　）的存储容量最大。

A．内存　　B．软盘　　C．硬盘　　D．光盘

3．用硬盘 Cache 的目的是（　　）。

A．增加硬盘容量　　B．提高硬盘读写信息的速度

C．实现动态信息存储　　D．实现静态信息存储

4．选购硬盘时，主要参考的性能指标有（　　）等几种。

A．容量　　B．转速

C．缓存大小　　D．接口类型

5．以下不属于硬盘生产厂商的是（　　）。

A．希捷　　B．日立　　C．三星　　D．索尼

6．下列对硬盘传输率影响最小的是（　　）

A．寻道时间　　B．寻址时间　　C．转速　　D．容量

二、填空题

1．硬盘接口可划分为________、________和________三种类型。

2．硬盘数据传输率衡量的是硬盘读写数据的速度，一般用_________作为计算单位。它又可分为________和________。

3．如果一个硬盘的容量是 120GB，而单碟容量是 80GB，那么这个硬盘有______张盘片，______个磁头。

4．SATA 接口总线的数据传输方式为________。

5．硬盘是由若干硬盘片组成的盘片组，所有盘面的同一个磁道纵向形成的同心圆柱，称为________。

6．硬盘的几个主要性能指标有________、________、________等（列举其中三个）。

7．固态硬盘主要用在________、________、________等领域（列举其中三个）。

三、简答题

1．硬盘的外部结构由哪几部分组成？

2．硬盘的内部结构由哪几部分组成？

3．硬盘是如何工作的？

4．IDE 硬盘的传输接口种类有几种？

5．ATA/133 接口和使用的数据线有什么特点？

6．串行 ATA 接口和使用的数据线有什么特点？

7．什么是硬盘的外部数据传输率？什么是硬盘的内部数据传输率？

8．传统硬盘有哪些主要性能指标？

9．简述柱面、磁道、扇区的含义及它们与硬盘容量的关系。

10．选购硬盘时，需要考虑哪些因素？

11．笔记本电脑硬盘和台式机硬盘相比，有哪些特性？

12．固态硬盘和传统硬盘相比有哪些特性？

13．什么是固态混合硬盘？市场上哪几个厂商生产固态混合硬盘？

四、实训题

1．目前市场上主要有哪些知名品牌的硬盘？它们的容量、转速、接口类型等性能如何？

2．观察、熟悉各型硬盘的内、外部结构。

任务 6

认识与选购光存储和移动存储设备

知识目标

- 理解光存储的基本原理；
- 熟悉光存储设备的性能指标；
- 理解光存储设备的工作原理；
- 熟悉光盘的种类。
- 熟悉常见的U盘、移动硬盘和闪存卡。

技能目标

- 能够选购合适的光存储设备；
- 能够选购合适的光盘；
- 能够选购合适的U盘；
- 能够选购合适的移动硬盘；
- 能够选购合适的闪存卡；
- 能够选购合适的读卡器。

6.1 任务描述

光存储和移动存储设备是计算机存储系统的必要补充，尤其是在安装操作系统和应用软件，以及将硬盘中的数据备份到其他存储设备中时就需要借助光存储或者移动存储设备。那么如何选购合适的光存储和移动存储设备呢？如何识别市场上主流的光驱、刻录机、U盘、移动硬盘并且进行测试呢？

6.2 相关知识

6.2.1 光驱的分类

1. 根据光盘存储技术的不同分类

光驱，是计算机用来读写光盘内容的机器，也是在台式机和笔记本电脑里比较常见的一个部件。随着多媒体的应用越来越广泛，使得光驱在计算机诸多配件中已经成为标准配置。目前，光驱可分为CD-ROM驱动器、DVD光驱（DVD-ROM）、康宝（Combo）和刻录机等。

刻录机可以分为两种：一种是CD刻录，另一种是DVD刻录。使用刻录机可以刻录音像光盘、数据光盘、启动盘等，方便储存数据和携带。CD容量是700MB，DVD容量是4.5GB。可以分四种：CD刻录（包含CD-RW刻录）、DVD刻录（包含DVD-RW刻录）、HD DVD刻录、Blu-ray Disc（BD）刻录机。

目前市场上的主流产品有DVD刻录机、蓝光刻录机、DVD光驱、蓝光光驱、蓝光Combo、Combo等。

（1）Combo。康宝，英文Combo的音译，原意为结合物，联合体。既具有DVD光驱读取 DVD 的功能，又具有 CD 刻录机刻录 CD 的功能，即能读取 DVD 的 CD 刻录机，因此取名为 Combo，俗称康宝。

（2）蓝光 Combo。能够读取支持单层 25GB 和双层 50GB 的蓝光盘片。

（3）蓝光光驱。蓝光光驱，即能读取蓝光光盘的光驱，向下兼容 DVD、VCD、CD 等格式。

（4）DVD 光驱。DVD 光驱是一种可以读取 DVD 光盘的光驱，除了兼容 DVD-ROM，DVD-VIDEO，DVD-R，CD-ROM 等常见的格式外，对于 CD-R/RW，CD-I，VIDEO-CD，CD-G 等都能很好地支持。

（5）蓝光刻录机。蓝光刻录机是指基于蓝光 DVD 技术标准的刻录机。蓝光光盘的一个最大优势是容量大，单面单层的就高达 23.3GB/25GB/27GB。和现有 CD 或 DVD 相同的是，蓝光光盘的直径是 120mm，厚度也是 1.2mm。

（6）DVD 刻录机。DVD+RW 刻录机除刻录 DVD+RW 外，也可刻录 CD-R 和 CD-RW。DVD+RW 现有的容量为每面 4.7GB。

2. 按光存储设备的放置方式分类

按安装方式及结构特点来划分，光存储设备还可以分为以下两种。

（1）内置式：内置式光驱是目前大多用户普遍采用的安装形式。这种光驱可以安装在计算机机箱内 5 英寸的固定架上，通过内部连线连接到主板上，如图 6.1 所示。

（2）外置式：外置式光驱自身带有保护外壳，可以放在计算机机箱外面，通过 USB 接口与计算机相连接使用，而不必安装到计算机机箱里去，如图 6.2 所示。

图 6.1　内置式光驱

图 6.2　外置式光驱

3. 按光存储设备的速度分类

根据光存储设备的速度，可分为 56 速读、52 速写、24 速擦写等不同速度的存储器。

4. 按光存储设备的接口分类

根据光存储设备的接口，分为 IDE 接口（如图 6.3 所示）、SATA 接口（如图 6.4 所示）、IEEE 1394 接口和 USB 接口光驱。

图 6.3　IDE 接口光驱

图 6.4　SATA 接口光驱

6.2.2 光存储设备的性能指标

（1）数据传输率。数据传输率是指光驱在 1s 内所能读写的数据量，单位为 KB/s 或 MB/s。它是衡量光驱性能的最基本指标。该值越大，光驱的数据传输率越高。

最初 CD-ROM 数据传输率只有 150KB/s，定义为倍速（1X），在此之后出现的 CD-ROM 的速度与倍速是一个倍数关系，如 40 倍速 CD-ROM 的数据传输率为 6000KB/s（150×40）。随着光驱传输速率越来越快，出现了 40X、48X、52X、56X 的 CD-ROM 光驱。DVD-ROM 的 1X 为 1358KB/s，DVD-ROM 的最高倍速为 16X。

CD-RW 刻录机速度表示为：写/复写/读。一款标志 52×32×52 的 CD-RW 刻录机表示该款刻录机为 52 倍速 CD-R 刻写、32 倍速复写速度和 52 倍速 CD-ROM 读取能力。

DVD-RW 刻录机速度表示为：DVD+/-R 写入/DVD+RW 复写/DVD-RW 复写/DVD+/-R DL 写入/DVD-RAM 写入。例如，某款 DVD 刻录机为 18X DVD+/-R 写入、8X DVD+RW 复写、6X DVD-RW 复写、10X DVD+/-R DL 写入和 12X DVD-RAM 写入。

Combo 驱动器的速度一般表示为：CD-R 写入/CD-RW 重写/CD 读取/DVD-ROM 读取，如一款 Combo 标志为 52×24×52×16，表示这款 Combo 驱动器具有 52 倍速的 CD-R 写入速度、24 倍速的 CD-RW 重写速度、52 倍速的 CD 读取速度、16 倍速的 DVD-ROM 读取速度。写入速度和重写速度通常与刻录盘片有关，而读取速度是指将 Combo 驱动器当做 CD-ROM 驱动器或 DVD-ROM 驱动器读取数据时的速度。

（2）平均访问时间（Average Access Time）。平均访问时间又称为“平均寻道时间”，是指光驱的激光头从原来的位置移动到指定的数据扇区，并把该扇区上的第一块数据读入高速缓存所花费的时间。其值一般在 80～90ms 之间。

（3）CPU 占用时间（CPU Loading）。CPU 占用时间是指光驱在保持一定的转速和数据传输率时所占用 CPU 的时间。这是衡量光驱性能的一个重要指标，光驱的 CPU 占用时间越少，系统整体性能的发挥就越好。

（4）缓存容量。缓存主要用于存放临时从光盘中读出的数据，然后发送给计算机系统进行处理。这样就可以确保计算机系统能够一直接收到稳定的数据流量。

缓存容量越大，读取数据的性能就越高。目前，普通 DVD-ROM 光驱大多采用 512KB 的缓存，而刻录机一般采用 2～8MB 的缓存。

（5）接口类型。目前，市场上的光驱接口类型主要有 SATA、IDE、SCSI 和 USB。

（6）纠错能力。光驱纠错能力是指光盘驱动器对一些质量不好的光盘的数据读取能力。目前，各个品牌的产品都差不多，建议购买品牌产品，这样在售后服务上有保证。

（7）区域代码。区域代码是 DVD 光驱的特有专利，在 DVD 光驱的面板上或说明书上一般都有明显的标记或说明。大家选购时要注意购买标有中国区域代码的产品。

（8）刻录方式。这项指标仅适用于刻录机。刻录方式分为四种：整盘、轨道、多段、增量包。整盘刻录无法再添加数据；轨道刻录每次刻录一个轨道，CD-R 最多支持刻写 99 条轨道，但要浪费几十 MB 容量；多段刻录与轨道刻录一样，也可以随时向 CD-R 中追加数据，每添加一次数据，浪费数 MB 容量。

6.2.3 光存储设备的工作原理

1. DVD 光驱的工作原理

DVD-ROM 的工作原理是先将激光二极管发出的激光经过光学系统形成光束射向盘片，然后从盘片上反射回来的光束照射到光电接收器上，再转变成电信号。

由于 DVD 必须兼容 CD-ROM 光盘，而不同的光盘所刻录的坑点和密度均不相同，当然对激光的要求也有不同，这就要求 DVD 激光头在读取不同盘片时要采用不同的光功率。

为了兼容 CD-ROM 光盘，目前 DVD 的激光头读取方式可以分为以下几种。

（1）单光头单聚焦镜。采取一个光头和一个全息综合聚焦透镜，其激光束为 645nm 波长。通过透镜边缘的激光束形成 CD/VCD 信息面的聚焦点，而透镜中间部分的激光束聚焦在 DVD 的信息面上。因只有一个透镜，因此读取数据时不涉及更换镜头，不占用时间，读片速度快，成本较低，机械结构也相对简单，但此种激光头内部结构十分复杂，且读盘过程中，因对每一种盘片来说只利用了透镜表面上的部分光束，因此读片精度较差，且给光头带来巨大负担。目前这种读取方案主要在 Panasonic 公司广泛应用。

（2）单光头双聚焦镜。使用两个焦距不同的镜片，但共用一个激光发射器和接收器（即共用一个激光头），通过切换透镜来获得不同焦深以实现分别读取 CD/VCD 和 DVD 的目的，其读取信号质量较高，但在读盘时涉及到光头的机械切换过程，因此占用读盘时间，读盘速度较慢，噪声大，且在精密的激光头内部容易产生机械故障，成本也相对较高。启动速度较慢、寻道时间长。目前，TOSHIBA 和安桥公司在自己的 DVD 产品上均采用了这项技术。

（3）双光头双聚透镜。即采取两套完全独立的光头，拥有两套不同焦距的透镜，采用各司其职的信号拾取系统分别读取 CD/VCD 和 DVD。因此读盘性能较好，另一大优点就是能兼容 CD-R 和 CD-RW。但因采取双光头，因此成本最高，且其伺服机构在读盘时有一个双光头的切换过程，占有时间，读盘速度慢，机械系统复杂，容易出现机械切换故障。目前，Sony 及日立公司均采用这种双光头技术。

（4）单光头双波长。此技术采取一个激光头，内部安装两个不同的激光发射器（相当于将两个光头集成在一起），技术含量高，通过使用一组聚焦镜所产生的 650nm 和 780nm 波长的激光拾取信号，来分别读取 CD/VCD 和 DVD，在保持单光头单聚焦镜的优势基础上更加提高了读盘性能和认盘速度，又免去了因更换激光头或聚焦镜所带来的时间占用和机械故障，且兼容性好，能很好地兼容 CD-R 和 CD-RW。这是一种较为新型、全面的信号拾取方案。这种读取方式最为稳定、先进。目前，先锋、明基等公司采用这种技术。

2. DVD 刻录机的工作原理

DVD 刻录机是 DVD-R/RW 和 DVD+R/RW，它们与 CD-R/RW 一样是在预刻沟槽中进行刻录。不同的是，这个沟槽通过定制频率信号的调制而成为“抖动”形，被称作抖动沟槽。它的作用就是更加精确地控制马达转速，以帮助刻录机准确掌握刻录的时机，这与 CD-R/RW 刻录机的工作原理是不一样的。另外，虽然 DVD-R/RW 和 DVD+R/RW

的物理格式是一样的，但由于 DVD+R/RW 刻录机使用高频抖动技术，所用的光线反射率也有很大差别，因此这两种刻录机并不兼容。

DVD-RW 和 DVD+RW 与 CD-RW 光盘类似，在其记录层上加入了相变材料，可以通过转换其状态来达到多次擦写的目的。在进行写入操作时，激光照射强度提升至最大，使写入区域的相变材料迅速超过熔点温度，之后立即停止照射进行冷却后，该区域就变为非结晶状态。在进行数据擦除时，用中等功率的激光对非结晶状态的区域进行相对长时间的照射，当该区域超过结晶温度时就调低功率，之后该区域就恢复为结晶状态。

3. Combo 驱动器的工作原理

Combo 驱动器可以实现 CD-ROM、DVD-ROM、CD-RW 等多种功能，其中的关键在于 Combo 驱动器的激光头。Combo 驱动器的激光头能够产生不同能量和波长的光源，并且都能做到精确聚焦，从而实现 CD-ROM、DVD-ROM 的读取及 CD-RW 的刻写，并使激光头成为 Combo 光驱中最复杂、最难以制造的核心部件。

在当今市场上的 Combo 光驱主要有三种结构：三星光头+MTK 芯片、飞利浦光头+MTK 芯片、日系光头+MTK 芯片（MT1616E DVD 解码芯片和 MT1618E 刻录控制芯片）。这三种不同的结构都是采用不同的光头搭配 MTK 芯片，也就是说，三种不同的结构就是三种不同的光头，也分别代表着三种光头的技术方向。

（1）三星光头。采用的是“双光源环纹透镜技术”，这种技术的特点是采用单光头，但有两个激光管。它们分别负责 DVD 的读取和普通 CD 的读取和刻录，可以在同一块透镜上实现不同波长的激光聚焦。这种技术的优点是光头的寿命更长。

（2）飞利浦光头。采用的是“单光头双镜片技术”。这种技术的特点也是只采用单光头，然后通过两个焦距不同的镜片来产生多种激光束，分别实现 DVD 和 CD 盘片两种激光波长的聚焦，这种技术的优点是稳定性好。除了飞利浦 Combo 采用这种技术，飞利浦还授权 BENQ 采用这种技术生产 Combo。

（3）日系光头。采用的是“单光头单镜片技术”，这种技术的特点是采用单光头单镜片结构，通过镜片中间的激光束可形成 CD 的波长聚焦，而通过镜片边缘的激光可形成 DVD 的波长聚焦，这种技术的优点是反应快。无论是采用双光源、双镜片还是让一个镜片产生两种波长，都是为了能同时读取 DVD 和 CD。

6.2.4 光盘

光盘又称为 CD（Compact Disc，压缩盘），是一种载体，用来存储光信息数据。它是通过冲压设备压制或激光烧刻，从而在其上产生一系列凹槽来记录信息的一种存储媒体。光盘具有容量大、保存时间长、工作稳定可靠、便于携带、价格低廉等优点。

1. 光盘的类型

光盘按照读/写类型分为三种类型：一种是只读型光盘，它们由生产厂家预先写入信息，用户只能读出不能写入；第二种是只写一次性光盘，可以由用户写入信息，但只能写一次，可多次读出；第三种是可擦写型光盘，可以重复读写，类似磁盘。

每种类型的光盘按所使用的激光不同，目前又分为CD、DVD（红光DVD）、BD（蓝光DVD）、HD（高清晰度DVD）。

2. 光盘的容量及记录原理

（1）光盘的容量。光盘容量的单位与磁盘容量的单位是不同的，磁盘容量的单位与计算机内存的容量单位相同，都是1Byte＝8bit。但光盘容量的单位则不同，它以14bit为编码单位，即1Byte＝14bit，并且，字节与字节之间还有3bit的间隔，故光盘实际的数据为1Byte＝（14+3）bit＝17bit。另外，唱片光盘是以时间（分钟）为单位，如一张CD唱片可播放74分钟，一张电影DVD单面光盘可播放133分钟等。

（2）光盘的记录原理。光盘是通过其表面上的凹槽来反映信息的，在盘片上用平坦表面表示“0”，用凹坑端部表示“1”。

3. 光盘的结构

（1）CD-ROM盘片。CD-ROM盘片直径一般为120mm，可以保存大约635MB的数据，这些数据被记录在高低不同的凹凸起伏槽上，这是CD-ROM盘片同硬盘等介质保存数据不同的地方。CD-ROM盘片中心有一个直径为15mm的孔，其外有一个13.5mm宽的环状区是不保存任何东西的，再向外38mm宽的环状区才是真正存放数据的地方。盘的最外侧还有一圈1mm的无数据区。盘片的厚度一般为1.2mm，重量为14～18g。

CD-ROM盘片的径向截面共有三层：聚碳酸脂做的透明衬底（片基）、铝反射层和保护层，如图6.5所示。CD-ROM盘片是单面盘，一面专门用来印刷商标，而另一面用来存储数据。激光束必须穿过透明衬底才能到达凹坑，读出数据，因此，在存放数据的那一面，表面上的任何污损都会影响数据的读出性能。

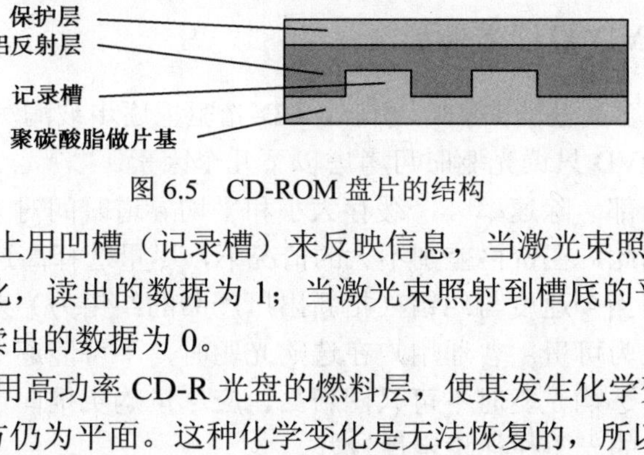

图6.5 CD-ROM盘片的结构

在CD-ROM盘面上用凹槽（记录槽）来反映信息，当激光束照射到凹槽的边界时，反射光束强弱发生变化，读出的数据为1；当激光束照射到槽底的平坦部分时，反射光强弱没有发生变化，读出的数据为0。

（2）CD-R盘片。用高功率CD-R光盘的燃料层，使其发生化学变化，在盘片上产生凹坑，没有照射的地方仍为平面。这种化学变化是无法恢复的，所以CD-R盘片只能写入一次，不能重复写入。

（3）CD-RW盘片。CD-RW盘片内部镀了一层2×10^{-6}～5×10^{-6}cm的薄膜，薄膜的材质多为银、铟、硒或碲混合物的结晶层。这个结晶层的特色是能呈现出结晶与非结晶的状态，激光照射可使这两种状态相互转换，而这两种状态也在盘片上呈现出平面与凹坑的效果。

4. DVD、BD、HD DVD的比较

DVD、BD、HD DVD各有特点，竞争十分激烈。从目前市场来看，BD具有优势，很有可能取代DVD和HD DVD，成为市场的主流。

（1）激光束的比较。DVD 使用波长为 650nm 的红光激光束，而 BD、HD DVD 都使用波长为 405nm 的蓝紫光激光束。

（2）烧录技术的比较。目前主流的 DVD 光存储采用的是 NA（Numerical Aperture，数值孔径）值为 0.6 的聚焦镜头。DVD 的焦点直径为 1.32μm，BD 的焦点直径为 0.58μm。

（3）容量的比较。单面单层容量 DVD 为 4.7GB、HD DVD 为 15GB、BD 为 25GB。单面双层容量 DVD 为 8.4GB、HD DVD 为 30GB、BD 为 50GB。

（4）音频、视频技术的比较。DVD 只支持 640×480 像素的普通电视分辨率，而 HD DVD 和 BD 都支持 1920×1080 像素的高清电视标准。它们支持的音频、视频压缩格式如表 6.1 所示。

表 6.1　DVD、BD、HD DVD 支持的音频、视频压缩格式

	DVD	HD DVD	BD
支持的音频格式	Dolby Digital、DTS	Dolby Digital、Dolby Digital Plus、DTS、Linear PCM、Dolby TrueHD	Dolby Digital、DTS、Linear PCM
支持的视频格式	MPEG-1、MPEG-2	VC-1、MPEG-2、MPEG-4 AVC	VC-1、MPEG-2、MPEG-4 AVC

6.3　任务实施

在所有计算机配件中，光存储设备是易耗品，使用中经常出现读盘困难、需要清洗等现象。因此，面对市场上众多品牌、不同型号的光存储设备，用户应从以下几方面着手选择。

6.3.1　选购 DVD 只读光驱

因为 CD 不能兼容高性能 DVD，所以，CD 光驱正逐步被淘汰。目前，DVD 光驱是市场的主流，购买 DVD 只读光驱时可考虑以下几个因素。

（1）速率不是全部。除速率外，缓存大小和平均寻道时间对光驱的总体性能也有着举足轻重的影响。因此，在价格差别不大的情况下，尽量选择高速缓存较大的产品。

（2）稳定性。在当今速度与纠错（指新出厂产品的纠错力）差距并不大的情况下，稳定性的表现显得尤为可贵。普通用户在选购光驱时，不可能逐一从硬件结构方面分析产品的优劣，所以，选购光驱时不可只图新品，应尽量购买推向市场时间较长，口碑一直不错的产品，这样的光驱往往稳定性较好。

（3）接口。采用 SCSI 接口的 DVD 光驱，与采用 IDE 接口的 DVD 光驱相比，具有更好的稳定性和数据传输率，且其 CPU 的占用率比较低。但是，它必须通过 SCSI 卡才能连接，安装、使用很不方便。而采用 IDE 接口的 DVD 光驱可谓即插即用。因此，目前一般用户都选用 IDE 接口或 SATA 接口的光驱。USB 接口一般都用于外置光驱。

（4）静音。光驱噪声是计算机工作室的噪声源之一。光盘的盘片总处于高速旋转中，这就不可避免地会产生很大的震动，另一方面目前市面上的光盘盘片质量参差不齐，质量差的盘片在高速旋转过程中也会带来震动。而震动会影响激光头的聚焦，从而影响读取数据的正确性。所以光驱的生产厂商采用了各种各样的技术以尽量减少震动。

（5）品牌。一般来说，名牌的背后以可靠的质量为后盾，这是选购一个好的、让人放心的光驱的要素之一。目前国内 DVD 光驱市场知名的品牌有：索尼（SONY）、先锋（PIONEE）、三星（SAMSUNG）、明基（BenQ）、TPOS、华硕（ASUS）、LG、飞利浦（PHILIPS）、惠普（HP）和台电（TELECT）等。

6.3.2 选购刻录机

选购刻录机时，需要考虑以下几个因素。

（1）工作稳定性和发热量。由于用刻录机刻盘耗时相对较长，要求刻录机有较高的稳定性。另外，还要考虑刻录机的发热量。如果刻录机在短时间内发热量过大，容易缩短激光头的使用寿命，使正在刻录中的光盘受热变形，导致刻录失败甚至盘片炸裂。

（2）缓存容量。缓存容量的大小是选购刻录机的一个重要指标。因为刻录时数据先写入缓存，刻录软件再从缓存调用刻录数据，刻录同时后续数据再读入缓存，以保持写入数据能良好组织并连续传输，如果后续数据没及时写入，传输中断将导致刻录失败。因此，当价格差别并不明显时，建议优先选择缓存容量大的产品。

（3）刻录速度。刻录速率越高，刻录时间越短。同时考虑刻录机支持的盘片。

（4）品牌。目前国内刻录机市场知名的品牌有：先锋（PIONEE）、索尼（SONY）、三星（SAMSUNG）、明基（BenQ）、华硕（ASUS）、浦科特（PLEXTOR）、飞利浦（PHILIPS）、惠普（HP）、台电（TELECT）和建兴/LITEON 等。

6.3.3 选择盘片

1. DVD 刻录盘的选择

DVD 刻录盘主要有两种规格：DVD-R/RW 和 DVD+R/RW，选择时要考虑以下几个问题。

（1）容量。目前市场上销售的 DVD-R/RW 和 DVD+R/RW 盘片的容量绝大部分为 4.7GB。

（2）规格。从盘片的规格看，DVD-R 盘片可分为两种：创作型（容量 3.95GB）和通用型（容量 4.7GB），刻录时二者所需的激光光波不同，需相对应的刻录机刻录，刻录成功后都可在普通 DVD-ROM 驱动器上读出。目前市场上销售的 DVD-R 盘片绝大部分都具有通用性。DVD+R 盘片只有一种类型，没有用途和容量之分，唯一的区别在于刻录速度的选择，如 4X DVD+R 和 8X DVD+R 刻录盘。

（3）刻录速度。目前，DVD-R/RW 和 DVD+R/RW 的最大刻录速度是：DVD-R 盘片为 4X，DVD-RW 盘片为 2X，DVD+R 盘片为 8X，DVD+RW 盘片为 4X。

（4）易用性。DVD-R/RW 和 DVD+R/RW 的两种规格所采用的刻录模式完全不同，并拥有不同的技术特点。DVD+R/RW 的刻录方式比 DVD-R/RW 更灵活，DVD+R/RW 可支持 CLV、CAV，而 DVD-R/RW 只支持 CLV 刻录方式。

（5）兼容性。从技术角度来讲，DVD+RW Alliance 采用了“Lossless Linking”技术，并且支持 DVD+VR 格式。简而言之，用户可在计算机上直接对 DVD+RW 盘片上的内容进行编辑和修改，而不必重写整张光盘。而 DVD-RW 光盘则必须对整个光盘进行重新刻录。

从市场角度来讲，在关键协议认同上，包括万利达、步步高和新科等国内 DVD 主流企业更乐意接受兼容性好、易于操作的 DVD+R 标准。

（6）价格。目前市场上 DVD 盘片的厂商主要有理光、铼德、三菱和索尼等，盒装 DVD-R/RW 盘片比 DVD+R/RW 略显便宜。

6.4 技能训练

6.4.1 识别光驱

1. 实训目的

通过本次练习，使学生能够正确识别市场上的主流 DVD 光驱。

2. 实训准备

准备不同品牌的光驱让学生识别等。

3. 实训任务

通过网络、走访 IT 市场并利用测试软件，了解不同档次不同品牌的光驱的技术指标。在表 6.2 中列出了不同档次的部分典型产品代表。

表 6.2 不同品牌的光驱

品　牌	型　号
先锋	先锋 DVD-230D 极炫锋；先锋 DVD-130D 黑炫风；先锋 DVD-228D；先锋 DVD-227E；先锋 DVD-130E 银炫锋
台电	台电女娲健康系列双 18X DVD-ROM（黑鹰骑士）；台电 TL-16XDVDROM-SK
LG	LG BP06LU10；LG GDR-H20N；LG DH16NS30；LG DH16NS20
三星	三星 TS-H353B；三星金将军 DVD-ROM 黑金版（TS-H352C/CHXH）
华硕	华硕 BR-04B2T；华硕 DVD-E818A3T；华硕 DVD-E818A4 静音王
索尼	索尼 DDU-1681S；索尼 DDU-1681S
明基	明基 DD185S；明基 BR1001
建兴	建兴 iHOS104；建兴 IHDP118-26；建兴 SOHD-16P9S

4. 实训步骤

通过网络、走访 IT 市场，在表 6.3 中填入以上各款光驱的技术规格。

表 6.3 各种光驱的参数

姓名		班级		学号	
型号					
基本参数					
内/外置					

续表

姓名		班级		学号	
光驱类型					
接口类型					
性能参数					
DVD-ROM 最大读取倍速					
CD-ROM 读取倍速					
缓存容量					
传输标准					
平均寻道时间					
可支持光盘格式					

6.4.2 识别刻录机

1. 实训目的

通过本次练习，使学生能够正确识别市场上的主流刻录机。

2. 实训准备

准备不同品牌的刻录机让学生识别等。

3. 实训任务

通过网络、走访 IT 市场并利用测试软件，了解不同档次不同品牌的刻录机的技术指标。在表 6.4 中列出了不同档次的部分典型产品代表。

表 6.4 不同品牌的刻录机

品　牌	型　号
先锋	先锋 BDR-XS05C；先锋 BDR-S08XLB；先锋 BDR-S07XLB；先锋 BDC-207BK；先锋 BDR-S03XLB；先锋 DVR-217CH；先锋 218VXL
LG	LG CH08LS20；LG GH22NS50；LG BH08LS20
三星	三星 SE-S224Q（22X 光雕刻录机）；三星 TS-H662A
华硕	华硕 BW-12B1ST；华硕 SBC-04D1S-U 超薄蓝光王；华硕 DRW-22B2S；华硕 DRW-24B1ST；华硕蓝光王 BR-04B2T
索尼	索尼 BWU-300S；索尼 AD-7200S；索尼 AD-7240S；索尼 AD-7200A
明基	明基 BW1001；明基 DW220P；明基 DW220P
建兴	建兴 iHES208；建兴 iHAS324
浦科特	浦科特 PX-716UFL；浦科特 PX-B320SA
飞利浦	飞利浦 2410SD 全能银色豪华版；飞利浦 SPD2204BD/97

4. 实训步骤

通过网络、走访 IT 市场，在表 6.5 中填入以上各款刻录机的技术规格。

表 6.5　各种刻录机的参数

姓名		班级		学号	
型号					
基本参数					
内/外置					
刻录机类型					
接口类型					
……					
性能参数					
缓存容量					
传输标准					
可支持光盘格式					
刻读技术					
……					

6.4.3　测试光驱

1. 实训目的

通过本次练习，使学生能够掌握 ScanCD 的使用。

2. 实训准备

（1）一台运行正常的计算机。

（2）ScanCD 软件。

3. 实训任务

使用 ScanCD 软件对光驱进行测试。

4. 实训步骤

步骤 1：搭建测试硬件平台。
步骤 2：搭建测试软件平台。
步骤 3：安装并运行 ScanCD 软件。
步骤 4：逐一尝试使用 ScanCD 软件测试光驱的各项性能指标。

6.4.4　测试光盘

1. 实训目的

通过本次练习，使学生能够掌握 ScanCD 的使用。

2. 实训准备

（1）一台运行正常的计算机。

（2）ScanCD 软件。

3. 实训任务

使用 ScanCD 软件对光盘进行测试。

4. 实训步骤

步骤 1：搭建测试硬件平台。
步骤 2：搭建测试软件平台。
步骤 3：安装并运行 ScanCD 软件。
步骤 4：逐一尝试使用 ScanCD 软件测试光盘的各项性能指标。

6.5 移动存储设备

6.5.1 USB 闪存盘

USB 闪存盘就是采用 Flash Memory（闪存）作为存储器的移动存储设备，即通常所说的 U 盘，如图 6.6 所示。它采用半导体作为存储介质，主要用于存储较大的数据文件和在计算机之间方便地交换文件。

图 6.6 U 盘

1. U 盘的结构

U 盘由硬件和软件两部分组成。硬件主要有 Flash 存储芯片（Flash Memory）、控制芯片、USB 接口、PCB 板等。软件包括嵌入式软件和应用软件。嵌入式软件嵌入在控制芯片中，是 U 盘核心技术所在，它直接决定了 U 盘是否支持 USB 2.0 标准等，U 盘的品质首先取决于控制芯片中嵌入式软件的功能。

2. U 盘的优点

U 盘目前应用特别广泛，特别适合随身携带，是移动办公及文件交换理想的存储产品。U 盘在使用过程中有以下优点。

（1）U 盘不需要驱动器，也不需外接电源。
（2）容量大，目前可达 64GB。目前市场上主流是 32GB、16GB。
（3）体积很小，重量极轻，市场上销售产品的重量都在 15～30g。
（4）USB 接口，使用方便，兼容性好，即插即用，可热插拔。
（5）存取速度快，多数采用 USB 2.0 或 USB 3.0 标准。
（6）可靠性好，可反复擦写 100 万次，数据至少可保持 10 年。
（7）抗震、防潮、耐高低温，携带方便。
（8）带写保护功能，防止文件被意外抹掉或受病毒感染。
（9）在 Windows XP 及以上操作系统无需安装驱动程序。

6.5.2 选购U盘

1. 存储安全方面

目前市场上的U盘最主要的功能就是移动资料的存储，因此存储安全和读写速度就成为在选购时要特别注意的两大问题。在存储安全方面，首先要看的是产品的物理防护。现在，市面上有些产品为了美观好看，采用了金属材质作为外壳，但在好看的同时却降低了U盘的抗震性能。相比之下，采用工程塑料或者橡胶材质，则能提供更好的抗震防摔能力。

2. 选择有知名度的U盘

除了物理防护，芯片的选择也是需要注意的问题。有些厂商为了降低成本，选择次级的Flash芯片或用次品打磨出“新”的U盘，这些做法在行内称为单规、白板或Remark芯片。

3. 读写速度方面

现在，主流的接口有USB 2.0和USB 3.0接口。

4. ECC数字纠错技术

由于闪存本身的特性，在进行读写时发生错误不可能完全避免，但ECC数字纠错技术的置入，使得U盘的文件拷贝经常发生的数据变成乱码、压缩包损坏等各种意外情况大大减少。

5. 固件升级版

所谓“固件升级版”就是通过修改U盘的BIOS信息，使其在计算机中显示的容量翻一番的目的，用来欺骗消费者。

6.5.3 USB移动硬盘

所谓移动硬盘，主要指采用计算机标准接口（USB/IEEE 1394）的硬盘，就是用小巧的笔记本电脑硬盘加上特制的配套硬盘盒构成的一个便携的大容量存储系统，如图6.7所示。

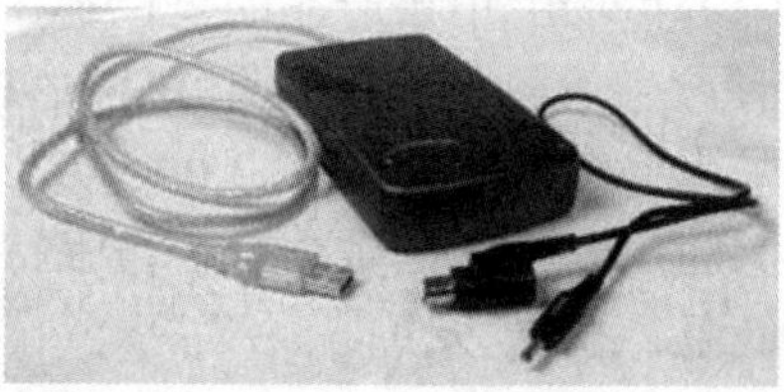

图6.7 USB移动硬盘（USB线（白）、电源线（黑））

1. 移动硬盘盒的结构

移动硬盘包括硬盘、接口转换电路、电源连线和外壳等部分。移动硬盘就是普通的硬盘通过一个 IDE 或 SATA 接口到通用接口（USB、IEEE 1394 接口）的转换，实现用通用接口来传输数据的目的。实现 IDE 或 SATA 接口到通用接口转换的装置就是移动硬盘盒。

（1）硬盘。硬盘是移动硬盘的存储介质。目前移动硬盘所采用的硬盘类型主要有 3 种：3.5 英寸台式机硬盘、2.5 英寸笔记本电脑硬盘和 1.8 英寸微型硬盘。

（2）接口转换电路。接口转换电路就是实现硬盘的 IDE 或 SATA 接口到 USB、IEEE 1394 接口的转换。在接口转换电路中，主控芯片的型号决定移动硬盘的接口规格标准。目前正规品牌的移动硬盘都会采用 ALi M5621 芯片或更高档的 ISD300 芯片，如图 6.8 所示。

图 6.8 USB-IDE 接口转换芯片

（3）连接面板。连接面板中的接口包括电源开关、4 针电源接口、USB、IEEE 1394、eSATA 接口。接口连线包括数据线和电源线，数据线用于硬盘和 USB 接口之间的连接。如图 6.9 所示为移动硬盘盒上的接口。

eSATA II 接口是基于标准的 SATA 线缆和接口，连接处加装了金属弹片来保证物理连接的稳固性，而 eSATA II 线缆能够插拔 2000 次。通过 eSATA II 技术，让外部 I/O 接口使用 SATA 2.0 功能，例如，拥有 eSATA II 接口，可以轻松地将 SATA 2.0 硬盘插到 eSATA II 接口上，而不用打开机箱更换 SATA 2.0 硬盘。eSATA II 的数据线不再是扁平状 1cm 宽度的数据线，而是圆柱状数据线，外层包裹着相当厚实的材质，在数据线的末端也会出现专用的屏蔽接口设计，长度可达 2 米（内部线缆为 1 米），插拔寿命也显著提高，如图 6.10 所示。表 6.6 列出了 USB 接口、IEEE 1394 接口和 eSATA 接口的传输速率。

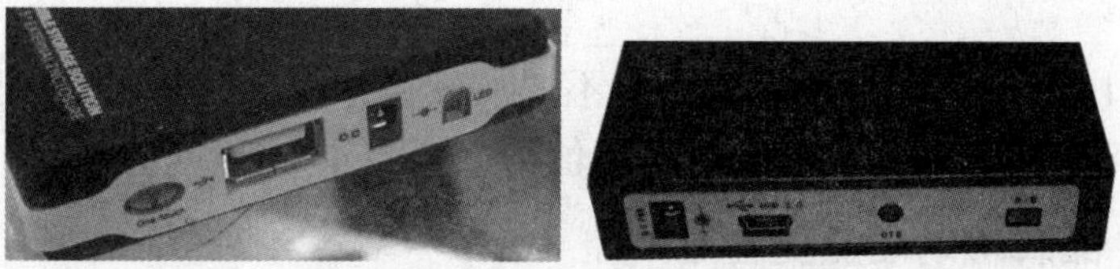

图 6.9 移动硬盘盒上的接口

图 6.10 eSATA 数据线

表 6.6 USB 接口、IEEE 1394 接口和 eSATA 接口的传输速率

名称	IEEE 1394	USB 2.0	USB 3.0	eSATA II
传输速度（Mb/s）	400Mb/s	480Mb/s	5000Mb/s	3000Mb/s
热插拔	支持	支持	支持	支持

（4）外壳。移动硬盘外壳的作用就是固定硬盘，减少外部震动对硬盘的直接影响，保护硬盘。

2. 移动硬盘盒的主要参数

移动硬盘盒的主要参数如下。

（1）移动硬盘盒的尺寸。由于硬盘的尺寸有 3.5 英寸、2.5 英寸和 1.8 英寸，移动硬盘盒的大小也有 3.5 英寸、2.5 英寸和 1.8 英寸三种标准，分别安装对应尺寸的硬盘。

（2）接口类型和数据传输率。移动硬盘盒接口方式主要有 USB 和 IEEE 1394 两种，有些还带有 eSATA 接口。USB 接口移动硬盘盒是目前的主流产品，使用方便，在 Windows XP/Windows 7/Windows 8 下无须安装驱动程序即可正常工作。

（3）移动硬盘盒的电源。市场上销售的 2.5 英寸硬盘盒都不配备电源，在 USB 数据线上多了一个 USB 插头，用于从计算机的 USB 接口上取电。

（4）移动硬盘盒的材质。目前常见的移动硬盘盒用料一般有塑料、铝及铝镁合金三种。目前，品牌大厂及正规厂商的移动硬盘盒大多采用铝质材料，甚至是铝镁合金的材质，极大地减轻了硬盘盒的重量并具有较好的散热效果，可以使硬盘更长时间、更加稳定地工作。

3. USB 移动硬盘的优点

USB 移动硬盘的优点主要如下：

（1）容量大。移动硬盘容量就是硬盘的容量，目前可达 1TB、2TB 等，非常适合携带大型的图库、数据库、软件库的需要。

（2）兼容性好，即插即用。

（3）速度快。USB 2.0 标准接口是 480Mb/s，而 IEEE 1394 接口的传输速率是 400Mb/s。

（4）外观时尚，体积小，重量轻。

（5）安全可靠性好。

6.5.4 选购 USB 移动硬盘

1. 硬盘搭配选择

目前的移动硬盘，主要分 1.8 英寸和 2.5 英寸两种。不过从价格、普及程度、便携能力等各方面衡量，当然是 2.5 英寸的产品要最为成熟，最值得购买。

2. 品质与性能并重，品牌移动硬盘更省心

整套出售的移动硬盘的特点就是品质保障系数较高，而且不同厂商往往给自己的产品都加入了像软硬件加密等附加功能，以提升硬盘的实用性及应用范畴，该类产品可以享受整套产品质保的服务。

3. 省钱用户，移动硬盘也能 DIY

第二类产品，其实也就是一种 DIY 的典型。买一个主流性能、价位的笔记本电脑硬盘，然后再配上一个大厂硬盘盒，装配随即完成。

6.5.5 闪存卡

闪存卡（Flash Card）是利用闪存技术存储电子信息的存储器，一般应用在数码相机、掌上电脑、MP3 和手机等小型数码产品中，样子小巧，犹如一张卡片，所以被称为闪存卡。按照规格又分为 TF（micro-SD）卡、SD 卡、CF 卡、记忆棒/XQD 卡等。

1. CF 卡

CF 卡（Compact Flash）最初是一种用于便携式电子设备的使用闪存的数据存储设备。CF 卡是由 SanDisk、日立、东芝、德国 Ingentix、松下等 5C 联盟提出的，由 SanDisk 在 1994 年首次制造出来，如图 6.11 所示。

图 6.11 CF 卡的外观

CF 卡采用闪存（Flash）技术，是一种稳定的存储解决方案，不需要电池来维持其中存储的数据。对所保存的数据来说，CF 卡比传统的磁盘驱动器安全性和保护性都更高。

CF 卡分为 CF I 和 CF II 两种类型。CF I 的外观尺寸为 43mm×36mm×3.3mm，CF II 外观尺寸为 43mm×36mm×5mm。CF 卡有 50 个针脚。CF I 和 CF II 的电气接口是完全一样的。由于 CF II 比 CF I 厚，所以 CF I 可以用在 CF I/II 插槽上，但是 CF II 只能用在 CF II 插槽上。CF 卡采用闪存技术，不需要电池，固态，没有移动部件，能够保证数据完整。

满足 2.0 规范的 CF 卡具有 16MB/s 的传输速率，最大容量可达 137GB。CF 卡使用 3.3V 到 5V 之间的电压工作（包括 3.3V 或 5V）。大多数数码相机选择 CF 卡作为其首选存储介质。

CF 卡可以通过适配器直接用于 PCMCIA 卡插槽，也可以通过读卡器连接到多种常用的端口，如 USB、IEEE 1394 等。

2. SD 卡

SD 卡（Secure Digital Memory Card，安全数码卡）是一种基于半导体快闪记忆器的新一代记忆设备，它被广泛地用于便携式装置上，例如数码相机、个人数码助理（PDA）和多媒体播放器等。

SD 卡大小尺寸为 24mm×32mm×2.1mm。SD 卡有 9 个引脚，传输方式由串行变成并行，读速度达到 150 倍速，如图 6.12 所示。

目前市场上 SD 卡的品牌很多，如 SanDisk、Kingmax、松下和 Kingston。SD 接口是目前被采用得最多的闪存卡接口，多用于 MP3 播放器、数码摄像机、数码相机、电子图书、AV 器材、PDA、手机等数码产品中。SD 卡是当今最常见的存储卡，SD 接口发展为 SDIO 接口。随着 SD 卡存储技术的发展，逐渐出现了 MiniSD 和 MicroSD 卡。

图 6.12　SD 卡的外观

（1）MiniSD 卡。智能手机和多媒体手机对存储容量的要求越来越高，体积则要求越来越小，为此松下和 SanDisk 共同开发了 MiniSD 卡。MiniSD 卡是 SD 卡的缩小版，其外形尺寸为 20mm× 21.5mm×1.4mm，具有 11 根金手指。

为了方便更多使用者能在不同存储卡中转换使用 MiniSD 卡，SanDisk 还特意推出了 SD 转接卡，可与现在使用 SD 卡的数码相机、PDA 掌上电脑和 MP3 音乐播放器共同使用。MiniSD 卡只有 SD 卡 37%的大小，但是却拥有与 SD 存储卡一样的读写效能与大容量，并与标准 SD 卡完全兼容，通过附赠的 SD 转接卡还可当作一般 SD 卡使用，如图 6.13 所示。

图 6.13　MiniSD 卡及其适配器外观

（2）MicroSD 卡。MicroSD 卡是一种极细小的快闪存储器卡，主要应用于移动电话，但因它的体积微小和储存容量的不断提升，现在已经用于 GPS 设备、便携式音乐播放器和一些快闪存储器盘中。

MicroSD 卡的体积为 15mm×11mm×1mm，是现时最细小的记忆卡。它也能通过 SD 转接卡来接于 SD 卡插槽中使用。现时 MicroSD 卡提供 2GB、4GB、8GB、16GB 和 32GB 的容量，如图 6.14 所示。

图 6.14　MicroSD 卡及其适配器外观

3. MS 卡

MS 卡（Memory Stick，记忆棒）是由索尼公司独家研制的，于 1999 年底推出。主要供索尼公司的各种产品使用，有长棒（Memory Stick Pro，50mm×21.5mm×2.8mm）

和短棒（Memory Stick Pro Duo，31mm×20mm×1.6mm）两种，背面有保护开关。

记忆棒外形轻巧，如图 6.15 所示，并拥有全面多元化的功能，接口具有并行传输的能力，所以在索尼摄像机里面可以依靠记忆棒的高速存取速度纪录短片。

图 6.15　记忆棒的外观

2006 年，索尼公司发布了新一代记忆棒 Memory Stick Micro2（M2）。M2 是一款专为移动电话研发的可移动外部存储介质。M2 记忆棒与 Memory Stick Pro 兼容，通过转换器可以作为标准的记忆棒。M2 存储卡的外观及其转换器如图 6.16 所示。

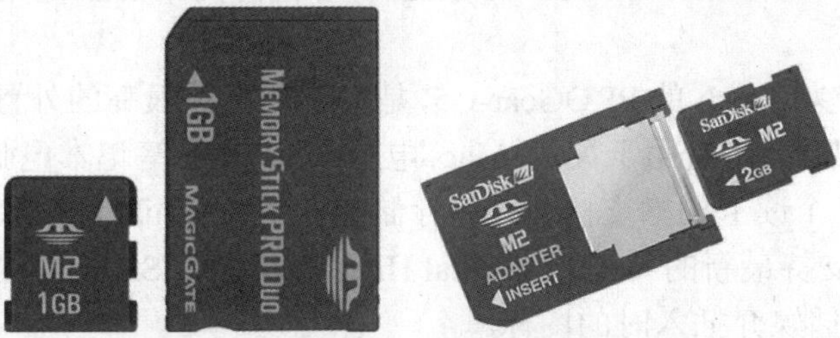

图 6.16　M2 存储卡及其转换器的外观

6.5.6　选购闪存卡

（1）种类选择。闪存卡的种类选择，关键还在于数码相机品牌、种类的选择。例如，多数数码单反相机都兼容 CF 卡，如果选购了数码单反相机，那么购买 CF 卡就行了。如果是索尼数码相机，就要使用 MS 卡了。

（2）品牌选择。闪存卡品牌大致可分为两类：一是各数码相机厂商自己出品的存储卡，二是其他各种杂牌的兼容存储卡，价格低廉，产品质量和售后服务很难保证。

（3）容量选择。随着闪存价格的不断下降，各种闪存卡的价格已逐渐回落，建议闪存卡容量不少于 8GB，长期外出拍摄的还要购买数码相机伴侣。

（4）速度选择。普通数码相机用户不必追求高速卡，而高端数码相机用户可以考虑选择高速卡，以加快存取速度，保证拍摄效果。

（5）兼容性问题。不同品牌闪存卡与数码相机之间存在兼容性问题，不兼容或兼容不好的状况一般表现为存取速度过慢，读卡时间过长，会出现数据读取或写入错误，甚至会伴有死机情况发生。因此购买闪存卡时，最好带上数码相机试卡，保证闪存卡与相机匹配。

（6）外观检查。选购时应认真进行外观检查，以避免买到假冒伪劣或以次充好（如二手、返修等）的闪存卡。要注意包装的印刷是否清晰，有无防伪标签，如有 800 验证电话当场拨打验明正身。亲自拆封，查看附件如卡套、说明书、写保护贴纸等是否齐全。再看卡的整体制造工艺是否精细，是否有变形、裂缝、划痕，卡的边缘有无毛边，有无被明显插用过的痕迹等。

（7）售后服务。建议选购大厂名牌产品，这些产品大多承诺一年或更长时间保修。最好在大型商店或厂商指定的经销商处购买。购买时一定要问清楚质保期限和方式，如多少天内因质量问题可以包退，多长时间内可以包换等。要记得开具正规的发票，要经销商在保修卡上盖章，以避免日后产生不必要的麻烦。

6.5.7 读卡器

随着越来越多的数码设备用到闪存卡，如何在数码设备和计算机之间交换数据也成了一个问题。顾名思义，读卡器就是能读写闪存卡的设备。

现在主流的读卡器都采用 USB 接口。读取的闪存卡格式有 CF、SD、SM、MS 等。采用 USB 接口的外置读卡器写入的速度可达 400Kb/s，读取的速度为 1Mb/s。

如图 6.17 所示为宜丽客 MR-GU2A20 20 合 1 读卡器，支持 SM、CF、xD、MiniSD、SD、MMC、MMC 4.0、Trans Flash（T-Flash）等在内的市面上绝大多数闪存卡，支持 USB 2.0 接口。

如图 6.18 所示为 Atech 的 PROGear-G5，是一款兼容性很高的外置读卡器，高速 USB 2.0 接口，兼容性很强，可适用于大量 Mac 电脑、PC 机、笔记本电脑、数码相机、PDA 和 MP3 播放器，4 个读卡插槽支持 28 种存储媒介，如 MiniSD、RS-MMC 和 MS-Duo，无须额外的插口，支持最新的 Secure Digital High Capacity（SDHC）记忆卡，Windows 下可自定义每一种存储媒介插入时的图标。

图 6.17 宜丽客 MR-GU2A20 读卡器

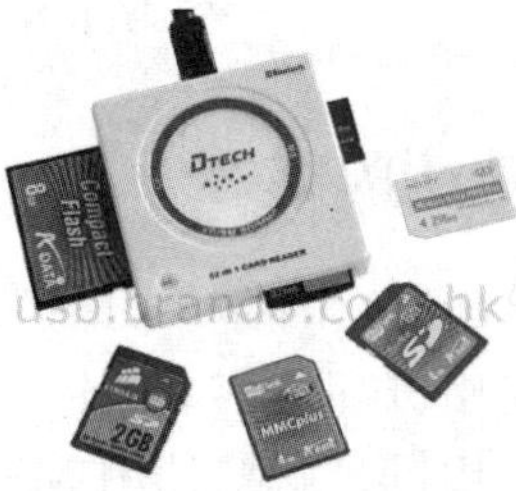

图 6.18 PROGear-G5 外置读卡器

6.5.8 选购读卡器

（1）看品牌。因为没有牌子的读卡器，意味着质量无法保障，使用过程出现问题，也无法得到售后服务，因此在选购读卡器的时候不要贪图便宜而去购买那些杂牌的读卡器。

（2）看质量。拿在手里是不是按上去会有散架的感觉，如果是这样，那么里面的硬件就没有安装牢，读卡器的弹簧片单薄，无法紧扣存储卡，这在使用过程中就容易出现问题。

（3）看做工。读卡器有些是透明的，可以看到里面的电器元件，可以从电路板的质量来判断，比如飞线、锡脱落，这些都可以判断读卡器的优劣。

（4）看价格。便宜的读卡器和贵的读卡器所用的材料肯定是不一样的。

（5）看速度。读卡器的读写速度是不一样的，速度是非常关键的。市面上现在基本上是 USB 2.0 的速度。

习　　题

一、选择题

1．在微型计算机中，单倍速 CD-ROM 的数据传输率为 150KB/s，双倍速 CD-ROM 的数据传输率为（　　）。

A．300KB/s　　B．150KB/s　　C．250KB/s　　D．75KB/s

2．目前市场上出售的 DVD 刻录机的刻录速度通常为（　　）。

A．8 倍速　　B．40 倍速　　C．4 倍速　　D．52 倍速

3．40 倍速的光驱，它的最大传输率是（　　）。

A．6000KB/s　　B．4000KB/s　　C．7000KB/s　　D．以上答案都不对

4．以下关于 BD 康宝的说法，（　　）是错误的。

A．可以读取 DVD　　B．可以刻录 DVD

C．可以读取 BD　　D．可以刻录 BD

二、简答题

1．光盘驱动器有哪些分类？

2．光盘驱动器有哪些主要的性能指标？

3．简述光驱的工作原理。

4．光盘的结构如何？

5．CD 光盘有哪几种类型？

6．刻录机的刻录模式有几种？

7．使用刻录机时要注意哪些事项？

8．如何选购 CD、DVD 只读光驱？

9．如何选购刻录机？

10．如何选购 DVD 刻录盘？

11．USB 闪存盘由哪几部分组成？各个部分起到什么样的作用？

12．使用 USB 闪存盘时应注意哪些问题？

三、实训题

1．目前市场上主流有哪些知名品牌的 DVD 光驱？它们的转速、接口类型、价格等性能如何？

2．目前市场上主流有哪些知名品牌的 DVD-RW 光驱？它们的转速、接口类型、价格等性能如何？

3．目前市场上主流有哪些知名品牌的 Combo 光驱？它们的转速、接口类型、价格等性能如何？

4．目前市场上主流有哪些知名品牌的 BD Combo 光驱？它们的转速、接口类型、价格等性能如何？

5．目前市场上主流有哪些知名品牌的 BD 刻录机？它们的转速、接口类型、价格等性能如何？

6．课外实训：通过市场调研、网上查询了解目前市面上常见的光盘的类别、品牌、价格等。

7．查阅有关电脑商情报刊，上网查看硬件资讯，到当地电脑配件市场考察 U 盘、移动硬盘的型号、价格等信息，并调查目前当地市场上有哪些品牌的 U 盘、移动硬盘？

8．查阅有关资料，了解 USB 接口和 IEEE 1394 接口方面的知识。

9．查看您及身边人员的手机、数码相机使用的是哪种闪存卡？

任务 7 认识与选购显示卡和显示器

知识目标

- 了解显示卡的分类；
- 熟悉显示卡的结构；
- 理解显示卡的工作原理；
- 熟悉显示卡的主要相关术语；
- 理解 LCD 显示器的工作原理；
- 熟悉 LCD 显示器的性能指标。

技能目标

- 能够选购合适的显示卡；
- 能够选购合适的显示器；
- 能够对显示卡和显示器进行测试。

7.1 任务描述

显示器和显卡是计算机中的主要输出设备，显卡和显示器质量的好坏直接决定了计算机输出和显示图像的效果。那么，如何选购合适的显卡和显示器呢？

7.2 相关知识

7.2.1 显示卡

显示卡简称显卡，如图 7.1 所示。显卡是显示器与主机通信的控制电路和接口电路，其主要作用是根据 CPU 提供的指令和数据，将程序运行过程中的结果进行相应的处理，并转换成显示器能接受的图形显示信号后送给显示器，最后再由显示器形成人眼所能识别的图像在屏幕上显示出来。因此，显卡的性能好坏直接决定着计算机的显示效果。

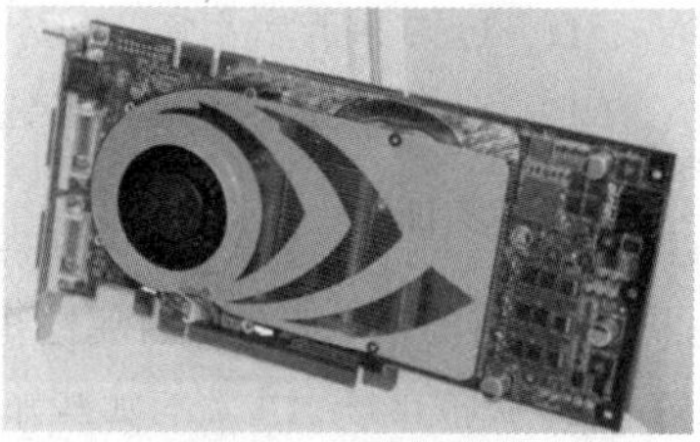

图 7.1 显示卡

1. 显示卡的分类

（1）按显卡独立性分类。分为主板集成显示芯片的集成显卡和独立显卡。独立显卡是以独立的板卡形式存在的，需要插在主板的总线插槽上。集成显卡是将显示芯片集成在主板芯片组中。

（2）按显卡的接口分类。根据显卡的接口标准，PC 的显卡一共经历了四代：MDA

（单色显卡）、CGA、EGA、VGA/SVGA（显示绘图阵列）。

（3）按图形功能分类。根据图形分为纯二维（2D）显卡、纯三维（3D）显卡、二维+三维（2D+3D）显卡。

（4）按显示芯片分类。显示芯片是显卡的核心芯片，负责系统内视频数据的处理，它决定了显卡的级别和性能。不同的显示芯片，无论是从内部结构设计，还是性能表现上都有较大的差异。目前，主流芯片厂商有 3 家：Intel、nVIDIA、AMD。

（5）按显卡的应用领域分类。显卡的应用领域可分为两大类：一类是普通家庭用户、游戏发烧友和商业用户；另一类是专业图形工作者。因此，显卡也就分为普通显卡和专业显卡。

2. 显示卡的结构和工作原理

（1）显卡的结构。显卡主要由显示芯片、RAMDAC、显示内存（显存）、显示卡 BIOS、总线接口及其他外围元器件构成，如图 7.1 所示。

① 显示芯片。显示芯片又叫 GPU（Graphic Processing Unit，图形处理单元或图形处理器）。在每一块显卡上都有一个大散热片或散热风扇，它的下面就是显示芯片，显示芯片是显卡的核心芯片，它的性能直接决定了显卡的性能，它的主要任务是把通过总线传输过来的显示数据在 GPU 中进行构建、渲染等工作，最后通过显示卡的输出接口显示在屏幕上。

显示芯片的性能直接决定了显示卡的档次和大部分性能，同时也是区分 2D 显卡和 3D 显卡的主要依据。通常所说的显示芯片的位（bit）是指显示芯片支持的显示内存数据宽度，大的数据可以使显示芯片在一个时钟周期内处理更多的数据。新型的显示芯片多为 64 位、128 位、甚至 256 位。显示芯片通常是显卡上最大的芯片，且通常都带有风扇，还标有生产厂商的名称等，目前，主流芯片厂商有三家：Intel、nVIDIA、AMD。其中 nVIDIA 显示芯片如图 7.2 所示，ATI 显示芯片如图 7.3 所示。

图 7.2　nVIDIA 显示芯片

图 7.3　ATI 显示芯片

② RAMDAC。RAMDAC（RAM Digital to Analog Converter，随机存取存储器数模转换器）的作用是将显示内存中的数字信息转换为能够用于显示器识别的模拟信号，其数/模转换速率影响显卡的刷新频率和最大分辨率。刷新频率越高，图像越稳定；分辨率越高，图像越细腻。

分辨率、刷新频率与 RAMDAC 转换速率三者之间的关系为：

RAMDAC 转换速率（MHz）＝分辨率×刷新频率×折算系数/10^6

其中，折算系数取值为 1.344。

早期的显卡，RAMDAC 是一独立芯片。随着半导体集成工艺的发展，新型显卡将 RAMDAC 集成到了显示芯片中。

③ 显存。显存是显卡上的关键部件之一，其性能和容量直接关系到显卡的最终性能表现。如果说显示芯片决定了显卡所能提供的功能和基本性能，而显卡性能的发挥则很大程度上取决于显存。

显存用来存放显示芯片正在处理及处理后的数据，然后由数模转换器读取并逐帧转换为模拟视频信号提供给显示器使用，所以，显存也称为“帧缓存”。显存使用的分辨率越高，在屏幕上显示的像素点也就越多，相应所需显存的容量就越大。衡量显卡显存性能的指标有工作频率、显存位宽、显存带宽和显存容量等。

- 显存频率。显存频率是指默认情况下，该显存在显卡上工作时的频率，以 MHz（兆赫兹）为单位。显存频率在一定程度上反映着该显存的速度。显存频率随着显存的类型、性能的不同而不同，SDRAM 显存一般都工作在较低的频率上，一般就是 133MHz 和 166MHz，此种频率早已无法满足现在显卡的需求。DDR SDRAM 显存能提供较高的显存频率，主要在中低端显卡上使用，DDR2 显存由于成本高并且性能一般，因此使用量不大。DDR3 显存是目前高端显卡采用最为广泛的显存类型。目前高端产品的显存频率可达 4800MHz。
- 显存位宽。显存位宽是指显存在一个时钟周期内所能传送数据的位数。位数越大所能传输的数据量就越大。一块显卡的显存位宽是由显卡核心的显存位宽控制器来决定的。目前显存位宽有 128bit、256bit、320bit 和 512bit、768Bit。显存位宽越高，性能越好，价格也就越高。
- 显存带宽。显存带宽是指显示芯片与显存之间的数据传输速率，它以 B/s/为单位。显存带宽是决定显卡性能和速度最重要的因素之一。要得到精细（高分辨率）、色彩逼真（32 位真彩）、流畅（高刷新速度）的 3D 画面，就必须要求显卡具有大显存带宽。
- 显存容量。显存容量是显卡上本地显存的容量，这是选择显卡的关键参数之一。显存容量的大小决定着显存临时存储数据的能力，在一定程度上也会影响显卡的性能。显存容量也是随着显卡的发展而逐步增大的，并且有越来越大的趋势。目前主流的显存容量为 128MB、256MB、512MB 和 1GB，高档显卡的显存容量为 1.5GB、2GB、3GB、4GB。

④ 显卡 BIOS。显卡 BIOS 又称 VGA BIOS，是显卡上的一块 Flash BIOS 芯片。主要用于存放显示芯片与驱动程序之间的控制程序，存放显卡的型号、规格、生产厂商、出厂时期、显存的容量等信息。计算机开机时所显示显卡的信息就是从这里来的。早期的 BIOS 被固化在 ROM 中，不能修改。现在，多数显卡都采用大容量的 EEPROM，即 Flash BIOS，可以通过专门的程序对显示卡 BIOS 进行修改升级。

⑤ 总线接口。显卡插在主板上能与主板相互交换数据，与主板连接的接口经历了 ISA、EISA、VESA、PCI、AGP 及 PCI-Express。目前在市场上销售的显示卡总线接口主要是 PCI、AGP 和 PCI-Express X16。

⑥ I/O 接口。计算机所处理的信息最终都要输出到显示器上才能被人们发现。显卡的 I/O 接口就是显示器与显卡之间的桥梁，它负责向显示器输出图像信号。目前，显卡

的输出接口主要有 VGA 接口、DVI 接口、HDMI 接口、DisplayPort 接口，如图 7.4 所示。

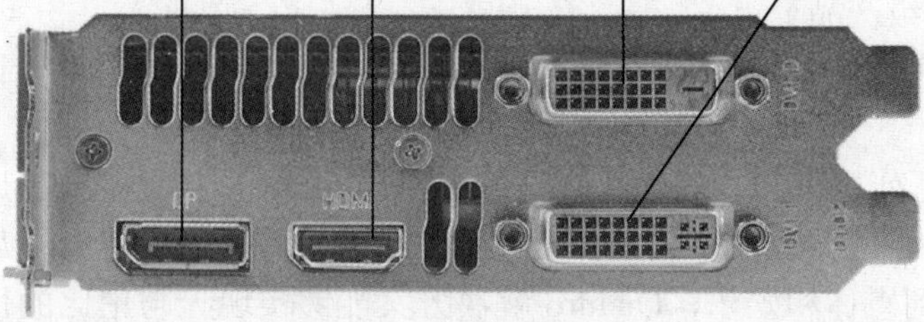

图 7.4　显卡 I/O 接口

（2）显卡的工作原理。显卡的工作原理比较复杂，这里只做些简单的说明。显卡的工作过程大致如下。

① 首先由 CPU 向图形处理器发出指令。

② 显卡将图形处理完成后，将数据传输到显示缓存。

③ 显示缓存进行数据读取，而后将其送到 RAMDAC。

④ RAMDAC 将数字信号转化为模拟信号。

⑤ 最后通过显卡上的 VGA 插座输出至显示器。如果采用 DVI 接口的显卡，那么将 GPU 处理的图形数据按照 TMDS 协议编码后，从显存中通过 DVI 接口直接送至显示器。

3. 主流显示芯片

显示芯片也就是 GPU，主要负责处理视频信息和 3D 渲染。GPU 决定显卡的性能。显示芯片一般有两种应用：一种是指主板所板载的显示芯片，有显示芯片的主板不需要独立显卡，也就是平时所说的集成显卡；另一种是指独立显卡的核心芯片，独立显卡通过插槽连接到主板上面。

目前，市场上主要有 Intel、nVIDIA、AMD 三家厂商。SiS、3DLabs、VIA 等公司生产的显示芯片市场份额逐年减少。

（1）Intel 公司的显示芯片。Intel 不但是世界上最大的 CPU 生产商，也是世界上最大的集成显卡显示芯片销售商。目前，Intel 的显示芯片全部用于集成显卡，集成在主板北桥芯片上，与装载了 Intel 芯片组的主板搭配使用。但 Intel 既没有单个的图形处理芯片，而且也不做显卡。Intel 的集成显示芯片市场占有率达 75%以上。

（2）nVIDIA 公司的显示芯片。目前，nVIDIA 是现在最大的独立显卡显示芯片生产销售商，最出名的是为游戏而设计的 GeForce 系列和为专业工作站而设计的 Quadro 系列显示芯片。

① GeForce 系列显示芯片。GeForce 是一个英文产品商标，GeForce 系列显示芯片共经历了 GeForce、GeForce1、GeForce2、……GeForce9 和第十代产品，目前，主流产品是 GeForce 第十代。

GeForce 从第十代产品开始，采用“GeForce+定位+型号”的命名方式。其中，定位名称从高到低排列如下：

- Ultra：旗舰级产品，性能最强。
- GTX：高端产品，针对游戏玩家的顶级 GPU，可实现最高性能并支持所有最新的游戏技术。

■ GTS / GT：中端产品。其中 GT 为频率提升版本。

■ GS：相比 GT，管线和显存位宽有所缩减。

■ LE：入门级产品。

型号数值越大的产品性能越好。例如同属“GTX”系列的 780 要比 770、690、680 等性能好。

② Quadro 系列显示芯片。Quadro 是 nVIDIA 公司的专业显示芯片，专为专业工作站而设计打造，为各行各业的 200 多款专业应用程序提供处理能力。从制造业、科学与医学成像及能源到媒体和娱乐，Quadro 解决方案能够实现无与伦比的性能和可靠性，是全球专业人士的首选图形处理器。

（3）AMD 公司的显示芯片。2006 年 7 月，AMD 收购前世界第二大独立显卡显示芯片厂商——ATI。ATI 品牌一直保留到 2010 年 8 月。AMD 公司最出名的显示芯片产品是为游戏而设计的 Radeon 系列和为专业工作站而设计的 FireGL 系列。

Radeon 是一个英文产品商标，中文名称为镭。Radeon 系列显示芯片共经历了 HD2000 系列、HD3000 系列、HD4000 系列、HD5000 系列、HD6000 系列、HD7000 系列。目前主流显示芯片为 5000 系列、6000 系列、7000 系列。

以前，Radeon 系列显示芯片一直使用 GT、XT、PRO 等后缀，目前采用“Radeon +HD+4 位数字”命名，依靠数字来区分不同定位的产品，数字越大就表示显卡的性能越好。

在 4 位数字中，第 1 位代表几代产品，第 2 位代表定位，4 和 5 代表低端产品，6 和 7 代表中端产品，8 和 9 代表高端产品。第 3、4 位数字通常为 50、70、90，分别代表某一系列中的低、中、高产品。例如 Radeon HD 7950，79 代表第 7 代高端产品，50 代表 79 系列中的低端产品。

4. 显卡的参数

显卡的参数有很多，主要的参数如下。

（1）刷新频率。刷新频率是指图像在屏幕上的更新速率，即每秒钟图像在屏幕上出现的次数，也称帧数，单位为 Hz。刷新频率越高，屏幕上的图形越稳定。影响刷新频率的因素有两个：一是显卡每秒可以产生的图像数目，二是显示器每秒能够接收并显示的图像数目。刷新频率可以分为 56～120Hz 等许多档次。刷新频率低会使用户感到屏幕闪烁，容易导致眼睛疲劳。刷新频率越高，屏幕的闪烁就越小，图像也就越稳定，即使长时间使用也不容易感觉眼睛疲劳。

（2）最大分辨率。分辨率是指显卡在显示器屏幕上所能描绘的像素数目，用“横向像素点数×纵向像素点数”表示，典型值有：640×480，800×600，1024×768，1280×1024，1600×1200。分辨率越高时，图像像素越多，图形越细腻。

最大分辨率表示显示卡输出给显示器并在显示器上描绘像素点的最大数量。目前的显示芯片都能提供 2048×1536 的最大分辨率，但绝大多数显示器并不能提供这样高的显示分辨率。

（3）色深。色深也称为颜色数，是指显卡在一定分辨率下可以同屏显示的色彩数量。一般以多少色或多少位（bit）来表示。当色深为 24 位时，称为真彩色，此时可以显示出 $2^{24}=16777216$ 种颜色。色深的位数越高，所能同屏显示的颜色就越多，相应的屏幕上所能显示的图像质量就越好。增加色深，会使显卡处理的数据量剧增，刷新频率降低。

（4）像素填充率。像素填充率即每秒钟显示芯片能在显示器上画出的点的数量。像素填充率的最大值为3D时钟频率乘以渲染途径的数量。

（5）三角形生成速率。计算机屏幕上的一个三维物体其实是由计算机运算而成的，当一个屏幕上的三维物体运动时，要及时地显示原来被遮的部分，抹去现在被遮的部分，还要针对光线角度的不同来用不同的色彩填充多边形。当连续的多辐只有微小差别的图像运动时，人的感觉就是一个连续的动作。而三角形生成速度就是指每秒三角形（或多边形）生成的个数，因为每一个图形都可以由一个个的三角形划分代替。这是用来指示显卡的3D性能的，三角形生成速度越大，显卡档次越高。

（6）渲染管线。渲染管线也称为渲染流水线或像素流水线或像素管线，是显示芯片内部处理图形信号相互独立的并行处理单元。渲染管线的数量一般是以像素渲染流水线的数量×每管线的纹理单元数量来表示。例如，GeForce 6800Ultra的渲染管线是16×1，就表示其具有16条像素渲染流水线，每管线具有1个纹理单元。

（7）流处理器。流处理器是直接将多媒体的图形数据流映射到流处理器上进行处理的，有可编程和不可编程两种。流处理器可以更高效地优化Shader引擎，它可以处理流数据，同样输出一个流数据，这个流数据可以应用在其他超标量流处理器（Stream Processors，简称SPs）当中，流处理器可以成组或者大数量地运行，从而大幅度地提升了并行处理能力。

（8）3D API。在计算机中，所有软件的程序接口，包括3D图形程序接口在内，统称为API（Application Program Interface，应用程序接口）。使用API，程序员无须关心硬件的具体性能和参数，只需要编写符合接口的程序代码，让设计的软件调用其API，其API就会自动调用与硬件有关的底层数据，大大提高了程序开发的效率。

7.2.2 液晶显示器

显示器又叫监视器，是作为计算机的“脸面”呈现在人们面前的，是计算机最主要的输出设备之一，是人与计算机交流的主要桥梁。显示器可以分为阴极射线管（CRT）显示器和液晶显示器（LCD）。目前CRT显示器已经完全被液晶显示器取代，限于篇幅，在这里不再介绍CRT显示器。

LCD（Liquid Crystal Display）又叫液晶显示器，它是利用液晶在通电时能够发光的原理显示图像的，如图7.5所示。

图7.5 液晶显示器

1. LCD的特点

LCD显示器有如下特点。

（1）低辐射：LCD显示器的辐射大大低于CRT显示器。

（2）体积小、轻便：LCD显示器占用空间小，携带轻便，有利于消费者购买和移动。

（3）失真小、无闪烁：液晶成像的原理决定了其没有任何闪烁。

（4）色彩还原度不足：LCD面板的色彩还原度与CRT之间有着较大的差别。

（5）响应速度慢：响应速度是指LCD各像素点对输入信号反应的速度，即像素点由亮转暗或是由暗转亮所需的时间。通常情况下，响应速度是衡量LCD显示器好坏的重要指标之一。

（6）分辨率不可限：LCD 显示器一般会有一个标称的“最佳分辨率”。实际上，它不仅仅是最佳分辨率，也是 LCD 显示器的唯一分辨率。

2. LCD 的分类

LCD 可以按用途、大小、颜色、品牌等分类，通常有以下几种划分方法。

（1）按液晶的类型分类。根据液晶的类型，LCD 显示器主要有两种类型：无源矩阵 DSTN（Dual Scan Twisted Nematic，双扫描交错液晶）显示器和 TFT（Thin Film Transistor，薄膜晶体管）显示器。

① DSTN。DSTN 俗称“伪彩”，由于 DSTN 显示板上每个像素点的亮度和对比度不能独立控制，因此由这种液晶板构成的液晶显示器对比度和亮度较差，屏幕观察范围较小，色彩欠丰富，特别是反应速度慢，不适合显示高速运动的图像、视频播放等场合，一般只用于显示文字、静态图像。DSTN 在早期的笔记本电脑显示器、掌上游戏机和彩屏手机上应用较广。

② TFT。TFT 俗称“真彩”，是现有 LCD 上应用的主流技术。它具有屏幕反应速度快、对比度高、亮度高、可视角度大、色彩丰富等优点。目前的 LCD 显示器、彩屏手机等都采用基于 TFT 的面板。

（2）按液晶面板的制造技术分类。目前生产液晶面板的厂商主要有三星、LPL、友达等，由于各家技术的不同，生产的液晶面板也大致分为几种不同的类型。常见的有 TN 面板、MVA 和 PVA 等 VA 类面板，以及 IPS 面板。其中前两种为软屏，后者为硬屏。

① TN 型液晶面板。TN（Twisted Nematic，扭曲向列）型面板，生产成本较低，在目前市面上主流的中低端液晶显示器中被广泛使用。早期的 TN 技术可视角度最大 90°，后来，在面板上增加了一层转向膜，即 TN+film，用于弥补 TN 面板可视角度的不足，使可视角度都达到 160°。

台湾很多面板厂商生产 TN 面板，TN 面板属于软屏，用手轻轻划会出现类似水纹的波纹。

② VA 型液晶面板。VA（Vertical Alignment，垂直配向）型液晶面板是富士通和三星推出的一种面板类型。在目前的 LCD 产品中应用较为广泛。VA 类面板是现在高端液晶应用较多的面板类型，属于广视角面板。和 TN 面板相比，8bit 的面板可以提供 16.7M 色彩和大可视角度，但价格也相对 TN 面板要贵。VA 类面板又可分为由富士通主导的 MVA 面板和由三星开发的 PVA 面板，其中后者是前者的继承和改良。VA 类面板的正面（正视）对比度最高，但是屏幕的均匀度不够好，往往会发生颜色漂移。

VA 型面板属于常暗模式液晶，在液晶受损而未加电时，该像素呈现暗态，这种模式大大降低了液晶面板出现“亮点”的可能性。

③ IPS 型液晶面板。IPS（In-Plane Switching，平面转换）技术是日立公司于 2001 推出的液晶面板技术，俗称“Super TFT”，也是目前主要的一种液晶面板类型。IPS 面板的优势是可视角度高（可以达到 160°）、响应速度快（40ms 以内），色彩还原准确，价格便宜。目前 IPS 面板主要由 LG-飞利浦生产。

和其他类型的面板相比，IPS 面板的屏幕较为“硬”，用手轻轻划一下不容易出现水纹样变形，因此又称硬屏。

（3）按液晶面板的生产厂商分类。目前，中国市场大部分 LCD 的面板是由三星 SDI、LG-飞利浦、友达光电（AUO）、奇美光电（CMO）、中华映管（CPT）和翰宇彩晶（HannStar）这六家液晶面板厂商供应的。

（4）按液晶基板的质量级别分类。液晶基板按照品质可以分为 A、B、C 3 个等级。目前，一般是按照液晶基板上的坏点数量来分级的。坏点就是有的显示单元永远亮着（称为亮点），有的永远不亮（称为暗点），有的显示不同的颜色（称为花点），这都是不可修复的坏点。参考 ISO 在 2001 年制定的关于液晶基板坏点的标准，定义了 3 个等级的品质。Class 1 不允许有坏点，是最高级，也就是 A 级基板；Class 2 允许有 3 个坏点，其中亮点不超过 1 个，且亮点不在屏幕中央区域，就是 B 级基板；Class 3 允许有 3 个坏点，其中亮点不超过 2 个，且亮点不在屏幕中央区域，就是 C 级基板。

3. LCD 的结构

LCD 显示器的外部结构由外壳、液晶面板、控制面板、电源开关、信号电缆和电源插座等组成，如图 7.6 所示。

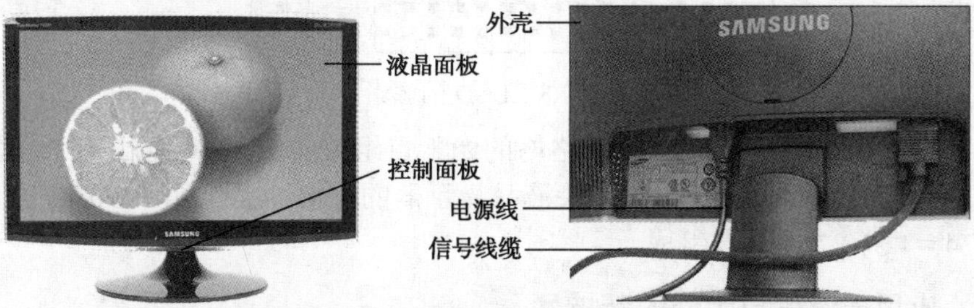

图 7.6　LCD 显示器的外部结构

4. LCD 的基本工作原理

液晶是一种介于固态和液态之间的物质，基本上，液晶是同时具有固态和液态两种物理特性的物质。通过电场的调整，可以控制液晶分子的排列。利用这种特殊的性质，加以主动光源（液晶不能主动发光，因此需要灯管照明）和取向层，便可以控制光的通过。

TFT 液晶是最普通的液晶模式，前后两个层是取向层，中间层顺序排列的就是液晶分子。当没有施加电压的时候，液晶分子按初始状态排列，这时光线就可以顺利地通过取向层，显示为亮，如图 7.7（a）所示。而在施加电压后，液晶分子的排列做除了相应改变，光线便不能通过取向层，最终显示为暗，如图 7.7（b）所示。

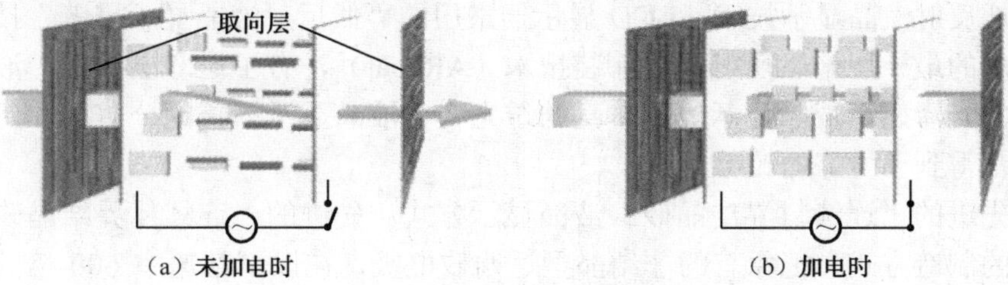

图 7.7　TFT 液晶分子排列

TFT 液晶显示器都是由不同部分组成的分层结构。LCD 由两块透明度极高的玻璃板构成，厚约 1mm，在玻璃层中间是薄膜电容，生成红、绿、蓝三原色所必要的色彩滤镜和液晶层。因为液晶材料本身并不发光，所以在显示屏两边都设有作为光源的灯管，而在液晶显示屏背面有一块背光板（或称匀光板）和反光膜，背光板是由荧光物质组成的可以发射光线，其作用主要是提供均匀的背景光源，从而完成液晶显示器的显示效果。对液晶层施加各种不同电压，液晶中的晶体就朝不同的方向偏转，令液晶层形成不同的透光性。

在彩色 LCD 面板中，每个像素都由三个液晶单元格构成，如图 7.8 所示。其中，每个单元格前面都分别有红色、绿色或蓝色的过滤器。这样，控制红、绿、蓝三个色点的电压，让不同浓度的三色混合，通过不同单元格的光线就可以在屏幕上显示出不同的颜色。

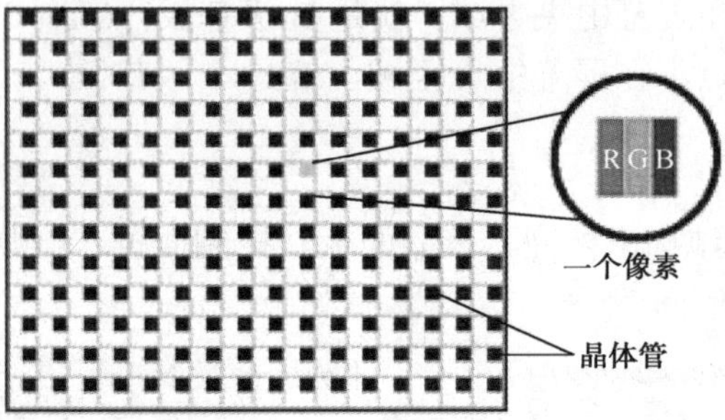

图 7.8　LCD 的像素

整个 TFT 显示器的屏幕就是由一格格的像素点组成的，每个点都由一个晶体管控制。分辨率正是由这些点形成的，如果一块液晶显示器的分辨率是 1280×1024，那么它就由 1280×1024＝1 310 720 个点组成。

5. 应用于液晶显示器的新技术

（1）采用 TFT 型 Active 素子进行驱动。为了创造更优质画面构造，采用了独有 TFT 型 Active 素子进行驱动。在每一个液晶像素上加装上了 Active 素子来进行点对点控制，使得显示屏幕的控制模式在显示的精度上，会比以往的控制方式高得多，所以在加入了新技术的 LCD 显示屏上观看时其画面品质却是相当赏心悦目的。

（2）利用色滤光镜制作工艺创造色彩斑斓的画面。在色滤光镜本体还没被制作成型以前，就先把构成其主体的材料加以染色，之后再加以灌膜制造。这种工艺要求有非常高的制造水准。但与同其他普通的 LCD 显示屏相比，用这种类型的制造出来的 LCD，无论在解析度，色彩特性还是使用的寿命来说，都有着非常优异的表现。从而使 LCD 能在高分辨率环境下创造色彩斑斓的画面。

（3）低反射液晶显示技术。LCD 显示器采用的“低反射液晶显示屏幕”技术就是在液晶显示屏的最外层施以反射防止涂装技术（ARcoat），有了这一层涂料，液晶显示屏幕所发出的光泽感、液晶显示屏幕本身的透光率、液晶显示屏幕的分辨率、防止反射这四个方面都得到了更好的改善。

（4）先进的“连续料界结晶矽”液晶显示方式。先进的“连续料界结晶矽”技术是利用特殊的制造方式，把原有的非结晶型透明矽电极，在以平常速率 600 倍的速度下进行移动，从而大大加快了液晶屏幕的像素反应速度，减少画面出现的延缓现象。

6. LCD的主要参数

虽然 LCD 和 CRT 显示器有不少性能指标从名称上看很相似，但其含义和重要性是不同的。

（1）尺寸。液晶显示器的尺寸是指液晶显示器屏幕对角线的长度，单位为英寸，对于液晶显示器由于标称的尺寸就是实际屏幕显示的尺寸，所以 15 英寸的液晶显示器的可视面积接近 17 英寸的纯平显示器。现在的主流产品主要以 17 英寸和 19 英寸为主。

伴随着屏幕尺寸的大幅度增加，传统 4∶3 的显示比例已经不适应，面向更高品质视频娱乐的定位使得大屏幕液晶显示器开始向 16∶9 的宽屏幕过渡。

（2）最佳分辨率（真实分辨率、最大分辨率）。分辨率就是屏幕上显示的像素的个数（真实分辨率）。对于液晶显示器而言只有一个最佳分辨率，也往往是液晶显示器的最大分辨率。LCD 和 CRT 显示器的显示原理不同，其分辨率是不能随意设置的，它是由制造商设置和规定的。LCD 只有在真实分辨率下才能表现出最佳效果。当将其分辨率设置成真实分辨率以外的值时，则可能出现两种情况：一是扩大或缩小屏幕的显示范围，二是显示效果大打折扣，会出现屏幕被挤压、拉伸或模糊的情况。各尺寸 LCD 显示器的最佳分辨率如表 7.1 所示。

表 7.1　各尺寸 LCD 显示器的最佳分辨率

液晶显示器尺寸	最佳分辨率	液晶显示器尺寸	最佳分辨率
15"普屏液晶	1024×768	21"普屏液晶	1600×1200
17"普屏液晶	1280×1024	22"宽屏液晶	1680×1050
19"普屏液晶	1280×1024	23"普屏液晶	1600×1200
19"宽屏液晶	1440×900	23"宽屏液晶	1920×1200
20"普屏液晶	1600×1200、1400×1050	24"宽屏液晶	1920×1200
20"宽屏液晶	1680×1050		

（3）点矩。液晶显示器的点距是指两个连续的液晶颗粒中心之间的距离。点距为液晶面板（不是液晶显示器）尺寸除以分辨率所得的值。点距的大小会决定显示图像的精细度、字体大小。相同尺寸，点距越小，显示图像越精细，显示的字体也越小。相反，点距越大，图像相比之下也要粗糙一些，字体也大一些。因此，点距的选择需要在文本和图形、视频应用之间进行权衡，既不能太大，也不能太小。出于对眼睛的保护，对于没有精细度要求的用户，推荐使用相同尺寸下点距大的液晶产品。常见液晶显示器的点距如表 7.2 所列。

表 7.2　常见液晶显示器的点距

产品规格	分辨率	点距大小	产品规格	分辨率	点距大小
15"普屏液晶	1024×768	0.297mm	21"普屏液晶	1600×1200	0.270mm
17"普屏液晶	1280×1024	0.264mm	22"宽屏液晶	1680×1050	0.282mm
19"普屏液晶	1280×1024	0.294mm	23"普屏液晶	1600×1200	0.294mm
19"宽屏液晶	1440×900	0.285mm	23"宽屏液晶	1920×1200	0.258mm

续表

产品规格	分辨率	点距大小	产品规格	分辨率	点距大小
20"普屏液晶	1600×1200	0.255mm	24"宽屏液晶	1920×1200	0.270mm
20"普屏液晶	1400×1050	0.292mm	30"宽屏液晶	2560×1600	0.251mm
20"宽屏液晶	1680×1050	0.258mm			

（4）亮度。亮度是反映显示器屏幕发光程度的重要指标，亮度越高，显示器对周围环境的抗干扰能力就越强。值得一提的是，LCD 与传统的 CRT 显示器不同，CRT 显示器是通过提高阴极管发射电子束的能力及提高荧光粉的发光能力来获得的，因此 CRT 显示器的亮度越高，它的辐射就越大，而 LCD 的亮度则是通过荧光管的背光来获得的，背光的亮度也就决定了显示器的亮度，对人体不存在负面影响。亮度的单位是 cd/m^2（坎德拉/平方米），如 $100cd/m^2$ 表示在 1 平方米点燃 100 支蜡烛的亮度。人眼接受的最佳亮度为 $150cd/m^2$。TFT LCD 的亮度值一般都在 200～$350cd/m^2$ 范围。亮度太高也可能使观看者眼睛受伤。

（5）对比度。对比度是指在规定的照明条件和观察条件下，显示器最大亮度值（全白）与最小亮度值（全黑）的比值。例如，一个屏幕在全白屏状态时候亮度为 $500cd/m^2$，全黑屏状态亮度为 $0.5cd/m^2$，这样屏幕的对比度就是 1000 : 1。当然，对比度越高表示产品可以呈现的画面灰阶更多，色彩更丰富。对比度越大，图像的锐利程度就越高，图像也就越清晰，显示器表现出来的色彩也就越鲜明，层次感越丰富。

动态对比度，指的是液晶显示器在某些特定情况下测得的对比度数值，例如逐一测试屏幕的每一个区域，将对比度最大的区域的对比度值，作为该产品的对比度参数

目前主流液晶显示器的对比度大多集中在 400 : 1 至 600 : 1 的水平上，而加拿大公司 Brightside 推出的采用 LED 背光技术的 DR-37P 超高动态范围液晶显示器号称拥有 200000:1 的超高对比度。

（6）灯管数量。液晶显示器的光源来自冷阴极荧光灯。要提高亮度和对比度，在目前背光模组没有出现突破的情况下，只有靠增加灯管数量来提高亮度。液晶板后面会安装 2～6 只灯管。

增加灯管数量能显著提高显示器的亮度和对比度，但却增加了热量的能耗。因为 LCD 的工作原理，其寿命取决于背光灯的寿命，因此使用 LCD 的时候没有必要设置屏幕保护程序，建议设置成空闲多少分钟后直接关闭显示器。

（7）可视角度。液晶显示器的可视角度是指用户可以清楚看到液晶显示器画面的角度范围。因为背光源发出的光线经过偏极片、液晶和取向层后，绝大部分光线都集中在显示器正面，所以通常液晶显示器的最佳视角不大，超过最佳视角后，画面的亮度、对比度及色彩就会急剧下降，导致无法观看。

可视角度分为水平视角和垂直视角。水平可视角度是以液晶的垂直中轴线为中心，向左向右移动，可以清楚看到影像的范围；垂直可视角度是以显示屏的水平中轴线为中心，向上向下移动，可以清楚看到影像的范围。

随着 TN 液晶面板技术的发展，LCD 的可视角度也不断提升。现在采用 TN 面板的 19 英寸宽屏 LCD 产品的可视角度范围可以达到 170° /160° （水平/垂直）左右，而采用广视角面板的 LCD 的可视角度一般都在 178° 以上。

（8）响应时间。响应时间是指液晶由亮转暗或者由暗转亮所需的时间，单位是 ms。响应时间由 Rising（上升时间）和 Falling（下降时间）组成，是两者之和。响应时间数值越小说明响应速度越快，对动态画面的延时影响也就越小。

响应时间决定了显示器每秒钟所能显示的画面帧数，通常，当画面显示速度超过每秒 25 帧时，人眼会将快速变换的画面视为连续画面，不会有停顿的感觉，所以响应时间会直接影响人的视觉感受。当响应时间为 30ms 时，显示器每秒能显示 1/0.030＝33 帧画面，25ms 时显示器每秒能显示 1/0.025＝40 帧。响应时间越短，显示器每秒显示的画面就越多。

目前，市场上的主流 LCD 响应时间都已经达到 8ms 以下，某些高端产品响应时间甚至为 5ms、4ms、2ms 等。数字越小代表速度越快。

（9）最大显示色彩数。液晶显示器的色彩表现能力当然是消费者最关心的一个重要指标。

目前，主流 LCD 采用的液晶面板都是 TN 型的 6bit 面板，加入抖动技术可实现 16.7M 色。即便采用 8bit 面板，由于背光灯和彩色滤光片等造成的偏差，也无法实现 16.7M 色。

（10）坏点。坏点数目的多少是衡量液晶显示屏品质高低的重要指标之一。液晶显示屏的坏点又称点缺陷。坏点是指显示屏幕上颜色不发生变化的点。前面已经介绍过，坏点有三种：亮点、暗点、花点。

① 亮点：在黑屏的情况下呈现的 R、G、B（红、绿、蓝）点叫做亮点。亮点的出现分为以下两种情况。

一是在黑屏的情况下，单纯呈现 R 或 G 或 B 色彩的点。

二是在切换至红、绿、蓝三色显示模式下，只有在 R 或 G 或 B 中的一种显示模式下有白色点，同时在另外两种模式下均有其他色点的情况，这种情况是在同一像素中存在两个亮点。

② 暗点：在白屏的情况下出现非单纯 R、G、B 的色点叫做暗点。暗点的出现也分为以下两种情况。

一是在切换至红、绿、蓝三色显示模式下，在同一位置只有在 R 或 G 或 B 一种显示下有黑点的情况，这种情况表明此像素中只有一个暗点。

二是在切换至红、绿、蓝三色显示模式下，在同一位置只有在 R 或 G 或 B 中的两种显示下都有黑点的情况，这种情况表明此像素中有两个暗点。

一般来说，暗点对液晶显示器品质的影响相对较小，因此，液晶品质评判标准中对有无亮点，亮点所在位置的规定更严格。一般在销售产品时会承诺无亮点。

③ 坏点：在白屏情况下为纯黑色的点或在黑屏情况下为纯白色的点。在切换至红、绿、蓝三色显示模式时，此点始终在同一位置上，并且始终为纯黑色或纯白色。这种情况说明该像素的 R、G、B 三个子像素点均已损坏，此类点称为坏点。

生产出来的液晶显示器成品，如果无任何坏点就是 AA 级；有三个坏点以下，其中亮点不超过一个，且亮点不在屏幕中央区的称为 A 级产品；有三个坏点以下，其中亮点不超过二个，且亮点不在屏幕中央区的为 B 级产品。

7.3 任务实施

7.3.1 选购显卡

目前市场上显卡的种类繁多，各种价位和档次都存在，大家可能会为选择一款适合自己的显卡而发愁。下面就来介绍一下选购显卡的原则和技巧。

1. 显卡的选购原则

（1）根据自己的需求进行选择。在选购显卡之前，首先要明确一个问题就是自己需要用显卡做什么。如果只是做一些简单的操作或者处理一些简单的图片，那么对显卡的要求不是很高；如果要进行大型的 3D 图形制作，就需要选择一款性能比较高的显卡来提高自己的制作效率了；如果是大型 3D 游戏的玩家，那么选择一款性能出色并且速度较快的显卡十分必要。

（2）根据显卡的芯片类型来判断显卡档次。图形处理芯片是显卡最重要的部分，基本决定了显卡的性能和档次。通过芯片的类型就可以判断显卡的档次，下面分别介绍一下 nVIDIA 公司和 AMD 公司目前在市场上的芯片型号和各项参数，如表 7.3 所列。

表 7.3 显卡主流芯片

公司	档次	芯片型号	核心频率（MHz）	显存容量（MB）	显存频率（MHz）
AMD	低端	R7250	1000	1024	4600
		R7260X	1050	1024	6000
	中端	R9270X	1070	2048	5600
		R9280X	1020	3072	6400
	高端	R9290	947	4096	5000
		R9290X	1000	4096	5000
nVIDIA	低端	GT630	810	256	3100
		GT640	1046	1024	5010
	中端	GTX650	1110	1024	5000
		GTX660	1098	2048	6000
	高端	GTX770	1110	2048	7010
		GTX780	1075	3072	6008

（3）搭配原则。一个好的显卡要想发挥出应有的性能，光靠其本身的处理能力显然是不够的，还必须与 CPU、主板提供的显卡插槽标准及显示器相配套。

（4）估算显存容量。在 2D 应用中，显存容量应大于最大分辨率与色彩位数的乘积再除以 8。如果只是进行一些平面图形的处理和应用，8MB 显存就足够了。

3D 应用还要考虑纹理缓存部分。显卡在进行 3D 运算时，显存主要分为帧缓存和纹理缓存。帧缓存与分辨率、色深、刷新频率有关，不同的应用程序对帧缓存的需求变化不大。纹理缓存与应用程序所用的纹理有关，一般场景越复杂、纹理使用越多，纹理缓存的需求就越大。如果需要运行 3D 游戏则使用至少 128MB 的显存。

2. 显卡的选购技巧

前面介绍了显卡的各项性能指标，以及显卡的选择原则，下面介绍一些选购显卡的小技巧，以帮助大家更好地选择一款适合自己的显卡。

（1）明确自己的需求。不同的用户对显卡的需求不同，有人主要用于上网、玩游戏、听音乐、看电影，有人用于视频处理、图像处理、编程，而有的人则用于玩大型游戏等。其中玩游戏、视频处理及图像处理与显卡功能关系较大。计算机的用途不同，决定了大家购买显卡的种类和品牌，所以，应根据自己的需要来选择适合的显卡。

（2）显卡的做工。“做工”其实是一个对产品很笼统的概念，主要分为设计、用料和制造工艺三大方面。

① 设计。产品的设计是决定“做工”好坏的前提，它直接决定了该产品以后的用料和制造工艺。

设计良好的显示卡其表面积一般都较大，目的是方便布线，尤其是那些显存芯片较多的显示卡。显示卡面积增大的缺点是成本增加了，不过采用双面贴片技术可以很好地解决这一矛盾。所谓双面贴片技术就是设计可以在显示卡反面安装贴片元件的 PCB 板，这样可以充分利用显示卡的表面积，提高了显示卡的性价比，其缺点就是对技术要求较高，设计难度较大。

② 用料。产品的用料是反映一款显示卡做工最直接的一点，用料的好坏最容易反映出显示卡的做工如何。用料是由设计决定的，采用 4 层或 6 层板设计其实就是用料问题，一般欧美厂商出品的显示卡都采用 6 层板设计，优点是设计容易，可以很少考虑布线长度的一致问题，电磁兼容性和电磁屏蔽性较好，但其价格也相对较高。相反中国台湾地区设计生产的一些显示卡较多地采用价格便宜的电解电容，也就是俗称的直立电容，且大多是 4 层板设计，甚至有些卡还是 2 层板的，从外观上看明显区别于欧美的设计，显示卡表面原件布局杂乱无章，但一般来说价格都比较便宜。

③ 制造工艺。目前，所有的显示卡生产厂商都已经采用了机器摆料和自动焊接，所以板上的元器件排列一般都很整齐。

判定显示卡的做工精良的标准是显示卡 PCB 板上的元件应排列整齐，焊点干净均匀，电解电容双脚都能插到底，而不会东倒西歪，金手指镀得厚，不易剥落。如果显示卡的边缘光滑，则表明其生产厂家的制造工艺是优秀的，所做的显示卡也不会差到哪儿去。

（3）显存的选择。大容量显存对高分辨率、高画质设定游戏来说是非常必要的，但并不是任何时候都是显存容量越大越好，要根据自己的配置来选择合适的显存。

（4）注重显卡的品牌。由于采用的显存颗粒及其他元器件不同，即使采用相同的显示芯片，有时价格也会相差百元以上。在选购显卡时，最后选购有一定品牌知名度的产品。目前市场上主要品牌有七彩虹（Colorful）、昂达（ONDATA）、蓝宝石（SAPPHIRE）、影驰（GALAXY）、双敏（UNIKA）、讯景（XFX）、小影霸、铭瑄（MAXSUN）、盈通（YESTON）、丽台（Leadtek）、微星（MSI）、华硕（ASUS）、耕昇（GAINWARD）、艾尔莎（ELSA）等。这些品牌的显卡不仅有较高的性价比，而且售后服务也比较好。

7.3.2　选购 LCD 显示器

1. LCD 显示器的选购

现在液晶显示器几乎已经成为大多数用户购买的首选，但液晶显示器和一般的显示器不同，它是采用 LCD 作显示屏而不是用 CRT 来显示的。因此选购 LCD 显示器时，需要按以下步骤进行检查。

（1）外观检查。外观检查包括坏点检查、接口检查、可视范围（视角范围）检查等。

（2）电性能检查。电性能可通过调节亮度及对比度来检查。液晶显示器的亮度应达到 200NIT，最好是 250NIT。对比度就是图像由暗到亮的层次。液晶显示器的对比度要比一般的高 50%。应达到 150∶1，甚至达到 400∶1。购买时，把亮度、对比度由暗到亮慢慢地调节，不应该出现突变的现象。

（3）带宽的大小。带宽是指显示器接收到外部信号后反应在屏幕上的速度，也就是从打开显示器电源到图像清楚地呈现在屏幕上的时间。该时间越短越好。购买时可同时打开几台来比较。因为该时间越短，在显示移动画面时，就不会出现拖尾（画面后面有短暂的阴影）的现象。现在市面上的液晶显示器的反应速度一般为 25～50ms。带宽越宽，惯性越小，允许通过的信号频率越高，信号失真越小。它反映了显示器的解像能力。

（4）显示效果。购买时还要注意其显示文本边缘及轮廓的能力。在购买时可输入一段文字，通过改变字体的大小和制作几个立体字来看文本边缘的显示能力。再在文字后面加上背景图像，来查看整个图像的轮廓是否清晰，有无毛疵。另外还要能够通过显示器自身的菜单功能来调节相位。如果相位调节不好，就会出现像电视收视画面不良的阴影。如果该显示器不能通过菜单来调节相位，最好不要这种显示器。

在确定产品的品质能够满足自己的需求之后，剩下的关键一点就是仔细看一下厂商提供的保修合同。一般而言，液晶显示器如果有技术缺陷，大概会在三个月左右就可以看出，因此最好选择三个月内能保换的品牌，再加上一年内保修就更完美了。

2. LCD 的保养

LCD 只有保养得好，才能够长期无故障地为用户服务。应该明确的是，价格不菲的 LCD，只要遵循一些简单的保养步骤，就可以服务很长的时间。

（1）避免屏幕内部烧坏。如果在不用的时候，一定要关闭显示器，或者降低显示器的显示亮度，否则时间长了，就会导致内部烧坏或者老化。这种损坏一旦发生就是永久性的，无法挽回。另外，如果长时间地连续显示一种固定的内容，就有可能导致某些 LCD 过热，进而造成内部烧坏。

（2）注意保持湿度。一般湿度保持在 30%～80%之间，显示器都能正常工作，但一旦室内湿度高于 80%后，显示器内部就会产生结露现象。其内部的电源变压器和其他线圈受潮后也易产生漏电，甚至有可能造成连线短路；而显示器的高压部位则极易产生放电现象；机内元器件容易生锈、腐蚀，严重时会使电路板发生短路。因此，LCD 显示器必须注意防潮，长时间不用的显示器，可以定期通电工作一段时间，让显示器工作时产生的热量将机内的潮气驱赶出去。

（3）正确地清洁显示屏表面。如果发现显示屏表面有污迹，可用沾有少许水的软布轻轻地将其擦去，不要将水直接洒到显示屏表面上，水进入 LCD 将导致屏幕短路。

（4）避免冲击。LCD 屏幕十分脆弱，所以要避免强烈的冲击和振动，LCD 中含有很多玻璃的和灵敏的电气元件，掉落到地板上或者遭受其他类似的强烈打击会导致 LCD 屏幕及其他元件的损坏。还要注意不要对 LCD 显示表面施加压力。

（5）请勿私自动手。有一个规则就是：永远也不要拆卸 LCD。即使在关闭了很长时间以后，背景照明组件中的 CFL 换流器依旧可能带有大约 1000V 的高压，这种高压能够导致严重的人身伤害。所以永远也不要企图拆卸或者更改 LCD 显示屏，以免遭遇高压。未经许可的维修和变更会导致显示屏损坏，甚至永久不能工作。

7.4 技能训练

7.4.1 测试显卡的性能

1. 实训目的

通过本次练习，使学生能够使用常用的测试软件，如 3DMark 11、FurMark1.13.0 等对显卡进行测试。

2. 实训准备

（1）测试用计算机。

（2）测试用软件。

3. 实训任务

使用常用的测试软件，如 3DMark11、FurMark1.13.0 等对显卡进行测试。

4. 实训步骤

步骤 1：搭建测试硬件平台。

步骤 2：搭建测试软件平台。

步骤 3：下载并安装最新的 3Dmark11 专用测试软件。由 Futuremark 公司最新推出的 3Dmark11 是最具权威性的 3D 显卡专业测试软件。它能很好地衡量系统的显示子系统及对 3D 的支持情况。同时也是完全支持 Direct X8 所有特性的测试软件。

步骤 4：下载并安装最新的 FurMark1.13.0 专用测试软件。FurMark1.13.0 是一款非常优秀的 3D 射击类游戏，可以使用它对显卡进行测试。

7.4.2 测试 LCD 显示器

1. 实训目的

通过本次练习，使学生能够使用常用的测试软件，如 Nokia Monitor Test 等对显示器进行测试。

2. 实训准备

（1）测试计算机。

（2）测试用软件。

3. 实训任务

使用常用的测试软件，如 Nokia Monitor Test 等对 LCD 显示器进行测试。

4. 实训步骤

步骤 1：搜索并下载 Nokia Monitor Test 软件。

步骤 2：安装 Nokia Monitor Test 软件。

步骤 3：运行 Nokia Monitor Test 软件，并进行各种测试。

习　　题

一、选择题

1．标明显示区域大小的参数称为显示器的（　　）。

A．屏幕尺寸　　B．亮度　　C．分辨率　　D．对比度

2．目前流行的显卡的接口类型是（　　）。

A．PCI　　B．PCI-E X1　　C．PCI-E X16　　D．ISA

3．通常所说的 1024×768、800×600 等分辨率实际上指的是（　）。

A．显示器的大小尺寸　　B．显示器由上到下扫描的数线

C．屏幕上所能显示的字符个数　　D．屏幕上所有像素的数目

4．为了使眼睛在看显示器时不感到疲劳，显示器的刷新频率应该达到（　）。

A．60Hz 以上　　B．50Hz 以上　　C．72 Hz 以上　　D．85Hz 以上

5．在显示器中，组成图像的最小单位是（　　）。

A．像素　　B．点距　　C．分辨率　　D．栅距

6．显示器的屏幕尺寸是指（　　）的长度，一般以（　　）为单位。

A．显示器屏幕对角线，英寸　　B．显示器屏幕水平宽度，英寸

C．显示器屏幕垂直高度，英寸　　D．显示器屏幕对角线，寸

7．显示器的发展方向是（　　）。

A．大屏幕　　B．高清晰　　C．平板化　　D．信息化

8．计算机显示器图像的清晰度受（　　）因素的影响。

A．图像分辨率的设置　　B．显像管屏幕像素单元点距的尺寸

C．行输出级的功率　　D．开关电源的振荡频率

9．显卡的性能及功能主要取决于（　　）。

A．显示芯片　　B．显存　　C．内存　　D．显示器

二、填空题

1．世界上最大的两个芯片 CPU 生产厂商是__________和__________，两个芯片组的生产厂商是________和________，两个显示卡芯片生产厂商是________和________，其中________已经被 AMD 公司兼并。

2．人们习惯上叫的 64 位显卡、128 位显卡和 256 位显卡就是指其相应的________位宽。

3．显卡与主板的接口有________、________和________接口几种。目前最流行的是_______接口。

4．分辨率是指显卡能在显示器上描绘点数的最大数量，通常以________表示。

5．刷新频率是指________，也即屏幕上的图像每秒钟出现的次数，它的单位是 Hz（赫兹）。

6．液晶显示器的可视面积指的是________。

三、简答题

1．简述显卡的工作原理？

2．显卡内存大体上可以分为几类？

3．常见的显卡芯片有哪些品牌？

4．一般 LCD 显示器是由哪几部分组成的？每个部分的作用是什么？

5．什么是 LCD 显示器的坏点？

6．LCD 显示器有哪些性能指标？

7．使用 LCD 显示器要注意哪些事项？

8．如何选购 LCD 显示器？

四、实训题

1．目前市场上主流有哪些知名品牌的 LCD 显示器？它们的价格等性能如何？

2．目前市场上主流有哪些知名品牌的显示卡？它们的显存、接口类型、价格等性能如何？

3．观察、熟悉各种显卡的结构及与主机的连接。

4．课外实训：通过市场调研、网上查询了解目前市面上常见的显卡的结构、品牌、价格等。

任务 8

认识与选购键盘和鼠标

知识目标

■ 熟悉键盘的结构；
■ 了解键盘的分类；
■ 了解鼠标的分类。

技能目标

■ 能够选购合适的键盘；
■ 能够选购合适的鼠标。

8.1 任务描述

键盘和鼠标作为计算机最主要的输入设备，许多功能是其他输入设备不可替代的，它们的质量好坏影响到用户工作的正确性和舒适感。

键盘和鼠标也是用户使用计算机时操作的主要设备，用户最关心的是使用时是否方便、舒适。那么，如何选购合适的键盘和鼠标呢？

8.2 相关知识

8.2.1 键盘

键盘是最基本的、最常用的输入设备，用户的各种命令、程序和数据都可通过键盘进行操作。

在 DOS 时代，使用键盘几乎可以完成所有的操作。在 Windows 环境下，鼠标应用越来越广泛，但在文字输入领域，键盘仍有着不可动摇的地位。因此，如果没有键盘或键盘系统，将无法使用微机。作为重要的输入工具，并为了顺应潮流，键盘向着多媒体、多功能和人体工程学方向不断发展，凭借其新奇、实用、舒适的特点，不断巩固输入设备巨头的地位。

1. 键盘的结构

总的来说，键盘可分为外壳、按键和电路板三部分。平时只能看到外壳和所有按键，电路板在键盘的内部，用户无法看到。

（1）键盘的外壳。键盘的外壳主要用来支撑电路板和为操作者提供一个方便的工作环境。键盘外壳根据档次采用不同的塑料压制而成，部分优质键盘的底部采用较厚的钢板以增加键盘的质感和刚性，多数廉价键盘直接采用塑料底座的设计。有的键盘采用塑料暗钩的技术固定键盘面板和底座两部分，实现无金属螺丝化的设计，所以，拆卸时要小心以免损坏。

（2）按键。键盘上的所有按键都是结构相同的按键开关。不管键盘的形式如何变化，但按键布局基本相同，共分为五个区域：主键盘区、数字键区（小键盘区）、功能键区、编辑键区和特殊键区，对于多功能键盘还增添了快捷键区，如图 8.1 所示。

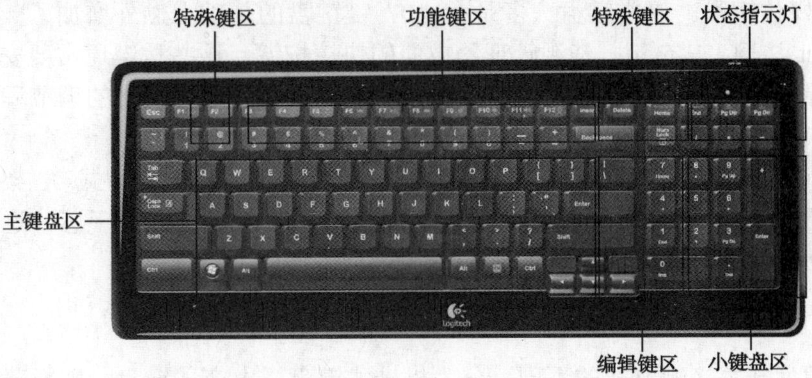

图 8.1　标准的 104 键键盘布局

常规键盘具有三个指示灯：CapsLock、NumLock 和 ScrollLock，标志键盘的当前状态。这些指示灯一般位于键盘的右上角，不过，有一些键盘（如 ACER 的 Ergonomic KB 和 HP 原装键盘）采用键帽内置指示灯，这种设计更易于判断键盘当前状态，但由于工艺相对复杂，所以，大部分普通键盘均未采用此项设计。

（3）电路板。键盘电路板是整个键盘的控制核心，主要由逻辑电路和控制电路组成。逻辑电路排列成矩阵形状，每一个按键都安装在矩阵的一个交叉点上。电路板上的控制电路由按键识别扫描电路、编码电路和接口电路组成，主要担任按键扫描识别、编码和传输工作，它将各个键所表示的数字或字母转换成计算机可以识别的信号。

2. 键盘的分类

（1）按接口不同分类。键盘从接口上分为 AT 接口、PS/2 接口、USB 接口和无线键盘四类。目前，AT 接口和 PS/2 接口键盘已经被淘汰，市场上流通的就是 USB 接口键盘和无线键盘。

① USB 接口键盘。随着 USB 技术的发展，出现了 USB 接口的键盘，但键盘采用 USB 接口并不能充分发挥 USB 接口热插拔的优势，并非发展方向。

② 无线键盘。无线键盘由接收器及通过电池提供能源的键盘两部分组成。无线键盘在传输方式上有两种：一种是红外线型，通过红外线来传播信号，这类键盘对方向性要求比较严格，尤其对水平位置比较敏感；二是无线电型，因为无线电是以辐射状传播的，所以相对于红外线型键盘，这种键盘使用起来更灵活。

（2）以按键的个数分类。根据按键的个数不同，常见的有 84 键、101 键、102 键和 104 键等几种。

① 84 键键盘。早期的键盘上只有 84 个键，类似于英文打字机，以前的 XT 机多采用 84 键键盘，但现在已经很少使用这种键盘。

② 101 键键盘。在 84 键盘的基础上，增加了控制键，成为标准的 101 键 PC 键盘。

③ 102 键键盘。比 101 键盘多出一个键，用于切换多国文字，一般不用此键。

④ 104 键键盘。在 101 键盘的基础上，微软定义了 Windows 9x 加速键（用于快速调出系统菜单），将键盘上的键增加到 104 个，现在市场上销售的大多是 104 键盘。

⑤ 107 键键盘。107 键盘又称为 Windows 98 键盘，比 104 键多了睡眠、唤醒、开机等电源管理按键。大部分的 107 键键盘在右上方多出这三个键位。

⑥ 多媒体键盘。这类键盘大多是在 107 键键盘的基础上额外增加了一些多媒体播放、Internet 访问、E-mail、资源管理器方面的快捷按键，这些按键通常要安装专门的驱动程序才能使用，而且这类键盘中大多数都能够通过驱动程序附带的调节程序让用户自定义这些快捷按键的功能。

⑦ 笔记本式键盘。由于笔记本电脑键盘的键帽采用先进的剪刀式 X 架构悬吊技术设计，使得它拥有比传统台式机键盘更好的弹性，以及轻盈柔和的手感，这种键盘可以大大提高文字的录入速度，提高工作效率。

3. 键盘的内部结构及工作原理

根据键盘开关接触方式的不同，分为机械式键盘、电容式键盘、塑料薄膜式键盘、导电橡胶式键盘等四种。

（1）机械式键盘。这类键盘采用类似金属接触式开关的原理使触点导通或断开从而获得通断控制信号，如图 8.2 所示。在实际应用中机械式键盘的结构形式很多，最常用的是交叉接触式。它的优点是结实耐用，缺点是不防水、敲击比较费力，而且打字速度快时容易漏字。经过改良，后期的机械式键盘增加了 Click 功能，Click 功能实际上就是改进了机械结构，并且加大了缓存，防止快速打字时漏掉字符。机械式键盘的使用寿命在 5000 万到 1 亿次，普通用户 10 年之间的键盘敲击次数在 20 万次左右。从理论上来说，一款好的机械键盘足够使用一辈子了。

图 8.2　机械式键盘

前几年，这类键盘已经被电容式键盘和塑料薄膜式键盘取代。而近两年（2011、2012 年）机械式键盘再次兴起，并且得到了很多厂商的重推和玩家的追捧。其中影响最广的厂商非樱桃莫属，樱桃键盘几乎就成了原厂机械式键盘的代名词。

（2）电容式键盘。这类键盘的按键采用类似电容式开关原理，通过按下按键改变电容器两电极间的距离而产生电容量的变化，形成暂时的允许振荡脉冲通过电容器的条件，从而获得通断控制信号。电容的容量是由介质、两极的距离及两极的面积来决定的。所以当键帽按下时，两极的距离发生变化，这就引起电容容量发生改变，当按键相关参数设计合适时，按下按键时相应的电容器两极间就会有电流通过，而不按键就无电流，这个通过电容器的电流经过整形放大之后驱动编码器，转换为计算机能够“理解”的 01 信号。由于电容器无接触，所以这种键在工作过程中不存在磨损、接触不良等问题，耐久性、灵敏度和稳定性都比较好。为了避免电极间进入灰尘，电容式按键开关采用了密封组装方式。按键平均寿命在 1000 万到 3000 万次。

（3）塑料薄膜式键盘。这类键盘的按键结构通常由四层组成，即由橡胶垫面板、上电路、隔离层、下电路四部分组成。最上层是中心有凸起的橡胶垫，下面三层都是塑料薄膜，其中，上下两层塑料薄膜上用导电颜料印制出电路，并在按键位置正下方有一一对应的触点，中间的一层为隔离层，防止一、三层的印制线路意外接触导致短路，而在上下两层触点的位置打有直径约 5mm 的小孔。按下按键时，按键推动橡胶垫的凸起部分按下，而橡胶垫的凸起部分又压迫第一层的触点部分向下变形，透过第二层——隔离层的小孔，接触第三层的触点，从而输出编码。这种键盘无机械磨损，可靠性较高，同时成本也较低，目前在市场上的产品中占相当大的比重。

薄膜键盘的按键可以分为火山口、剪刀脚（X 架构）和宫柱等三种结构，其中火山口结构是台式机键盘中最常用的设计，它是将按键插入键盘上的接口后，底部直接与硅胶帽接触，在手感上受到键柱长度各硅胶帽弹力的影响，如图 8.3 所示。火山口结构成本低廉、工艺简单，有一定的防水性能。但是由于支撑点为中间的硅胶帽，所以，按键手感会因为按键部位不同而不同。一般的火山口结构的按键都采用高键帽，长键程设计，这样可以得到良好的手感，但这样键盘一般较厚，因此只能用在普通的键盘上，对于超薄的笔记本电脑键盘，火山口结构就显得力不从心了。

剪刀脚结构，也称 X 架构。剪刀脚结构运用类似剪刀形状的两组平行四连杆机构，从四个边角处对按键进行支撑，如图 8.4 所示。当分别测试键帽左上角、右上角、左下角、右下角及按键中心五个部位的敲击力道时发现，传统键盘敲击力道大而且不均衡，而“X 架构”键盘的敲击力道小而且相当均衡。也就是说，当我们敲击“X 架构”键盘时费力较小，不易疲劳，而且作用力平均分布在键帽的各个部分，手感更加舒适。剪刀脚结构的键帽和动程结构是分离的，提高了使用寿命。按键低矮，占用空间小，受力均匀，但结构较复杂，造价略高，最早只使用在笔记本电脑上，近年来在台式机键盘上也可以使用。

宫柱结构的键盘是一种最新的按键结构，外形美观，手感舒适、容易维护，生产成本适中。宫柱结构如图 8.5 所示，它属于短键程，受力均匀，按键操作几乎是 0db。由于键帽和宫柱分离设计，使得键帽和宫柱可以针对不同使用场合采用不同材质。核心宫柱采用手感舒适、强忍耐摩的赛钢材料，保证了键盘的使用寿命。键帽厚度仅为 3mm，保证了超薄键盘的美观特性，键膜和和上盖基本处于同一水平面，方便用户清理维护。

图 8.3　火山口结构

图 8.4　剪刀脚结构

图 8.5　宫柱结构

（4）导电橡胶式键盘。这类键盘按键信号是通过导电橡胶接通下方印制电路板上的触点产生的。其结构非常简单，上层是一层带有导电橡胶凸起的橡胶垫，只有凸起部分能够导电，而接触印制电路板的平面部分不导电，凸起部分对准每个按键，下层是一张印制电路板，在按键位置印有面积约 4mm×4mm 正负极平行交叉但隔有一定距离没有互相接触的电路。按下键帽时，推动能够导电的凸起部分，接通下方正对的触点，放松键帽不按时，凸起部分依靠橡胶垫本身的弹性弹起，断开电路。

8.2.2 鼠标

鼠标已经有几十年的历史了，它由美国的道格·恩格尔巴特（Douglas Englebart）博士发明，如图 8.6 所示，他发明鼠标与 Windows 操作系统的产生有着密切的关系。为了进一步增加人机交互性，将计算机变成一套便于直观操作控制，具有图形指示，人性化界面设计的互动咨询工具，恩格尔巴特提出了设计鼠标的设想。

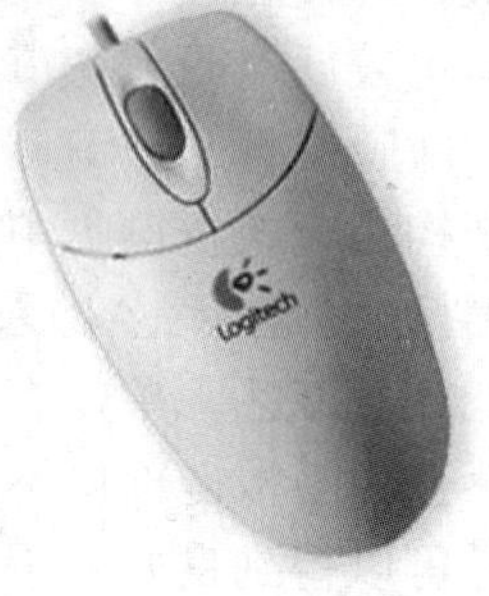

图 8.6 鼠标

随着 Windows 操作系统的不断普及和升级，鼠标作为计算机一个最不起眼的输入设备，在某些场合，它的重要程度甚至超过了键盘。经过几十年的发展，鼠标科技得到了长足的进步，出现了光学式、光机式鼠标，轨迹球、特大轨迹球，以及衍生到笔记本电脑上的指点杆和手指感应式鼠标，还有红外线鼠标等。目前，鼠标家族向着多功能、多媒体、符合人体工程学的方向继续发展。

1. 鼠标的分类

鼠标的分类方法很多，通常按照键数、接口形式和内部构造进行分类。

（1）按键数分类。鼠标可以分为传统双键鼠标、三键鼠标和多键鼠标。

① 双键鼠标。又叫 MS Mouse，是微软公司设计和推出的鼠标，只有左右两个按键，如图 8.7 所示。这种鼠标可以说是默认的鼠标标准，双键鼠标结构简单，应用广泛，一般无须另外安装驱动程序就可以在 Windows 9x 下正常运作。

② 三键鼠标。又叫 PC Mouse，是 IBM 公司设计提倡的鼠标，在原有的左右两个键当中增加了第三键“中键”，如图 8.8 所示。很多软件用到中键，如绘图软件、三维射击游戏等。

③ 多键鼠标。又称滚轮鼠标，是微软设计的“智能鼠标（IntelliMouse）”，把三键鼠标的中键改为一个滚轮，可以上下自由滚动并且也可以像原来的鼠标中键一样单击，如图 8.9 所示。滚轮常用于快速控制 Windows 窗口的滚动条，网页浏览时上下翻页等。

（2）按鼠标的接口分类。鼠标与计算机连接的接口一般有三种：串行接口、PS/2 接口、USB 接口。串行接口已经被淘汰，随着 PS/2 接口的淘汰，目前市场上的鼠标多为 USB 接口，可以带电插拔。可以使用 USB 接口转换为 PS/2 接口的转换头，把 USB 接口的鼠标连接到 PS/2 接口上，如图 8.10 所示。

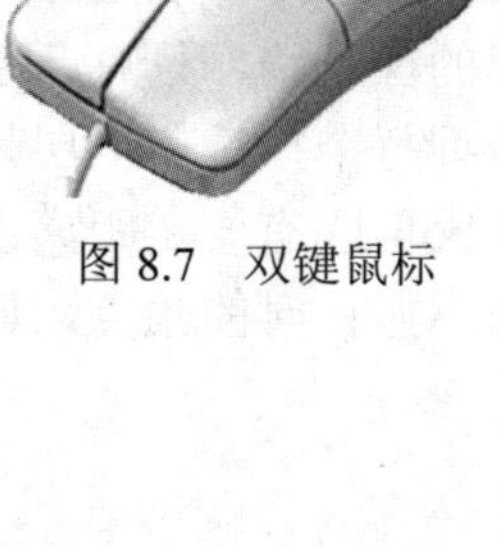
图 8.7 双键鼠标

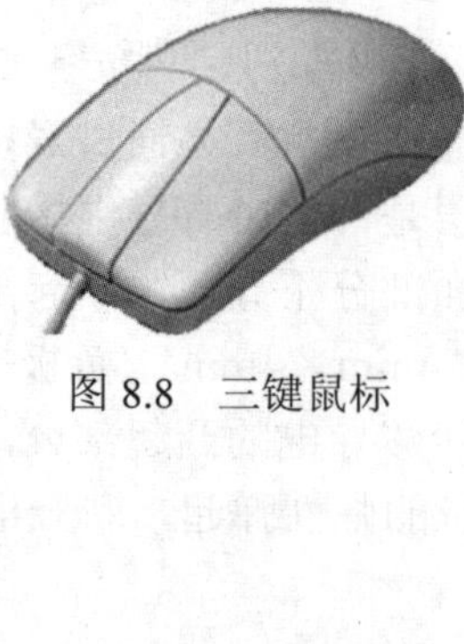
图 8.8 三键鼠标

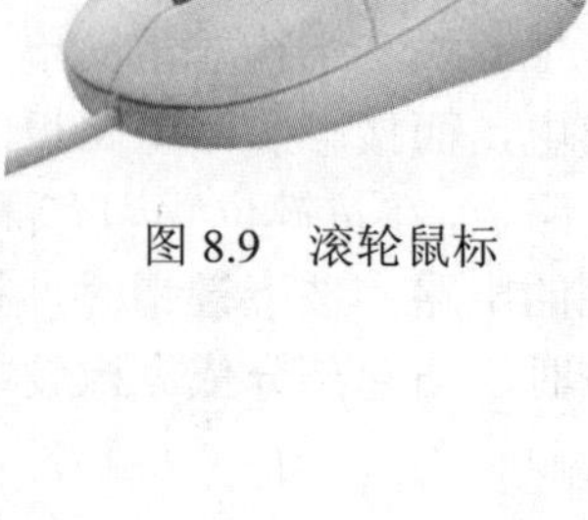
图 8.9 滚轮鼠标

图 8.10　USB 接口鼠标及 USB 转 PS/2 转换头

（3）按鼠标的外形是否符合人体工程学分类。按照人体工程学原理设计的鼠标，手掌搭放在鼠标上面能够得到很充分的支撑，有效防止长时间使用鼠标所产生的疲劳感。常见的人体工程学鼠标的外观如图 8.11 所示。

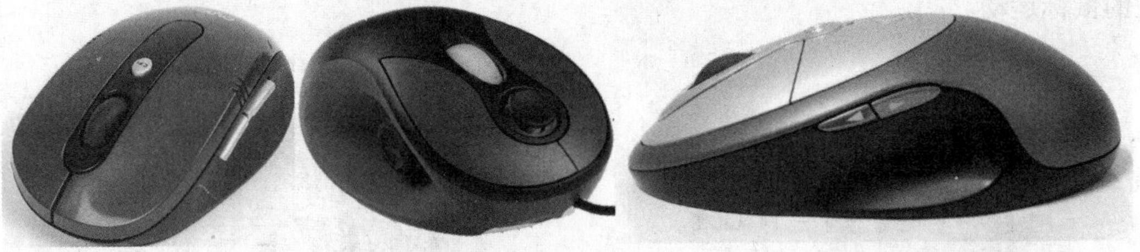

图 8.11　人体工程学鼠标

（4）按有线无线分类。无线鼠标采用红外线、激光、蓝牙等技术。常见的无线鼠标如图 8.12 所示。

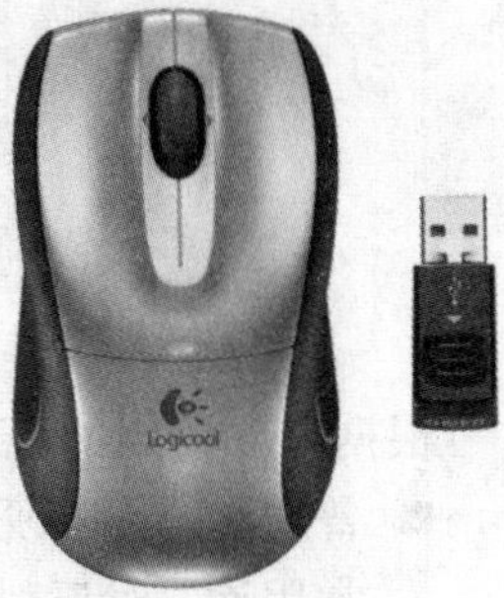

图 8.12　无线鼠标

目前的无线鼠标都需要电池来供电，配合无线接收器才可以正常工作。

（5）按内部构造分类。从定位方式上看鼠标可以分为四大类：机械式、光机式、光电式和光学式（后来又出现的网络鼠标实际上是在原有双键鼠标的基础上增加了一个滚轮键，因此不单独分类）。机械式和光电式鼠标现在基本上已经看不到了。判断鼠标类型最简单的方法就是观察鼠标底部，光机鼠标底部有一个橡皮球，而光学鼠标底部则是半透明工程塑料做成的平面，通电后中间的一个小凹槽透出光线。

① 光机式鼠标。光机式鼠标是一种光电和机械相结合的鼠标。光机式鼠标的内部结构是由机械传动装置、位移传感器、按键、编码电路和连接线等组成的，拆开鼠标后，可以看到光机式鼠标的内部结构，如图 8.13 所示。机械传动装置包括了滚动球、水平和垂直转轴及斜向支撑轮。鼠标内有一个橡皮球，在它的前方和右方各有一个滚轴和它相接触，当橡皮球滚动时会带动两个滚轴转动，前方滚轴的转动源自鼠标上下滑动，右方滚轴的转动来自鼠标左右滑动，这是位移传感器工作的先决条件。位移传感器包括了红外线发射管、接收管和圆盘光栅。圆盘光栅位于转轴另一端，外圈布满了条状或齿状光栅，其两侧分别有一个发光二极管（LED，Light-Emitting Diode）和一个光敏管。当圆盘光栅滚动时，LED 发出的光线不断被阻断，表示位移的脉冲就根据接收管先后感应到的光线顺序的不同而产生，再通过鼠标的控制芯片转换处理。互相垂直的传动轴分别对应

着屏幕上的横轴和纵轴，脉冲信号的数量和频率决定了鼠标在屏幕上移动的距离和速度。

② 光学式鼠标。光学式鼠标的内部使用了一个很精密的光学传感器（Optical Sensor），也就是俗称的光眼。目前，高档的光学鼠标通常都采用安捷伦公司的光学感应器。光学传感器包含光学组件、CMOS 成像元件和专用图像分析处理芯片（DSP，即数字信号微处理器）。光学组件由棱镜和透镜组成，如图 8.14 所示。当鼠标工作时，发光二极管会发出一束光线，一般情况下为红色（因为红色光源的 LED 技术最早面世，最成熟，价格也最低，组织零件生产和控制成本相对容易），经棱镜反射后照射在鼠标操作平台（通常是鼠标垫）上，被照亮区域通过鼠标底部的光学透镜聚焦并投影到 CMOS 上拍摄下来，随后以黑白图片形式送给 DSP，每隔一段时间，CMOS 会根据这些反射光做一次快速拍照，所拍摄到的照片传送到处理芯片后，芯片会从照片中找到定位的关键点，并对比前后两次快照中关键点的位移大小和方向的变化，分析测量出它们的运动轨迹，最后将分析结果以数字信号的方式传达给计算机的相关设备，最终在显示器上体现成相应的鼠标运动。

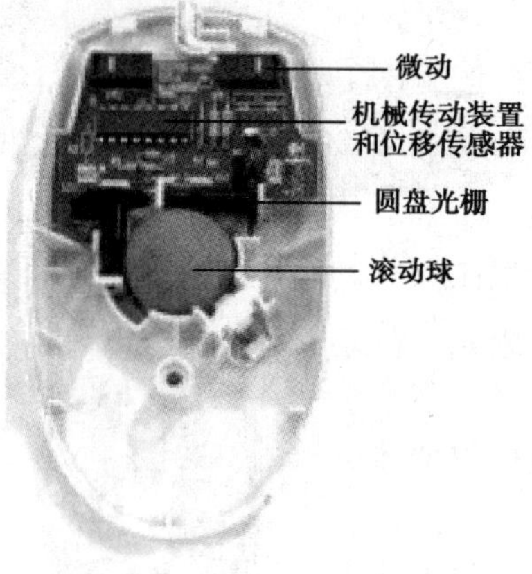

图 8.13　光机式鼠标

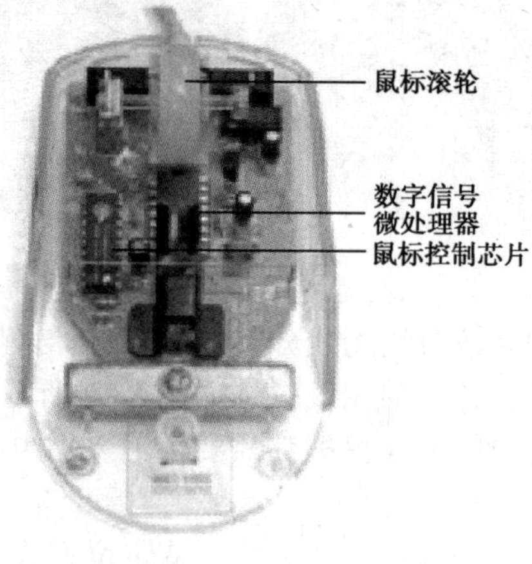

图 8.14　光学式鼠标

根据内部使用的光线种类不同，光学鼠标又可以分为红光鼠标、激光鼠标和蓝光鼠标。

- 普通光电鼠标采用红光侧面照射，棱镜正面捕捉图像变化，成本低，足以应付日常用途，对反射表面要求较高，所以购买使用还是要配个合适的鼠标垫（偏深色、非单色、勿镜面较为理想），分辨率相对较低。
- 激光鼠标采用激光侧面照射，棱镜侧面接收，成本高，虽然激光鼠标分辨率相当的高，对反射表面要求低，也就是对激光鼠标垫的要求很低。
- 蓝光鼠标采用蓝光侧面照射，棱镜正面捕捉图像变化，成本低，日常用途，蓝光鼠标看起来比较醒目，实际上个人感觉 LED 蓝色对眼睛并不友好，反而没红色更耐看一些，蓝光鼠标对反射表面的适应性比传统的红色似乎要好一些，但并不明显，其分辨率较低。

2. 鼠标参数

可以看到，要实现滚轮带按键功能，只需在滚轮中轴任一端的下方增加一个微动开关即可。有的滚轮还带有发光功能，实质上也就是在滚轮旁边增加一个 LED。

光机式鼠标主要以分辨率（dpi）为指标，而光学式鼠标有两个基本指标：分辨率（简称 cpi）和扫描频率（也称采样频率）。

（1）dpi（dot per inch）为每英寸的点数。如果一个鼠标是 800dpi，则表示鼠标每移动一英寸就传回 800 次坐标。或者再通俗一点，如果在桌面上画一条 1 英寸的线，那么一个 800dpi 的鼠标就可以在这条线上取 800 点，每个点都是其定位点。所以这个指标包含了精确度和最小需要移动距离两个方面的概念。光机式鼠标的 dpi 值与转轴精度和光栅盘的栅格精度有关。

（2）光学式鼠标指标中的分辨率 cpi（count per inch）为每英寸的测量次数。由于光学式鼠标和光机式鼠标工作方式的差异，用物理滚动所形成的点数作为光学式鼠标移动的计数方式不够严谨，于是就出现了 cpi 这个说法。当鼠标在桌面移动 1 英寸的时候，屏幕上的表现为 400cpi 的鼠标会比 800cpi 的鼠标少移动一倍的像素数，也就是说鼠标指针要移动得更缓慢一些。

（3）光学式鼠标指标中的扫描频率。扫描频率指每秒钟鼠标光学传感器中的 CMOS 将接收到的光反射信号转换为电信号的次数，转换次数决定了鼠标在高速移动的时候屏幕指针是否会由于无法判别光反射信号而乱飘。注意，采样率和扫描频率不是同一个概念，鼠标采样速率可以视为 Windows 操作系统确认鼠标位置的速率。一般情况下，采用 USB 接口的鼠标固定为 120 次/s，而 PS/2 接口的鼠标默认接口采样率比较低，只有 60 次/s。

由于光学式鼠标是全封闭设计，有效地避免了光机式鼠标存在的如内部易进尘、移动精度易降低等毛病，而且由于机械部分比例大大减小，鼠标寿命得以延长。加之其越来越平易近人的价格，所以具备了在民用市场上取代光机式鼠标的条件，而且目前也确实存在这个趋势。

8.3 任务实施

8.3.1 选购和维护键盘

1. 键盘的选购

一款好的键盘，不仅能使计算机操作更加得心应手，还能有效地防止手部疲劳。在选购键盘的时候，消费者如果要挑选一款适合自己的好键盘，除了要注意传统的按键手感、工艺质量等方面外，还需要更多地考虑键盘的人性化设计，以及键盘和自己整套计算机在外观上的搭配效果等。选购键盘时应考虑以下几个要点。

（1）按键手感。一款键盘的手感可以说是键盘的灵魂之所在，毕竟键盘首先是拿来用的，如果手感不好，也就失去了其大部分使用价值。感受一款键盘的按键是否手感舒适，只要使用适当的力度敲击键盘，感觉其弹性、键程和声音即可，不过这项工作一定要自己来做，因为键盘手感是一个相对主观的感受。手感好的键盘通常弹性适中、回弹速度快而无阻碍、声音低、键位晃动幅度小。

（2）舒适度。对于需要长时间进行文字录入的用户来说，舒适的键盘是力量倍增器。除了选择人体工程学键盘外，选购普通键盘时，首先要看键盘的表面弧度，如果键盘从上到下设计成一个小弧面，使用会更舒服；其次要注意键盘下方是否提供托板，以支撑悬空的手腕；第三要注意各种键位的设计，特别是一些常用的功能键位置是否能够轻松按到。

（3）键盘做工。键盘工艺质量的好坏决定了键盘能否长时间稳定地工作，工艺质量较佳的键盘表面和边缘平整、无毛刺，同时键盘表面不是普通的光滑面，而是经过一定的研磨，有类似触磨砂玻璃的质感。同时还需要注意按键字母是否是使用激光刻写上去的，它可以保证按键字母字迹清晰锐利且耐磨。

（4）接口。目前计算机键盘的接口主要有 PS/2 接口与 USB 接口两种类型。USB 接口的键盘插拔方便，价格稍贵，但建议选择 USB 接口键盘。

（5）品牌。目前市场上常见的知名品牌有罗技（LOGITECH）、微软（Microsoft）、雷柏（RAPOO）、双飞燕（A4TECH）、明基（BenQ）、戴尔（DELL）、苹果（Apple）、三星（SAMSUNG）等。

（6）外观设计。良好的键盘外观，不仅代表了做工的精细，同时也能给人以视觉上的享受。

（7）工作噪声。使用键盘产生的噪声越来越被人们所重视，键盘噪声越小越好。

2. 键盘的维护

键盘是使用 PC 过程中与人接触最频繁的外部设备，在使用键盘过程中需要注意以下几点。

（1）键盘操作力度适中。按键操作要适当，不可用力过大，以防按键的机械部件受损而失效。

（2）按键时间。按键时间是指按下某个键并保持住的时间，不应过长。当按键时间大于 0.7s 时，计算机将连续执行这个键的功能，直到松开键为止。

（3）保持键盘清洁。键盘一旦有脏迹或油污应当及时清洗，可用柔软的湿布擦洗。不可用酒精清洗键盘。清洗工作应在断电情况下进行。

（4）键盘内部清洁。当有必要拆卸键盘时，应先关闭电源，再拔下与主机连接的电源头，然后进行拆卸。

8.3.2 选购和使用维护鼠标

1. 鼠标的选购

鼠标是目前计算机必需的输入设备，选择价廉物美的鼠标对以后的计算机操作也非常重要。平时选购鼠标主要根据鼠标的实际手感和标称参数做参考依据。总的来讲应从以下几方面考虑。

（1）鼠标的手感。如果长时间地使用鼠标，就应该注意鼠标的手感，长期使用手感不好的鼠标，会引起上肢的一些综合病症。因此，鼠标的手感很重要。好的鼠标应该具有人体工程学原理设计外形，手握舒适，按键轻松而有弹性，屏幕指标定位精确。

（2）鼠标的标称参数。光机式鼠标主要以分辨率（dpi）为指标，而光学式鼠标有两个基本指标：分辨率（简称 cpi）和扫描频率（也称采样频率）。

（3）鼠标的接口形式。由于计算机的外设越来越丰富，端口资源日趋紧张，应该避免过多的资源浪费，所以，如果主板支持 PS/2 接口，应该尽可能选购 PS/2 接口的鼠标。当然，购置时尚的 USB 鼠标也是一种好的选择。

（4）鼠标的功能。如果读者是一位普通的计算机初级使用者，选购标准的双键或三键鼠标就完全能应付常规操作；如果读者是搞设计的专业用户，则有必要选购一款高精度的鼠标，甚至专业的轨迹球，以便实现精密制图场合的精确定位，对多键鼠标，可以自定义部分按键的宏命令而使工作效率成倍提高；如果读者是一位网友或经常使用 Office 软件的用户，应选择带有滚轮或类似装置的鼠标，以便在 Office 软件和 IE 浏览器中使用。但是，如果价格相当，最好选择分辨率高的鼠标。

（5）鼠标的外部造型和价格。造型主要以个人的喜好为选择标准。造型漂亮、美观的鼠标一定能给人带来愉悦的心情，部分卡通造型的鼠标还能让小朋友爱不释手，提高学习计算机的兴趣。

（6）灵敏度。鼠标的灵敏度是影响鼠标性能的非常重要的一个因素，用户选择时要特别注意鼠标的移动是否灵活自如、行程小、用力均匀，并且在各个方向都应呈匀速运动，按键是否灵敏且回弹快。如果满足了这些条件，这就是一个灵敏度非常好的鼠标。

（7）抗震性。鼠标在日常使用中难免会磕磕碰碰，一摔就坏的鼠标自然是不受欢迎的。鼠标的抗震性主要取决于鼠标外壳的材料和内部元件的质量。要选择外壳材料比较厚实、内部元件质量好的鼠标。

（8）符合人体工程学。人们在使用鼠标时，通常是以手腕作为支撑点，如果长期操作，就容易使腕部的肌肉疲劳。因此在购买鼠标时要选择迎合手掌弧度，使人在单击鼠标时既不费力也不容易出现误按情况的鼠标，这对于长期使用是非常有好处的。

（9）品牌。目前市场上常见的知名品牌有罗技（LOGITECH）、微软（Microsoft）、Razer、雷柏（RAPOO）、双飞燕（A4TECH）、三星（SAMSUNG）、联想（Lenovo）、惠普（HP）、飞利浦（PHILIPS）等。

2. 鼠标的使用维护

在所有的计算机配件中，鼠标和我们的手是最密不可分的，计算机的大部分操作都是通过鼠标来实现的。鼠标在长时间、高频率的使用下，很容易损坏。要想延长鼠标的工作寿命，就要注意正确的使用方法和必要的日常维护。

（1）使用鼠标垫。鼠标可配备好的鼠标垫。鼠标垫对鼠标是否好用有相当大的影响，优质鼠标垫可以大大减少灰尘进入鼠标内部，避免灰尘附在发光二极管和光敏三极管上。

（2）操作力度。使用鼠标时，不可用力击键，以免弹性开关损坏而使控制键失效。光电鼠标中的发光二极管、光敏三极管都是怕震动的配件，使用时要注意尽量避免强力拉扯鼠标连线。

（3）保持清洁。使用时要注意保持感光板的清洁和感光状态良好，避免灰尘附着在发光二极管和光敏三极管上遮挡光线接收，影响正常的使用。

（4）设置鼠标采样频率。在“设备管理器”窗口中展开“鼠标和其他指针设备”，双击计算机中已安装的鼠标，在打开的窗口中切换到“高级设置”标签，设置“采样速率”系统默认为“100”，采样速率设置得越高，得到的效果越明显。

（5）安装鼠标驱动程序。鼠标的驱动程序是决定鼠标性能的一个重要因素，新的鼠标驱动程序不但可以丰富鼠标的功能，还能修订旧驱动中的一些错误。鼠标供应商都会在其网站上提供鼠标驱动程序让用户下载，用户应该根据自己的鼠标型号下载对应的最新驱动程序。

8.4 技能训练

8.4.1 拆装键盘

1. 实训目的

通过本次练习，使学生能够准确识别键盘的内部结构。

2. 实训准备

每小组分配的主要部件及工具包括：键盘、螺丝刀等。

3. 实训步骤

步骤 1：把键盘从主机上拔下来。

步骤 2：翻转键盘。将原来卡住的底板用螺丝刀往左右方向敲击。拆下键盘外壳，取出整个键盘，将键帽拔出。

步骤 3：用电烙铁将按键的焊角从印制板上焊掉，使开关和印制电路板脱离（电烙铁应有良好的接地，以防将键盘逻辑器件击穿。）

步骤 4：取下键杆，拿下弹簧和簧片，用无水酒精或四氯化碳等清洗液将链杆、键、帽、弹簧和簧片上的灰尘和污垢清除干净，用风扇吹干或放通风处风干。

步骤 5：若簧片产生裂纹或已断裂，则应予以更换；若簧片完好，而弹力不足时，可将其折弯部位再轻轻折弯一些，以便增强对接触簧片的压力。

步骤 6：装好簧片、弹簧和键杆，再将键插入原位置，使焊角插入焊孔并露出尖端部分，用电烙铁将其与焊孔焊牢，装上键帽即可。

8.4.2 拆装光学鼠标

1. 实训目的

通过本次练习，使学生能够准确识别光学鼠标的内部结构。

2. 实训准备

每小组分配的主要部件及工具包括：鼠标（这里以方正电脑配置的罗技鼠标为例介绍鼠标的拆卸过程）、螺丝刀等，如图 8.15 所示。

3. 实训步骤

步骤 1：把鼠标从主机上拔下来。

步骤 2：罗技 G500 鼠标的外壳比较容易打开，在鼠标的底面上总共有三个贴脚，在撕下贴脚后，四颗螺丝基本裸露在外面，打开上盖后，最基本的步骤就完成了，如图 8.16 所示。可以看出，鼠标的内部结构比较复杂，而且还有一条排线和电源线与鼠标上壳相连，它对应的部分就是鼠标的 DPI 显示部分和鼠标侧键部分。

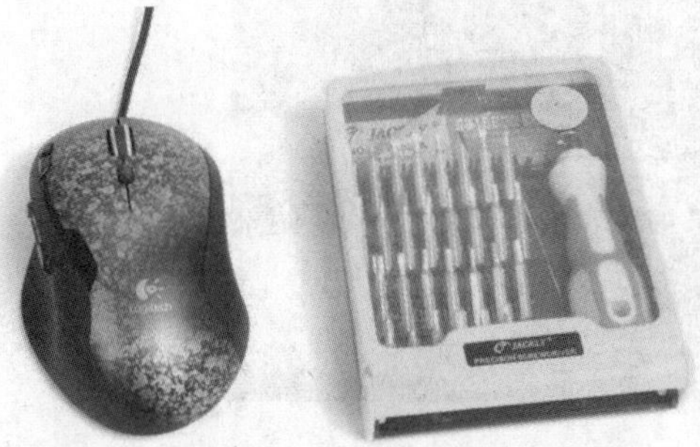

图 8.15　罗技 G500 鼠标和安装工具

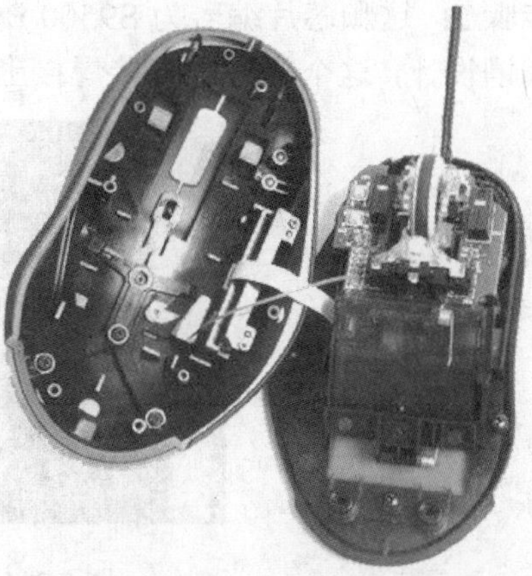

图 8.16　罗技 G500 鼠标内部整体图

步骤 3：鼠标在打开以后首先看到的是罗技独家的 MicroGear 滚轮，如图 8.17 所示，这个滚轮实现了有阶段感和无阶段感的双模式自由切换，这个部分没有螺丝固定，而且也没发现卡扣，在它的中间有一根横梁，在抽出这个横梁后，滚轮被轻松取下。罗技 MicroGear 滚轮采用了完全的机械结构，通过滚轮上面的按钮可以实现模式的切换，如图 8.18 所示。

图 8.17　MicroGear 滚轮

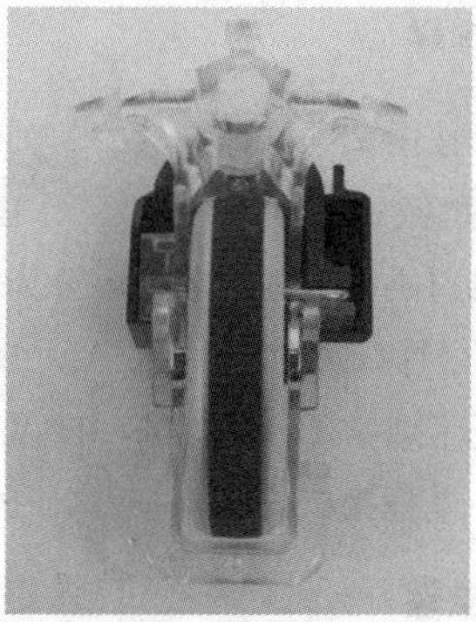

图 8.18　罗技 MicroGear 滚轮

步骤 4：取下 MicroGear 滚轮后，可以看到罗技 G500 鼠标的 PCB 板，如图 8.19 所示，在左侧微动的旁边还有两个金属的贴片微动，它主要对应着鼠标的 DPI 调解键。鼠标的侧键的内部构造，有三个按键的功能要通过它来实现，这个部分应该是采用的贴片微动，如图 8.20 所示。

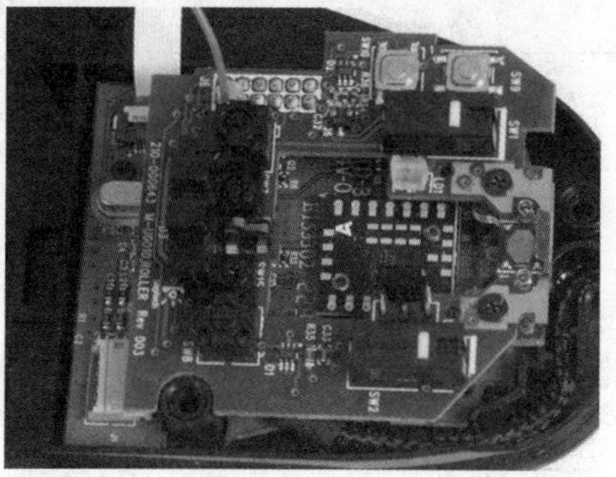

图 8.19　罗技 G500 鼠标的 PCB 板

图 8.20　鼠标侧键内部

步骤 5：这颗芯片编号为 S9500 B0902，它的体积很大，罗技 G500 鼠标没有采用分离式插槽设计，这个部分是直接焊接上的，所以无法将双层电路板取下，如图 8.21 所示。

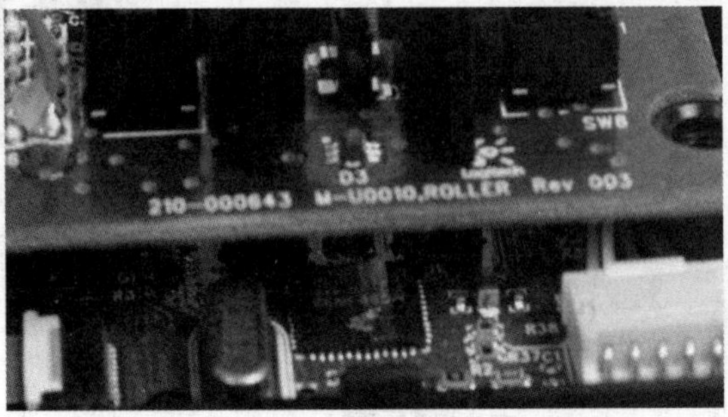

图 8.21 被焊死的电路板无法分离

步骤 6：合上上盖后，安装好四颗螺丝，最后在鼠标的底面上装上三个贴脚，至此，鼠标就完整装好。

习 题

一、选择题

1. 鼠标按内部结构分为（　　）。

A. 机械式鼠标　　B. 光机式鼠标　　C. Web 鼠标　　D. 光电式鼠标

2. 以接口类型来分，鼠标可分为（　　）。

A. 串行口　　B. PS/2 接口　　C. USB 接口　　D. 无线鼠标

3. 市场上通常所说的 2D，3D 鼠标，其分类依据是（　　）。

A. 鼠标接口　　B. 鼠标按键数　　C. 鼠标内部构造　　D. 鼠标外部构造

二、填空题

1. 键盘接口有________、________、________和________ 四种。

2. 按工作原理可以将鼠标分为________和________两种，鼠标接口有__________、__________、________和________。

3. 几种比较常见的键盘有________、________、________等（列举其中三种）。

4. 鼠标的操作主要有________、________和________。

5. 几种比较常见的鼠标有________、________、________等（列举其中三种）。

三、简答题

1. 键盘有哪些分类？

2. 键盘按键可以分为哪几个功能区？

3. 键盘的基本结构和工作原理是什么？

4. 鼠标有哪些分类？

5. 鼠标的基本结构和工作原理是什么？

6. 鼠标的性能参数有哪些？

7．选购键盘时应注意哪些问题？

四、实训题

1．观察、熟悉各种键盘的结构及与主机的连接方法。

2．进行键盘的拆、装操作训练。

3．进行各型鼠标的拆、装操作训练。

4．课外实训：通过市场调研、网上查询了解目前市面上常见的键盘的结构、品牌、价格等。

5．课外实训：通过市场调研、网上查询了解目前市面上常见的鼠标的型号、品牌、价格等。

任务9 认识与选购机箱和电源

知识目标

- 了解机箱的分类；
- 熟悉机箱的结构；
- 熟悉电源的分类；
- 熟悉电源的电缆接口；
- 熟悉电源的性能指标。

技能目标

- 能够选购合适的机箱；
- 能够选购合适的电源；
- 能够拆卸电源的风扇。

9.1 任务描述

计算机中的各个部件都是固定在机箱内部的，机箱对计算机各部件起到保护作用，而电源是计算机的动力之源，电源的质量对计算机各部件的寿命有较大的影响。那么，如何选择合适的机箱和电源呢？

机箱和电源实际上是分开的两个部分，但在计算机配件市场，机箱和电源一般同时出售。

9.2 相关知识

9.2.1 机箱

机箱提供空间给电源、主板、各种扩展卡、光盘驱动器、硬盘驱动器等设备，并通过机箱内部的支架、各种螺丝或卡子、夹子等连接件将这些零配件固定在机箱内部，形成一个整体。它保护着板卡、电源及存储设备，能防压、防冲击和防尘，并且它还能发挥防电磁干扰和屏蔽电磁辐射的作用。

1. 机箱分类

（1）按机箱的外形分类。按机箱的外形可分为立式和卧式两种，如图 9.1 所示。

（2）按尺寸分类。按尺寸可分为超薄、半高、3/4 高和全高几种。现在采用立式机箱较多。立式机箱没有高度限制，理论上可以提供更多的驱动器槽，也便于机箱内散热。而普通的卧式机箱受厚度限制，一般只提供一个 3.5 英寸槽和两个 5 英寸槽。

图 9.1　左图为标准 ATX 立式机箱，右图为 AT 卧式机箱

（3）按机箱的结构分类。按照机箱的结构分为 AT、ATX、NLX、Micro ATX 和 BTX 五种。

① AT 机箱的全称是 BaBy AT，主要应用在早期 486 以前的机器中，只能支持安装 AT 主板，使用 AT 电源。AT 机箱目前已被市场淘汰。

② ATX 机箱的结构与 AT 机箱的结构没有大的区别，只是在主板接口的挡板和电源开关上略有不同，ATX 主板将所有的 I/O 接口集成块都做在主板背后，所以 ATX 机箱和 AT 机箱一个很显著的区别就是 ATX 机箱有一个 I/O 背板，而 AT 机箱最多背后留有一个大口键盘孔。

③ Micro ATX 机箱是在 ATX 机箱基础上建立的，是为了进一步节省宝贵的桌面空间。具体结构与标准 ATX 机箱是一样的，但比 ATX 机箱体积要小一些。

④ NLX 机箱多是采用了整合主板的品牌计算机使用的，外形大小和 Micor ATX 机箱比较接近，但支持主板的结构是分离式的。NLX 机箱只支持 NLX 结构的主板，即系统板和扩充板分开的那种主板。

⑤ BTX 机箱由 Intel 发布，BTX 在设计理念上和 ATX 是十分相似的，只是经过一系列改进，使得该架构可以显著提高系统的散热效能并降低噪声。

BTX 架构共分为三种样式：标准 BTX、Micro BTX 和 Pico BTX，分别支持三种不同尺寸的系统。Micro BTX 架构仅占用 12.9 升的空间，而标准 BTX 也相差无几，Intel 的 BTX 获得 OEM 厂商的一致认可。

Pico BTX 是 BTX 架构中规格最小的一款，只有 6.9 升，比现有任何 PC 架构都要小，甚至比目前市场上最轻巧的 SFF（Small Form Factor）PC 还要小大约 3.1 升。如此细小的体积将进一步推进微型 PC 的发展和 BTX 系统的出现。

2. 机箱的结构

机箱由金属的外壳和框架及塑料面板组成。立式 ATX 机箱的结构如图 9.2 所示。

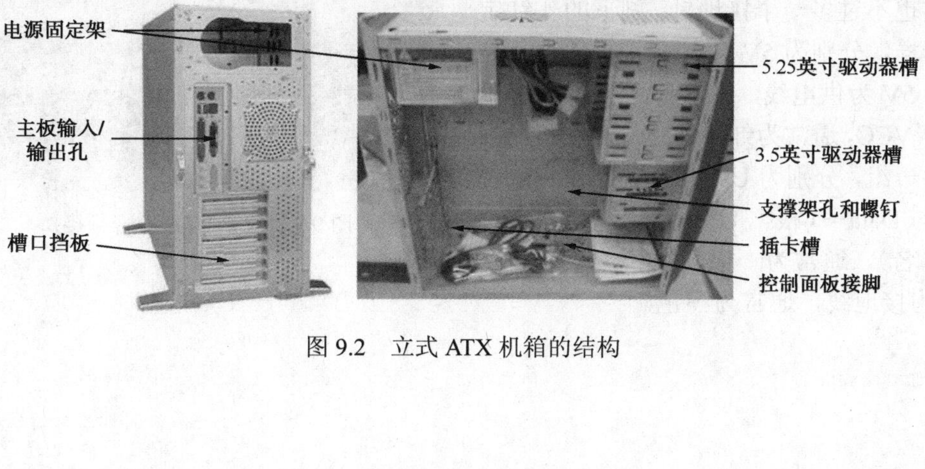

图 9.2　立式 ATX 机箱的结构

（1）机箱内的主要部件。无论是卧式机箱还是立式机箱，其各个组成部分都差不多，只是位置有些差异。各个部分的名称和作用如下。

- 支撑架孔和螺钉孔：用来安装支撑架和主板固定螺钉。要把主板固定在机箱内，需要一些支撑架和螺钉。支撑架用来把主板支撑起来，使主板不与机箱底部接触，易于装取。螺钉用来把主板固定在机箱内。
- 电源槽：用来安装电源。国内市场上的机箱一般都带有电源，不用另外购买。
- 插卡槽：用来固定各种插卡。微机的各种插卡（如显示卡、多功能卡等），可以用螺钉固定在插卡槽上。如果插卡有接口露在机箱外面，与机箱的其他设备连接，则需要将机箱上的槽口挡板卸下来。
- 主板输入/输出孔：对于 AT 机箱，键盘和鼠标与主板通过这些圆形孔相连；对于 ATX 机箱，有一个长方形孔，随机箱配有多块适合不同主板的挡板。
- 驱动器槽：用来安装硬盘、光驱等。要将光驱、硬盘等固定在驱动器槽内。
- 控制面板接脚：包括电源指示灯接脚、硬盘指示灯接脚、复位按钮、硬盘工作状态指示灯等。
- 扬声器：机箱内固定一个 8Ω的小扬声器，扬声器上的接线脚插在主板上。
- 电源开关孔：用于安放电源开关。
- 其他安装配件：在购买机箱时，还会配备一些其他零件，通常放在一个塑料袋中或一个纸盒内。主要有螺丝钉、塑料膨胀螺栓、带绝缘垫片的小细纹螺钉、角架和滑轨（用于固定硬盘和光驱）、前面板的塑料挡板、后面板的金属插卡片等。

（2）机箱前面板上的按钮、开关和指示灯。机箱前面板上通常配有电源开关、电源指示灯、复位按钮、硬盘工作状态指示灯、USB 接口等。

① 电源开关和电源指示灯：电源开关有接通和断开两种状态，当电源打开时，电源指示灯亮，表示已接通电源。

② 复位按钮：该按钮的作用是强迫机器进入复位状态，相当于冷启动。当因某种原因出现死机或按 Ctrl＋Alt＋Del 组合键无效时或出现键盘锁死的情况时可按此按钮，强迫机器复位。

③ 硬盘工作状态指示灯：当硬盘正在工作时，该指示灯亮，表明当前机器正在读或写硬盘。

④ 机箱前置 USB 和音频接口：目前，许多机箱前面板上提供了 USB 接口和音频接口，如图 9.3 所示。需要用机箱提供的 USB 线连接到主板上的前置 USB 接口上。前置 USB 接口有 4 针接口和 5 针接口两种。5 针的其实也不过多一个接地针，剩下的 4 针定义都一样，分别为 5V、Usbdt＋、Usbdt−与 GND。5V 为供电线，在某些主板说明书里标明为 VCC，通常为红色；Usbdt 为信号线，每两根一组，分别为 Usbdt＋与 Usbdt−或者 Data−与 Data＋（根据 USB 接口编号通常再加上组名），通常为一根蓝线和一根白线；GND 为接地线，通常为黑色。

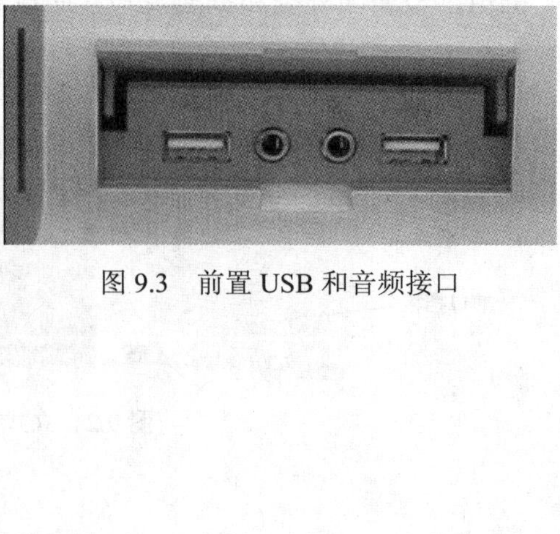

图 9.3　前置 USB 和音频接口

9.2.2 电源

电源也称电源供应器（Power Supply），它提供微机中所有部件所需要的电能。随着计算机硬件的飞速发展，电源在整个系统中的地位也越来越重要，它的质量好坏直接决定了其他配件能否稳定地工作。

计算机电源是安装在主机箱内的封闭式独立部件，它的作用是将交流电变换为±5V、±12V、±3.3V 等不同电压、稳定可靠的直流电，供给主机箱内的系统板、各种适配器和扩展卡、硬盘驱动器等系统部件和键盘鼠标使用。

1. 电源的分类

由于主板有 AT 结构、ATX 结构和 BTX 结构，所以机箱的电源也有 AT 电源、ATX 电源和 BTX 电源。

（1）AT 电源。AT 电源功率一般为 150～220W，共有 4 路输出（±5V、±12V），另向主板提供一个 PG 信号，如图 9.4 所示。随着 ATX 电源的普及，AT 电源逐渐退出市场。

（2）ATX 电源。ATX 规范是 1995 年 Intel 公司制定的主板与电源结构标准，是 AT Extend 的缩写，如图 9.5 所示。ATX 电源经历了 ATX1.1、ATX2.0、ATX2.01、ATX2.02、ATX2.03 和 ATX 12V 2.0、ATX 12V 2.2 等阶段。目前市场上的电源多为 ATX 12V 2.2。

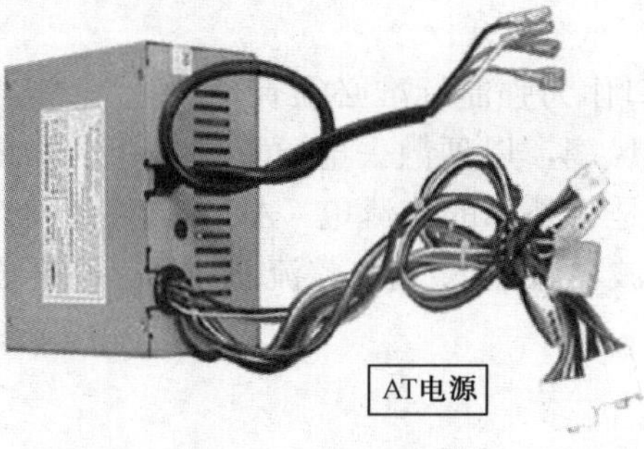

图 9.4　AT 电源

图 9.5　ATX 电源

（3）BTX 电源。随着 PCI Express、Prescott、Athlon64 等硬件规范的出现，显示卡、CPU 等硬件的功耗和发热量不断增大，在此基础上推出了 BTX（Balanced Technology eXtended）电源，BTX 使用和 ATX 相同的电源连接，BTX 在设计理念上和 ATX 是十分相似的，只是经过一系列改进，使得该架构可以显著提高系统的散热效能并降低噪声。BTX 标准支持 ATX 12V、SFX 12V、CFX 12V 和 LFX 12V。

2. 电源的结构

（1）电源插座。电源插座通过电源线使微机与家用电源插座相连，提供微机所需的电能。

（2）显示器电源插座。通过电源线将主机和显示器相连，这里只提供一个插座，并没有经过主机电源的任何处理。这样可以在开、关主机电源的同时也可以开、关显示器。

（3）电源插头。电源插头包括主板和外部设备插头。

① 主板电源插头。ATX 12V 2.2 标准使用 24 针主电源接口，使＋12V 电源成为双路输出：＋12V 1DC 和＋12V 2DC。＋12V 1 通过电源主接口（12×2）为主板及 PCI-E 显卡供电，以满足 PCI-E X16 和 DDR2 内存的需要，而＋12V 2 通过辅助电源接口（2×2）专为 CPU 供电，如图 9.6 所示。

图 9.6　24 芯主板电源插头

② 外部设备电源插头。用来连接外部设备（如硬盘、光驱等），提供外部设备所需电能。这些插头共有 6～8 个，一般有 3～4 种类型，包括 D 形插头（用来连接 IDE 接口的硬盘、光驱）；SATA 接口硬盘插头；CPU 插头等，如图 9.7 所示。

IDE 接口硬盘插头　　CPU 插头　　SATA 接口硬盘插头

图 9.7　电源插头

在 ATX 12V 2.2 标准中，SATA 电源接口作为强制标准必须有。

（4）电源散热风扇。电源盒内装有散热风扇，以便散去电源工作时产生的热量。

（5）电源的电路组成。电源的重要功能是将外部的交流电（AC）转换成符合微机需求的直流电（DC）。电源主要由输入电网滤波器、输入/输出整流滤波器、变压器、控制电路和保护电路等部分组成。

3. 电源的性能指标

质量差的电源不但会损坏主板、硬盘等部件，还会缩短计算机的正常使用寿命。电源的主要指标有以下几个。

（1）电源功率。电源最主要的性能参数，一般是指直流电的输出功率，单位是瓦特。目前常用的电源功率为 250W、300W、350W、400W、500W 等，台式机电源功率最大可达到 1500W。功率越大，代表可连接的设备越多，计算机的扩充性越好。一般 PC 稳定运行的功率为 100～200W，对于高端机器，300W 的电源也已经足够了。

电源的输出功率分为三种：额定功率、最大功率和峰值功率。一般电源上标出的都是额定功率。

① 额定功率：在环境温度为–5～50℃、电压范围在 180～264V 间电源长时间平均输出功率。该功率并不能很好地反映电源的实际工作状态。

② 最大功率：即输出功率，在室温为 25℃左右，电压在 200～264V 时，长时间稳定输出的最大功率，一般比额定功率高 50W 左右，其反映的是电源实际工作中的最大负载能力。

③ 峰值功率：输出电流达到峰值时电源的瞬间输出最大功率，具有瞬时性，不能作为判断电源性能的参数。

三项指标中最能反映一个电源实际输出能力的是最大功率。

（2）输出电压。计算机电源有多个输出端，ATX 12V 2.0 标准规定输出电压分别为：＋5V（红）、＋3.3V（橙）、＋12V 1（黄）、＋12V 2（黄/黑）、＋5V SB（紫）、－12V（蓝）、PS ON 线（绿）、P G 信号线（灰）、地线（黑）。

■ ＋5V SB（Stand By、紫色线）：最早在 ATX 提出，在系统关闭后，保留一个＋5V 的等待电压，用于电源及系统的唤醒服务。

■ PSON（绿色线）：负责操作系统管理电源的开关，是一种主板信号，和＋5V SB 一起统称为软电源。小于 1V 时开启电源、大于 4.5V 时关闭电源，实现软件开关机、网络远程唤醒功能。

■ PG 信号（灰色线）：系统启动前（电源打开后 0.1～0.5s 发出该信号）进行内部检查和测试，测试通过则发给主板一个信号，故电源的开启受控于主板上的电源监控部件。PG 信号非常重要，即使各路输出都正常，如果没有 PG 信号，主板还是无法工作；如果 PG 信号的时序不对，也开不了机。

（3）过压保护。若电源的电压过高，则可能烧坏计算机的主机及其插卡，所以市面上的电源大都具有过压保护的功能，即当电源一旦检测到输出电压超过某一值时，就自动中断，以保护板卡。过压保护对计算机的安全来说很重要，一旦电压过高，造成的损失将很大。

（4）噪声和滤波。输入 220V 的交流电，通过电源的滤波器和稳压器变换成低压的直流电。噪声大小用于表示输出直流电平滑程度，而滤波品质的高低代表输出直流电中包含交流成分的高低。噪声和滤波这两项性能指标需要专门的仪器才能定量分析。

（5）瞬间反应能力。瞬间反应能力也就是电源对异常情况的反应能力，它是指当输入电压在允许的范围内瞬间发生较大变化时，输出电压恢复到正常值所需的时间。

（6）电压保持时间。在 UPS 电源由待机进入到供电状态时，需要 2～10ms 的切换时间，在此期间需要电源自身能够靠内部储备的电能维持供电。一般优质电源的电压保持时间为 12～18ms，都能保证。

（7）开机延时。开机延时是为了向计算机提供稳定的电压而在电源中添加的新功能，因为在电源刚接通电时，电压处于不稳定状态，为此，电源设计者让电源延迟 100～500ms 之后再向计算机供电。

（8）电源效率和寿命。电源效率和电源设计电路有密切的关系，提高电源效率可以减少电源自身的损耗和发热量。电源寿命是根据其内部元器件的寿命来确定的，一般元器件寿命为 3～5 年，则电源寿命可达 8 万～10 万小时。

（9）安全和质量认证。国内外业界在电源元器件的选择、材料的绝缘性、阻燃性等方面都有严格的安全标准，如国外的 UL（美国认证实验室）、CSA（加拿大标准协会）、CB（国际认证机构）等，3C 认证是中国强制性产品认证，如图 9.8 所示。3C 认证将 CCEE（长城认证）、CIB（中国进出口电子产品安全认证）、EMC（电磁兼容认证）三证合一。

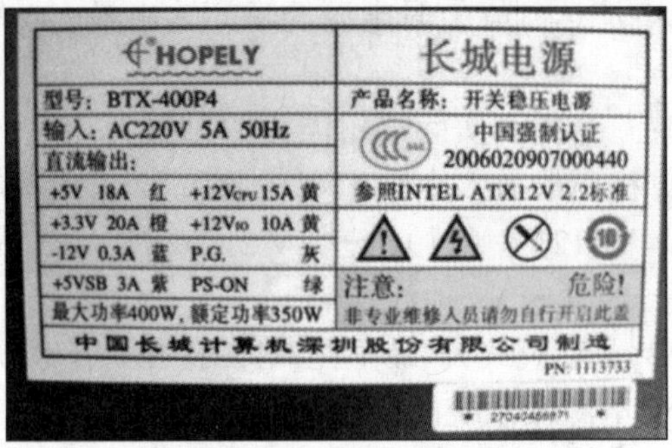

图 9.8　电源铭牌及 3C 认证

（10）电子干扰规格。计算机中一般通过电源外面的铁盒和机箱来屏蔽电磁干扰。电源的质量不同，防电磁干扰的规格也不同。国际上有 FCC A 和 FCC B 标准。国内也有国标 A 级（工业级）和国标 B 级（家庭电器级）标准。选购时尽量选符合国标 B 级标准的优质电源。

（11）输出电压稳定性。电源的另一个重要参数是输出电压的误差范围，通常对＋5V、＋3.3V 和＋12V 电压的误差率要求在 5%以下，对–5V 和–12V 电压的误差率要求在 10%以下。输出电压不稳定，或纹波系数大，是导致系统故障和硬件损坏的罪魁祸首。电源的主电源基于脉宽调制（PWM）原理，其中的调整管工作在开关状态，因此又称为开关电源。这种电源的电路结构决定了其稳压范围宽的特点。一般地，市电电压为 220±20%波动时，电源都能够满足上述要求。

9.3 任务实施

9.3.1　选购机箱

选购机箱时应注意以下事项：

（1）机箱外观。在很大程度上，机箱的外观决定着整台计算机的个性特点，大家选择时需要考虑四个要素：造型、颜色、大小和一些“表面功能”。为使机箱美观大方，制造厂商不仅设计出漂亮大方的外观，而且机箱前面板的造型也正由传统的平面、四方形风格，转为采用更多流线型设计，更有一些中高档产品还采用了仿水晶面料作为修饰，使机箱更具时尚感。

（2）用料。一般而言，机箱主要由两部分材料组成：面板的塑料部分和外壳的金属部分。高性能机箱前面板的塑料几乎都是 ABS 工程塑料，具有强度高、韧性好和使用寿命长等优点，且采用注塑工艺，耐磨性能好。一些低档机箱则使用 HIPS 塑料，质量不如前者，使用一段时间后易老化甚至开裂。机箱外壳一般都是用钢材制成的，硬度较高，厚度根据档次不同在 0.6～1.0mm。

对目前最流行的立式机箱来说，用于固定主板的底板（也称为托板）的质量尤为重要，硬度是否合格是一项重要的考核项目。

（3）扩展槽。机箱的扩展槽主要包括 5.25 英寸和 3.5 英寸两种。用户直接看机箱外观即可知道 5.25 英寸扩展槽的数量，而后者则需打开机箱查看。一些机箱厂商意识到这一问题，对传统机箱扩展槽进行了完善。一些扩展出众的ATX机箱不但提供了4个5.25英寸扩展槽，还可安装5个3.5英寸设备。

（4）机箱的制造工艺。工艺较高的机箱的钢板边缘绝不会出现毛边、锐口、毛刺等，并且所有裸露的边角都经过了折边处理。各个插卡槽位的定位也都相当精确，不会出现某个配件安装不上的尴尬情况。

（5）散热。如果机箱的散热设计不佳，无法及时将热量排出，硬件的稳定性和寿命将受到影响。但大多数用户在购买机箱时根本不考虑这个重要因素。一款散热理想的机箱，其后上方应提供一个安装8025机箱风扇的位置，在条件允许的情况下，前下方也提供一到两个相应安装位置，这种设计基本上可提供良好的空气对流条件。应通过Intel的TAC1.1规范认证。

（6）防辐射处理。计算机在工作时会产生大量的电磁辐射，如果不加以防范会对人体造成一定伤害。很多消费者已经注意到辐射的危害，在选购计算机的时候指定要通过TCO'99认证的显示器。

判断一款机箱是否有良好的辐射屏蔽的办法就是查看机箱是否通过了EMI GB9245 B级、FCC B级及IEMC B级标准的认证，这些民用标准规定了辐射的安全限度，通过这些认证的机箱一般都会有详细的证书证明。

（7）拆装方式。现在的机箱通常可分别取下两侧的面板，非常省力，是选择的对象。以往拆装CPU、内存、显示卡及其他PCI设备时都必须打开机箱某侧面板，现在又出现新的设计，无须打开机箱侧面板，就能对CPU、内存、显示卡和其他一些扩展设备进行拆装，这种机箱背部设计了把手，只需轻轻一拉就可以将整个机箱托板拉出，再进行安装工作，这对经常拆装计算机配件的用户非常实用。

（8）导电性。机箱材料是否导电，是关系到机箱内部的计算机配件是否安全的一个很重要的因素。如果选购的机箱材料是不导电的，那么产生的静电等都不能由机箱底壳导到地下，严重的话会导致机箱内部的主板等烧坏。现在机箱材料一般都是钢板的，而钢板又分两种：第一种，是采用冷镀锌电解板的，这种机箱导电性好；第二种，就是仅仅涂了防锈漆甚至普通漆的钢板，导电性差。用测电表的测电针分放在机箱板的两侧，如果测电表内的指示针不动，则表明这种机箱是不导电的，是直接在钢板上涂漆的。

（9）品牌。目前市场上常见的知名品牌有航嘉（Huntkey）、华硕（ASUS）、大水牛、爱国者（aigo）、佑泽（CEMO）、金河田（GoldenField）、世纪之星、NZXT、舞动、联志（CPRO）等。

9.3.2 选购电源

电源担负着整个主机的能量供应，其性能直接关系到系统的稳定性与硬件的使用寿命，所以，对PC电源的选购非常重要。在购买机箱时，机箱通常附带电源，但一般来说，这些电源品质较差，或者不能满足特定的要求，可以另外购买电源。选购电源时要注意以下事项。

（1）核定电源功率。电源的功率必须大于机箱内全部配件所需功率之和，并要留有一定的余量。为确保计算机能带动更多的外接设备，电源功率一般不低于250W，且越大越好。因为一旦电源功率过小，以后挂硬盘、光驱、或对CPU、内存超频时，就会因功率过小而无法正常启动。

如果采用 AMD 的 CPU 或 Intel CPU 内核为 Prescott，最好配备 300W 以上的电源。另外还要看硬盘和光驱的数量，一般每增加一个驱动器，电源最好增加 30W。

（2）看电源铭牌。电源铭牌上有电源的主要性能指标，如图 9.8 所示。

（3）外观。好的电源应包装完好，外壳加工精细，无碰伤、划伤，电源内部无异物，封条完好。

（4）线材和散热。电源所使用的线材粗细，与它的耐用度有很大的关系。较细的线材，长时间使用，常常会因过热而烧毁。因此，线材不宜太细。

电源风扇转速平稳、无明显噪声、不能出现风扇被卡住的现象等。

（5）品牌电源。目前市场上电源产品很多，生产厂商也很多，不同厂商的产品质量有所区别，因此必须选择一些知名的厂商。目前市场上知名的品牌有：航嘉（Huntkey）、长城（Greatwall）、台达（DELTA）、大水牛、金河田（GoldenField）等。

（6）电源接口数量和类型。电源接口数量和类型决定了可连接设备的数量和类型，用户应观察电源接口的数量和类型是否满足需要。因为，现在微机中 SATA 接口硬盘在增多，PCI-E 接口的显卡也需要相应插头的电源接口，这都要细致地考虑。

9.4 技能训练：拆卸电源风扇

1. 实训目的

通过本次练习，使学生能够正确对不同型号的电源风扇进行拆卸。

2. 实训准备

不同型号的电源。

3. 实训任务

对电源风扇进行拆卸。

4. 实训步骤

由于电源风扇是封在电源盒内的，拆卸不太方便，所以一定要注意操作方法。

步骤 1：拆风扇。先断开主机电源，拔下电源背后的输入、输出线插头，然后再拔下与电源连接的所有配件的插头和连线，卸下电源盒的固定螺丝，取出电源盒，观察电源盒外观结构，卸下螺丝，去下外罩。取外罩时要把电线同时从缺口撬出来。卸下固定风扇的四个螺丝，取出风扇，可以暂不焊下两个电源线。

步骤 2：清除积尘。用纸板隔离好电源电路板与风扇，用小毛刷或湿布擦拭积尘，擦拭干净即可。也可以使用皮老虎吹风扇、风叶和轴承中的积尘。

步骤 3：加润滑油。撕开不干胶标签，用尖嘴钳挑出橡胶密封片，找到电机轴承，一边加润滑油，一边用手拨动风扇，使润滑油沿着轴承均匀流入，一般加几滴即可。润滑油一定要使用计算机专用润滑油或高级轻质缝纫机油。最后装上橡胶密封片。

步骤 4：加垫片。如果风扇发出的是较大的“突突”噪声，一般仅清除积尘和加润滑油是不能解决问题的，这时拆开风扇后会发现扇叶在轴向滑动距离较大。取出橡胶密封片后，用尖嘴钳分开轴上的卡环，下面是垫片，此时可取出风扇转子，以原垫片为标准，用厚度适中的薄塑料片制成一个垫片。把制作好的垫片放入原有的垫片之间，用手拨动叶片，风扇转动顺畅就可以了，最后装上卡环、橡胶密封片，贴上标签。

习　　题

一、选择题

1．ATX 主板电源接口插座为双排（　　）。

A．20 针　　B．12 针　　C．18 针　　D．24 针

2．机箱的技术指标包括：（　　）。

A．坚固性　　B．可扩充性　　C．散热性　　D．屏蔽性

3．电源技术指标包括：（　　）。

A．多国认证　　B．噪声和滤波　　C．电源效率　　D．发热量

二、填空题

1．电源向主机系统提供的电压一般为________V、________V、________V。

2. 计算机机箱从样式上可分为________和________；按机箱的结构分为________、________、________、________及________机箱。目前市场上主流产品是采用________结构的主机箱。

3．电源按照结构可分为________、________和________。

三、简答题

1．机箱如何分类？

2．电源的主要技术指标有哪些？

3．如何进行机箱选购？

4．如何进行电源选购？

四、实训题

1．观察、熟悉各种机箱的结构及与主板的连接方法。

2．观察、熟悉各种电源的结构及与机箱和主板的连接方法。

3．课外实训：通过市场调研、网上查询了解目前市面上常见的机箱的结构、品牌、价格等。

4．课外实训：通过市场调研、网上查询了解目前市面上常见的电源的型号、品牌、价格等。

任务10

认识与选购声卡和音箱

知识目标

- 理解声卡的工作原理；
- 熟悉声卡的组成；
- 熟悉声卡的技术指标；
- 熟悉音箱的结构；
- 熟悉音箱的技术指标。

技能目标

- 能够选购合适的声卡；
- 能够选购合适的音箱。

10.1 任务描述

如果计算机没有声卡和音箱，就无法听音乐、看电影、进行语音交流。目前市场上声卡和音箱品牌众多，如何选择一款合适的声卡和音箱呢？

10.2 相关知识

10.2.1 声卡

声卡是多媒体计算机最基本的部件之一，是连接主机和音箱的接口电路；音箱是计算机的音频输出设备。声卡和音箱在多媒体计算机中起着非常重要的作用，想利用计算机欣赏音乐、发送语音等都必须使用声卡和音箱，正是有了声卡和音箱才让人们感受到计算机的声音魅力。

1. 声卡的分类

（1）按声卡是否为一块单独扩展卡分类。目前，常见的声卡主要有两种形式：一种是直接集成在主板上的，称为板载声卡，也称集成声卡；另一种是将音效芯片和其他元器件及承载一块印制在电路板上，通过总线扩展接口与主板连接，称为独立声卡或插卡式声卡。

（2）按声卡安装位置分类。按声卡是安装在机箱内还是机箱外，分为内置声卡与外置声卡。

（3）按声卡取样频率的位数分类。按声卡取样频率的位数不同，可分为 8 位声卡、准 16 位声卡、真 16 位声卡。

（4）按声卡功能的不同分类。按声卡功能的不同可分为单声道声卡、准立体声声卡、真立体声声卡、5.1 声卡、7.1 声卡等。

2. 声卡的组成

声卡的生产厂商虽然不同，但其主要组成结构却是相同的，主要由数字信号处理器（DSP）、I/O 控制芯片、模/数与数/模转换芯片 Codec、功率放大器、总线接口、输入/输出连接端口等部件组成。随着技术的进步，现在推出的声卡大多将 DSP 和 I/O 控制芯片集成在一起。有些声卡上还带有波表合成器芯片、混音处理芯片、音色库芯片等，这些芯片在低档声卡中大多已经集成到 DSP 内，只有部分高端的声卡仍然保留独立的结构。如图 10.1 所示是一块创新 PCI-E 总线的声卡。

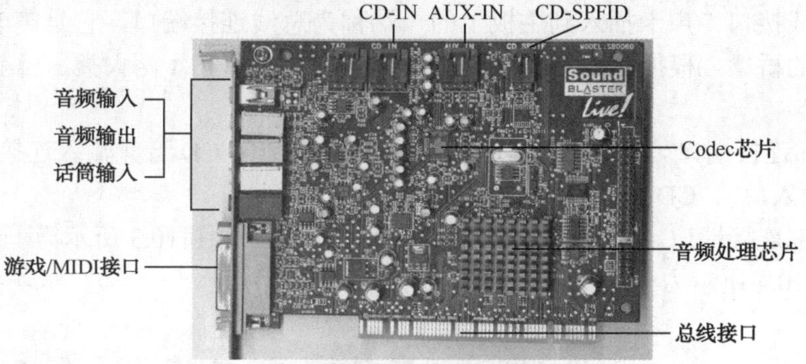

图 10.1　PCI 声卡结构图

（1）数字信号处理器（Digital Signal Processor，DSP）。声卡的 DSP 也称声卡主处理芯片，即音频处理芯片，是声卡的核心部件。DSP 的主要功能是对数字化的声音信号进行各种处理，如声波取样和回放控制，处理 MIDI 指令等。DSP 基本上决定了声卡的性能和档次，通常也按照此芯片的型号来称呼该声卡。虽然市场上声卡的种类很多，但生产 DSP 的厂商不多，主要有瑞昱（Realtek）、骅讯（C-Media）、VIA、Analog Devices（亚德诺半导体）、创新（Creative）、Aureal（傲锐）、Ensoniq 等厂商，如图 10.2 所示。

（a）Realtek　（b）C-Media　（c）VIA

（d）Analog Devices　（e）Creative

图 10.2　声卡音频处理芯片

（2）模/数与数/模转换芯片 Codec。Codec 芯片用于模/数和数/模转换。Codec 芯片是模拟电路和数字电路的连接部件，负责将 DSP 输出的数字信号转换成模拟信号以输出到功率放大器和音箱，也负责将输入的模拟信号转换成数字信号输入到 DSP。Codec 芯片和 DSP 的能力直接决定了声卡处理声音信号的质量。

（3）功率放大器。功率放大器的主要作用是将 Codec 芯片输出的音频模拟信号放大，输出可以直接推动音箱的功率，同时还担负着对输出信号的高低音分别进行处理的任务。声卡上的功率放大器型号大多为 XX2025，功率为 2×2W，音质一般。通常是将声卡上的线性模拟输出端口（Line Out）直接连接到音箱，这样音质较好而且噪声小。

（4）总线接口。声卡插入到主板上的一端称为总线连接端口，它是声卡与计算机互相交换信息的桥梁。根据总线的不同，把声卡分为 PCI 和 ISA 两大类，目前 ISA 声卡已被淘汰。

（5）内部连接端口。内部连接端口有 CD SPDIF（数字 CD 音频输入连接器）、AUX In（辅助音频输入口）、CD In（模拟 CD 音频输入口）等。

（6）外部连接端口。声卡上有多个输入/输出接口，如图 10.3 所示为一款 5.1 声道的声卡，如图 10.4 所示为一款 7.1 声道的声卡。

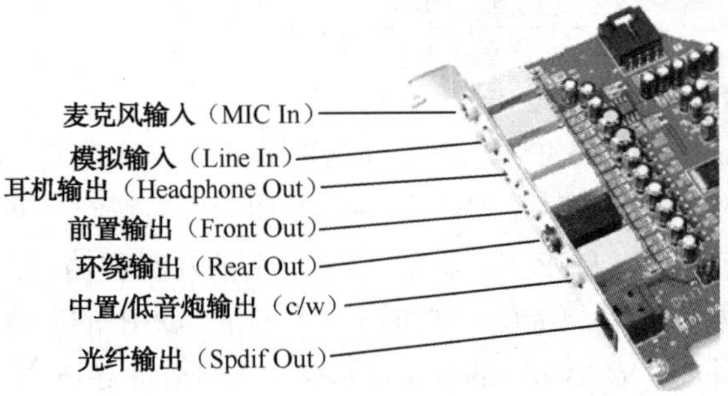

图 10.3　5.1 声卡的外部接口

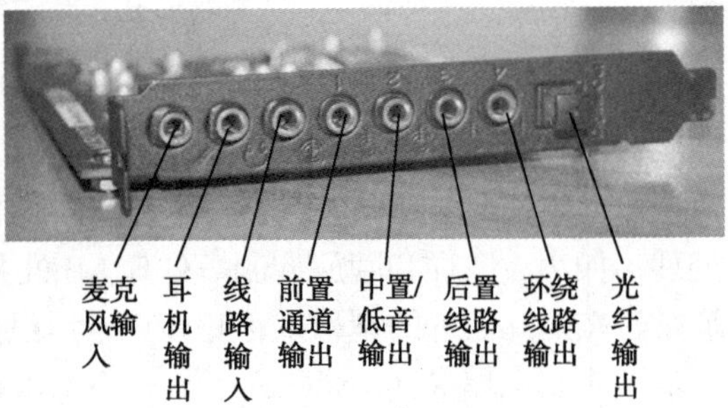

图 10.4　7.1 声卡的外部接口

① 音频输入（Line In）插孔（浅蓝色）：用来与外部音频设备（Audio Device）相连，如将来自录音机、随身听或电视机等任何外部设备的声音信号输入到计算机。

② 麦克风（MIC In）输入插孔（粉红色）：用来连接话筒，作为声音输入设备，进行录音、娱乐及语音识别等操作。

③ 音频输出（Line Out）插孔（草绿色）：它负责将声卡处理好的声音信号输出到耳机、有源音箱或功率放大器等设备。该插孔实际上是声卡内部功放电路的输出端口，对 4Ω 的扬声器来说，该功放每个通道最大功率为 4W，而对 8Ω的扬声器则为 2W。连接时，应选用功率稍微大一点的扬声器或将输出音量调小一些，以免损坏扬声器或其他连接设备。

④ SPDIF Out/In（数字输出/输入）。SPDIF（Sony/Philips Digital InterFace，索尼和飞利浦数字接口）是一种音频传输接口，它通过同轴电缆或光纤传输数字音频信号，取代了传统的模拟信号传输方式，因此可以取得更好的音质。就传输方式而言，SPDIF 技术应用在声卡上表现为输出（SPDIF Out）和输入（SPDIF In）两种。其接口通常也有两种：RCA 同轴接口和 Tolink 光纤接口。

⑤ Game/MIDI 插口。此接口用于连接游戏杆，手柄、方向盘等外界游戏控制器，也可连接外部 MIDI 乐器（如 MIDI 键盘、电子琴等），配以专用软件可将微机作为桌面音乐制作系统使用。

3. 声卡的工作原理

根据多媒体计算机（MPC）的技术规格，声卡是多媒体技术中最基本的组成部分，是实现声波/数字信号相互转换的硬件电路。声卡把来自话筒、磁带、光盘的原始声音信号加以转换，输出到耳机、扬声器、扩音机、录音机等声响设备，或通过乐器数字接口（MIDI）使乐器发出美妙的声音。

首先，声卡从话筒中获取声音模拟信号，通过模数转换器（ADC），将声波振幅信号采样转换成一串数字，存储到计算机中。当重放声音时，这些数字信号送到一个数模转换器（DAC），以同样的采样速率还原为模拟波形，待放大后送到扬声器发声，这一技术也称为脉冲编码调制技术（PCM）。

PCM 技术的两个要素是采样速率和样本量。人类听力的范围为 20Hz～20kHz 之间，因此激光唱盘的采样速率为 44.1kHz，这也是 MPC 标准的基本要求。PCM 的第二个要素是样本量大小，它表示使用存储记录下的声音振幅的位数。样本量的大小决定了声音的动态范围，即被记录和重放的声音最高和最低之间相差的值。假定样本量大小为 16 位，其动态范围几乎是人们的听觉听得见的阈值和感觉难受的阈值之差，所以样本量为 16 位，音质效果就很好。

4. 音频标准

（1）AC'97 标准。AC'97 标准规范把模拟部分的电路从声卡芯片中独立出来，成为一块称为 Audio Codec 的小型芯片，使得数/模与模/数转换尽可能脱离数字处理部分，这样就可以避免大部分数/模与模/数转换时产生杂波，从而得到更好的音效品质。

目前大部分声卡都符合 AC'97 标准。

（2）HD Audio 标准。为了让集成声卡提供高品质音频的规范，2004 年 Intel 公司又率先推出了音频新标准——HD Audio（High Definition Audio，高解析度音频），代号为 Azalia，该标准将取代 AC'97 标准。

HD Audio 所采用的 Azalia Link 带宽达到了单路输出 48Mb/s 和单路输入 24Mb/s（并且可以动态分配带宽），而 AC'97 所采用的 AC-Link 只有 11.5Mb/s。

在 HD Audio 规范下，高品质音频信号由主板南桥提供，南桥需要外置的 Codec（Coder/Decoder）芯片来进行数/模与模/数转换。

HD Audio 可以提供 7.1 环绕音效，192kHz 采样率和高达 32 位的解析度。而 AC'97 则多为最高支持 48kHz 采样率、20 位解析度，即便其号称支持 5.1、7.1 声道输出。

5. 板载声卡

随着主板集成度的提高，目前，几乎所有主板都集成了声卡，称为板载声卡。板载声卡分为板载软声卡和板载硬声卡（有声卡主处理芯片 DSP）。硬声卡指带有音频处理器和数模转换器的声卡（不需要占用 CPU 资源就能处理一切音频信号的转换），软声卡指只有数模转换器的声卡。

AC'97 软声卡则仅在主板上集成 Audio Codec，而 Digital Control 这部分则由 CPU 完全取代，节约了不少成本。根据 AC'97 标准的规定，不同 Audio Codec 97 芯片之间的引脚兼容，原则上可以互相替换。也就是说，AC'97 软声卡只是一片基于 AC'97 标准的 Codec

芯片，不含数字音频处理单元，因此计算机在播放音频信息时，除了数/模与模/数转换以外所有的处理工作都要交给 CPU 来完成。可以这样说，AC’97 软声卡只是简化了硬件，而设计思路仍是贯彻 AC’97 的规格标准的声卡。也有部分消费者就认为软声卡就是没有 Digital Control 芯片，而是采用软件模拟，所以就存在两个问题：首先其 CPU 占用率肯定较高，容易产生爆音，其次音质也不可以和普通的独立声卡相提并论。

在板载软声卡的主板上，一般在 PCI 插槽上端的电路板上能看到一块小小的方形 Codec 芯片。目前，多数新出的主板都集成了符合 AC’97 规范的声卡 Codec 芯片，负责模/数与数/模的转换。常见的 Codec 芯片有 ALC850/650/655、AD1980/1985、CMI8738、ALC202A、VT1616 等，如图 10.5 所示。

硬声卡标准符合 AC’97 及更新的 HD Audio 标准，有一块较大的主流声卡 DSP 芯片和一块较小的 Codec 芯片。

硬声卡的很多音效处理工作不需要 CPU 参与，对 CPU 的占用率比较低，缺点是音频信号输出信噪比普遍不是很高，3D 音效定位能力一般。

目前板载硬声卡常采用的声卡处理芯片主要有：CMI-8738/6CH、CT-5880、VT1617 和 ALC650 等，如图 10.6 所示。

图 10.5　Codec 芯片

图 10.6　VT1617 芯片

目前，市场上绝大部分主板集成了软声卡，只有很少的主板集成硬声卡。软声卡能够完全满足一般用户的要求，只有酷爱 3D 游戏和音乐发烧友，才选购集成硬声卡的主板或安装独立的声卡。

6. 声卡技术指标

声卡中最重要的部分莫过于音频处理芯片了，虽然声音采样和混音是由声卡上的 Codec 芯片来完成的，但是经过数/模转换前及经过模/数转换后的数字声音信号都要通过负责音频处理的声卡主芯片来处理，所以实际上影响声卡的最终输出效果和音频定位效果的还是声卡上的主芯片。下面简要介绍一下声卡主芯片的常用技术指标。

（1）采样位数。声卡的采样位数指的就是声卡在采集与播放声音文件时所使用数字信号的二进制的位数，即用几位二进制数来表示某一时间采集到的声音信号。采样位数越多，采样就越精确，声音质量就越高。目前，声卡的主流产品多为 16 位，专业级声卡可到 32 位。

（2）采样频率。采样频率简称采样率，是指输入采样电路在一秒钟内对声音信号的采样次数，采样率越高，声音的还原就越真实自然。目前主流声卡的采样率一般分为

22.05kHz（广播的声音品质）、44.1kHz（理论上 CD 音质界限）、48kHz（音质更加精确）。

（3）动态范围。动态范围是指当声音骤然变化时设备所能承受的最大变化范围，单位是分贝（dB）。该数值越大，表示声卡的动态范围越大，越能表现出音乐作品的情绪和起伏。一般声卡的动态范围在 85dB 左右。

（4）信噪比 SNR。信噪比是衡量声卡音质的一个重要指标，它是输出信号电压与同时输出的噪声电压之比，单位是分贝（dB）。信噪比越大，表示输出信号中混入的噪声越小，音质越纯。

（5）复音数。复音数是指播放 MIDI 乐曲时声卡在一秒钟内发出的最多声音数目。复音越多，音效越逼真。通常声卡说明书中的 64、128 的含义是指声卡的复音数。

（6）声道。声卡的声道是指录制声音或回放声音过程中相互独立的音频信号。声道分为单声道、双声道、多声道。目前的声卡芯片有 2 声道、4 声道、6 声道三种，声道越多，声音的定位效果就越好，

4 声道环绕音频技术能够实现三维声效。4 声道回放的四个发音点分别为前左、前右、后左、后右。之后 4 声道被改进为 5.1 声道，即由前置双声道、后置双声道、中置声道（5 声道）和低音声道（.1 声道）构成的 5.1 环绕声系统。

之后 6.1、7.1 声道陆续出现。在 6.1 声道中增加了一个后中置音箱，7.1 声道则增加了两个后侧中置音箱。

10.2.2　麦克风

麦克风又称话筒，是提供录音功能的输入设备。用计算机来录入声音的工作流程是：先由麦克风采集外界的声波信号，并将这些声波转换成电子模拟信号，经电缆传输到声卡的麦克风输入接口。

目前市场上有单一的麦克风，如图 10.7 所示，也有将话筒和耳机组合在一起，就是所谓的耳麦，这种设备既可以讲话，又可以听，如图 10.8 所示。

图 10.7　麦克风

图 10.8　耳麦

10.2.3　音箱

音箱是多媒体计算机的重要组成部分之一，优美的音乐、动听的歌曲、美妙的音效都来自音箱。本节将简要介绍音箱的基本结构、音箱的主要技术指标，以及音箱选购方面的基本知识，目的是对广大音箱用户在选购音箱时有所帮助。

1. 音箱的分类

音箱又称扬声器系统，它是音响系统中极为重要的一个组成部分。在计算机上使用的多媒体音箱，常见分类方式如下。

（1）按体积大小和音箱结构形式分类，可以分为书架式和落地式。前者体积小巧、层次清晰、定位准确，但功率有限，低频段的延伸与音量不足，适于欣赏以高保真音乐为主的音乐爱好者，也是多媒体发烧友的首选；后者体积较大、承受功率也较大，低频的量感与弹性较强，善于表现磅礴的气势与强大的震撼力，但层次感与定位方面略有欠缺。

（2）按声道数量分类，可分为 2.0（如图 10.9 所示）音箱和 X.1 音箱。2.0 结构的音箱将高低音单元设计在同一个箱体内，所以只需要两个箱体便能组成一套全频带立体声音箱。X.1 音箱由 2 个、4 个、5 个或更多的卫星音箱组成，也就是 2.1（如图 10.10 所示）、5.1（如图 10.11 所示）和 7.1（如图 10.12 所示）音箱等。卫星音箱负责中高频的还原，低音音箱负责低频的还原。对于观看 DVD 和玩游戏者来说，X.1 音箱是不错的选择。

图 10.9　2.0 音箱

图 10.10　2.1 音箱

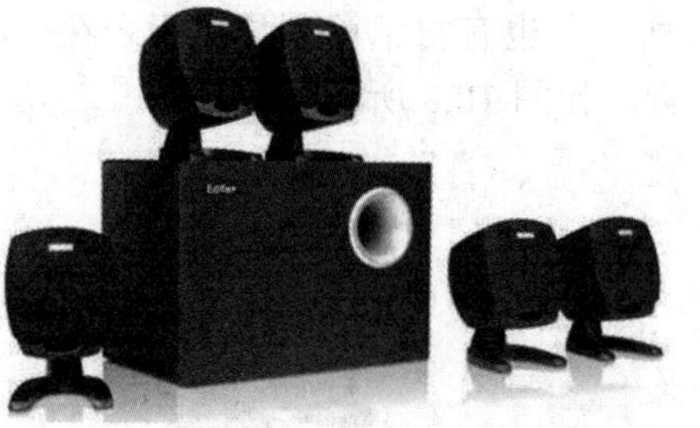

图 10.11　5.1 音箱

图 10.12　7.1 音箱

（3）按箱体材质可分为塑料音箱和木制音箱。

（4）按接口可分为模拟音频接口、数字接口、USB 接口和 IEEE 1394 接口音箱。

2. 音箱的结构

计算机使用的多媒体音箱由箱体、扬声器单元、电源部分和信号放大器等主要部分组成。

（1）箱体。目前，比较流行的计算机多媒体音箱的箱体设计形式有密闭式和倒相式两种。

密闭式音箱也叫“气垫”式音箱，它是中低档音箱中最常见的结构之一（通常使用在 2.0 声道的音箱上），其主要特点是在封闭的箱体内装上扬声器，将箱体内部与外部的声波完全隔绝起来。密闭式音箱的主要优点是低频有力度、瞬态好、反应迅速、低频清晰，听古典音乐、室内音乐效果不错，但声音下潜深度有限，低频量感不足。

倒相式音箱又称低频放射式音箱，也是目前多媒体音箱中最常用的箱体设计。它和密闭式音箱不同之处在于，音箱的前面设计了筒形的倒相孔，以使箱体内外的空气流通，它有比密闭式音箱更高的功率承受能力和更低的失真，量感足、灵敏度高，既适用于一般家庭，也可用于大厅或专业场所。

（2）扬声器单元。一般木制音箱和较好的塑料音箱都采用二分频的技术，就是由高、中音两个扬声器来实现整个频率范围内的声音回放。而一些 X.1（多声道系统）上被用作环绕音箱的塑料音箱用的是全频带扬声器，即用一个喇叭来实现整个音域内的声音回放。计算机多媒体音箱扬声器通常采用双磁路和加放磁罩的方法来避免磁力线外漏，使计算机音箱具有防磁性。

多媒体音箱上用到的扬声器单元基本上都是动圈类的。扬声器单元的口径大小一般和振动频率成反比，口径越大，低频响应下限越低，其低音表现力也越好，而高音则正好相反。一般来说，2～3.5 英寸的锥盆扬声器主要用在全频带扬声器上（如图 10.13 所示），4～6 英寸的一般作为中音扬声器使用（如图 10.14 所示），6.5 英寸以上的则几乎全是低音扬声器（如图 10.15 所示）。

图 10.13　全频带扬声器

图 10.14　中音扬声器

图 10.15　低音扬声器

（3）电源部分。计算机音箱内的电路为低压电路，需要一个变压器将高电压变为低电压，然后用 2 个或 4 个二极管将交流电转换为直流电，最后用电容对电压进行滤波，使输出的电压趋于平缓。

（4）信号放大器。声卡将数字音频信号转换为模拟音频信号输出，此时音频信号电平较弱，一般只有几百 mV，还不能推动扬声器正常工作。这时就需要通过放大器（功率放大器，简称功放）把信号放大，使之足以推动扬声器正常发声，同时兼管音量大小和高音、低音的控制。

3. 音箱的技术指标

（1）功率。功率决定的是音箱所能发出的最大声强，感觉上就是音箱发出的声音能有多大的震撼力。音箱的功率主要由功率放大器芯片的功率和电源变压器的功率两者决定。音箱的功率不是越大越好，适用就是最好的，对于普通家庭用户的 $20m^2$ 左右的房间来说，真正意义上的 50W 功率是足够的了。

（2）频率范围与频率响应。频率范围是指音箱系统的最低有效回放频率与最高有效回放频率之间的范围；而频率响应是指将一个以恒定电压输出的音频信号与系统相连接时，音箱产生的声压随频率的变化而发生增大或衰减、相位随频率而发生变化的现象，这种声压和相位与频率的相关联变化关系称为频率响应，单位为分贝（dB）。多媒体音箱中的音乐是以播放MP3或CD的音乐、歌曲、游戏的音效、背景音乐，以及影片中的人声与环境音效为主的，这些声音是以中高音为多，所以在挑选多媒体音箱时应该更看中它在中高频段声音的表现能力，而不是低频段。

（3）失真度。普通多媒体音箱的失真度以小于0.5%为宜，而通常低音炮的失真度普遍较大，小于5%就可以接受了。

（4）音箱的灵敏度（单位 dB）。音箱的灵敏度每差 3dB，输出的声压就相差一倍，一般以87dB为中灵敏度，84dB以下为低灵敏度，90dB以上为高灵敏度。

（5）阻抗。它是指扬声器输入信号的电压与电流的比值。音箱的输入阻抗一般分为高阻抗和低阻抗两类，高于16Ω的是高阻抗，低于8Ω的是低阻抗，音箱的标准阻抗是8Ω。在功放与输出功率相同的情况下，低阻抗的音箱可以获得较大的输出功率，但是阻抗太低了又会造成欠阻尼和低音劣化等现象。所以这项指标虽然与音箱的性能无关，但最好还是不要购买低阻抗的音箱，推荐值是标准的8Ω。

（6）信噪比。信噪比是指音箱回放的正常声音信号与噪声信号的比值。信噪比低时，小信号输入时噪声严重，整个音域的声音明显感觉混浊不清，所以信噪比低于80dB的音箱不建议购买。

（7）扬声器材质。低档塑料音箱因其箱体单薄、无法克服谐振，无音质可言；木制音箱降低了箱体谐振所造成的音染，音质普遍好于塑料音箱。挑选音箱应考虑喇叭的材质：多媒体有源音箱的高音单元目前主要以软球顶为主（此外还有钛膜球顶等），它与数字音源相配合能减少高频信号的生硬感，给人以温柔、光滑、细腻的感觉。多媒体音箱现以丝膜和 PV 膜等软球顶的居多。低音单元决定了音箱声音的特点，选择起来相对重要一些，最常见的有以下几种：纸盆，又有敷胶纸盆、纸基羊毛盆、紧压制盆等几种，它的音色自然、廉价、刚性较好、材质较轻灵敏度高，缺点是防潮性差、制造时一致性难以控制；防弹布，有较宽的频响与较低的失真，是酷爱强劲低音者之首选，缺点是成本高、制作工艺复杂、灵敏度不高、轻音乐效果不佳等；羊毛编织盆，质地较软，它对柔和音乐与轻音乐的表现十分优异，但是低音效果不佳，缺乏力度与震撼力；PP（聚丙烯）膜，它广泛流行于高档音箱中，一致性好、失真低，各方面表现都很好。此外还有像纤维类振膜和复合材料振膜等极少应用于普及型音箱中。扬声器尺寸自然是越大越好，大口径的低音扬声器能在低频部分有更好的表现，这是在选购时可以挑选的。用高性能的扬声器制造的音箱意味着有更低的瞬态失真和更好的音质。普通多媒体音箱低音扬声器的喇叭多在3～5英寸。

（8）音效技术。硬件 3D 音效技术现在较为常见的有 SRS、APX、Spatializer 3D、Q-SOUND、Virtaul Dolby 和 Ymersion 等几种，它们各自实现的方法虽然不同，但都能使人感觉到明显的三维声场效果，其中又以前三种更为常见。它们所应用的都是扩展立体声（Extended Stereo）理论，即通过电路对声音信号进行附加处理，使听者感到声像方位扩展到了两音箱的外侧，以此进行声像扩展，使人有空间感和立体感，产生更为宽阔的立体声效果。此外还有两种音效增强技术：有源机电伺服技术和 BBE 高清晰高原音重放系统技术，对改善音质也有一定的效果。

4. 音箱音质音色的判断

将熟悉的高质量 CD 音源输入，凭借耳朵去分辨判断：把所有调节钮都调到中间的大小，打开开关，调节音量至适中的大小，人左右移动以判断音箱的相位特性，有无明显的偏音、相位拖延现象；调整平衡旋钮以判断所发出的声场扩散效果和声音定位性能；降低音量以判断失真、噪声和小信号输出时的表现力；加大音量以检查有无声爆、扬声器的最大承受功率及动态裕量；利用软件提升中音，观察在分频点频率附近的声音有无明显的缺陷，是否强劲有力；增加低音成分以观察箱体是否有明显的谐振，低音是否浓重、浑厚；提升音源的高音部分，聆听高音是否清晰、洪亮；然后用短促有力的打击乐判断音箱扬声器的瞬态效果和速率响应；用汹涌澎湃的电影音源判断音室内的混响时间与输出信号的感染力和震撼力；用交响乐音源判断声场的宽度感、纵深感和现场感，最后再对音箱的整体性能做出综合评价。

10.3 任务实施

10.3.1 选购声卡

目前，几乎所有的主板都内置声卡，其性能要高于几十元的低端声卡。如无特殊要求，没有必要另外购买独立声卡。选购独立声卡时需要考虑以下几方面。

（1）按需选购。在选购声卡时，要明确您的用途，如果您是拿来欣赏音乐的，在中低价位推荐：DIAMOND S70（ESS MAESTRO-II 芯片），在高档价位推荐产品：CREATIVE SB Live！VALUE（EMU10K1 芯片）。

如果是 A3D 游戏发烧友，中低价位推荐产品：Aureal Vortex V1（AU8820 芯片），高档价位推荐产品：Aureal SQ2500（AU8830 芯片）。

如果是数码音频发烧友，中低价位推荐产品：速捷时夜莺（CMI-8738 芯片），高档价位推荐产品：SB Live！Platinum（EMU10K1 芯片）。

如果是 MIDI 爱好者，中低价位推荐产品：中凌雷公 3DS724A（YMF-724 芯片），高档价位推荐产品：CREATIVE SB Live！VALUE（EMU10K1 芯片），DIAMOND MX200（Freedom 5600 芯片）。

（2）考虑价格音素。一般而言，普通声卡的价格为 100～200 元；中、高档声卡的价格差别较大，从几百元到上千元不等。

（3）注意兼容性。声卡与其他配件发生冲突的现象较为常见，在选购声卡之前要了解自己计算机的配置，尽量避免发生不兼容的情况。

（4）注意做工与品牌。声卡的设计与制造工艺对其质量影响较大。选购声卡时要注意声卡的品牌和芯片型号、PCB 的做工、焊点是否均匀和光亮、板卡的颜色是否异常等。

目前市场上声卡的品牌主要有 Creative（创新）、TerraTec（德国坦克）、PHILIPS（飞利浦）、MAYA（玛雅）、M-AUDIO 、乐之邦、华硕、B-Link 等。尽量购买那些大厂商的声卡，因为他们的质量有保障，而且售后服务比较完善。

10.3.2 选购音箱

如何选购一款自己满意的音箱，这是许多初学者不太明白的问题，很多人认为，音箱只要能发声，外观看起来漂亮就行了。其实不然，在选购各种计算机配件时，选音箱是一个“仁者见仁，智者见智”的难点，是有学问的。

挑选音箱的一般步骤如下。

（1）掂重量。这是选购音箱的第一步，可用手捧起音箱掂一下重量，一般来说同档次的音箱重量越重质量越好。这种方法可广泛适用于选购其他音响产品。重量越重，表明音箱的各种材料正宗没有偷工减料。

（2）看外观。这也是重要的一步。首先看看箱体的整体外形自己是否满意，再检查音箱外贴层，看是否有明显的起泡、划伤和贴层粗糙不平等现象。其次再仔细检查箱板之间结合是否紧密整齐，另外可取下前面板上的防尘纱罩仔细检查一下高低音喇叭的用料、材质、规格是否和说明书上所写的一致。另外可重点检查高低音喇叭，倒相管与箱体是否固定牢固紧密，等等。最后可看一下音箱上的紧固螺丝是不是内六角螺丝，这是个细节，一般档次较低的或假冒伪劣产品大多采用的是普通螺丝。

（3）了解性能指标。对于一款品牌音箱，其说明书上给出的性能指标数据虽不可全信，但有必要作为选购时的参考。这其中除了了解音箱的重量、外观尺寸、配件是否和标称大概相当外，还应了解该音箱的标称功率，阻抗、频响、失真度、动态范围等，是否真实可信，是否夸大其词，另外还应了解喇叭是否是防磁喇叭，等等。

（4）耳听为实。在选音箱时可同时挑几款不同牌子或不同档次的品牌音箱来试听。由于一般卖音箱的地方声音很嘈杂，所以最好是到有试音间的音箱专卖店或代理店去选购。在没有这种环境条件的地方，大家可自带一个自己平常经常听的音乐碟进行放音试听，哪款音箱表现力较好，一般就能做到心中有数。

（5）音箱品牌。目前市场上常见的音箱品牌有漫步者、轻骑兵、冲击波、惠威、麦博、三诺、国立、超音速、奋达、创新、铁甲兵、黑金刚、曲歌等。

10.4 技能训练

10.4.1 2.1 声卡与 2.1 音箱的连接及声道实现方法

1. 实训目的

通过本次练习，使学生能够掌握 2.1 音箱和 2.1 声卡的连接及音箱的摆放技巧。

2. 实训准备

每小组分配的主要部件及工具包括：

（1）2.1 音箱；

（2）2.1 声卡。

3. 实训步骤

步骤 1：将 2.1 音箱的音频线插在声卡的 Line Out 或 Speak Out 孔中。

步骤 2：打开音箱开关，调整好音量。

步骤 3：2.1 音箱最典型的摆放方式是“正三角形法”，注意音箱应与后墙、侧墙相隔一定距离（20～50cm），然后使音箱与听者构成一个 45°角的正三角形，并尽量使三者在同一平面上即可得到最佳听音位置和回放声效。房间小，音箱功率不大时正三角形就小些；房间大、音箱功率大时正三角形就可摆大一些。低音炮可以摆放在电脑桌下、显示器的正下方位置，在听者正前方与前置声道处于同一条线的地面上。

10.4.2 5.1 声卡与 5.1 音箱的连接及声道实现方法

1. 实训目的

通过本次练习，使学生能够掌握 5.1 音箱和 5.1 声卡的连接及音箱的摆放技巧。

2. 实训准备

每小组分配的主要部件及工具包括：

（1）5.1 音箱；

（2）5.1 声卡。

3. 实训步骤

步骤 1：5.1 声道声卡和 5.1 声道音箱的准备。

如图 10.16 所示为一款 5.1 声卡，如图 10.17 所示为集成 5.1 声卡的台式机的后面端口。

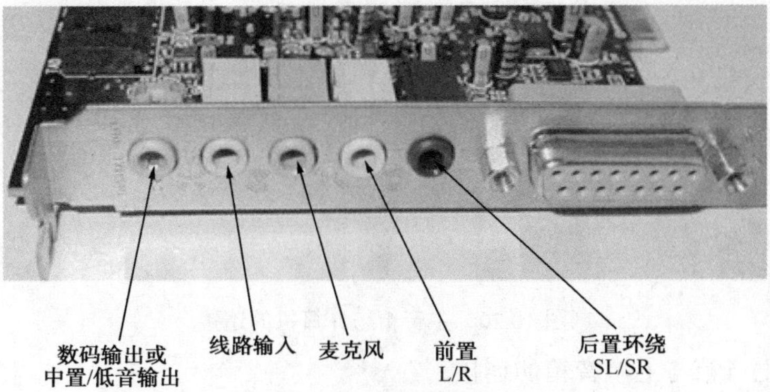

图 10.16　5.1 声道声卡

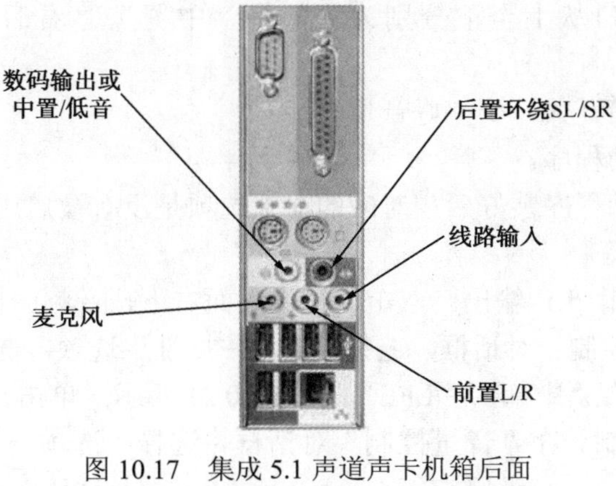

图 10.17　集成 5.1 声道声卡机箱后面

步骤 2：计算机与主音箱的连接。

一般的桌面 5.1 音箱都将电路部分放在低音炮音箱中，因此把低音炮音箱称作主音箱，这样来看，整个连接无非就是“计算机→主音箱→卫星箱”这三者之间的连接。

以惠威 M20-5.1MKII 为例，在主音箱的背板上，接口可以分为输入和输出两部分，主音箱与卫星箱的连接属于输出部分，如图 10.18 所示。除去低音声道，其他 5 个声道都有标注，“L”代表左声道，“R”代表右声道，“SL”和“SR”代表后置左右声道，而“C”则代表中置声道。

在随机附送的连接线（如图 10.19 所示）中找到 3 条 3.5mm 到两路 RCA 的连接线，即为计算机与主音箱的连接线。3 根连接线的 3.5mm 端连接计算机声卡，只需要将 3 种不同的颜色与计算机声卡接口的颜色对应连接即可，绿色插头作为前置 L/R，蓝色插头用于后置环绕声道，黄色插头用于中置/环绕声道，如图 10.20 所示。

图 10.18　5.1 音箱主音箱

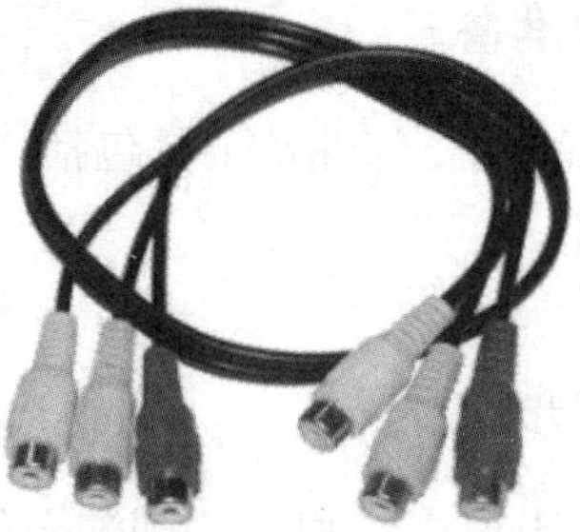

图 10.19　RCA 的连接线

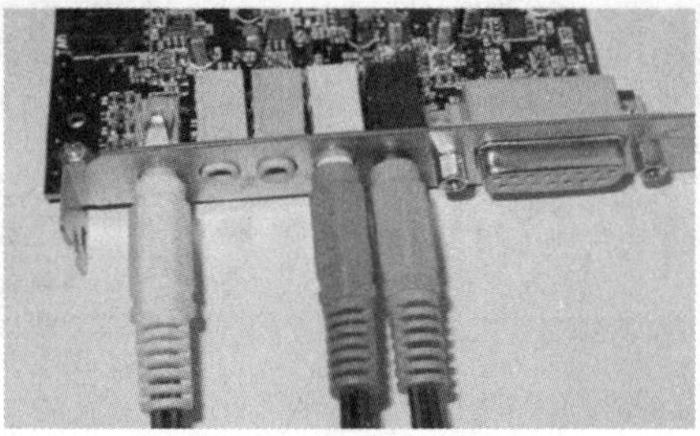

图 10.20　主音箱与计算机的连接

步骤 3：主音箱与卫星音箱的连接。

下面再来看“主音箱与卫星音箱”部分的连接。同样以这款音箱为例，倒相孔下方的 3 组 RCA 接口从上至下分别为“低音、中置”、“右后、左后”和“右前、左前”。

步骤 4：打开音箱开关，调整好音量。

步骤 5：设置驱动程序。

板载 5.1 声卡驱动程序装好后相对应的前置选项是没有被启用的，输出时只用 2.1 平均分配输出到 5 个音箱。

（1）需要首先启用 5.1 输出。双击计算机桌面右下角音频图标或在控制面板调用音频属性，打开“音量控制”对话框，选择“选项→属性”选项，选中“播放”单选按钮，启用“前部”、“环绕”、“中部”、“LFE”，如图 10.21 所示。单击“确定”按钮退出。

（2）启用高级控制。在“音量控制”对话框，选择“选项→高级控制”菜单命令，如图 10.22 所示。

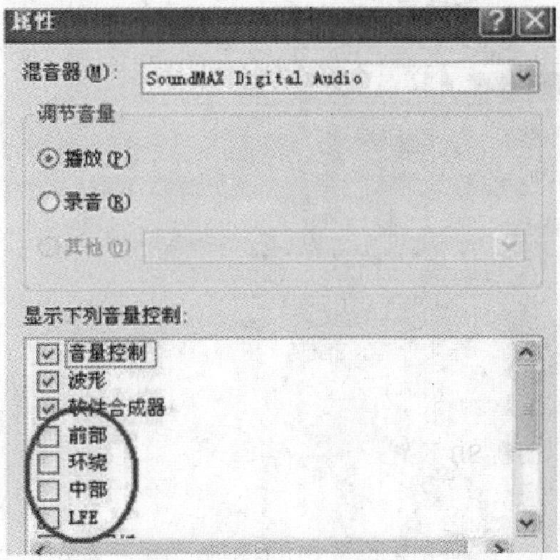

图 10.21　启用 5.1 输出

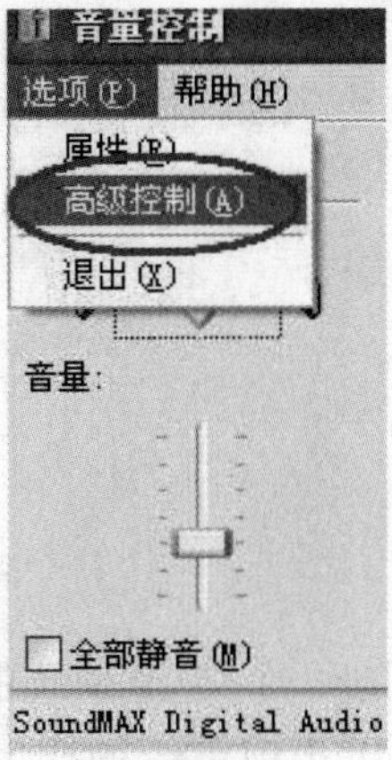

图 10.22　启用“高级控制”选项

（3）在“音量控制”对话框中，单击“高级”按钮，打开“前部的高级控制”对话框，取消选择前部控制默认的两项转换选项，如图 10.23 所示。

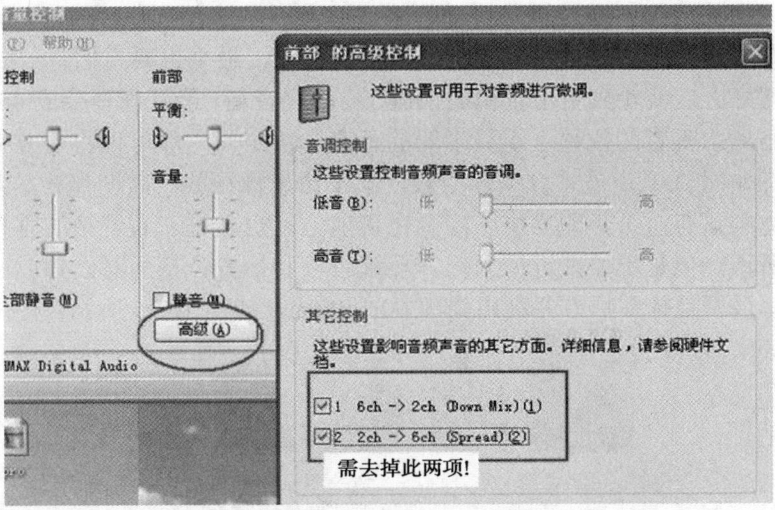

图 10.23　去除前部控制默认的两项转换

（4）如果是创新 SB 声卡，则驱动程序安装后其驱动控制默认就支持 5.1 了，无需再做调整。

打开“控制面板→声音和音频设备”进入“声音和音频设备属性”对话框，可以进行查看，如图 10.24 所示。

步骤 6：播放器测试。

在 Windows Media Player 默认版本/Power DVD 4/WinDVD 4 这 3 个播放器中，测试 3 种不同类型的 DVD 碟片，结果表明，都没有正常输出 5.1 声道效果，要实现 5.1 声道输出，需要安装 Power DVD 5.0 或更高版本，推荐使用 WinDVD。

图 10.24　创新 SB 设置

步骤 7：声道系统的摆位。

5.1 声道系统的摆位相对来说比较复杂。首先说说低音炮的摆放。由于人对低音的方向性不敏感，因此，低音炮可以放在墙角，但是需要注意以下两点。

（1）低音炮绝对不可以放在容易形成谐振的物体上，例如很轻的电脑桌上。一旦这样做了，当低音炮工作时，桌子也跟着震动，对音质的影响很大。

（2）低音炮的后部不要紧紧贴墙壁。这是因为不少低音炮是后倒相设计，倒相孔朝后，如果没有一定的距离，就发挥不出低音了。因此，最少也要离墙有一段距离。

低音炮摆好之后就轮到卫星音箱的摆放了。前置音箱，最好与耳朵成 45°～60° 角。左右喇叭的距离由听者的位置（距显示器的距离）决定。一般可以将前方喇叭面向听者平行摆放或者如同 2.0 声道系统一样摆放，但不论怎样摆放，高度都要尽可能相同。而中置音箱的原则只有一个，即摆位一定要在正前方，也就是左右音箱的垂直平分线上，前后距离无所谓，但是不要太近或太远。环绕音箱和前置音箱面对面摆放或者与人耳成 60° 角摆放，最好是挂在后方并高出头部 60～90cm，如图 10.25 所示。

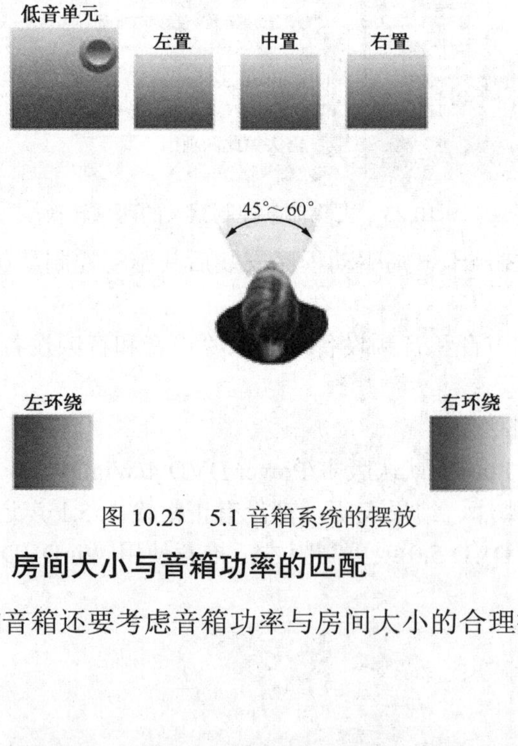

图 10.25　5.1 音箱系统的摆放

4. 扩展知识：房间大小与音箱功率的匹配

通常情况下，选购音箱还要考虑音箱功率与房间大小的合理搭配，这样音箱的音效才会达到预期的理想境界。

（1）$10m^2$以下的房间，一般建议选用10～30W的微型2.1音箱。

（2）$10m^2$以上，在$15～25m^2$这个范围内的房间，建议选用30～100W的大中型音箱。

（3）$25m^2$以上的房间，建议选用100～500W的大中型音箱。

10.4.3 测试声卡典型性能

1. 实训目的

通过本次练习，使学生能够掌握声卡的3D音效定位精度、波形回放与录音、多音频流播放、全双工通信模式、CPU占用率等性能的测试。

2. 实训准备

每小组分配的主要部件及工具包括：

（1）5.1音箱；

（2）5.1声卡；

（3）Audio WinBench99测试软件。

3. 实训步骤

步骤1：3D定位精度测试。

对于PCI声卡的3D音效定位精度的测试可用Audio WinBench99进行。

步骤2：波形回放与录音测试。

该测试可以使用Windows操作系统自带的录音机程序进行。对录音的采样位数进行设置后，打开“音量控制”对话框，在“选项→属性→录音”中选择“DVD Audio”为当前录音属性，就可以对DVD唱片进行录音和回放质量的测试。

步骤3：多音频流播放测试。

同时打开多个WAVE或MP3文件进行播放，看它们是否都能够发出声音即可。

步骤4：全双工通信模式测试。

当使用录音机程序对麦克风进行录音的同时，WAVE或MP3文件无法发出声音则表示该声卡是半双工的，否则为全双工。

步骤5：CPU占用率测试。

CPU占用率也是衡量一款声卡性能的重要指标。当用声卡进行混音调节，欣赏MIDI音乐等操作时，都会或多或少地占用CPU资源。可以使用Audio WinBench99软件进行。主要测试项目为16bit 44.1kHz，音频格式条件下的Direct Sound CPU Util和Direct Sound 3D CPU Util两个项目。

习　题

一、选择题

1．在多媒体计算机中，如果音箱与放大器是组装在一起的，我们就称这种音箱为（　　）。

A．无源音箱　　B．组合音响　　C．有源音箱　　D．组合音箱

2．如果声卡的采样要达到CD音质的水平，那么它的采样频率要达到（　　）以上。

A．20kHz　　B．44.1kHz　　C．40kHz　　D．20Hz

二、简答题

1．声卡在计算机系统中起什么作用？其工作原理如何？
2．声卡有哪些输入/输出接口？它们各有什么作用？
3．多媒体音箱的技术指标主要有哪几方面？
4．如何进行声卡的选购？
5．选购音箱时应注意哪些问题？如何进行挑选？

三、实训题

1．观察、熟悉各种型号声卡的结构。
2．观察、熟悉各种型号音箱的内外结构及与主机的连接。
3．课外实训：通过市场调研、网上查询了解目前市面上常见的声卡的结构、品牌、价格等。
4．课外实训：通过市场调研、网上查询了解目前市面上常用的音箱的分类、品牌、价格等。

任务 11

认识与选购其他常用硬件

知识目标

- 了解扫描仪的分类；
- 熟悉摄像头的分类；
- 理解打印机的工作原理；
- 熟悉网卡的工作原理。

技能目标

- 能够选购合适的扫描仪；
- 能够选购合适的摄像头；
- 能够选购合适的网卡；
- 能够选购合适的打印机。

11.1 任务描述

除了计算机常用的设备以外，为了丰富日常生活的应用，还需要了解其他常用硬件的相关知识，并要掌握选购的技巧。

11.2 相关知识

11.2.1 扫描仪

扫描仪是一种光机电一体化的高科技产品，如图 11.1 所示。扫描仪是一种捕获图像的设备，并将之转换为计算机、显示、编辑、储存和输出的数字格式。

图 11.1 扫描仪

在排版时，有时希望版面中能加入一些照片或图片，这只靠基本的输入工具是很难办到的，而实现这一功能的最好工具就是扫描仪。扫描仪在计算机领域中的应用很广泛，除桌面排版外，制作照片档案和文字原稿的档案、图文传真，甚至包括在 Internet 上浏览到的大量图片都要使用扫描仪。

扫描仪最大的优点是，可以像彩色打印机一样，最大限度地保留原稿的风貌，这是键盘和鼠标无法完成的。

1. 扫描仪的分类

目前，扫描仪的种类很多，依照不同的标准，有不同的分类。

（1）按扫描工作原理，可将扫描仪分为以 CCD 为基础的平板式扫描仪、手持式扫描仪和以光电倍增管为核心部件的滚筒式扫描仪。目前，平板式扫描仪的用途最广，种类最多，同时也是销售量最大的产品。

（2）按可扫描幅面的大小，可以分为小幅面的手持式扫描仪、中等幅面的台式扫描仪和大幅面的工程图扫描仪。

（3）按扫描图稿的介质，可分为反射式扫描仪和透射式扫描仪，以及既可反射又可透射的多用途扫描仪。

（4）按用途，可分为通用型扫描仪和专用于图像输入的专用型扫描仪（如条形码读入器和卡片阅读机等）。

（5）按色彩方式，可分为单色扫描仪和彩色扫描仪，单色扫描仪又可分为黑白扫描仪和灰度扫描仪，一般的灰度扫描仪均可以兼容黑白扫描仪工作方式。

2. 扫描仪工作原理

扫描仪是图像信号的输入设备，它对原稿进行光学扫描，然后，将光学图像传送到光电转换器中变为模拟信号，又将模拟信号转换为数字信号，最后，通过计算机接口送到计算机中。扫描仪的工作原理与传真机的工作原理十分相似，它主要由光电传感器、机电同步机构、数据传输电路三部分组成。

光电传感器由光源、光电接收器、放大器和 A/D 转换器（模数转换器）等电路组成。光源照射到被扫描的图片上后，光电接收器把图片上某点或某一排点的亮度及色彩信号转变为电信号，这时的电信号属于模拟信号，要把它变成计算机能够识别的数据，还需进行模拟信号到数字信号之间的转换，即 A/D 转换。由于光电接收器接收到的信号一般比较弱，所以，在 A/D 转换之前，要先用放大器放大。

由于扫描仪对图片的扫描一般是逐行进行的，所以，光电传感器在每一行上的位置都十分重要。要使每一行的数据都能准确定位，就要有一套使机械运动和电信号准确同步的机构。目前，同步机构多采用精密步进电机和光栅盘脉冲计数电路。

数据传输电路主要担负扫描仪与主机之间的通信任务，它一方面要把扫描得到的图像数据信息送给主机，另一方面也接收主机送给扫描仪的各种控制信息，如对扫描方式、扫描范围和光源强度等进行控制。

目前，常见扫描仪的工作原理如图 11.2 所示。

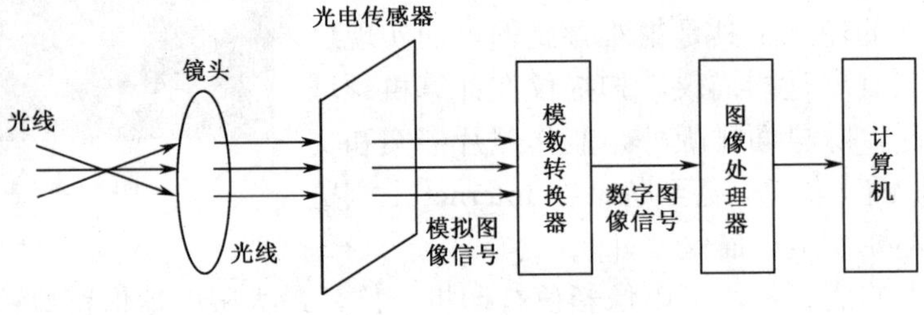

图 11.2　扫描仪成像原理图

（1）首先，将预扫描的原稿正面朝下铺在扫描仪的玻璃板上，原稿可以是文字稿件或者图纸、照片。

（2）启动扫描仪驱动程序后，安装在扫描仪内部的可移动光源开始扫描原稿。为了均匀照亮原稿，扫描仪光源为长条形，并沿垂直方向扫过整个原稿。

（3）照射到原稿上的光线经过反射后穿过一个很窄的缝隙，形成沿水平方向的光带，又经过一组反光镜，由光学透镜聚集进入分光镜，经过棱镜和红绿蓝滤色镜得到的 RGB 三条色彩光带分别照到各自的 CCD 上，CCD 将 RGB 光带转变为模拟信号，此信号又被 A/D 转换器转换并放大为数字信号，至此，反映原稿的图像或文字信号便被转换为计算机可以接收的数字信号，最后，通过串行或并行口送到计算机内部，保存为计算机中的图像格式文件，这样就完成了扫描过程。

3. 扫描仪的主要元件

在扫描仪获取图像的过程中，有两个元件起到关键作用：一个是 CCD，它将光信号转换成为电信号；另一个是 A/D 转换器，它将模拟电信号变为数字电信号。这两个元件的性能直接影响扫描仪的整体性能指标，同时也关系到我们选购和使用扫描仪时如何正确理解和处理某些参数及设置。

（1）CCD。CCD（Charge Couple Device）称为电荷耦合器件，它是利用微电子技术制成的表面光电器件，可以实现光电转换功能。CCD 在摄像机、数码相机和扫描仪中应用广泛，只不过摄像机中使用的是点阵 CCD，即包括 x、y 两个方向用于摄取平面图像，而扫描仪中使用的是线性 CCD，它只有 x 一个方向，y 方向扫描由扫描仪的机械装置来完成。CCD 芯片上有许多光敏单元，它们可以将不同的光线转换成不同的电荷，从而形成对应原稿光图像的电荷图像。如果我们想增加图像的分辨率，就必须增加 CCD 上的光敏单元数量。实际上，CCD 的性能决定了扫描仪的 x 方向的光学分辨率。

（2）A/D 变换器。A/D 变换器是将模拟量（Analog）转变为数字量（Digital）的半导体元件。从 CCD 获取的电信号是对应于图像明暗的模拟信号，就是说图像由暗到亮的变化可以用从低到高的不同电平来表示，它们是连续变化的，即所谓模拟量。A/D 变换器的工作是将模拟量数字化。

4. 扫描仪的主要技术参数

扫描仪主要有以下几个技术参数。

（1）光学分辨率。指扫描仪的光学系统可以采集的实际信息量，也就是扫描仪的感光元件 CCD 的分辨率。常见的光学分辨率有 300×600、600×600、600×1200、1200×2400（单位为 dpi）。

（2）最大分辨率。又称为插值分辨率，是在相邻像素之间求出颜色或灰度的平均值以增加像素的办法。由于内插算法增加了像素数，但不能增添真正的图像细节，因此，不能代表实际的分辨率。

（3）色彩分辨率。又称为色彩深度、色彩模式、色彩位或色阶，即表示色彩所用的二进制位数，是表示扫描仪分辨彩色或灰度细腻程度的指标，单位为 bit（位）。理论上，色彩位越高，所能表示的色彩数就越多，色彩也就越清晰。一般扫描仪的色彩分辨率都可以达到 24 位真彩色或更高。

（4）TWAIN。扫描仪厂商共同遵守的规格，只要是支持这种规格的驱动程序，都可以启动这种规格的扫描仪。

（5）OCR。OCR（Optical Character Recognition）是字符识别软件的简称。它的功能是通过扫描仪等光学输入设备读取印刷品上的文字图像信息，通过模式识别的算法，分析文字的形态特征从而判别不同的汉字。

（6）色彩校正。确保图像的色彩能够被精确地重建。

11.2.2 摄像头

摄像头是一种视频输入设备，被广泛用于视频会议、远程医疗及实时监控等方面。普通的人也可以彼此通过摄像头在网络上进行有影像、有声音的交谈和沟通。另外，人们还可以将其用于当前各种流行的数码影像、影音处理，如图 11.3 所示。

图 11.3　摄像头

1. 分类

摄像头可分为数字摄像头和模拟摄像头两大类。

（1）数字摄像头可以将视频采集设备产生的模拟视频信号转换成数字信号，进而将其储存在计算机里。数字摄像头可以直接捕捉影像，然后通过串、并口或者 USB 接口传到计算机里。电脑市场上的摄像头基本以数字摄像头为主，而数字摄像头中又以使用新型数据传输接口的 USB 数字摄像头为主。

（2）模拟摄像头捕捉到的视频信号必须经过特定的视频捕捉卡将模拟信号转换成数字模式，并加以压缩后才可以转换到计算机上运用。模拟摄像头可和视频采集卡或者 USB 视频采集卡配套使用，很方便地跟计算机连接使用，典型应用是一般的录像监控。

2. 工作原理

摄像头的工作原理大致为：景物通过镜头（LENS）生成的光学图像投射到图像传感器表面上，然后转为电信号，经过 A/D（模数转换）转换后变为数字图像信号，再送到数字信号处理芯片（DSP）中加工处理，再通过 USB 接口传输到计算机中处理，通过显示器就可以看到图像了。

3. 结构组件

从摄像头的日常工作原理就可以列出摄像头的主要结构和组件。

（1）镜头（LENS）。透镜结构，由几片透镜组成，有塑胶透镜（Plastic）或玻璃透镜（Glass）。

（2）图像传感器。可以分为两类：CCD 和 CMOS（Complementary Metal Oxide Semiconductor，互补金属氧化物半导体）。

（3）DSP。即数字信号处理芯片。DSP 生产厂商较多，市面上较为流行的有 VIMICRO（中星微）、SONIX（松瀚）等。

（4）电源。摄像头内部需要两种工作电压：3.3V 和 2.5V，最新工艺芯片有用到 1.8V 的。

4. 技术指标

摄像头的技术指标主要包括以下几种。

（1）图像解析度/分辨率（Resolution）。摄像头的分辨率有 SXGA（1280×1024，又称 130 万像素）、XGA（1024×768，又称 80 万像素）、SVGA（800×600，又称 50 万像

素）、VGA（640×480，又称30万像素）、CIF（352×288，又称10万像素）、SIF/QVGA（320×240）、QCIF（176×144）、QSIF/QQVGA（160×120）等几种。

（2）图像格式（Image Format/Colorspace）。RGB24和I420是最常用的两种图像格式。

- RGB24：表示R、G、B三种颜色各8bit，最多可表现256级浓淡，从而可以再现256×256×256种颜色。
- I420：YUV格式之一。

其他格式有：RGB565、RGB444、YUV4：2：2等。

（3）自动白平衡调整（AWB）。要求在不同色温环境下，拍照白色的物体，屏幕中的图像应也是白色的。色温表示光谱成分，光的颜色。色温低表示长波光成分多。当色温改变时，光源中三基色（红、绿、蓝）的比例会发生变化，需要调节三基色的比例来达到彩色的平衡，这就是白平衡调节的实际。

（4）图像压缩方式。JPEG：（Joint Photographic Expert Group）静态图像压缩方式。它是一种有损图像的压缩方式，压缩比越大，图像质量也就越差。当图像精度要求不高，存储空间有限时，可以选择这种格式。大部分数码相机都使用JPEG格式。

（5）彩色深度（色彩位数）。反映对色彩的识别能力和成像的色彩表现能力，实际就是A/D转换器的量化精度，是指将信号分成多少个等级。常用色彩位数（bit）表示。彩色深度越高，获得的影像色彩就越艳丽动人。市场上的摄像头均已达到24位，有的甚至是32位。

（6）图像噪声。指的是图像中的杂点干扰。表现为图像中有固定的彩色杂点。

（7）视角。与人的眼睛成像是相同原理，简单说就是成像范围。跟使用的镜头有关。

（8）输出/输入接口。包括以下几种接口。

- 串行接口（RS232/422）：传输速率慢，为115Kb/s。
- 并行接口（PP）：速率可以达到1Mb/s。
- 红外接口（IrDA）：速率也是115Kb/s，一般笔记本电脑有此接口。
- 通用串行总线USB：即插即用的接口标准，支持热插拔。USB 1.1速率可达12Mb/s，USB 2.0可达480Mb/s。
- IEEE 1394（火线）接口（亦称iLink）：其传输速率可达100～400Mb/s。

5. 远程控制

远程监控摄像头是远程监控摄像头，可以左右320°和上下60°旋转监视，对画面进行拍照、录像，并可将照片、录像发到邮箱或者FTP服务器上，摄像机具有移动侦测功能，可设定发送电子邮件示警等。

11.2.3 触摸屏

1. 基本概念

触摸屏（Touch Screen）又称为“触控屏”、“触控面板”，是一种可接收触头等输入信号的感应式液晶显示装置，当接触了屏幕上的图形按钮时，屏幕上的触觉反馈系统可根据预先编程的程序驱动各种连接装置，可用于取代机械式的按钮面板，并借由液晶显示画面制造出生动的影音效果。触摸屏作为一种最新的计算机输入设备，它是目前最简单、方便、自然的一种人机交互方式。它赋予了多媒体以崭新的面貌，是极富吸引力的全新多媒体交互设备。

2. 主要特性

触摸屏的特性如下。

（1）透明，它直接影响到触摸屏的视觉效果。它应该至少包括四个特性：透明度、色彩失真度、反光性和清晰度。

（2）触摸屏是绝对坐标系统，要选哪就直接点哪，与鼠标这类相对定位系统的本质区别是一次到位的直观性。

（3）检测触摸并定位，各种触摸屏技术都是依靠各自的传感器来工作的，甚至有的触摸屏本身就是一套传感器。各自的定位原理和各自所用的传感器决定了触摸屏的反应速度、可靠性、稳定性和寿命。

3. 主要类型

按照触摸屏的工作原理和传输信息的介质，把触摸屏分为四线电阻屏、五线电阻屏、电阻式触摸屏、电容式触摸屏、压电式触摸屏、红外线式触摸屏、表面声波触摸屏等几种。

4. 工作原理

为了操作上的方便，人们用触摸屏来代替鼠标或键盘。工作时，首先用手指或其他物体触摸安装在显示器前端的触摸屏，然后系统根据手指或其他物体触摸的图标或菜单位置来定位选择信息输入。触摸屏由触摸检测部件和触摸屏控制器组成。触摸检测部件安装在显示器屏幕前面，用于检测用户触摸位置，接受后送触摸屏控制器；而触摸屏控制器的主要作用是从触摸点检测装置上接收触摸信息，并将它转换成触点坐标，再送给CPU，它同时能接收CPU发来的命令并加以执行。

5. 触摸屏的应用

触摸屏主要应用于公共信息的查询、领导办公、工业控制、军事指挥、电子游戏、点歌点菜、多媒体教学、房地产预售等。目前，触摸屏已经走进家庭，在手机和MP3等小型通信娱乐设备上得到了广泛的应用。

触摸屏在计算机领域最成功的应用是平板电脑。平板电脑（Tablet Personal Computer，简称Tablet PC、Plat PC、Tablet、Slates），是一种小型、方便携带的个人计算机，以触摸屏作为基本的输入设备。触摸屏允许用户通过触控笔或手指来进行作业，而不是传统的键盘或鼠标。

11.2.4 打印机

打印机的主要任务是接收主机传送的信息，并根据主机的要求将各种文字、图形、信息通过打印头或打印装置打印到纸上。打印机是精密的机电一体化设备，按其工作原理可分为：针式打印机、喷墨打印机和激光打印机。

1. 针式打印机

针式打印机又叫点阵打印机，是生产、使用历史最悠久的打印机。如图11.4所示。

（1）针式打印机的结构。针式打印机的结构主要由电气系统和机械装置两大部分组成，并配合计算机完成打印输出任务。

① 机械部分。针式打印机的机械装置主要包括：打印头、走纸传动机构、字车机构、色带机构、机壳和机架。打印头是机械部分也是整个打印机的重要核心部件，虽然它体积小，但结构紧凑，精度高，装载在字车上用于印字。字车机构是装载字车并以字车电动机为动力，带动打印头做左右横向运动的机构。走纸机构是驱动打印纸运动的机构，以走纸电动机为动力，通过齿轮、带动打印辊或链式走纸机构，使打印纸按照一定的节拍进纸或退纸。色带传动机构和字车机构连接在一起，它由字车电动机的转动力矩驱动。

② 电路部分。针式打印机的电路部分主要包括：打印头控制及驱动电路、主控电路、走纸电动机控制与驱动电路、字车与驱动电路、操作面板控制电路、DIP 开关读入电路、检测电路、电源电路等部分。

（2）针式打印机的工作原理。针式打印机在联机状态下，通过接口接收主机发送的打印控制命令、字符打印命令或图形打印命令，经打印机的 CPU 处理后，从字库中可找到与该字符或图形相对应的图像编码首列地址（正向打印机）或末列打印机（反向打印机），然后按顺序一列一行地调出字符或图形的编码，送往打印头控制与驱动电路送往，激励打印头出针打印。

（3）针式打印机的技术参数。

① 纸宽和纸厚。纸宽是打印机能够支持打印纸张的最大宽度，目前市场上主要有 3 种宽度的针式打印机：80 列（A4 幅面）、106 列（A3 幅面）、136 列（A2 幅面）。

纸厚包括两个方面：进纸厚度和打印厚度。进纸厚度是指纸能够被打印机承受的实际厚度，而打印厚度则是指打印机实际能够打印的纸张厚度。

② 复制能力。复制能力也称套打能力，是指针式打印机能够在复写式打印纸上最多打出“几联”内容的能力。

③ 打印速度。针式打印机的打印速度是用每秒钟能打印多少个字符来表示的。通常用 cps 表示，即每秒钟能打印多少字符，日常多用“页/分钟”来表示。

④ 分辨率。分辨率是标志打印机打印质量的主要技术参数，通常打印机的打印分辨率用 dpi 表示，即每英寸上能打印多少个点，一般打印机的分辨率都可达到 600dpi。

2. 喷墨打印机

喷墨打印机具有体积小、重量轻、工作噪声低的特点，是一种类似于针式打印机的输出设备，如图 11.5 所示。它也是由计算机生成要求打印的信号，然后由打印机墨盒上的喷嘴根据不同的信号喷出墨汁。

图 11.4　针式打印机

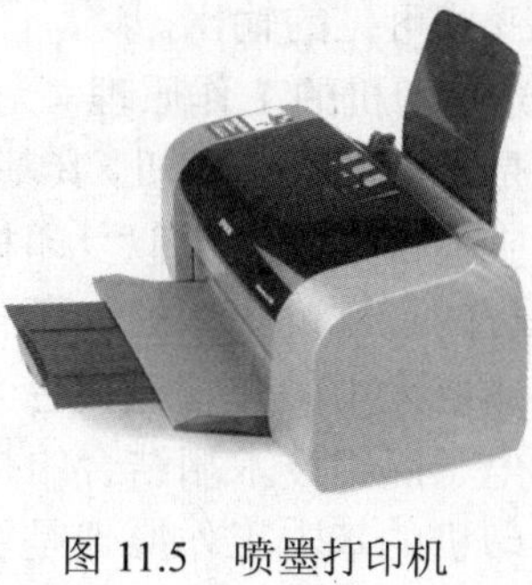

图 11.5　喷墨打印机

（1）喷墨打印机的结构。尽管喷墨打印机的种类繁多，但基本结构大同小异，可分为机械和电气两部分。

① 喷墨打印机的机械结构。喷墨打印机的机械部分主要由喷头、墨盒、清洁机构、小车部分和送纸系统等组成。喷头及墨盒是打印机的关键部件，它直接影响打印的速度和质量。清洁机构主要用来清洁和维护喷头，包括清洗和抽吸两种操作。小车也称字车，字车电动机通过齿轮及字车引导丝杆的传动作用，使字车在杠杆上移动，实线打印定位，在归位时，引导丝又推动清洁机构完成清洁工作。送纸机构在同步信号的控制下与字车、喷嘴等同步，完成整张纸的打印。

② 喷墨打印机的电气结构。喷墨打印机的电气部分包括主控电路、驱动电路、传感器检测电路、接口电路和电源。

（2）喷墨打印机的工作原理。喷墨打印机的工作过程就是当纸张通过喷头时，在打印信号的驱动下，通过强磁场加速形成高速墨水并喷到纸上，以实现字符及图形的打印。按照墨水的喷射方式不同，可分为随机式和连续式两种。

① 随机式喷墨打印机。随机式喷墨打印机又称按需式喷墨打印机，即墨水按照需要随机地从喷头中喷出，不需要墨水泵及墨水回收装置。喷头常由多个喷嘴构成，目前大多数小型喷墨打印机都采用这种方式。

根据墨水喷射时选用的驱动方式不同，又可分为气泡式和电压式两种。目前市场上大多采用气泡式喷墨打印机，如佳能和惠普系列的打印机。这种气泡式打印机精度较高，彩色效果好，因此应用最为广泛。目前市场上的 EPSON 系列打印机多采用电压式喷墨打印机。

② 连续式喷墨打印机。连续式喷墨打印机是以电荷控制式喷墨打印机为代表，墨水连续地从喷头中喷出，故称为连续式喷墨打印机。

3. 激光打印机

激光打印机是一种高速度、高精度、低噪声的非击打式打印机，如图 11.6 所示。

图 11.6　激光打印机

（1）激光打印机的组成。激光打印机由激光扫描系统、电子照相系统和控制系统三大系统组成。激光扫描系统包括激光器、偏转调制器、扫描器和光路系统，它的作用是利用激光束的扫描形成静电潜像。电子照相系统由光导鼓、高压发生器、显影定影装置和输纸机构组成，其作用是将静电潜像变成可见的输出。

（2）激光打印机的工作原理。无论是黑白激光打印机还是彩色激光打印机，其基本工作原理是相同的，它们都采用了类似复印机的静电照相技术，将打印内容转变为感光鼓上的以像素点为单位的点阵位图图像，再转印到打印纸上形成打印内容。与复印机唯一不同的是光源，复印机采用的是普通白色光源，而激光打印机则采用的是激光束。它是将激光扫描技术和电子照相技术相结合的打印输出设备。

激光打印机的基本工作原理是由计算机传来的二进制数据信息，通过视频控制器转换成视频信号，再由视频接口/控制系统把视频信号转换为激光驱动信号，然后由激光扫描系统产生载有字符信息的激光束，最后由电子照相系统使激光束成像并转印到纸上。

激光打印机内部有一个叫光敏旋转硒鼓的关键部件，当激光照到光敏旋转硒鼓上时，被照到的感光区域可产生静电，能吸起碳粉等细小的物质。激光打印机的工作步骤如下。

① 打印机以一定的方式，驱动激光扫射光敏旋转硒鼓，硒鼓旋转一周，对应打印机打印一行。

② 硒鼓通过碳粉，将碳粉吸附到感光区域上。

③ 硒鼓转到与打印纸接触，将碳粉附在纸上。

④ 利用加热部件使碳粉熔固在打印纸上面。

彩色激光打印机的基本结构与黑白激光打印机相同，在打印控制器、接口、控制方式和控制语言方面完全相同，因此在数据传输、数据解释和打印控制流程方面也基本一样。

在打印控制器方面，由于打印内容中包含了色彩信息，同样打印一页内容，计算机在彩色激光打印机上打印生成的数据要比黑白激光打印机的大很多，这就对打印控制器的性能提出了更高的要求，因此一般彩色激光打印机的打印控制器内部处理器的速度要比黑白激光打印机高，而配置内存也要比黑白激光打印机大。

彩色激光打印机目前比较流行的打印语言是 PCL 和 Postscript。

在引擎结构上，彩色激光打印机采用了 C（Cyan，蓝色）、M（Magenta，品红）、Y（Yellow，黄色）和 K（Black，黑色）四色碳粉来实现全彩色打印，因此对于一页彩色内容中的彩色要经过 CMYK 调和实现，一页内容的打印要经过 CMYK 的四色碳粉各一次打印过程。从理论上讲，彩色激光打印机要有四套与黑白激光打印机完全相同的机构来实现彩色打印过程。

（3）激光打印机的性能指标。一般来说，激光打印机的整体性能是由打印速度、分辨率、打印机语言及其他一些指标综合作用的结果。

① 打印速度。激光打印机的速度用 ppm（每分钟可以打印的页数）来表示。打印机厂商所标注的打印速度，其实是最大速度，就是打印机引擎能够处理纸张的最快速度，实际打印速度与被打印的内容有很大关系。目前普通激光打印机的打印速度在 6～12ppm。

② 分辨率。激光打印机的另一个重要指标是分辨率。分辨率是指在一定面积内激光打印机所能打印的单个点数，决定打印机打印的清晰程度，指标为 dpi。目前绝大多数激光打印机都能达到 600dpi。

③ 打印机的语言。打印机的语言是激光打印机的另一个重要特性，也是决定激光打印机输出复杂版面能力的指标之一。打印机语言是一个命令集，它告诉打印机如何组织被打印的文档。

11.2.5 多功能打印机

多功能打印机同时也被称为多功能一体机，是一种集打印、复印、传真、扫描等多项功能于一体的打印机，那么它是怎样产生的呢？

1. 多功能一体机的概念

多功能一体机就是一种具备打印、传真、复印、扫描等几种功能的机器设备，并且它的多项功能可以同时工作，各司其职，互不影响。如图 11.7 所示为一款兄弟集复印、扫描、打印功能的一体机。

2. 多功能一体机基本结构

图 11.7 多功能一体机

目前市场上流行的多功能一体机的基本结构可以分为两种类型：彩色复印扫描和各功能平等集成两种。

（1）彩色复印扫描设备由扫描装置、打印机和计算机组成。在不用计算机的情况下，将扫描装置直接与彩色打印机相连接就是一台彩色复印机，加上 ADF 自动送纸器后就能自动连续复印多页纸。在与计算机连接后又可作为一台标准扫描仪使用。同时设备还具有 OCR 光学字符识别、硬拷贝传真、电子邮件、图片编辑等功能。因此此结构的多功能一体机是一款体积小、重量轻、操作简单、经济实惠的六合一多功能设备，可广泛应用于家庭、办公室、广告宣传、图形设计和照片冲印等通用和专用领域。

（2）一体化全能办公设备主要由一台激光打印机和一台复印/扫描组件组成，其中激光打印机是一体化全能办公设备的母机，而复印/扫描组件只有借用母机才能工作。显然，这种一体化全能办公设备必须有一主体作为母机来支持系统工作，而并非所有设备都能作为组合设备的母机，只有具备特殊技术和特殊功能的设备才能作为支持系统工作的母机。

3. 多功能一体机的种类

从功能上看，集成化产品主要分为多功能复合机、多功能打印机两大类。

（1）多功能复合机是以传真、打印为主，集成了复印、扫描、PC-Fax、信息中心等功能。

（2）多功能打印机是以打印为主要功能，集打印、复印、扫描于一体，适合已有了传真机的小型用户及一般通用办公用户使用。

11.2.6 网卡简介

网卡全名是网络接口卡（NIC，Network Interface Card），也叫网络适配器，是局域网中提供各种网络设备与网络通信介质相连的接口，网卡作为一种 I/O 接口卡插在主机板的扩展槽上。计算机通过网卡与其他的计算机交换数据，共享资源。

1. 网卡的分类

网卡的分类方法有多种，例如，按照传输速率、按照总线类型、按照所支持的传输介质、按照用途或按照网络技术来进行分类，等等。

（1）按照网络技术的不同可分为以太网卡、令牌环网卡、FDDI 网卡等。目前以太网卡最常见。

（2）按照传输速率分类，单单以太网卡就提供了 10Mb/s、100Mb/s、1000Mb/s 和 10Gb/s 等多种速率。数据传输速率是网卡的一个重要指标。

（3）按照总线类型分类，网卡可分为 ISA 总线网卡、EISA 总线网卡、PCI 总线网卡及USB网卡等。

（4）按照所支持的传输介质，网卡可分为双绞线网卡、粗缆网卡、细缆网卡、光纤网卡和无线网卡。

（5）根据主板上是否集成网卡芯片分类，可分为集成网卡和独立网卡。

2. 网卡的MAC地址

每一块网卡在出厂时都被分配了一个全球唯一的地址标志，该标志被称为网卡地址或MAC地址，由于该地址是固化在网卡上的，所以又被称为物理地址或硬件地址。网卡地址由48bit长度的二进制数组成。其中，前24bit表示生产厂商（由IEEE 802.3委员会分配给各网卡生产厂商），后24bit为生产厂商所分配的产品序列号。若采用12位的十六进制数表示，则前6个十六进制数表示厂商，后6个十六进制数表示该厂商网卡产品的序列号。如网卡地址00-90-27-99-11-cc，其中前6个十六进制数表示该网卡由Intel公司生产，相应的网卡序列号为99-11-cc。网卡地址主要用于设备的物理寻址，与IP地址所具有的逻辑寻址作用有着截然不同的区别。

3. 网卡的结构

ISA 10Mb/s总线的网卡已经淘汰，现在市场上大部分都是10/100/1000Mb/s自适应网卡，并且是PCI总线的。下面以常见的10/100Mb/s自适应PCI以太网网卡为例，介绍其结构，如图11.8所示。

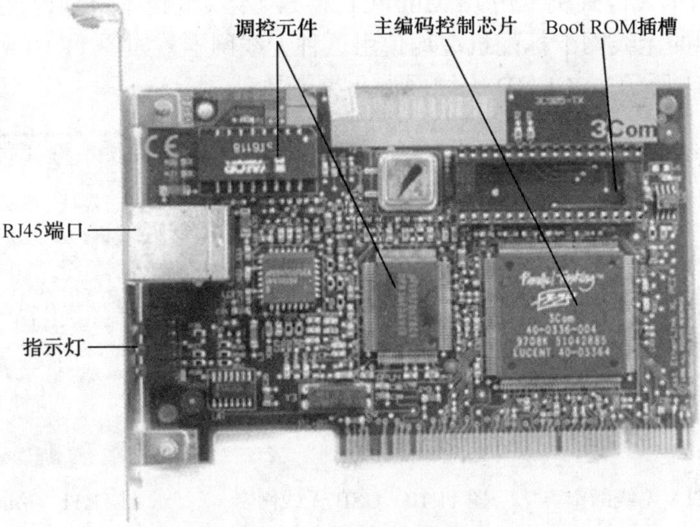

图11.8　PCI以太网网卡

（1）主编码控制芯片。负责控制进出网卡的数据流。对于PCI网卡的主控制芯片，数据可以直接从网卡传给计算机而不必经过I/O接口，也不必经过CPU，能有效降低系统的负担。

（2）调控元件。用来发送和接收中断请求（IRQ）信号，起到指挥数据正常流动的作用。

（3）Boot ROM插槽。把Boot ROM芯片插上后，就可以实现无盘启动功能。它存储有网络启动程序。根据网络操作系统的不同，分为Novell和Windows NT的Boot ROM。

（4）指示灯。指示网卡的工作状态，有电源指示、发送指标（Tx）、接收指示（Rx）、10/100Mb/s 状态显示等。

（5）RJ45 端口。RJ45 端口是一个 8 针的收发器，网卡通过 RJ45 头和双绞线与集线器或交换机连接起来。

4. 网卡的基本工作原理

网卡是局域网中的最基本的部件之一，它是连接计算机与网络的硬件设备。无论是双绞线还是光纤连接，都必须借助于网卡才能实现数据的通信。

网卡的主要功能是：读入由其他网络设备（Switch、Router 等）传输过来的数据包，经过拆包，将其变成客户机或服务器可识别的数据，通过主板上的总线将数据传输到所需设备中；将计算机发送的数据，打包后输送至其他网络设备中。

网卡的主要工作原理为整理计算机上发往网络传输介质上的数据并将数据分解为适当大小的数据包之后向网络上发送。

5. 无线网卡

无线网卡的作用、功能跟普通计算机网卡一样，是用来连接到局域网上的。所有无线网卡只能局限在已布有无线局域网的范围内。无线网卡就是不通过有线连接，采用无线信号进行连接的网卡。

无线网卡根据接口不同，主要有 PCMCIA 无线网卡（笔记本电脑专用，如图 11.9 所示）、PCI 无线网卡（台式机专用）、MiniPCI 无线网卡（笔记本电脑内置型无线网卡，迅驰机型和非迅驰的无线网卡标配机型均使用这种无线网卡，如图 11.10 所示）、USB 无线网卡（如图 11.11 所示）、CF/SD 无线网卡几类产品。

图 11.9　PCMCIA 无线网卡

图 11.10　USB 无线网卡

图 11.11　MiniPCI 无线网卡

从速度来看，无线网卡有 54Mb/s、108Mb/s、150Mb/s、300Mb/s 等几种。

无线网卡按无线标准可分为 IEEE 802.11b（11Mb/s）、IEEE 802.11g（54Mb/s）和 IEEE 802.11n（300Mb/s）。

6. 无线路由器

一般无线路由可以拖 2～4 个无线网卡，工作距离在 50m 以内效果较好，远了通信质量很差。

无线路由器（Wireless Router）好比将单纯性无线 AP 和宽带路由器合二为一的扩展

型产品，它不仅具备单纯性无线AP所有功能如支持DHCP客户端、支持VPN、支持防火墙、支持WEP加密等，而且还包括了网络地址转换（NAT）功能，可支持局域网用户的网络连接共享。可实现家庭无线网络中的Internet连接共享，实现ADSL、Cable MODEM和小区宽带的无线共享接入。

无线路由器的背部一般都有一个RJ45口，为WAN口，是连接外部网络的接口，其余2～4个口为LAN接口，用来连接普通局域网，内部有一个网络交换机芯片，专门处理LAN接口之间的信息交换，如图11.12所示。

图 11.12　无线路由器

7. 无线上网卡

无线上网卡指的是无线广域网卡，连接到无线广域网，如中国移动的TD-SCDMA、中国电信的CDMA2000、CDMA 1X及中国联通的WCDMA网络等。无线上网卡的作用、功能相当于有线的调制解调器，也就是我们俗称的"猫"。它可以在拥有无线电话信号覆盖的任何地方，利用USIM或SIM卡来连接到Internet上。无线上网卡的作用、功能就好比无线化了的调制解调器（MODEM）。

（1）无线上网卡的接口。目前，无线上网卡主要应用在笔记本电脑和PAD（掌上电脑）上，还有部分应用在台式机上，所以，其接口也有多种规格。常见的接口主要有PCMCIA接口、USB接口、EXPRESS34接口、EXPRESS54接口、CF接口等。

（2）3G无线。3G无线上网卡是目前无线广域通信网络应用广泛的上网介质。目前我国有中国移动的TD-SCDMA和中国电信的CDMA2000及中国联通的WCDMA三种网络制式，所以常见的无线上网卡就包括CDMA2000无线上网卡和TD、WCDMA无线上网卡三类。

现有的3G上网卡设备，几乎都是双模自动切换，没有3G信号的地方可以选择其他网络，网速相对比较慢。中国电信可以自由切换EVDO和CDMA 1X网络，中国移动可以自由切换TD-SCDMA网络和EDGE网络，中国联通可自由切换WCDMA和CDMA 1X网络。

（3）4G无线。第四代移动电话移动通信标准，指的是第四代移动通信技术——4G。4G是集3G与WLAN于一体，并能够传输高质量视频图像，它的图像传输质量与高清晰度电视不相上下。4G系统能够以100Mb/s的速度下载，比目前的拨号上网快2000倍，上传的速度也能达到20Mb/s，并能够满足几乎所有用户对于无线服务的要求。此外，4G可以在DSL和有线电视调制解调器没有覆盖的地方部署，然后再扩展到整个地区。很明显，4G有着不可比拟的优越性。

2013年12月4日下午，工业和信息化部（以下简称"工信部"）向中国联通、中国电信、中国移动正式发放了第四代移动通信业务牌照（4G牌照），中国移动、中国电信、中国联通三家均获得TD-LTE牌照，此举标志着中国电信产业正式进入了4G时代。

11.3 任务实施

11.3.1 选购网卡

在选购网卡时，应该注意以下几个方面的要求，不要贸然选择价格高的网卡。

（1）选择性价比高的网卡。

（2）根据组网类型选择网卡。

（3）根据工作站选择合适总线类型的网卡。

（4）根据使用环境来选择网卡。

11.3.2 选购针式打印机

选购针式打印机时应考虑以下几点。

（1）从应用对针式打印机进行分类。虽然说都是通过打印针撞击色带，从而在打印介质上成像，不过针式打印机根据应用仍然可以分为三个大类。

① 票据（通用）打印机：票据打印机是针式打印机中最为常见的一个种类。和普通打印不同，票据和统计报表往往都是要求一式多联的，因此只能通过针式打印机来实现。

② 存折打印机：存折打印机主要是应用于银行，用来替客户来打印存折的。和票据打印机相比，存折打印机最大的特点是支持的打印厚度大，这是因为存折使用的纸张一般来说都比较厚。

另外存折和存单上一般来说都已经有预先印制好的格子和项目，而对于存折、存单来说，其内容是不能有任何的歧义的，因此存折打印机应该有精准的定位性，并且还应具有自动纠偏、自动寻边、自动定位等功能，以保证存折内容的正确。

③ 税务打印机：税务打印机的专业性更强。从基本技术层面上来看，税务打印机和票据打印机有比较多的相似之处，但税务打印机具有更强的打印复写能力，这是因为根据我国税务上的规定，最为常用的增值税发票需要一式七份，这就要求税务打印机应该具有“1＋6”的复写能力。另外，税务打印机往往还具有税票快捷定制功能，可以预先定制好最为常用的税票格式。

（2）打印速度用字符数来标志。在打印速度的标志上，针式打印机与喷墨、激光打印机不同，它是用每秒钟能够打印多少个字符来标志的，而在这其中又分为中文字符的打印速度和英文字符的打印速度。

（3）打印厚度和复写能力直接影响应用。打印厚度是针式打印机选购中需要关注的重要技术指标，它的标志单位为 mm，一般来说如果需要用来打印存折或进行多份拷贝式打印的，打印厚度至少应该在 1mm 以上，如果能够达到 2mm 以上那就更好了。如果仅仅用来进行普通打印或者用来打印蜡纸的，那么对这个指标则不必太在意。

复写能力是指针式打印机能够在复写式打印纸上最多打出“几联”内容的能力，其直接关系到产品打印多联票据、报表的能力。如复写能力标志为“1＋3”的话，则表示打印机能够用复写式打印纸最多同时打出“4 联”。当然，在进行拷贝打印的同时还需要考虑打印机的打印厚度。

（4）关注打印噪声影响，优化工作环境。打印噪声大历来都是针式打印机应用中的一个大问题，这是因为针式打印机是采用击打式进行打印的，因此会产生较大的噪声。

（5）针头使用寿命影响后期使用成本。针式打印机使用的耗材——色带价格较为便宜，因此对于针式打印机的使用成本影响并不大。对于针式打印机来说，对后期使用成本影响较大的是针头的使用成本。因此在选购时应该关注针头的使用寿命。

针头的使用寿命一般有两种标志，一种是打印次数，毫无疑问次数是越多越好，目前的针式打印机的使用寿命的打印次数一般都达到2～3亿次，如果能够达到4亿次那就相当令人满意了。另一个标识则是保修时间，这对于打印量特别大的用户来说是非常重要的，因为即使针头因为打印次数达到、超过了使用寿命而损坏，而保修期没有到的话，厂商也是应该免费给予保修的。

11.3.3 选购喷墨打印机

选购打印机时，必须清楚打印机的技术特征和分类，从而根据自己的需要进行选择。在选择喷墨打印机时，可从品牌、打印用途、文字、幅面、颜色、语言和精度方面进行全面考虑。

（1）品牌。目前，打印机市场上知名的品牌有EPSON、CANON、HP和LEXMARK，其中要数ESPON的市场占有率最高。

（2）用途。按用户需要，喷墨打印机可分为台式和便携式两种。而目前用得最多是台式喷墨打印机。

（3）幅面。按幅面大小分，喷墨打印机可分为A3和A4两种。常用幅面打印机都是A4幅面，是目前的主流趋势，绝大多数用户都采用这种打印机。

（4）颜色。喷墨打印机按照颜色来分，可分为彩色打印机和单色打印机两种。

（5）语言。按照打印机使用的控制语言，可分为PCL和ESC/P两种。目前绝大多数喷墨打印机都采用PCL语言。

（6）精度。按照打印机精度（分辨率）来分，可将喷墨打印机分为高、中、低档三种。通常低分辨率的打印机指118印点/cm（300dpi）以下，中档分辨率指118印点/cm（300dpi），高档分辨率指118印点/cm（300dpi）以上。目前市场上的喷墨打印机一般都是118印点/cm（300dpi）。

（7）纸张的选择与使用。喷墨打印机纸张的要求比针式打印机要高，并且只有喷墨打印机才能打印胶片。

11.3.4 选购激光打印机

在购买之前，先要分析一下自己的实际使用状况，考虑以下几点：做到以人为本！

（1）月打印量。在购买激光打印机之前，估算一下自己的月打印量是很有必要的。一般情况下，可以用这个简单的估算公式来计算：每月平均打印量＝每人每天平均打印量×每月22个工作日×打印用户数。有了这个基数，在采购时务必选择每月打印负荷量略高于该估算值的打印机，否则买来的打印机将因过度劳累而提前报废，也就得不偿失了。

（2）打印速度。对于大多数人而言，打印速度都是一个非常重要的指标。厂商资料中提到的打印速度往往是打印机的引擎速度，而实际的打印速度还与首页输出时间、CPU处理时间、传输时间等有很大的关系，通常它要比宣称值低很多。另外，还需要看看打印机的月负荷量，乍看起来，这似乎和打印速度无关，不过如果您每月的打印量超过打印机的月负荷量时，就会使机器长期处于疲劳状态，大大地降低打印速度和打印机的寿命。

（3）耗材类型、容量。激光打印机使用耗材为鼓粉类耗材，分为鼓粉一体化硒鼓（例如惠普硒鼓、三星硒鼓都以一体硒鼓为主），也有鼓组件和粉盒分开的（例如兄弟鼓组件、兄弟粉盒、联想硒鼓等部分机型是采用鼓粉分开结构的）。很多厂商都宣传分体式耗材更节约成本，更环保。其实节省成本有限，环保还是对的。所以客户不需刻意考虑鼓粉分开好，还是鼓粉一体好。

（4）价格。很多厂商给用户的报价都只是针对其基本机型，这样的机器中是绝对不会带有双面送纸器及大容量纸盒的。

（5）可扩展性。应该选购具有一定可扩展性的打印机，能够满足未来几年内的需要。

（6）品牌及售后服务。目前市场上的激光打印机品牌有佳能、HP、施乐、OKI、EPSON、柯美、联想等。

售后服务很重要，如果没有一个良好的维修保障体系，结果可想而知，这是众所周知的，由于篇幅所限，就不再强调了。

11.3.5 选购扫描仪

从以下角度考虑选购合适的扫描仪。

（1）需求定位。在决定购买扫描仪之前，应先考虑一下，需要什么样的机型，扫描仪主要的工作任务是什么，是只想用扫描仪扫描报纸、书本上的黑白文字，进行汉字识别，还是要扫描一些照片，用来在网上发布，还是仅仅处理办公室文件，或是用于专业的桌上排版打印或印刷。

（2）价格分析。扫描仪使用寿命却很长。目前市场上扫描仪的价格一降再降，各个扫描仪厂商为满足不同层次用户的需求，投入了类型相当丰富的产品，价格不等，各具鲜明特色。

（3）功能和特性分析。在确定完机型后，应充分了解产品的功能和特性，扫描方式，色彩校正，以及分辨率和灰度级是多少。

（4）品牌、生产厂商的选择。不可否认，知名厂商所生产的产品的可靠性及稳定性通常要好得多，维护和配件供应等售后服务也比较完善，这些都是购买前感觉不到，但却是十分重要的问题。目前，国内市场上扫描仪品牌繁多，主要有 Canon（佳能）、EPSON（爱普生）、Microtek（中晶）、HP（惠普）、汉王（HanWang）、Thunis（清华紫光）、BenQ（明基）、Founder（方正）、Avision（虹光）、FUJITSU（富士通）等品牌。购买时主要考虑销售商的信誉、售后服务和维修能力。

（5）外观的设计要求。扫描仪的外观是否符合要求，外壳是否坚固，也是选购时应考虑的因素之一。因为扫描仪内所有的运动部件都固定在扫描仪的外壳上，壳体的强度和刚度对扫描仪的扫描精度影响非常大。设计良好的外壳上盖有一条条明显的加强肋，而且底板有很多凹凸。金属外壳使用时间一长，可能出现变形，使扫描精度下降。建议选择质地比较稳固的外壳。

（6）驱动程序及附赠软件。随产品携带的相关应用软件对扫描仪的应用极为重要，因此在购买时注意比较一下各类扫描仪随机附赠软件。除驱动程序和扫描操作界面外，几乎每一款扫描仪都会随机赠送一些图像编辑软件、OCR 文字识别软件。

（7）性能指标的衡量。扫描仪的性能参数很多，一般用户购买时需要考虑的技术指标包括扫描幅面、分辨率、色彩位数、灰度级、接口类型、感光元件等。

11.3.6 选购摄像头

从摄像头的组成来看，决定一个摄像头的品质从硬件上来说主要是：镜头、主控芯片与感光芯片。

（1）镜头。镜头的组成是透镜结构，由几片透镜组成，一般有塑胶透镜（Plastic）或玻璃透镜（Glass）。通常摄像头用的镜头构造有：1P、2P、1G1P、1G2P、2G2P、4G 等。透镜越多，成本越高；玻璃透镜比塑胶贵。因此一个品质好的摄像头应该是采用玻璃镜头，成像效果就相对塑胶镜头会更好。市场上的大多摄像头产品为了降低成本，一般会采用塑胶镜头或半塑胶半玻璃镜头（即 1P、2P、1G1P、1G2P 等）。

摄像头的核心就是镜头，市面上的分别有两种感光元器件的镜头，一种是 CCD，一般是用于摄影摄像方面的高端技术元件，应用技术成熟，成像效果较好，但是价格相对而言较贵。另外一种是比较新型的感光器件 CMOS，它相对于 CCD 来说价格低，功耗小。

（2）感光芯片。感光芯片（SENSOR）是组成数码摄像头的重要组成部分，根据元件不同分为 CCD 和 CMOS 两种。

① CCD 是应用在摄影摄像方面的高端技术元件。CCD 的优点是灵敏度高，噪声小，信噪比大。但是生产工艺复杂、成本高、功耗高。

② CMOS 应用于较低影像品质的产品中。CMOS 的优点是集成度高、功耗低（不到 CCD 的 1/3）、成本低。但是噪音比较大、灵敏度较低、对光源要求高。在相同像素下 CCD 的成像往往通透性、明锐度都很好，色彩还原、曝光可以保证基本准确。而 CMOS 的产品往往通透性一般，对实物的色彩还原能力偏弱，曝光也都不太好。

所以我们在使用摄像头，尤其是采用 CMOS 芯片的产品时就更应该注重技巧。

（3）主控芯片（DSP）。中星微（VIMICRO）301Plus 主控芯片，是摄像头中最好的核心 IC 之一。在 DSP 的选择上，是根据摄像头成本、市场接受程度来进行确定的。DSP 厂商设计、生产 DSP 的技术已经逐渐成熟，在各项技术指标上相差不是很大，只是有些 DSP 在细微的环节及驱动程序要进行进一步改进。

（4）像素（Resolution）。即传感器像素，也就是我们常说的多少像素的摄像头，是衡量摄像头的一个重要指标之一。在实际应用中，摄像头的像素越高，拍摄出来的图像品质就越好，但另一方面也并不是像素越高越好，对于同一画面，像素越高的产品它的解析图像的能力也越强，但相对它记录的数据量也会大得多，所以对存储设备的要求也就高得多，因而在选择时宜采用当前的主流产品。

（5）捕获速度。视频捕获能力是用户最为关心的功能之一，很多厂商都声称最大 30 帧/秒的视频捕获能力，但实际使用时并不尽如人意。摄像头的视频捕获都是通过软件来实现的，因而对计算机的要求非常高，即 CPU 的处理能力要足够的快，其次对画面要求的不同，捕获能力也不尽相同。现在摄像头捕获画面的最大分辨率为 640×480，在这种分辨下没有任何数字摄像头能达到 30 帧/秒的捕获效果，因而画面会产生跳动现象。比较现实的是在 320×240 分辨率下依靠硬件与软件的结合有可能达到标准速率的捕获指标，所以对于完全的视频捕获速度，只是一种理论指标。用户应根据自己的切实需要，选择合适的产品以达到预期的效果。

除了上述的这些之外，用户购买时还可以考虑的因素包括附带软件，摄像头外形，镜头的灵敏性，是否内置麦克风等。

11.3.7 选购触摸屏

触摸屏的选购可以从以下几方面考虑。

（1）看视角。将触摸屏拿在手上用 60° 角度看一下表面是否有牛顿环产生，若有牛顿环产生的触摸屏，则表示此触摸屏在处理牛顿环问题的经验不够。用手指按触触摸屏感觉一下是不是触摸屏有上下二层，若感觉到则表示此触摸屏的质量不过关。

（2）看设计。4 线式设计这是最流行的设计方式，也是当今 90%触摸屏的设计主流，因为将触摸屏 XY 轴的线路直接拉出来，透过触摸屏控制器转换，可读到使用者触摸的位置。

（3）看品牌。应该选择大品牌的触摸屏，比如：优派、ETWOTOUCH、唯瑞、得丽珑、LBM、OneTouch、金凯翔等。

习　　题

一、选择题

1．扫描仪的分辨率通常指（　　）上的点数，即 dpi。

A．平方厘米　　B．平方毫米　　C．长与宽　　D．每英寸

2．激光打印机最主要的特点是（　　）和易于管理。

A．高质量、高速度、高噪音　　B．高质量、速度较低、低噪音

C．体积小、高速度、低噪音　　D．高质量、高速度、低噪音

3．激光打印机与计算机连接的主要接口是（　　）。

A．并口　　B．USB 接口　　C．串口　　D．SCSI

4．打印机的分类包括（　　）。

A．针式打印机　　B．激光打印机　　C．热敏打印机　　D．喷墨打印机

5．摄像头主要构成组件包括（　　）。

A．镜头　　B．图像传感器　　C．DSP　　D．电源

二、简答题

1．简述如何选购扫描仪。

2．主流打印机的接口有哪些？

3．打印机的分类有哪些？

4．如何选购触摸屏？

5．使用触摸屏的注意事项有哪些？

三、实训题

1．目前市场上主流有哪些知名品牌的打印机？它们的价格等性能如何？

2．目前市场上主流有哪些知名品牌的扫描仪？它们的接口类型、价格等性能如何？

3．目前市场上主流有哪些知名品牌的网卡设备？它们的接口类型、价格等性能如何？

4．课外实训：通过市场调研、网上查询了解目前市面上常见的摄像头与扫描仪的品牌、价格等。

学习情境2

组装计算机硬件系统

计算机硬件的组装主要是将计算机的各个组件，比如 CPU、硬盘、光驱、主板、内存、显卡、声卡、网卡等合理准确地安装到机箱内，使之能正常工作，下面通过 3 个任务的学习来熟悉计算机硬件的组装。

任务 12

组装计算机硬件

知识目标

- 熟悉计算机组装的基础知识；
- 熟悉计算机组装的注意事项；
- 熟悉计算机组装的基本步骤。

技能目标

- 能组装计算机主机；
- 能连接计算机内部连线；
- 能连接计算机的外设；
- 能对计算机进行加电测试；
- 能完成计算机硬件系统的拆卸工作。

12.1 任务描述

选购到合适的各计算机配件后，需要动手将各配件组装起来，并开机调试，判断组装是否成功，如果开机调试出现问题，应及时检查各部件的安装和各种连线的连接。

12.2 相关知识

12.2.1 计算机组装的基础知识

1. 攒机

自己组装计算机也就是我们日常所说的“攒机”，被称为 DIY。DIY 是 Do It Yourself 的缩写，即自己动手。其本质是强调自己动手动脑，亲身实践。有一些计算机爱好者热衷于 DIY，我们称这些计算机爱好者为 DIYer（DIYer 是对“自己动手解决问题的人”的一种统称。现在一般用于计算机行业指自己装机，自己解决一些故障问题的人）。DIYer 可利用各种方法了解产品的信息、市场价格的变化等，在最佳时机选购自己需要的产品，DIYer 在电脑市场上很受欢迎。DIYer 的活动宗旨在于结合 DIYer 自身的需要，自己动手购买并组装性价比高的兼容计算机。

2. 原装机与兼容机

1981 年美国 IBM 公司生产出第一台台式计算机。该公司生产的台式计算机采用“开放体系结构”，具有较好的通用性和兼容性，用户可以方便地通过选择或增加某些部件来改变或扩充其功能。后来人们习惯性把 IBM 公司出品的个人计算机称为原装机，由其他厂商生产的，与 IBM 台式计算机的硬件、软件可以互换的计算机称为兼容机。

3. 品牌机

一切由专业生产厂商或公司自行设计、自行生产的且带有正式商标和牌号的整机产品，称为品牌机。如美国的 IBM、HP、DELL，中国的联想、方正、浪潮、同方、TCL 等机型。

4. 购买品牌机还是组装机

购买品牌机还是组装机主要从以下几个方面进行分析和比较，以确保自己购买到称心如意的计算机。

（1）价格：组装机一直在价格上有很大优势。组装机与同配置的品牌机相比较，存在价格上的优势。

（2）外观：品牌机在外形上始终保持着领先地位，因为品牌机一般都有专业的工业设计师，根据每年的流行趋势设计一些造型新颖别致的机型。

（3）质量稳定：品牌机的兼容性和稳定性是有口皆碑的，而组装机的配件现在也多由一些大厂商生产，如华硕板卡、丽台显卡等，加上不少配件厂商本身就是给品牌机做配件的，所以，质量也相当有保障。由于品牌机在组装工艺上较为专业，总体上讲，组装机在稳定性上略差于品牌机。

（4）售后服务：组装机在这方面不如品牌机，质保一般是根据配件的质保时间而定的。品牌机的售后服务就比较健全。

12.2.2 台式计算机的性能指标

主板、CPU、内存、硬盘、光驱、键盘、鼠标、机箱、显示器等部件组合在一起就构成一台计算机。用于办公和家庭娱乐的计算机主要是台式计算机、笔记本电脑。本章主要介绍台式计算机的性能、安装检测。

1. 台式计算机的分类

台式计算机分为一般台式计算机和一体化计算机。一般台式计算机的显示器和主机是分开的，如图 12.1 所示为一款 Dell 台式计算机，如图 12.2 所示为一款联想台式计算机。装有主机的机箱通常放在桌面上或桌侧面的专门放置计算机的计算机柜子里。而一体化计算机没有主机箱，将主机和显示器安装在一起，如图 12.3 所示为一款苹果一体机，如图 12.4 所示为一款联想一体机。

图 12.1 Dell 台式计算机

图 12.2 联想台式计算机

图 12.3 苹果一体机

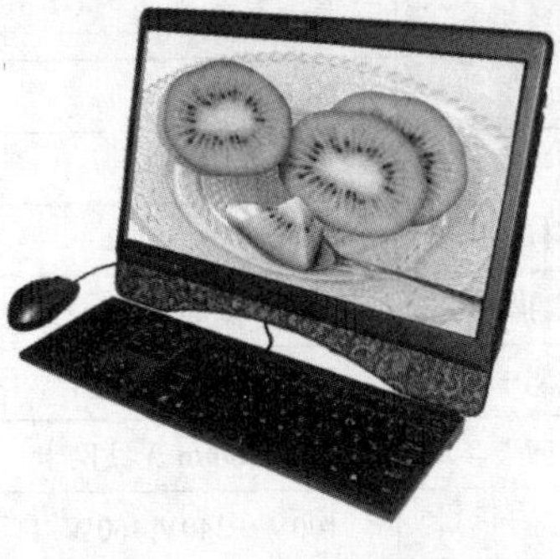

图 12.4 联想一体机

2. 台式计算机的性能指标

无论是台式计算机还是一体机，判断计算机的性能优劣是通过技术规格来分别的，下面通过两款台式计算机的性能来比较说明其含义，Dell 和联想的某款台式计算机技术规格如表 12.1 所示。

表 12.1 两款台式计算机的性能指标

产品名称	戴尔 Studio XPS 8700（XPS8700-D378）	联想扬天 T4900（i7 2600/4GB/1TB）
产品类型	家用台式机，游戏台式机	商用台式机
操作系统	Windows 8.1 64bit（64 位简体中文版）	Windows 7

续表

主板芯片组	Intel Z87	
CPU 系列	4 代英特尔酷睿 i7 系列	2 代英特尔酷睿 i7 系列
CPU 型号	Intel 酷睿 i7 4770	Intel 酷睿 i7 2600
CPU 频率	3.4GHz	3.4GHz
最高睿频	3900MHz	3800MHz
总线	DMI 5GT/s	5.0GT/s
三级缓存	8MB	8MB
核心代号	Haswell	Sandy Bridge
核心/线程数	四核心/八线程	四核心
制程工艺	22nm	32nm
内存容量	12GB	4GB
内存类型	DDR3 1600MHz	DDR3
内存插槽	4 个 DIMM 插槽	4 个 DIMM 插槽
硬盘容量	1TB	1TB
硬盘描述	7200 转	7200 转，SATA2
光驱类型	DVD 刻录机	DVD-ROM
光驱描述	16 倍速 DVD 光驱	16 倍速 DVD 光驱
显卡类型	独立显卡	独立显卡
显卡芯片	nVIDIA GeForce GTX 645	nVIDIA GeForce GTX 645
显存容量	1GB	1GB
DirectX	DirectX 11	DirectX 11
音频系统	集成 7.1 声卡	集成
显示器尺寸	20 英寸	20 英寸
显示器描述	CCFL 宽屏	CCFL 宽屏
有线网卡	1000Mb/s 以太网卡	1000Mb/s 以太网卡
无线网卡	802.11b/g/n 无线网卡	无
电源	100V～240V 460W 自适应交流电源供应器	100V～240V 460W 自适应交流电源供应器
机箱类型	微塔式	立式
机箱颜色	银色	黑色
机箱尺寸	406.8mm×444mm×185mm	396.5mm×399.6mm×160mm
机箱重量	13.8kg	14kg
前面板 I/O 接口	2×USB2.0+2×USB3.0；1×19 合 1 读卡器；1×耳机输出接口；1×麦克风输入接口	USB2.0
背板 I/O 接口	2×USB2.0+4×USB3.0；1×HDMI；1×DisplayPort；1×RJ45（网络接口）；6×插孔	电源接口
扩展插槽	1×PCI-E X16；3×PCI-E X1；2×SATA 2；2×SATA 3；1×Mini-PCI-E	1×PCI-E X16；3×PCI-E X1；2×SATA 2；2×SATA 3；1×Mini-PCI-E

续表

随机附件	标准键盘，标准鼠标，McAfee 防病毒软件 15 个月	标准键盘，标准鼠标
其他特点	电缆锁机箱安全插槽	
包装清单	主机×1；保修卡×1；说明书×1；驱动光盘×1；电源×1；键鼠套装×1	主机×1；保修卡×1；说明书×1；驱动光盘×1；显示器×1；数据线×1；电源×1；键鼠套装×1
保修政策	全国联保，享受三包服务	全国联保，享受三包服务
质保时间	3 年	3 年
质保备注	3 年有限硬件保修	整机 3 年
客服电话	800-858-0478	800-810-8888
电话备注	8:00～20:00（法定节日休息）	9:00～18:00

12.2.3 市场调查与采购

在不同的应用环境中，用户对于计算机的性能需求也不同，所以，在进行计算机组装前，应先确定具体的装机方案。

计算机硬件市场变化很快，要想及时了解产品型号和价格，就要到微机配套市场做一番市场调查。在调查中，把书本中介绍的有关配件的基本原理、技术指标等内容用到对配件的再认识上。并且在向销售商的咨询中，尽可能多地使用一些专业术语，如 CPU：酷睿 4 代 i7、i5、i3、速龙 X2、双核、四核；内存：DDR2、DDR3；主板：Intel P45、AMD780 G ；显示卡：PCI-E、PCI-E 2.0；显示器：液晶、响应时间、接口类型、分辨率等。通过市场调查了解最新的市场商情。在模拟购机时，要确定购机的应用范围和预算，如教学用、办公用、CAD 设计用、美术创作用等，大约投入资金 3000 元、4000 元、5000 元、7000 元等。然后拟一份采购清单，在清单中尽可能详细地写明部件名称、品牌型号和价格，如表 12.2 所示。

表 12.2 装机配件清单

序 号	部 件 名 称	品 牌 型 号	单 价
1	中央处理器（CPU）		
2	主板（Mainboard）		
3	内存（RAM）		
4	显示卡（VGA Card）		
5	显示器（Monitor）		
6	硬盘（Hard Disk）		
7	光驱（CD-ROM）		
8	机箱（Case）		
9	键盘（Key board）		
10	鼠标（Mouse）		

续表

序　号	部件名称	品牌型号	单　价
11	声卡（Sound Card）		
12	音箱（Speaker）		
13	其他		
14	合计		

（1）应用于计算机打字和一般办公事务处理。这类应用仅要求台式计算机具有较强的文字处理功能即可，故这类应用目标可选购配置较低的台式计算机。

（2）家庭应用。随着台式计算机应用的发展，台式计算机的家庭应用已成为一个新的应用领域。目前其主要用途是家庭辅导教育、文字处理和其他一些专业应用。它要求台式计算机具有综合处理功能，对处理速度、内外存容量要求不太高。

（3）应用于计算机局域网。用于网络的台式计算机，是作为服务器还是工作站。如果是服务器，一定要购置主频高、容量大的台式计算机。如果用于网络上的工作站，可以选一些低档台式计算机。

（4）应用于科学计算与工程计算。这类应用包括较大型工程与科学计算、CAD、CAM和CAI等。这类应用特点是：计算工作量大，要求计算速度快，一般为数值计算和图形处理。

（5）应用于数据及事务处理。这类应用是作为数据和文件的处理系统。处理对象是数值和非数值的数据。其特点是计算量较小，但输入/输出量大，内外存储的容量要求大，并应具有大数据量的吞吐能力和检索及组织数据的能力。

（6）应用于图像或多媒体技术。这类应用由于要处理图像和语言等，一般要求台式计算机内存大，外存容量大，为了清晰地显示图像要求采用高分辨率彩色显示器和显示卡。

12.2.4　组装前的注意事项

计算机在组装之前特别提醒注意下面内容。

（1）组装前要先消除身上的静电，以防止人体所带静电对电子器件造成损伤。如用手摸一摸自来水管等接地设备。

（2）禁止带电操作：在主板通电的情况下，插拔主板上各种扩展卡会引起人眼看不到的电火花，严重时会造成短路而使部件永久性损坏，因此要严格禁止带电插拔包括CPU、内存和各种扩展卡在内的所有部件。

（3）对各个部件要轻拿轻放，不要碰撞，尤其是硬盘。

（4）防止液体进入计算机内部：在安装计算机元器件时，也要严禁液体进入计算机内部的板卡上。因为这些液体都可能造成短路而使器件损坏，所以要注意不要将饮料摆放在机器附近，对于爱出汗的朋友，也要避免头上的汗水滴落，还要注意不要让手心的汗沾湿板卡。

（5）使用正确的安装方法，不可粗暴安装：在安装的过程中一定要注意正确的安装方法，对于不懂不会的地方要仔细查阅说明书，不要强行安装，稍微用力不当就可能使引脚折断或变形。对于安装后位置不到位的设备不要强行使用螺丝钉固定，因为这样容易使板卡变形，日后易发生断裂或接触不良的情况。

（6）把所有零件从盒子里拿出来（不要从防静电袋子中拿出来），按照安装顺序排好，看看说明书，有没有特殊的安装需求。准备工作做得越好，接下来的工作就会越轻松。

（7）以主板为中心，把所有东西排好。在主板装进机箱前，先装上处理器与内存；要不然过后会很难装，搞不好还会伤到主板。此外在装 AGP 与 PCI 卡时，要确定其安装牢不牢固，因为很多时候，上螺丝时，卡会跟着翘起来。如果撞到机箱，松脱的卡导致成运作不正常，甚至损坏。

（8）插拔时不要抓住线缆拔插头，以免损伤线缆。

12.2.5 台式计算机组装基本步骤

在组装之前，一定要明确装机的步骤，这样能够提高效率，避免出现“顾此失彼”的现象。计算机各配件的安装一般没有固定的顺序，主要以方便、可靠为主。装机的主要步骤如下。

1. 主机的安装

（1）准备好机箱并安装电源，主要包括打开空机箱和安装电源。

（2）驱动器的安装，包括硬盘、光驱的安装。

（3）CPU 和散热器的安装，在主板处理器插座上安装 CPU 及散热风扇。

（4）内存条的安装，将内存条插入主板内存插槽内。

（5）主板的安装，将主板固定在机箱内。

（6）显卡的安装，根据显卡接口类型将显卡安装在主板上合适的扩展槽内。

（7）声卡等的安装，根据声卡的总线类型选择合适的扩展槽将它们安装在主板上。

（8）机箱与主板间连线的连接，是指各种指示灯、电源开关线、PC 喇叭等面板插针的连接，以及硬盘、光驱电源线和数据数的连接。

2. 外设的安装

（1）输入设备的安装，将键盘、鼠标与主机相连。

（2）输出设备的安装，安装显示器。

（3）重新检查连接线情况，准备进行测试。

（4）给计算机加电，若显示器能够正常显示，表明硬件初装正确，启动 BIOS 设置程序，进行系统的初始化设置。

3. 安装操作系统软件

完成计算机硬件的组装后，就要为计算机安装操作系统软件了。在安装操作系统软件以前，需要先对新硬盘进行分区与格式化操作，然后再安装操作系统。

12.3 任务实施：组装台式计算机

12.3.1 组装前的准备

步骤 1：准备组装计算机的必备工具。

常言道“工欲善其事，必先利其器”，没有顺手的工具，装机也会变得麻烦起来。装机之前应准备的工具主要有如图 12.5 所示的几种，从左至右为尖嘴钳、散热膏、十字解刀、平口解刀。

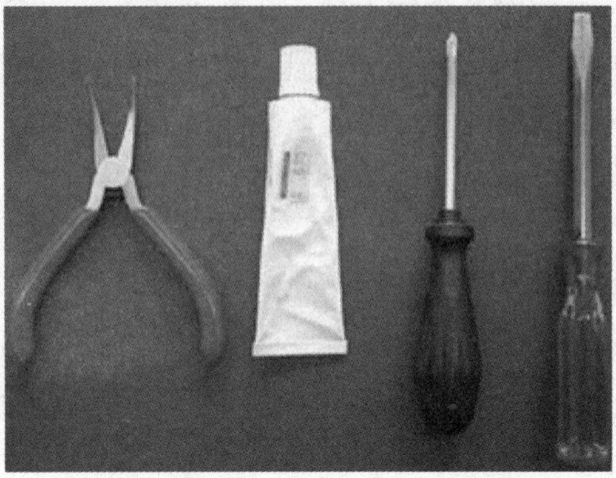

图 12.5　工具

（1）十字解刀。十字解刀又称螺丝刀、螺丝起子或改锥，是用于拆卸和安装螺钉的工具。

（2）平口解刀。平口解刀又称一字形解刀。准备一把平口解刀，不仅可方便安装，而且可用来拆开产品包装盒、包装封条等。

（3）钳子。钳子可以用来拆卸机箱后面的挡板。这些挡板用手来回折几次就会断裂脱落，但如果机箱钢板的材质太硬，那就需使用钳子。

建议：最好准备一把尖嘴钳，它可夹可钳，这样还可省却镊子。

（4）散热膏。在安装高频率 CPU 时散热膏（硅脂）必不可少，大家可购买优质散热膏（硅脂）备用。

（5）捆轧带。捆轧带用于捆扎组装完成后机箱内凌乱的连线。

步骤 2：常用的装机辅助工具。

辅助工具在装机过程中起辅助作用，主要包括以下几种。

（1）器皿：装机时会使用一些小的零件和五金配件，随意摆放会造成许多不便，这时就需要用一个器皿来放置这些小东西以免遗失。

（2）电源插座：排型插座用来测试组装完成后的计算机是否可以正常运行。

（3）镊子：还应准备一把大号的医用镊子，它可以用来夹取螺钉、跳线帽及其他一些小零碎东西。

（4）工作台：装机时最好在一个高度合适、面积足够宽敞的台面上进行，台面上应该保持干净整洁。

（5）其他配件：装机前还应预备一些五金配件，如铜柱、螺丝钉等。

12.3.2　准备主机箱和电源

1. 拆卸机箱、安装底板和挡片

首先从包装箱中取出机箱及内部的零配件（螺钉、挡板等），将机箱两侧的外壳去掉，机箱面板朝向自己，平放在桌子上。

打开零配件包，核对配件，主要包括固定螺丝、铜柱、挡板等。挑出其中的柱状螺

钉（4～6 个），先拿主板在机箱内部比较一下位置，然后将柱状螺钉旋入于主板上的螺钉孔所对应的机箱铜柱螺钉孔内，如图 12.6 所示。

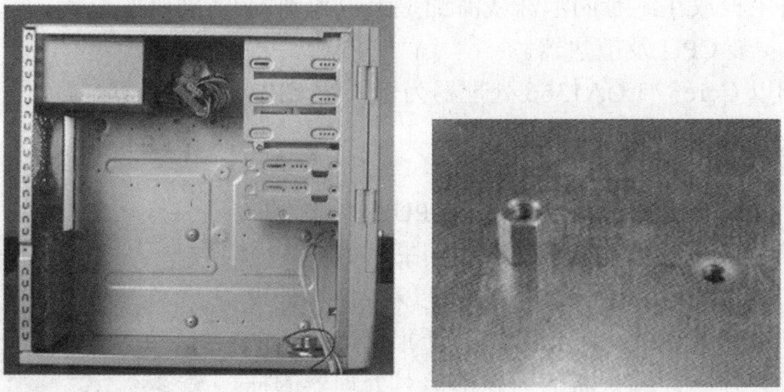

图 12.6 机箱

不同的机箱固定主板的方法不一样。图 12.6 中的机箱，全部采用铜柱螺钉固定，稳固程度很高，但要求各个铜柱螺钉的位置必须精确。主板上一般有 5～7 个固定孔，用户要选择合适的孔与主板匹配，选好以后，把固定铜柱螺钉旋紧在底板上。

2. 安装电源

一般情况下，在购买机箱时可以选择已装好电源的机箱。不过，有时机箱自带的电源品质太差，或者不能满足特定要求，则需要更换电源。

安装电源很简单，先将电源放进机箱内的电源位，将电源上的螺丝固定孔与机箱上的固定孔对正。为了避免螺丝滑丝，固定电源时先拧上一颗螺钉（固定住电源即可），再将最后 3 颗螺钉孔对正位置，最后拧上剩下的螺钉即可。这些螺丝都不要拧紧，等所有螺丝都到位后再逐一拧紧，如图 12.7 所示。

图 12.7 安装电源

在安装电源时，首先要做的就是将电源放入机箱内，这个过程中要注意电源放入的方向，有些电源有两个风扇，或者有一个排风口，则其中一个风扇或排风口应对着主板，放入后稍稍调整，让电源上的 4 个螺钉和机箱上的固定孔分别对齐。

12.3.3 安装 CPU 及散热器

为避免安装主板后机箱内狭窄的空间影响 CPU 及内存条的安装，在将主板装进机箱前最好先把 CPU 和内存条安装好。

为防止把主板上的引脚压变形，应准备一块绝缘的泡沫用来放主板。

步骤 1：接触主板和 CPU 前，先释放静电。

步骤 2：打开主板包装盒，取出主板说明书，根据主板说明书检查附件是否齐全，是否有损坏。主板的附件一般包括用户手册、数据线、主板驱动程序与实用程序光盘、产品保证单等。仔细检查主板质量，然后将主板包装盒里的泡沫垫（或海绵垫）平放在工作台上，将主板放在绝缘的泡沫或海绵垫上，找到 CPU 插座的位置。

步骤 3：安装 CPU 及散热器。

下面分别以 Core i7 LGA1366 处理器为例介绍 CPU 的安装。

1. 安装 Core i7 CPU

第一步：按照包装盒上的指示打开 CPU 包装盒，取出 CPU，检查 CPU 质量，阅读 CPU 说明书。如图 12.8 所示为一款 LGA1366 的 CPU。从图中可以看到，L 处理器全部采用了触点式设计，与针管式设计相比，最大的优势是不用再去担心针脚折断的问题，但对处理器的插座要求则更高。

图 12.8　LGA1336 CPU

第二步：打开主板上的 CPU 插座。

① 如图 12.9(a)所示是一款 X58 主板上的 LGA1336 CPU 插槽。相比 LGA775，LGA1366 插槽中的触点排列更加细密，损坏的可能性也就更高。因此，所有 X58 主板在出厂时，插槽内都加盖了保护盖防止误伤触点。如图 12.9（a）中，保护盖上还粘贴了警示语：只在安装 CPU 时去除该保护盖。

② 如图 12.9（b）所示，CPU 插槽下方的“J”型拉杆就是插槽顶盖卡锁，向下抠出并拉起拉杆。

图 12.9（a）　LGA1336 CPU

图 12.9（b）　向下抠出并拉起拉杆

③ 如图 12.10（a）所示，打开金属顶盖，看到塑料保护盖。

④ 如图 12.10（b）所示，塑料保护盖上有两个小小的突出开口，用指甲插入即可撬起保护盖。注意最后保留拆下的保护盖，在主板送修时需要将它重新盖上。部分厂商如果发现送回的主板没有盖上保护盖可能会拒绝维修/更换。

⑤ 如图 12.11（a）所示，这就是 LGA1366 插槽的真身，采用了防呆设计，CPU 只有在正确方向才能放入，绝对不要使用蛮力。如图 12.11（b）所示插槽上下在左侧 1/4 处各有一个小小的塑料突起物，它们就是确定 CPU 安装方向的关键。

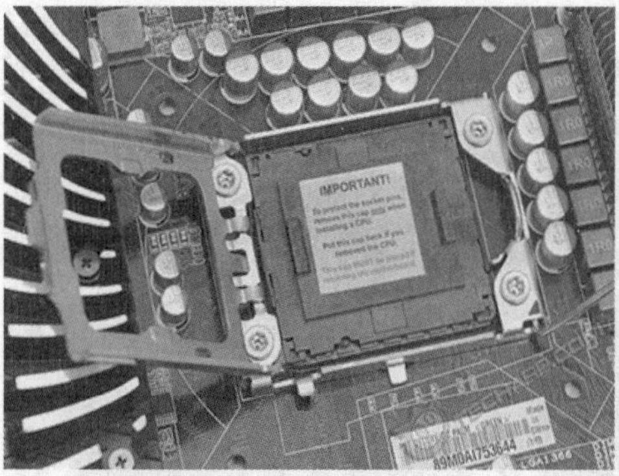

图 12.10（a） 打开金属顶盖

图 12.10（b） 撬起保护盖

图 12.11（a） LGA1366 插槽的真身

图 12.11（b） CPU 安装方向

⑥ 注意 CPU 两侧的小缺口，将其对准插槽上的突起放下，CPU 即可准确嵌入插槽。正确安装后，CPU 的绿色基板应保证和插槽顶端平齐，如图 12.12（a）所示。放下金属顶盖，最好向下按一按以保证到位，如图 12.12（b）所示。

图 12.12（a） CPU 嵌入插槽

图 12.12（b） 放下金属顶盖

⑦ 将金属拉杆回位，此时它的上下都应该被两个小金属片固定，如图 12.13 所示。

2. 安装 CPU 散热风器

如图 12.14 所示就是 Core i7 庞大的盒装散热器。

在安装之前，首先需要确定主板上的 4pin CPU 风扇插针位置，保证风扇安装后电源线长度足够连接到这个插针，如图 12.15 所示。Core i7 原装风扇的底部接触面上，已经预先涂好了三条散热硅脂，正好覆盖 CPU 顶部突出的散热片，如图 12.16 所示。下面真正开始安装散热器。

图 12.13　金属拉杆回位

图 12.14　CPU 散热器

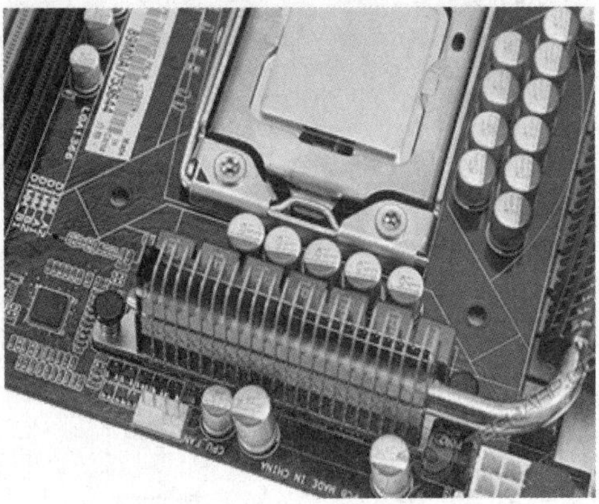

图 12.15　4pin CPU 风扇插针

图 12.16　三条散热硅脂

① 查看 CPU 插槽四角的散热器安装孔位，如图 12.17 所示。将散热器四角对准孔位放下，如图 12.18 所示。

图 12.17　散热器安装孔位

图 12.18　散热器四角对准孔位放下

② 选择位于对角线位置的两个卡扣，如图 12.19（a）所示，如果先固定位于 CPU 同一侧的两个卡扣可能因压力过大导致损坏。同时按下两个卡扣，如图 12.19（b）所示。

③ 对另一条对角线上的两个卡扣重复第②步。如果将来需要拆卸散热器，只需要再按图示方向旋转卡扣即可将其弹出，松开四角卡扣后轻轻旋转散热器，让吸附的硅脂松

开即可取下整个散热器。

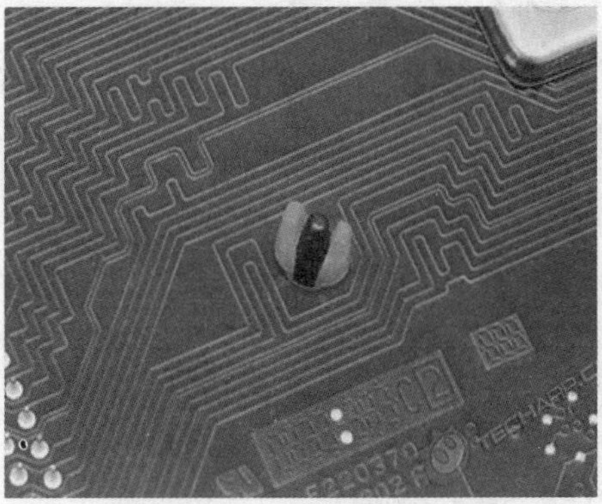

图 12.19（a） 卡扣按下固定后

图 12.19（b） 同时按下两个卡扣

④ 装好散热器后，连接 CPU 风扇电源，如图 12.20 所示。

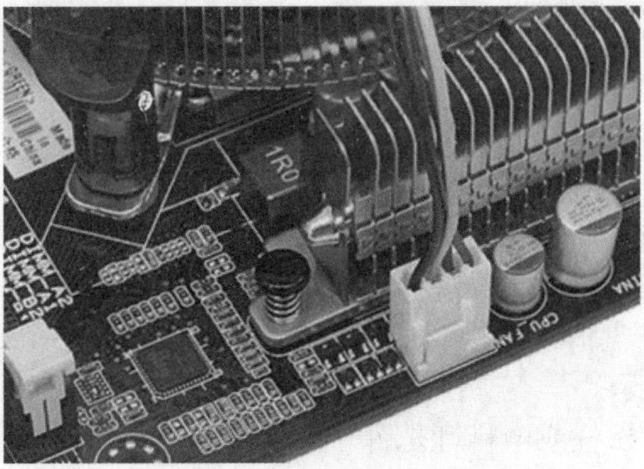

图 12.20 安装散热风扇电源

12.3.4 安装内存条

安装内存条时需要将内存条金手指的缺口与插槽分隔的位置相对应。下面以安装 DDR3 内存条为例介绍。

主板上的内存插槽一般都采用两种不同的颜色来区分双通道与单通道。将两条规格相同的内存条插入到相同颜色的插槽中，即打开了双通道功能。

步骤 1：检查内存条。在安装内存之前，检查内存条的质量，然后观察金手指是否有划痕、污迹等。

步骤 2：对照主板说明书，找到内存插槽的位置。用食指和拇指将内存插槽两端的白色塑料卡子向两边扳动，并打开内存插槽两端的扣具。

步骤 3：对照内存金手指的缺口与插槽上的突起确认内存的插入方向，内存插槽也使用了防呆式设计，反方向无法插入，大家在安装时可以对应一下内存与插槽上的缺口。

步骤 4：用两拇指按住内存两端轻微向下压，听到“啪”的一声响后，即说明内存安装到位，此时插槽两边的卡子自动闭合卡住内存条，如图 12.21 所示。

图 12.21　安装内存条

12.3.5　安装主板

安装主板就是将主板固定到机箱的底板上，过程如下。

步骤 1：对照主板说明书，将机箱提供的主板垫脚螺母安放到机箱主板托架的对应位置（有些机箱购买时就已经安装）。固定铜柱最少安装 6 颗。

步骤 2：根据主板接口情况，将机箱背面相应位置的挡板去掉。由于挡板与机箱直接连在一起，先用螺丝刀将其顶开，再用尖嘴钳扳下。

步骤 3：将主板的 I/O 接口对准机箱背面的相应位置，双手平行托住主板，将主板放入机箱的底板上，使键盘口、鼠标口、串/并口及 USB 接口等和机箱背面挡板的相应插孔对齐，如图 12.22 所示。

步骤 4：检查金属螺柱或塑料钉是否与主板的定位孔相对应，将金属螺丝套上绝缘垫圈，拧紧螺丝，固定好主板（在装螺丝时，注意每颗螺丝不要一次性地拧紧，等全部螺丝安装到位后，再将每粒螺丝拧紧，这样做的好处是随时可以对主板的位置进行调整），如图 12.23 所示。

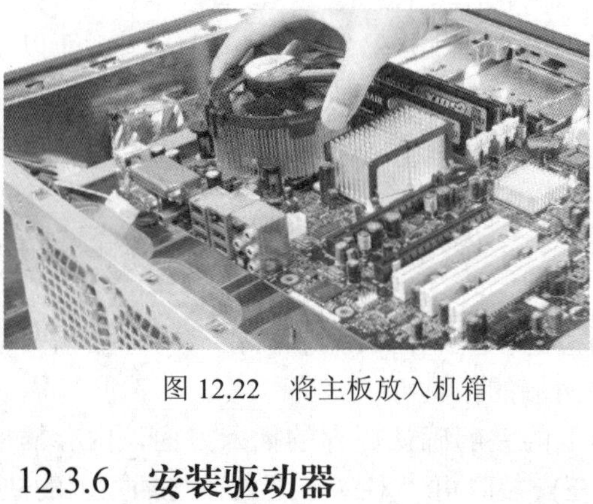

图 12.22　将主板放入机箱

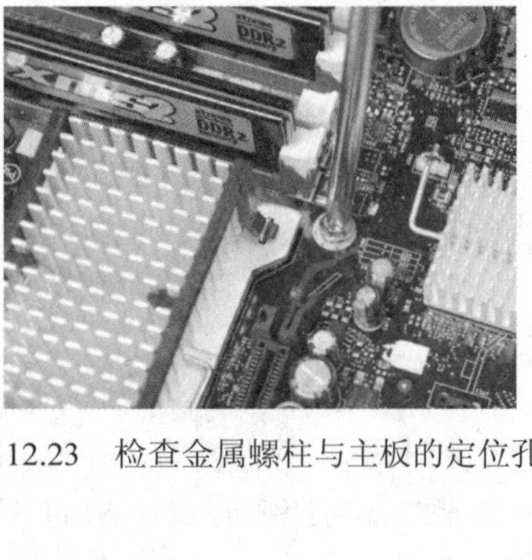

图 12.23　检查金属螺柱与主板的定位孔

12.3.6　安装驱动器

为避免安装驱动器过程中失手掉下驱动器或螺丝刀，砸坏主板上的配件，最好将驱动器安装后再安装主板。驱动器的安装包括硬盘、光驱。它们在机箱内部的安装位置如图 12.24 所示。

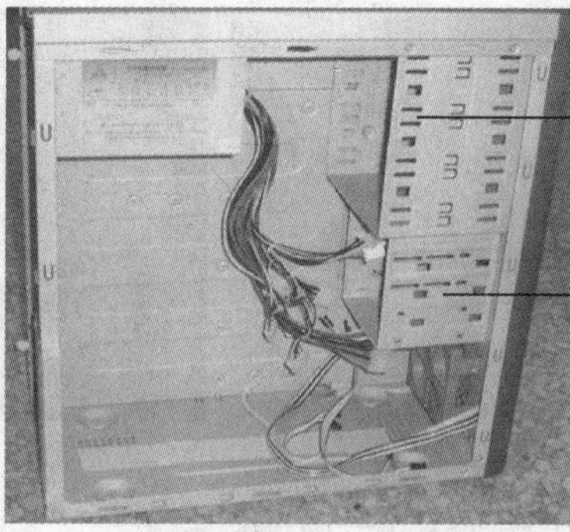

图 12.24　各种驱动器的位置

其中 1 号位置用来放置光驱、刻录机、DVD 光驱等 5.25 英寸的部件，3 号位置用来放置 3.5 英寸的硬盘。

1. 安装硬盘

在这里所说的硬盘的安装是指把硬盘固定在机箱内，并连接数据线和电源线的过程。IDE 接口的硬盘需要正确的跳线，而 SATA 接口的硬盘则无需设置跳线。

步骤 1：在接触硬盘前，先释放静电，然后打开硬盘的包装盒，取出硬盘，检查硬盘是否完好、有无划痕、是否干净等，尤其是要检查硬盘的数据接口是否发生断针或弯曲。

步骤 2：根据机箱的类型确定是否取下机箱面板上用于安装硬盘的 3.5 英寸塑料挡板。由于在机箱的另一侧安装螺丝不方便，最好先卸下 3.5 英寸托架。机箱中有固定 3.5 寸托架的扳手，拉动此扳手即可固定或取下 3.5 寸托架，如图 12.25 所示。

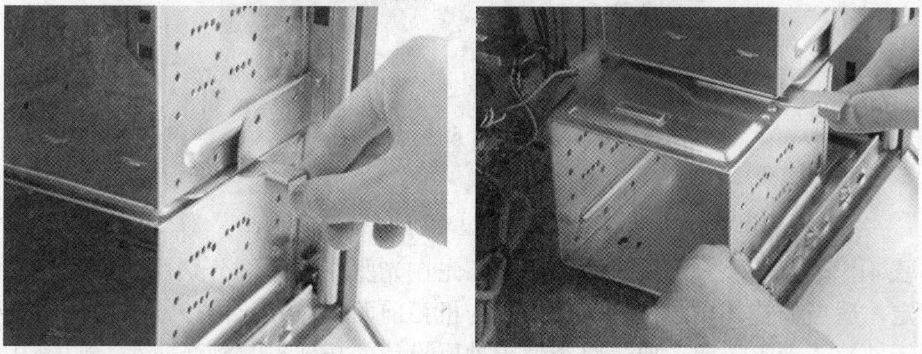

图 12.25　拆卸 3.5 英寸托架

步骤 3：将硬盘安装在托架上，通常机箱内会预留两块硬盘的空间，为利于散热，应将硬盘安装在离光驱较远的位置。

单手捏住硬盘，使硬盘面板朝上，对准安装插槽，将硬盘轻轻地往里推，直到硬盘的四个螺丝孔与托架上的螺丝孔对齐，然后用螺丝固定硬盘，如图 12.26（a）和（b）所示。

步骤 4：将托架重新装入机箱，并将固定扳手拉回原位固定好硬盘托架，如图 12.26（c）所示。

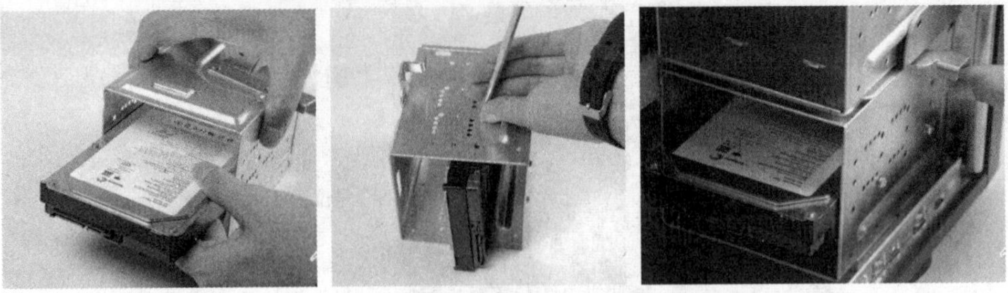

（a）　　（b）　　（c）

图 12.26　3.5 英寸硬盘安装

2. 安装光驱

不同类型的光驱的安装方法基本相同，下面以 DVD 光驱为例介绍。

步骤 1：打开 DVD 光驱的包装盒，取出 DVD 光驱和音频信号线，检查 DVD 光驱是否完好、有无划痕、是否干净等，尤其是要检查光驱的数据接口是否发生断针或弯曲。

步骤 2：设置光驱的跳线。对照光驱面板或光驱机壳上的跳线说明设置好光驱的主、从跳线。

步骤 3：将光驱装入机箱。为便于散热，尽量把光驱安装在机箱最上面的位置。

安装光驱前，先将机箱前面板上的 5.25 英寸槽口的塑料挡板拆下，然后将光驱从机箱前面板的相应位置推入机箱，注意，光驱的接口部分背对机箱前面板，如图 12.27 所示。

图 12.27　光驱的安装位置

步骤 4：固定光驱。为保证面板美观，先在光驱左右两侧分别用两颗螺丝一前一后初步固定，适当调整其安装位置，使光驱与机箱前面板对齐，再拧紧螺丝。

对于抽拉式光驱托架，要先将类似于抽屉设计的托架安装到光驱上，如图 12.28 所示。然后像推拉抽屉一样，将光驱推入机箱托架中，如图 12.29 所示。机箱安装到位，需要取下时，用两手按住两边的簧片，即可以拉出，简单方便，如图 12.30 所示。

图 12.28　安装光驱托架

图 12.29　将光驱推入机箱托架

图 12.30　光驱安装到位

12.3.7 安装显卡等接口卡

打开显卡等接口卡的包装，检查各接口卡，以及配件是否齐全、完好，阅读产品说明书，然后进行安装。

1. 安装显卡

步骤1：用手轻握显卡两端，垂直对准主板上的显卡插槽（PCI-E槽或AGP槽），带有输出接口的金属挡板面向机箱后侧，然后用力平稳地将显卡向下压入插槽中，如图12.31所示。

图12.31 安装显卡

步骤2：用螺丝固定显卡。固定显卡时，要注意显卡挡板下端不要顶在主板上，否则无法插到位。

2. 安装声卡

步骤1：在主板上找一条未用的PCI插槽，在机箱后壳上拆除此PCI插槽对应的挡板。

步骤2：用手轻握声卡两端，垂直对准主板上的PCI插槽，带有输出接口的金属挡板面向机箱后侧，然后用力平稳地将声卡向下压入插槽中。

步骤3：用螺丝固定声卡。固定声卡时，要注意声卡挡板下端不要顶在主板上，否则无法插到位。

步骤4：连接音频线。音频线一般是3芯或4芯信号线，其中红色和白线分别是左右声道信号线，黑线是地线。将信频信号线的一端接入光驱的音频输出口，另一端接声卡的音频口。

12.3.8 连接机箱内各种线缆

1. 连接数据线

步骤1：连接SATA硬盘数据线。由于SATA采用点对点的连接方式，每个SATA接口只能连接一个硬盘，因此不用设置跳线，系统自动将SATA硬盘设置为主盘。SATA数据线两端插头没有区别，均采用单向L形盲插插头，一般不会插错。将数据线一端插头插入主板 SATA 1 接口，如图 12.32 所示，另一端连接硬盘，如图 12.33 所示。

图 12.32　主板 SATA 接口

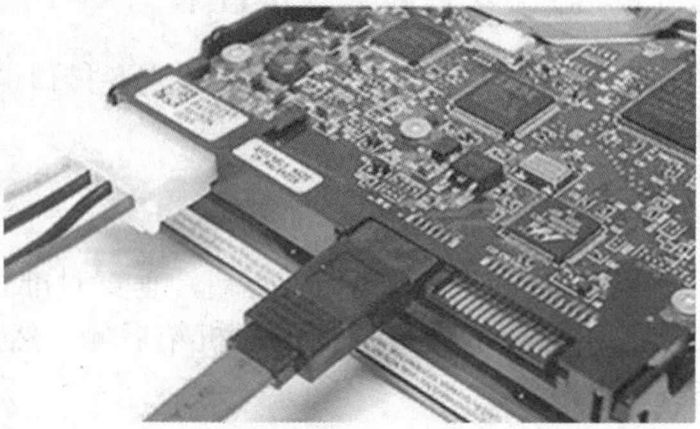

图 12.33　硬盘接入 SATA 数据线

如果是安装多个 SATA 硬盘，只要将连接每个硬盘的数据线插头依次插入主板 SATA 1、SATA 2 接口等，便完成连接，这时系统自动按照 1、2、3 顺序编号。启动硬盘要接在所连接的最小序号 SATA 接口上，但不一定是 SATA 1。

如果同时安装了 SATA 硬盘和 IDE 硬盘，为使其不冲突，需要在 BIOS 设置中进行设置。

步骤 2：连接光驱数据线。为光驱也接上电源插头和 SATA 数据线。将 SATA 数据线的另一端插在主板的 SATA 插槽上。

2. 连接电源线

需要连接的电源线有主板电源、硬盘电源、光驱电源、CPU 专用电源及部分显卡电源。

步骤 1：给主板插上供电插头。主板供电电源接口，这里需要说明一下，目前大部分主板采用了 24 针的供电电源设计，但仍有些主板为 20 针。

从机箱电源输出插头中找到 24 芯主板电源接头，在主板上找到电源接口，将 24 芯电源插头对准主板上的插座插到底，并使插头与插座上的两个塑料卡子互相卡紧，以防止电源插头脱落，如图 12.34 所示。

图 12.34　连接 ATX 24 芯主板电源

为主板供电的接口采用了防呆式的设计，只有按正确的方法才能够插入。通过仔细观察也会发现在主板供电的接口上的一面有一个凸起的槽，而在电源的供电接口上的一面也采用了卡扣式的设计，这样设计的好处一是为防止用户反插，另一方面也可以使两个接口更加牢固的安装在一起。

步骤 2：连接 CPU 专用电源。为了给 CPU 提供更强更稳定的电压，目前主板上均提供一个给 CPU 单独供电的接口（有 4 针、6 针和 8 针三种）。同样电源上也需要提供给 CPU 供电的 4 针、6 针与 8 针的接口。从电源输出插头中找出 4 芯 CPU 专用电源插头，插到主板 CPU 专用电源插座上，如图 12.35 所示。

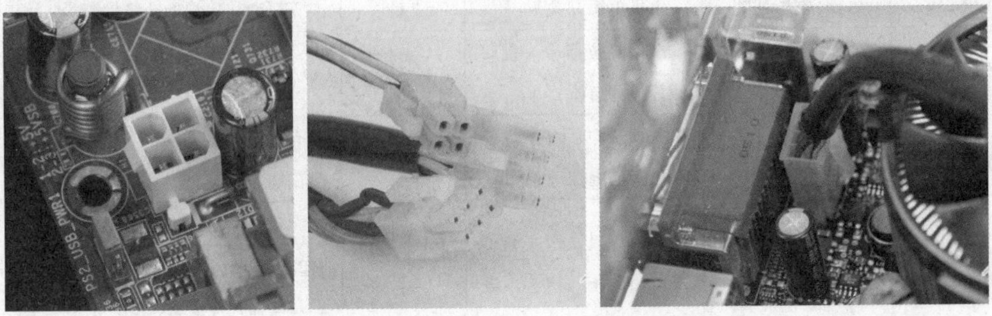

图 12.35　主板 CPU 专用供电电源连接

步骤 3：连接 SATA 硬盘电源线。从电源输出插头中找出 SATA 硬盘电源 15 线电源插头连接到 SATA 硬盘电源接口上。如果没有 15 线电源插头，使用 SATA 电源适配器连接到 4 芯 D 型插头，如图 12.36 所示。有的 SATA 硬盘同时提供 4 芯 D 型电源插头。

图 12.36　SATA 硬盘电源连接

3. 连接面板插针

计算机机箱面板上的指示灯、开关，要使它们能正常发挥作用，就需要正确地连接面板插针。不同的主板在插针设计上不同，在连线前要认真阅读主板说明书，找到各个连线插头所对应的插针位置，如图 12.37 所示。

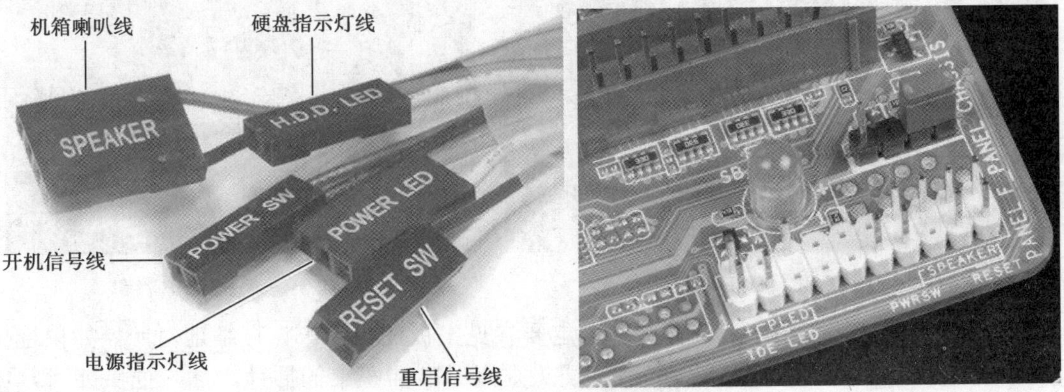

图 12.37　各种插针和主板标志

常见的连线插头标志及其用途如表 12.3 所示。

表 12.3　机箱面板指示灯及主板控制按键插针说明

插头标志	接机箱面板	用　途	针　数	插针顺序及机箱接线颜色
PWR SW	ATX 电源开关	主机电源开关	2 针	无极性，通常 1 针接黄线 2 针接黑线
RESET SW	复位开关	产生复位信号，重启计算机并自检	2 针	无极性，通常 1 针接红线 2 针接蓝线
POWER LED	电源指示灯，绿色	主板加电后灯亮，表示已接通电源	2 针	有极性，通常 1 针（+）接绿线 2 针（–）接白线
SPEAKER	机箱喇叭	使计算机发声，利用其发出的不同声响，进行不同的提示	4 针	无极性，通常 1 针接红线 4 针接黑线
				2 与 3 针短路时启动机箱喇叭或主板上的蜂鸣器，使其发声；正常工作时应使 2、3 针开路
HDD LED	硬盘指示灯	读写硬盘时，指示灯闪烁	2 针	有极性，通常 1 针（+）接红绿线 2 针（–）接白线

一般情况下，白线或黑线表示负（—）极，彩色线表示正（+）极。

注意：硬盘指示灯线接好后，当计算机在读写硬盘时，机箱上的硬盘指示灯会亮，但这个指示灯可能只对 IDE 硬盘起作用，对 SCSI 硬盘不起作用。

4. 连接扩展接口

（1）USB 扩展接口。

步骤 1：在机箱中找到 USB 扩展接口的连接线插头。机箱前面板前置 USB 的连接线，如图 12.38 所示，其中 VCC 用来供电，USB–与 USB+分别是 USB 的负正极接口，GND 为接地线。

步骤 2：在主板上找到扩展 USB 接口的插座。目前主板上均提供前置的 USB 接口。如图 12.39 所示是主板上提供的前置 USB 接口。

图 12.38　USB 接线

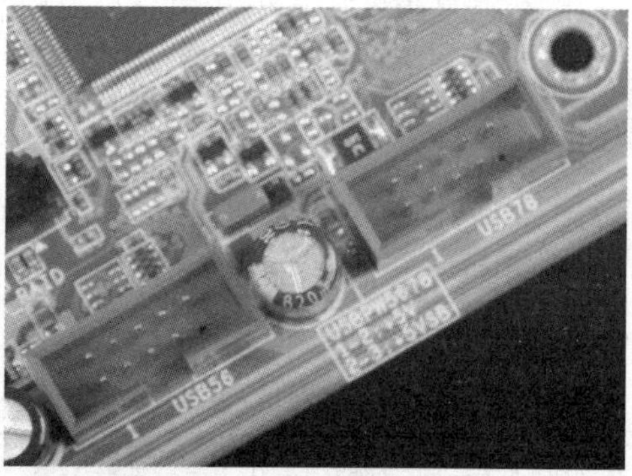

图 12.39　模块 USB 接线

步骤 3：在连接 USB 接口时大家一定要参见主板的说明书，仔细地对照，如果连接不当，很容易造成主板的烧毁。然后将插头垂直对准插座上的插针，插入插头即可，如图 12.40 所示。

为了方便用户的安装，很多主板的USB接口的设置相当的人性化，如图12.41所示。可以看到，USB接口采用了防呆式的设计方法，大家只有以正确的方向才能够插入USB接口，方向不正确是无法接入的。

图12.40　USB连接线

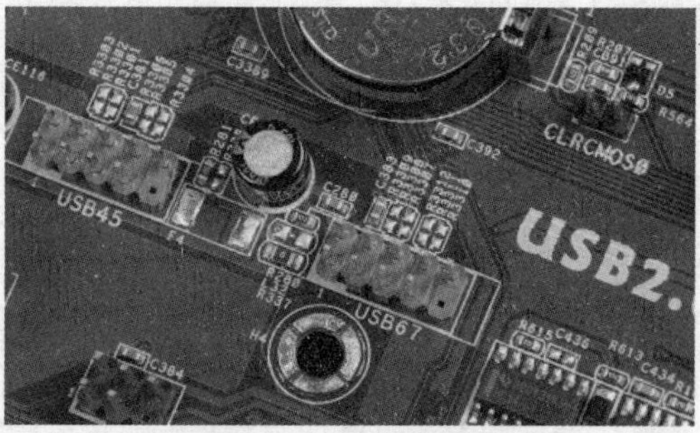

图12.41　USB插针

（2）IEEE 1394扩展接口。如果机箱面板提供了IEEE 1394输出接口，将连接输出接口的电缆线插头插入主板的插座中，机箱面板的IEEE 1394接口就可用了，如图12.42所示。

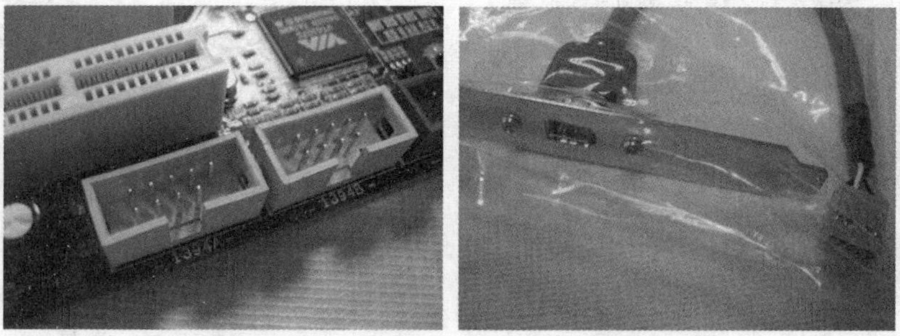

图12.42　IEEE 1394插座及连接线

5. 连接音频线

如今的主板上均提供了集成的音频芯片，并且性能上完全能够满足绝大部分用户的需求。为了方便用户的使用，目前大部分机箱除了具备前置的USB接口外，音频接口也被移植到了机箱的前面板上，为使机箱前面板上的耳机和话筒能够正常使用，还应该将前置的音频线与主板进行正确的连接。

如图12.43中所示便是扩展的音频接口。其中AAFP为符合AC'97音效的前置音频接口，ADH为符合ADA音效的扩展音频接口，SPDIF_OUT是同轴音频接口，这里，重点介绍一下前置音频接口的安装方法，如图12.44所示。

如图12.45所示为机箱前置音频插孔与主板相连接的扩展插口，前置的音频接口一般为双声道，L表示左声道，R表示右声道。其中MIC为前置的话筒接口，对应主板上的MIC，HPOUT-L为左声道输出，对应主板上的HP-L或Line Out-L（视采用的音频规范不同，如采用的是ADA音效规范，则接HP-L，下同），HPOUT-R为右声道输出，对应主板上的HP-R或Line Out-R，按照分别对应的接口依次接入即可。

另外，在主板上还会发现如图12.46所示的接口，这也是音频接口，对应的是光驱背部的音频接口。在某些支持不开机听音乐的电源，连接此音频线后即可以利用光驱的前面板上的耳机来听音乐。

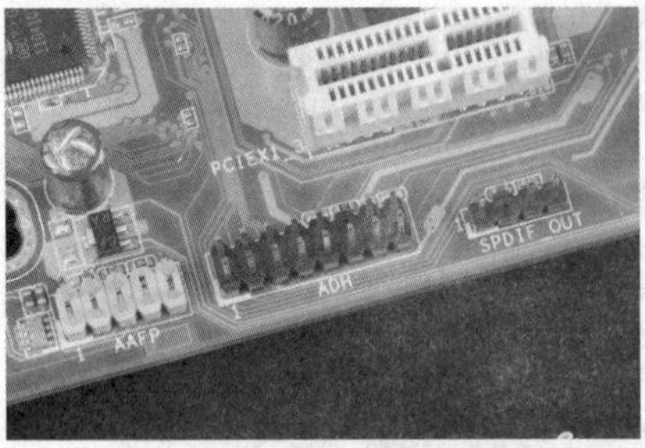

图 12.43　扩展的音频接口

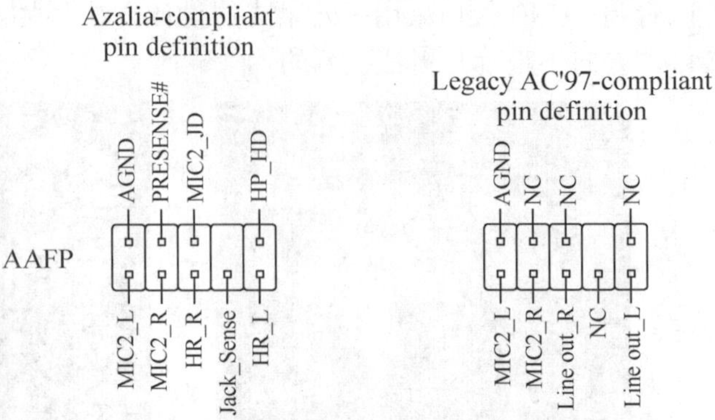

图 12.44　前置音频接口的安装方法

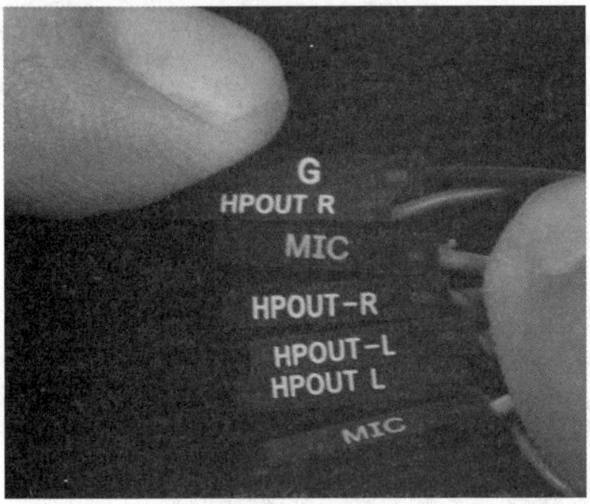

图 12.45　音频连线

图 12.46　光驱音频接口

6. 连接主板散热器

如图 12.47 所示的 CPU_FAN 是 CPU 散热器的电源接口，目前 CPU 的散热器接口采用了 4 针设计，与其他散热器相比明显多出一针，这是因为主板提供了 CPU 温度监测功能，风扇可以根据 CPU 的温度自动调整转速。

如图 12.48 所示的 CHA_FAN 插座是用来给散热器供电的，如果添加了散热器，可以通过这些接口来为风扇供电。

图 12.47　CPU 散热风扇电源

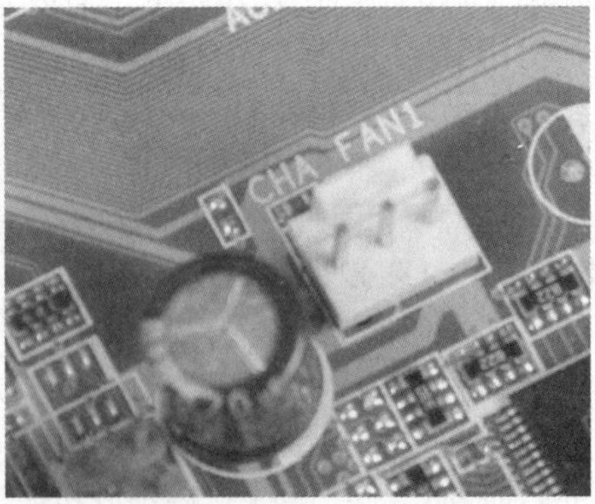

图 12.48　散热器电源

7. COM 接口

新的主板芯片组背部不提供 COM 接口，因此在主板上内建了 COM 插槽，可以通过扩展支持对 COM 支持，方便老用户使用，如图 12.49 所示。

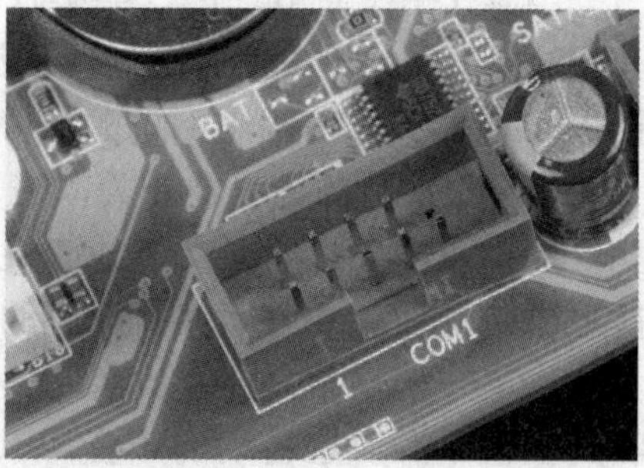

图 12.49　主板 COM 接口

8. 整理内部连线和合上机箱盖

机箱内部的空间并不宽敞，加之设备发热量都比较大，如果机箱内没有一个宽敞的空间，则会影响空气流动与散热，同时容易发生连线松脱、接触不良或信号紊乱的现象。整理机箱内部连线的具体操作步骤如下。

（1）首先就是面板信号线的整理。面板信号线都比较细，而且数量较多，平时都是乱作一团。不过，整理它们也很方便，只要将这些线用手理顺，然后折几个弯，再找一根捆绑电线的捆绑绳，将它们捆起来即可。

（2）机箱里最乱的是电源线，先用手将电源线理顺，将不用的电源线放在一起，这样可以避免不用的电源线散落在机箱内，妨碍日后插接硬件。

（3）接下来将音频线固定一下，因为 CD 音频线是传送音频信号的，所以最好不要将它与电源线捆在一起，避免产生干扰。CD 音频线最好单个固定在某个地方，而且尽量避免靠近电源线。

（4）最后的整理工作是最困难的，那就是对 IDE 线的整理。在购机时，IDE 线是由主板附送的，它的长度一般都比较长，实际上用不了这么长的线，过长的线不仅多占空间，还影响信号的传输，因此可以截去一部分。

经过一番整理后，会发现机箱内部整洁了很多，这样做不仅有利于散热，而且方便日后各项添加或拆卸硬件的工作。整理机箱的连线还可以提高系统的稳定性。

12.3.9　连接外部设备

1. 安装显示器

步骤 1：检查显示器。打开显示器包装箱，取出说明书按照说明书检查配件，检查显示器质量。

步骤 2：连接显示器的信号线。显示器信号线采用 VGA 接口，一端应插在显示卡的 VGA 插座上，另一端接在显示器上。

步骤 3：连接显示器的电源。从附袋里取出电源连接线，将显示器电源连接线的一端接到显示器上，另外一端连接到电源插座上。

2. 连接键盘和鼠标

现在键盘和鼠标的信号线插头分为 PS/2 接口和 USB 接口，都需要将鼠标和键盘插在主板对应的 PS/2 接口和 USB 接口上。

12.3.10 加电自检

步骤 1：在通电之前，务必仔细检查各种设备的连接是否正确、接触是否良好，尤其要注意各种电源线是否有接错或接反的现象。检查确认无误后，将多孔插座的电源线插头插入 220V 50Hz 电网电源插座。

步骤 2：打开显示器开关，按下机箱面板上的电源开关，注意观察通电后有无异常，如冒烟、发出烧焦的异味、或者发出报警声，CPU 风扇是否转动等。一旦有问题立即拔掉主机电源插头或关闭多孔插座的开关，然后进行检查。

如果一切正常，计算机启动大约 3s 后，机箱喇叭会发出“滴”的一声，同时还可以听到主机电源风扇转动的声音，以及硬盘启动时发出的自举声，机箱上的电源指示灯一直点亮，硬盘指示灯及键盘右上角的 NumLock、Caps Lock、Scroll Lock 三个指示灯亮一下后再熄灭。显示器发出轻微“刷”的声音后，显示屏上开始出现开机画面信息，并且进行硬件自检。

步骤 3：硬件自检通过后，关闭主机电源，关闭多孔电源插座开关。

步骤 4：安装机箱挡板。装机箱盖时，要仔细检查各部分的连接情况，确保无误后，把主机的机箱盖盖上，将机箱挡板依循轨道由后向前推移，使挡板与前面板咬合后，拧上机箱螺丝。

习　题

一、选择题

1. 在微型计算机机箱的面板上一般有 3 个指示灯，代表了 Power、HD、Turbo 3 种状态，分别表示（　　）。

　A. 主机接通、硬件设备完好、内存检测成功

　B. 电源接通、IDE 设备有数据传送、加速模式

　C. 主机接通、数据传送正确、输入输出设备准备就绪

　D. 电源接通、硬件设备完好、加速模式

2. 安插内存条时，要保证内存条与主板成（　　）角度。

　A. 30°　　B. 60°　　C. 90°（垂直）　　D.120°

3. CPU 插槽旁边的固定扳手的作用是（　　）。

　A. 仅仅是外部装饰，无实际用途

　B. 固定 CPU，使 CPU 的每个针脚都与主板插座接触良好，确保通信正常

　C. 具有开关作用

　D. 具有连接主板的功能

二、填空题

1. 在拆装计算机的器件前，应该释放掉手上的________。

2. 机箱前面板上 HDD LED 是指________，RESET 指的是________。

3．安装 CPU 时涂抹硅胶的目的是更好地________。

4．安装多条内存条时，P4 的主板应注意：内存条的容量和型号最好保持________。

5．主板安装完毕后，应重点检查________是否接触到机壳；各种外部设备是否对应（机箱背部）的开孔；扩展卡的安装是否受到限制，等等。

三、实训题

到实验室或电脑市场去动手组装台式计算机，可以选择不同类型、不同结构的机箱和主板。按照 12.3 节组装计算机步骤进行。

任务 13

拆卸计算机

知识目标

- 了解计算机硬件拆卸的注意事项；
- 熟悉计算机硬件拆卸的一般步骤。

技能目标

- 能完成计算机硬件系统的拆卸工作。

13.1 任务描述

在对计算机硬件系统进行维护、排除计算机硬件系统故障时，往往需要将计算机部件拆卸下来进行处理。

13.2 计算机硬件系统拆卸步骤

拆卸计算机各部件时，必须关闭多孔电源插座开关，拔下机箱电源线插头。计算机硬件系统的拆卸步骤如下。

步骤 1：拔下电源线。必须拔下主机及显示器等外设的电源线。

步骤 2：拔下外设连线。拔出键盘、鼠标、USB 电缆等与主机箱的连线时，将插头直接向外平拉即可；拔出显示器信号电缆、打印机信号电缆等连线时，先松开插头两边的固定螺丝，再向外平拉插头。

步骤 3：打开机箱盖。机箱盖的固定螺丝大多在机箱后侧边缘上，用十字螺丝刀拧下螺丝取下机箱盖。

步骤 4：拔下面板插针插头。沿垂直方向向上拔出面板插针插头。

步骤 5：拔下驱动器电源插头。沿水平方向向外拔出硬盘、光驱的电源插头。拔下时绝对不能上下左右晃动电源插头。

步骤 6：拔下驱动器数据线。硬盘、软光驱数据线一端插在驱动器上，另一端插在主板的接口插座上，捏紧数据线插头的两端，平稳地沿水平或垂直方向拔出插头。然后拔下光驱与声卡间的音频线。

步骤 7：拔下主板电源线。拔下 ATX 主板电源时，用力捏开主板电源插头上的塑料卡子。垂直主板适当用力把插头拔起，另一只手轻轻压住主板，按压时应轻按在 PCI 插槽上，不能按在芯片上，或芯片的散热器上，然后拔下 CPU 专用电源插座上的插头。

步骤 8：拆下接口卡。用螺丝刀拧下固定插卡的螺丝，用双手捏紧接口卡的上边缘，垂直向上拔下接口卡。

步骤 9：拆卸内存条。轻缓地向两边掰开内存插槽两端的固定卡子，内存条自动弹出插槽。

步骤 10：取出主板。松开固定主板的螺丝，将主板从机箱内取出。

步骤 11：拆卸 CPU 和散热器。

（1）拔下 CPU 散热器电源插头。

（2）拆出散热器。拆卸过程和安装过程相反。

（3）拆下 CPU。松开 CPU 的固定扳手，和安装过程相反。

步骤 12：拆下驱动器。硬盘和光驱都固定在机箱内的驱动器支架上，先拧下驱动器支架两侧的固定螺丝，再水平抽出驱动器。拧下最后一颗螺丝时用手握住驱动器，小心驱动器落下摔坏。

习　　题

一、简答题

1．试总结计算机硬件拆卸的基本步骤。

2．试总结计算机硬件拆卸的注意事项。

二、实训题

到实验室或电脑市场去动手拆卸台式计算机，可以选择不同类型、不同结构的机箱和主板。按照 13.2 节拆卸步骤进行。

任务 14

设置 BIOS

知识目标

- 了解 BIOS 芯片与 CMOS；
- 熟悉 BIOS 基本功能；
- 了解 BIOS 的种类；
- 熟悉 BIOS 设置的作用；
- 熟悉 EFI BIOS 设置与原理。

技能目标

- 能对 BIOS 进行基本的设置；
- 能升级 BIOS；
- 能恢复 BIOS 设置；
- 能进行 EFI BIOS 设置。

14.1 任务描述

BIOS 负责解决硬件的即时需求，并按软件对硬件的操作要求具体执行，所以它的设置和优化就显得尤为重要了。合理设置从不同驱动器引导系统的顺序，准确配置硬盘，快速有效地进行系统优化设置，以及升级 BIOS 的能力，都是计算机系统维护人员必须掌握的重要技能。

14.2 相关知识

14.2.1 认识 BIOS 与 CMOS

1. 认识 BIOS

BIOS（Basic Input/Output System）即基本输入/输出系统。实际上它是被固化在计算机 ROM（只读存储器）芯片上的一组程序，为计算机提供最低级的、最直接的硬件控制与支持。

2. 认识 CMOS

CMOS（Complementary Metal Oxide Semiconductor）原意是指互补金属氧化物半导体——一种大规模应用于集成电路芯片制造的原料，是计算机主板上的一块可读写的 RAM 芯片，用来保存当前系统的硬件配置和用户对某些参数的设定。CMOS 可由主板的电池供电，即使系统掉电，信息也不会丢失。CMOS RAM 本身只是一块存储器，只有数据保存功能，而对 CMOS 中各项参数的设定要通过专门的程序。

3. BIOS 设置与 CMOS 设置的区别和联系

在计算机日常维护中，常常可以听到 BIOS 设置和 CMOS 设置的说法，它们都是利用计算机系统ROM中的一段程序进行系统设置，那么BIOS和CMOS设置是一回事吗？

BIOS 与 CMOS 既相关又不同：BIOS 中的系统设置程序是完成参数设置的手段；CMOS RAM 是设定系统参数的存放场所，是结果。完整的说法是通过 BIOS 设置程序对 CMOS 参数进行设置。BIOS 设置与 CMOS 设置都是其简化的叫法，指的是一回事。但是 BIOS 与 CMOS 却是完全不同的两个概念，不可混淆。

14.2.2 BIOS 的基本功能

1. 自检及初始化

计算机刚接通电源时对硬件部分的检测，叫做加电自检（POST），功能是检查计算机是否良好，例如内存有无故障等。

初始化，包括创建中断向量、设置寄存器、对一些外部设备进行初始化和检测等，其中很重要的一部分是 BIOS 设置，主要是对硬件设置的一些参数，当计算机启动时会读取这些参数，并和实际硬件设置进行比较，如果不符合，会影响系统的启动。

2. BIOS 系统启动自举程序

BIOS 在完成 POST 自检后启动磁盘引导扇区自举程序，BIOS 按照系统 CMOS 设置中设置的启动顺序信息，搜索硬盘驱动器、CD-ROM、网络服务器等有效的启动驱动器，将启动盘的引导扇区记录读入内存，然后将系统控制权交给引导记录，并由引导程序装入操作系统的核心程序，以完成系统平台的启动过程。

3. 程序服务处理和硬件中断处理

程序服务处理程序主要是为应用程序和操作系统服务的，这些服务主要与输入/输出设备有关，例如读磁盘、文件输出到打印机等。为了完成这些操作，BIOS 必须直接与计算机的 I/O 设备打交道，它通过端口发出命令，向各种外部设备传送数据及从外部设备接收数据，使程序能够脱离具体的硬件操作。硬件中断处理则分别处理 PC 机硬件的需求。因此这两部分分别为软件和硬件服务，组合到一起，使计算机系统正常运行。

在开机时，BIOS 就将各硬件设备的中断号提交到 CPU（中央处理器），当用户发出使用某个设备的指令后，CPU 就会暂停当前的工作，并根据中断号使用相应的软件完成中断的处理， 然后返回原来的操作。 DOS/Windows 操作系统对硬盘、光驱与键盘、显示器等外围设备的管理就是建立在系统 BIOS 的中断功能基础上的。

4. 程序服务请求

程序服务请求主要是为应用程序和操作系统等软件服务的。BIOS 直接与计算机的 I/O 设备打交道，通过特定的数据端口发出命令，传送或接收各种外部设备的数据。软件程序通过 BIOS 完成对硬件的操作，如将磁盘上的数据读取出来并将其传输到打印机或传真机上，或通过扫描仪将素材直接输入到计算机中。

14.2.3 BIOS 的种类

目前市面上较流行的主板 BIOS 主要有 Award BIOS、AMI BIOS、Phoenix BIOS 三

种类型。

Award BIOS 是由 Award Software 公司开发的 BIOS 产品，在目前的主板中使用最为广泛。Award BIOS 功能较为齐全，支持许多新硬件，目前市面上多数主机板都采用了这种 BIOS。

AMI BIOS 是 AMI 公司出品的 BIOS 系统软件，开发于 20 世纪 80 年代中期，早期的 286、386 大多采用 AMI BIOS，它对各种软、硬件的适应性好，能保证系统性能的稳定，到 90 年代后，绿色节能计算机开始普及，AMI 却没能及时推出新版本来适应市场，使得 Award BIOS 占领了大半壁江山。当然现在的 AMI 也有非常不错的表现，新推出的版本依然功能强劲。

Phoenix BIOS 是 Phoenix 公司的产品，从性能和稳定性上看，由于前两种，多用于高档的原装品牌机和笔记本电脑上，其画面简洁，便于操作。

14.3 任务实施

14.3.1 设置启动选项

步骤 1：首先，打开计算机电源，然后反复按着键盘上的 Delete 键，进入 BIOS 的设置程序界面。在菜单“Boot Configuration Features”上按 Enter 键进入“Boot Configuration Features”主界面，如图 14.1 所示。

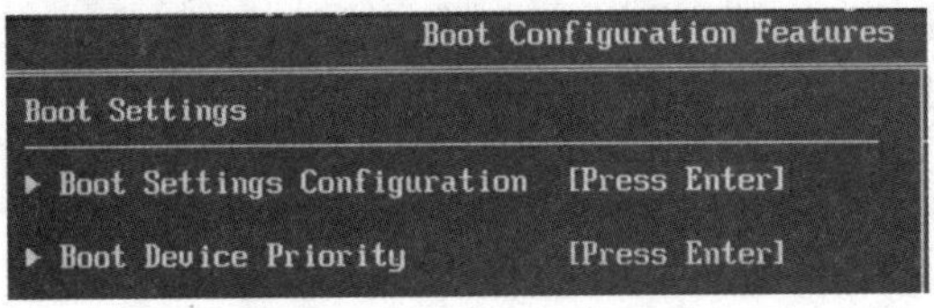

图 14.1 启动参数特征

步骤 2：在菜单“Boot Device Priority”上按 Enter 键来设置开机启动顺序。分别是第一启动设备、第二启动设备、第三启动设备、第四启动设备、其他启动设备，如图 14.2 所示。

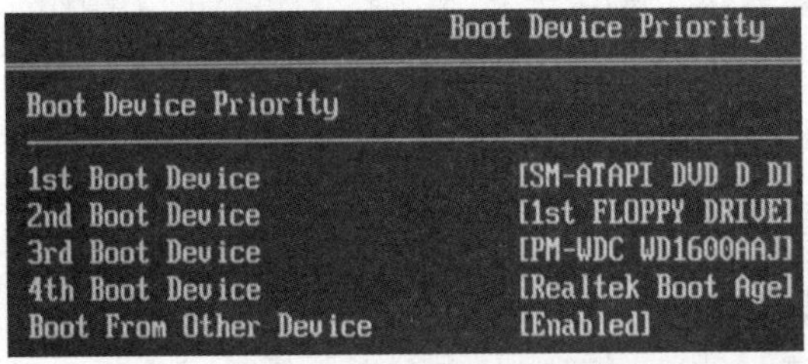

图 14.2 启动优先级选择

每个启动优先级都有 Floppy（软驱）、HDD-0（第一块硬盘）、HDD-1（第二块硬盘）、CD-ROM（光驱）、SCSI（SCSI 设备）、Lan（网卡）、USB 设备等。将光标移动到相应选项按 Enter 键，用上下方向键选择选用的设备。系统会从您选择的驱动器中读取系统文件并启动系统，如果从第一个设备启动失败，则读取第二设备。如图 14.2 所示，第一启动项为 DVD 光驱，第二启动项为软驱，第三启动项为硬盘，第四启动项为网卡。如果有需要还可以选择其他启动设备，来启动系统。

步骤 3：设置启动参数。“Quick Boot”选项用来设置是否开机快速自检。将该选项设置为“Enabled”（开启）状态可以加速计算机的启动，但会降低系统的查错能力。如果设置为“Disabled”（关闭）状态，则计算机会正常自检启动。

“Boot up Num-Lock”选项用来设置启动时是否关闭键盘上的数字小键盘（Num Lock），设置为“On”（开启）将小键盘变成数字键，设置为“Off”（关闭）将小键盘变成方向键，如图 14.3 所示。

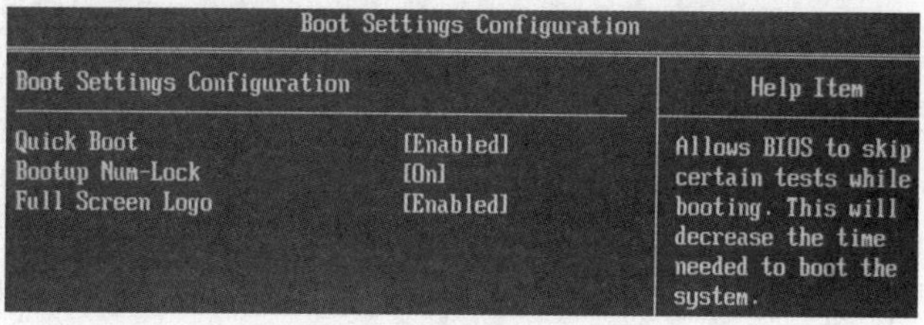

图 14.3　启动参数设置

14.3.2　双硬盘安装时的 BIOS 设置

Parallel ATA（并行 ATA，以下简称 PATA）硬盘即普通的 ATA 接口硬盘。Serial ATA（串行 ATA，以下简称 SATA）是硬盘今后的发展趋势，如今市场上 SATA 硬盘及支持 SATA 硬盘的主板也越来越多。SATA 硬盘在外观上最大的变化就是采用了非常窄小的“L”形数据线接口及扁平的电源线接口，支持 SATA 硬盘的主板一般都会提供 2 个或 4 个 SATA 接口。

对于同时安装了 SATA 和 PATA 硬盘的用户，经常遇到的问题是安装了 SATA 硬盘后，导致 PATA 硬盘和光驱无法正常使用，这都是因为 BIOS 设置不正确引起的，下面就如何正确设置 BIOS 能同时使用 SATA 硬盘、PATA 硬盘和光驱进行介绍。

首先对主板与硬盘、光驱的物理连接做以下设置。

步骤 1：将主板上 IDE2 接口与 PATA 硬盘进行连接，注意数据线两端的 Master 端分别连接硬盘与主板，并将 PATA 硬盘的跳线设置为默认（主盘），连接好电源线。

步骤 2：将 SATA 硬盘的数据接口与主板上 SATA1 接口进行连接，连接好电源线。

步骤 3：将光驱的跳线设置为“从盘”，并与连接硬盘与主板数据线的“Slave”端进行连接，接好电源线。

通过以上设置，完成主板、光驱、两个硬盘的连接过程。接下来开机，按 Delete 键进入主板的 BIOS 设置界面，进行设置。

步骤 4：选择并进入“Advanced BIOS Features”设置窗口，进入“IDE Configuration”设置界面，如图 14.4 所示。

步骤 5：将光标移动到窗口下方的“SATA Controller Setup”选项上按 Enter 键，然后在弹出的窗口中选中“Manual”后再按 Enter 键，如图 14.4 所示。

步骤 6：将光标移动到“Onboard IDE Operate Mode”上按 Enter 键，在弹出的窗口中选中“Compatible Mode”并按<Enter>键。在“Combined Mode Option”中选择“Primary P-ATA＋S-ATA”，如图 14.5 所示。

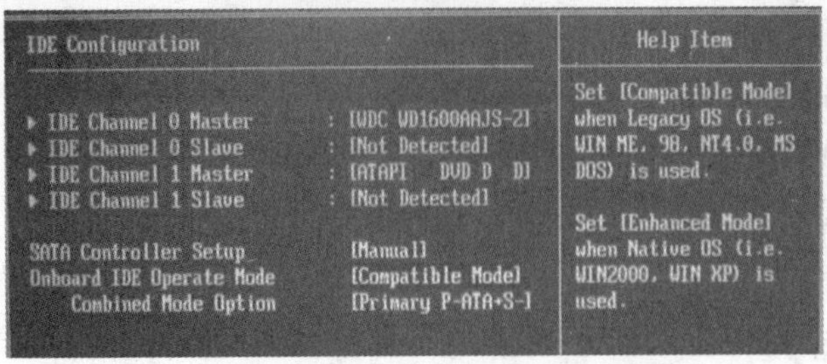

图 14.4　接口设置

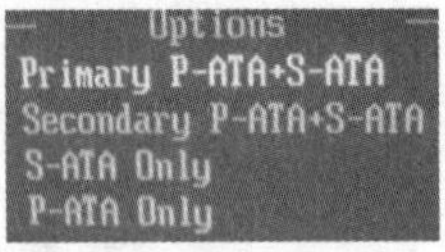

图 14.5　参数选择

步骤 7：按 F10 功能键保存 BIOS 设置，按 Y 键保存并退出。

以上设置完成后，计算机自动重启。重新启动计算机后，再次按 Delete 键进入 BIOS，在“IDE Configuration”窗口我们看到，SATA 硬盘占据了“IDE Channel 0 Master”通道，而 PATA 硬盘则占据了“IDE Channel 1 Master”通道，如图 14.4 所示。

经过以上设置后，SATA 硬盘的优先级就会高于 PATA 硬盘，我们便可以使用 SATA 硬盘来安装操作系统了。操作系统的安装过程完全像单独使用 PATA 硬盘一样。

如果不想将 SATA 硬盘作为系统盘，而想把操作系统安装在 PATA 硬盘上，则可以在 BIOS 中将 PATA 硬盘的启动优先级提高。方法是进入“Boot Configuration Features”窗口，查看现有驱动器的状态，如图 14.6 所示。选择“Boot Device Priority”并进入硬盘启动优先顺序设置窗口。在该窗口中，默认是 SATA 硬盘排在 PATA 硬盘的前面，此时可以选中 PATA 硬盘，然后按<Page Up>键，使 PATA 硬盘排在 SATA 硬盘的前面。最后保存 BIOS 设置并重新启动计算机，这样 PATA 硬盘的第一个分区在 DOS 下便成了 C 盘，如图 14.7 所示。

图 14.6　现有驱动器

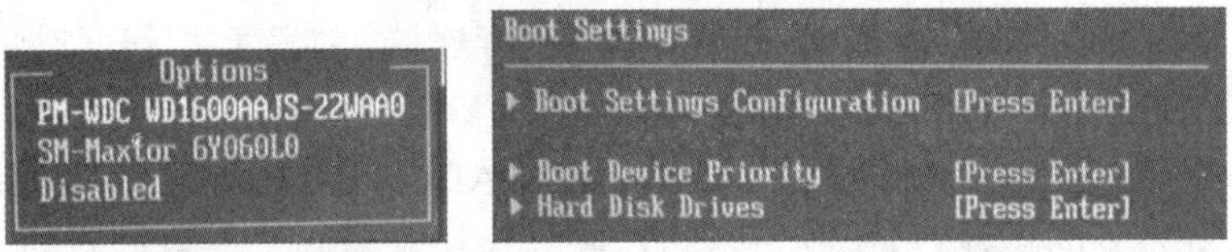

（1）　（2）

图 14.7　设置优先级

14.3.3　BIOS 安全设置

在 BIOS 主菜单中有关于设置密码的选项“BIOS Security Features”（BIOS 安全设置），选中该选项后按<Enter>键进入子菜单，如图 14.8 所示，用来设置管理员密码和普通用户密码。

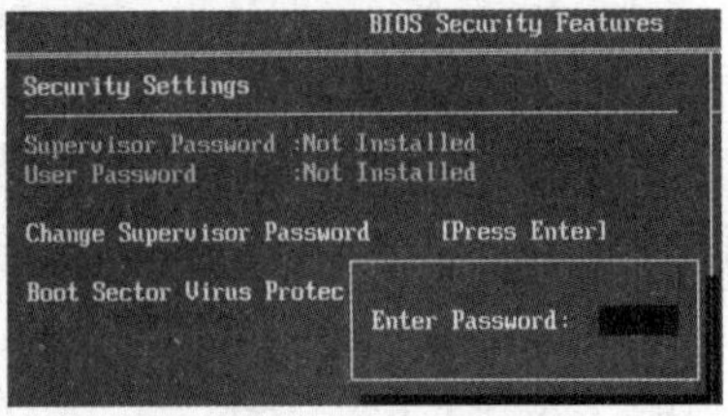

图 14.8　BIOS 安全设置

步骤 1：设置密码。

将光标移动至“Supervisor password”或“User

password”选项上，按 Enter 键。现在输入的密码会清除所有以前输入的 CMOS 密码，输入密码最多 8 个字符。输入后会再次被要求输入密码。再输入一次密码，然后按 Enter 键。可以按 Esc 键，放弃此项选择，不输入密码。

步骤 2：取消密码。

要取消密码，只要在弹出输入密码的窗口时按 Enter 键，屏幕会显示一条确认信息，是否禁用密码。一旦密码被禁用，系统重启后，可以不需要输入密码就直接进入设定程序。按任意键，然后按 F10 键保存并退出 BIOS 设置程序即可完成取消密码的设置。

步骤 3：清除 COMS 密码。

常常有合法的用户忘记了自己设置的 CMOS 密码，使原本用于安全保护的密码功能反而变成了使用计算机的障碍，轻则不能修改 CMOS 配置，重则连计算机也难以启动。可以采用 CMOS 放电法和跳线短路法清除 CMOS 密码。

14.3.4 设置电源管理

如果使用的是支持 ACPI 电源管理标准的操作系统，例如 Windows 7/2008，那么通过 BIOS 进行设置可以轻松地实现键盘或鼠标开机，实现网络唤醒计算机，实现在计算机空闲时进入节能模式等。

步骤 1：进入 BIOS 主界面后选中 Power Management Features 选项并按 Enter 键进入子菜单，如图 14.9 所示。

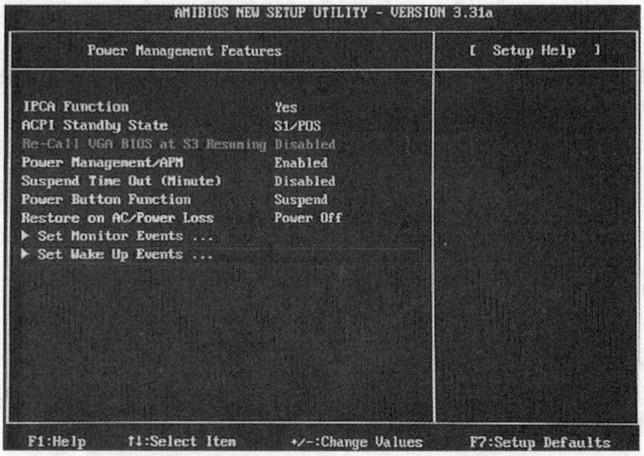

图 14.9 电源管理

“IPCA Function”项是用来激活 ACPI（高级配置和电源管理接口）功能的。如果您的操作系统支持 ACPI-aware，则选择“Yes”。设定值为：Yes 和 No。

“ACPI Standby State”设定值为：StateS1/POS S1 休眠模式是一种低能耗状态，在这种状态下，没有系统上下文丢失，(CPU 或芯片组)硬件维持着所有的系统上下文；S3/STR S3 休眠模式是一种低能耗状态，在这种状态下仅对主要部件供电，比如主内存和可唤醒系统设备，并且系统上下文将被保存在主内存，一旦有“唤醒”事件发生，存储在内存中的这些信息被用来将系统恢复到以前的状态；Auto BIOS 自动决定最佳模式。

“Restore on AC/ Power Loss”项决定着开机时意外断电之后，电力供应再恢复时系统电源的状态。设定选项为：Power Off 保持机器处于关机状态；Power On 保持机器处于开机状态；Last State 将机器恢复到掉电或中断发生之前的状态。

步骤 2：选择“Set Wake Up Events …”项进入子菜单，如图 14.10 所示。

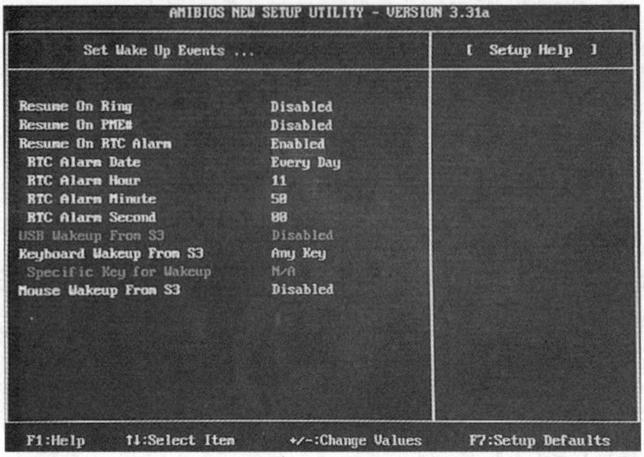

图 14.10　唤醒事件设定

“Resume On Ring”设定值：Enabled 和 Disabled。在串行铃声指示器线上的一个输入信号（modem 的预警），将系统从软关机状态唤醒。

“Resume On PME#”是 Power Manager Event。设定值：Enabled 和 Disabled。这个选项是是否要支持 PCI 设备能唤醒系统。

“Resume On RTC Alarm”设定值：Enabled 和 Disabled。如果“Resume By Alarm”被设为“Enabled”，系统将自动从规定的日/时/分/秒来启动机器。设置项如下：指定日期 01～31，Every Day；指定小时 00～23；指定分钟 00～59；指定秒钟 00～59。

“Keyboard Wakeup From S3”允许用户设置一个唤醒键，此唤醒键可以将系统从电源节电状态唤醒。设定值为：Any Key 和 Specific Key。

“Mouse Wakeup From S3”项设置允许鼠标的激活信息可以将系统从（Suspend to RAM）睡眠状态唤醒。设定值为：Disabled、（double-click）Left-button 和（double click）Right-button。

14.3.5　**升级** BIOS

1. 升级 BIOS 的意义

（1）提供对新的硬件或技术规范的支持。需要通过升级 BIOS 来获得对新硬件或新技术的支持。

（2）解决旧版本 BIOS 中存在的 BUG。通过升级 BIOS 可以修补老版本 BIOS 中的 BUG，解决一些特殊故障。

（3）得到一些特殊功能。比如某些 BIOS 升级后添加了“恢复精灵”、“魔法设置”等实用的功能。

2. 什么样的 BIOS 支持升级

观察主板上的 BIOS 芯片，该芯片大多为 Award 或 AMI 的产品。揭掉 BIOS 芯片上面的标签，就会看到 BIOS 芯片的编号。对于某些主板，厂商为了节约成本而使用了不可升级的 BIOS。当然，可以直接查看主板说明书，看上面是否有关于主板的 BIOS 可以升级的说明。

3. 具体步骤

步骤 1：确认主板是否支持 BIOS 升级。

步骤 2：AMI 的 BIOS 擦写程序名一般为 AMIFLASH.EXE。可以在主板配套驱动光盘中或是在主板的制造商网站找到。

步骤 3：启动计算机进入纯 DOS 状态，输入“cd c:\bios”进入“c:\bios”目录，运行“AMIFLASH.EXE”文件。

步骤 4：在主选单中选择“File”，然后按<Enter>键确认。

步骤 5：输入 BIOS 路径及文件名“c:\bios\A614MS18.ROM”。

步骤 6：在指示栏，程序将提示“Are you sure to write this BIOS into flash ROM ? <Enter> to continue or <ESC> to cancel”，这句话的意思是“您是否确认将这款 BIOS 装入 Flash ROM 中？按<Enter>键继续或按<ESC>键退出”。此时按<Enter>键确认。

步骤 7：在指示栏，程序将显示“Flash ROM updated completed - PASS，Press any key to continue...”，意思是“Flash ROM 已经写入完成，请按任意键继续”，此时再按 Enter 键确认。

步骤 8：重新启动计算机，至此完成 BIOS 升级。

14.4 EFI BIOS

14.4.1 EFI BIOS 简介

EFI，可扩展固件接口英文名 Extensible Firmware Interface 的缩写，是英特尔公司推出的一种在未来的类 PC 的计算机系统中替代 BIOS 的升级方案。

14.4.2 EFI BIOS 发展历程

EFI 技术源于英特尔安腾处理器（Itanium）平台的推出。安腾处理器是英特尔瞄准服务器高端市场投入近十年研发力量设计产生的与 x86 系列完全不同的 64 位新架构。

14.4.3 EFI BIOS 设置

在 EFI 的操作界面中，鼠标代替键盘成为了 BIOS 的输入工具，各功能调节的模块也和 Windows 界面类似，可以说，EFI 就是一个小型化的 Windows 系统。华硕和微星都已经推出了使用 EFI BIOS 技术的主板。

华硕主板的 EFI BIOS 界面，和进入普通 BIOS 一样，开机的时候按下<Delete>键就可以进入 EFI 的界面，可以看到，在初始界面下显示的是“EZ MODE（简易模式）”，在这个界面下，可以很直观地监测到整个系统的状态，包括 CPU、主板的温度，各种工作电压及风扇的转速，都用指示条表示，非常简单明了，一般用户也能很轻松地看懂（支持全中文显示），如图 14.11 所示。

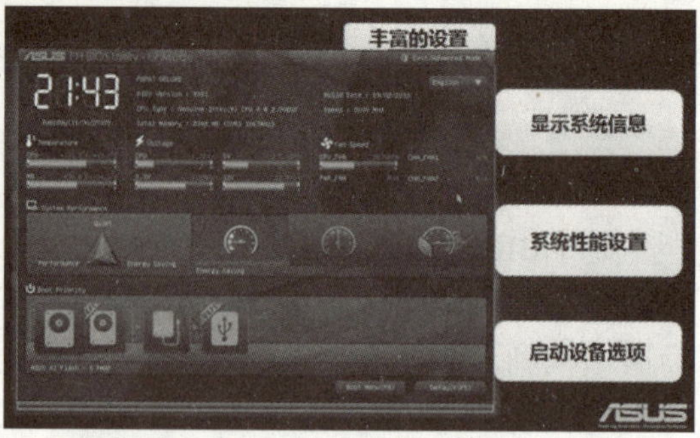

图 14.11　华硕主板的 EFI BIOS 界面

如果不太懂超频，直接用鼠标点选最佳化模式即可，在系统状态的下方，是系统性能的三档切换图标，最左边显示了当前性能档下的静音、性能和节能的程度。通过选择需要的性能档，就能快速切换系统的性能状态，由于是说明＋图标的方式，一般都能一眼就看明白。这和以前枯燥乏味的字母＋线条的 BIOS 界面比起来简直是天壤之别。如果想让系统性能更好，直接用鼠标选择最右边的“最佳化模式”即可，如图 14.12 所示。

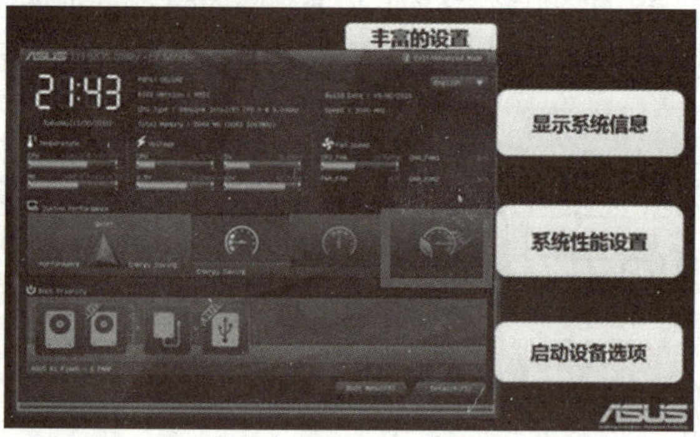

图 14.12　最佳工作模式图

在初始的 EZ MODE 界面最下方，是启动设备顺序的设置区，这里的操作更简便了。只需要直接用鼠标拖曳对应的驱动器图标即可，放到最左边就最先启动，如图 14.13 所示。

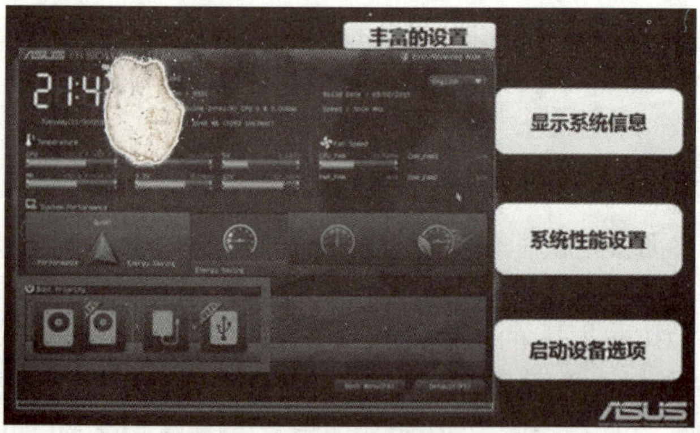

图 14.13　启动设备顺序选择界面

在 EZ MODE 界面的右上角点选“高级模式”，然后在弹出的菜单中选择“高级模式”，就完成模式切换了找到类似以前传统 BIOS 中的设置选项，如图 14.14 所示。

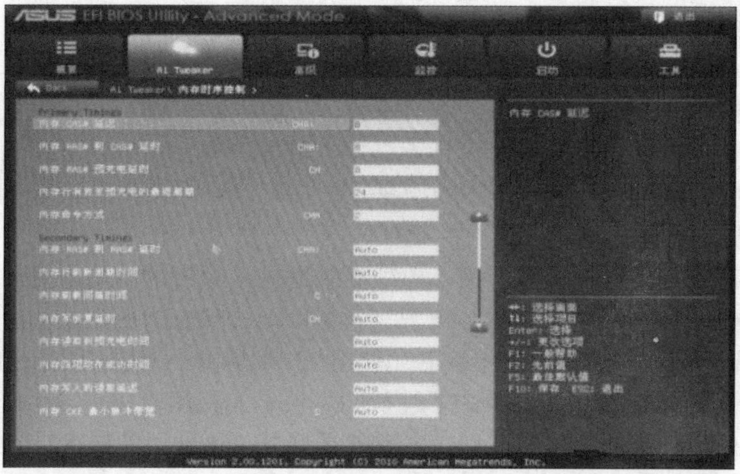

图 14.14　高级模式界面

在“Ai Tweaker”这个选项卡下面，是频率、电压等调节选项，用鼠标点选对应的项目，还可以进入详细设置的子菜单，非常方便，如图 14.15 所示。

图 14.15　频率、电压调节界面

14.4.4　EFI BIOS 工作原理

EFI 在开机时的作用和 BIOS 一样，就是初始化 PC，但在细节上却又不一样。BIOS 对 PC 的初始化，只是按照一定的顺序对硬件通电，简单地检查硬件是否能工作，而 EFI 不但检查硬件的完好性，还会加载硬件在 EFI 中的驱动程序，不用操作系统负责驱动程序的加载工作。可以说，EFI 就是一个小型化的 Windows 系统。

对于操作系统来说，如果主板使用的是 BIOS，那么操作系统就必须面对所有的硬件，每次重装系统或者系统升级，都必须手动安装新的驱动程序，否则硬件很可能无法正常工作。而基于 EFI 的主板则方便很多，因为 EFI 架构使用的驱动程序基于 EFI Byte Code。EFI Byte Code 并不是由 CPU 直接执行操作的，而是需要 EFI 层进行翻译。对于不同的操作系统来说，EFI 将硬件层很好地保护了起来，所有操作系统看到的，都只是 EFI 留给 EFI Byte Code 的程序接口，而 EFI Byte Code 又直接和 Windows 的 API 联系，这就意味着无论操作系统是 Windows 还是 Linux，只要有 EFI Byte Code 支持，只需要一份驱动程序就能吃遍所有操作系统平台。

EFI Byte Code 驱动程序还能绕过操作系统，直接安装在 EFI 环境中，只需要进入 EFI 界面，更新驱动程序就可以完成，而且不需要对每一个操作系统进行驱动程序升级，只要在 EFI 界面中升级一次，所有上层的操作系统都可以直接调用新的 EFI 接口。

EFI 在开机之始就能够驱动所有的硬件，网络当然也不会例外，所以在 EFI 的操作界面中，程序可以直接连接上因特网，向外界求助操作系统的维修信息或者在线升级驱动程序。

BIOS 芯片只有 256KB，远远不够 EFI 使用。EFI 是以小型磁盘分区的形式存放在硬盘上的。EFI 的安装，必须在支持 EFI 功能的主板上，使用光驱引导系统，然后对磁盘进行 EFI 化的处理，这个处理的过程，主要就是划分 EFI 独用的磁盘空间。

习　题

一、选择题

1．开机后，计算机首先进行设备检测，称为（　　）。

A．启动系统　　B．设备检测　　C．开机　　D．加电自检

2．目前大多数微机中，要想使用 BIOS 对 CMOS 参数进行设置，开机后，应按的键是（　　）。

A．<CTRL>　　B．<SHIFT>　　C．空格　　D．<Delete>

3．BIOS 即 Basic Input/Output System 称为（　　）。

A．输入/输出设备　　B．基本输出/输入设备

C．基本输入/输出系统　　D．基本输出/输入系统

4．进入 BIOS SETUP 程序后，通常可以使用键盘的（　　）来进行选项的切换。

A．<Esc>键　　B．<Alt＋Shift>键　　C．<ENTER>键　　D．光标移动键

5．用户计算机安装有 512MB 内存，计算机在启动时总对内存进行三次检测，耗费了大量的时间，如何解决这个问题？（　　）

A．主板故障，更换主板

B．内存故障，更换内存

C．更改 CMOS 设置中的内存参数

D．更改 CMOS 设置中的“Quick Power On Self Test”选项值

二、填空题

1．市场上比较流行的主板 BIOS 主要有________、________和________三种。

2．进入 Award BIOS 的热键是________。

3．“Integrated Peripherals”设置项的含义是________。

三、判断题

1．在微型计算机的主板中，BIOS 负责从开始通电（开机）到完成操作系统引导之前的各个部件和接口的检测、运行管理。（　　）

2．CMOS 设置的选项很多，应仔细对照说明书进行设置，若无特殊需求一般采用系统默认设置。（　）

3．一般情况下，BIOS 写入保护的设置处于关闭状态，这样可以防止病毒入侵。（　）

4．在 BIOS 设置中，若是激活“Quick Power On Self Test”选项，则会增加开机等待时间。（　）

5．在 BIOS 设置中，开启“System BIOS Cacheable”系统 BIOS 缓冲内存设置，可以提高系统性能。（　）

四、简答题

1．简述 BIOS 和 CMOS 的区别和联系。

2．简述 BIOS 的基本功能。

3．BIOS 的种类有哪些？

4．什么情况下，需要设置 BIOS？

5．BIOS 典型应用技巧有哪些？

6．升级 BIOS 的意义是什么？

7．什么是 EFI BIOS？

8．简述 EFI BIOS 的优点。

五、实训题

1．进入 BIOS 设置界面，设置启动设备顺序。

（1）进入启动顺序设置子界面。

（2）改变现有启动设备顺序，退出子界面，保存设置。

2．进入 BIOS 设置界面，设置密码。

（1）选择密码设置选项。

（2）输入密码（两次），并用笔记下密码，退出子界面，保存设置。

（3）退出 BIOS 设置程序，并重新开机，观察新设置密码是否生效。

（4）取消所设置密码。

学习情境3

安装与维护计算机软件系统

通常所说的计算机其实是指计算机系统，计算机系统包括硬件与软件两个部分。通过学习前面的两个情景我们认识了计算机的主要硬件，并且学习了计算机的组装与拆卸过程。但是只有硬件的计算机是不能工作的，接下来我们将分为 6 个任务来学习计算机软件系统的安装与维护。

任务 15

设置硬盘分区与格式化

知识目标

- 了解无损数据的硬盘分区调整方式。

技能目标

- 能使用分区工具对硬盘进行分区调整操作。

15.1 任务描述

使用分区工具——PartitionMagic，对硬盘进行分区、格式化，调整硬盘分区的大小，并对分区进行合并、分割、转换格式等操作。

15.2 相关知识

目前常用的硬盘分区工具有 DOS FDISK 命令、DM、Ranish Partition Manager（Ranish

PM）硬盘分区管理软件、Smart FDISK、Power Quest PartitionMagic（PQMAGIC，简称PQ），功能最强大的当属 PQMAGIC。

Power Quest PartitionMagic 是老牌的硬盘分区管理工具，可以说是目前硬盘分区管理工具中最好的，其最大特点是允许在不损失硬盘中原有数据的前提下对硬盘进行重新设置分区、分区格式化及复制、移动、格式转换和更改硬盘分区大小、隐藏硬盘分区，以及多操作系统启动设置等操作。与其他工具软件不同，PQ 这类工具软件应尽量少用，因为任何对硬盘分区的操作都是有相当大危险性的。

15.3 任务实施：创建及调整硬盘分区

1. 创建分区

对于一块新的硬盘，在使用之前要对其进行分区、格式化相应的操作。打开 PQ 界面发现一条未初始化的硬盘的信息，首先对其进行分区。

步骤 1：启动 PartitionMagic 8，如图 15.1 所示，单击工具栏中的“C”（Create：创建分区按钮）按钮，打开建立分区对话框，如图 15.2 所示。分区的类型可选“主要分割分区”和“逻辑分割分区”，文件系统的类型可选“FAT16”、“FAT32”和“NTFS”等，设置标签和大小等。

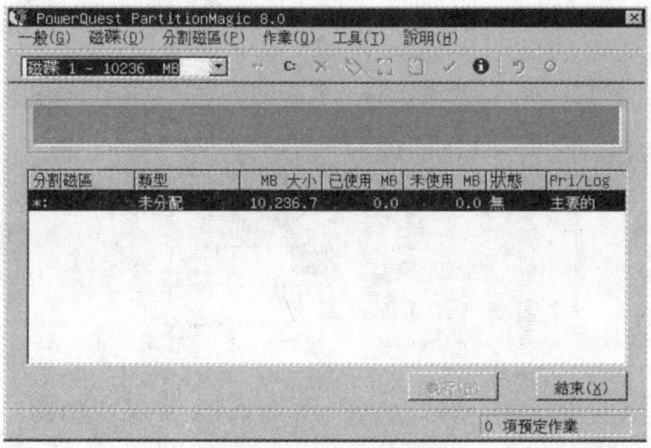

图 15.1　创建分区

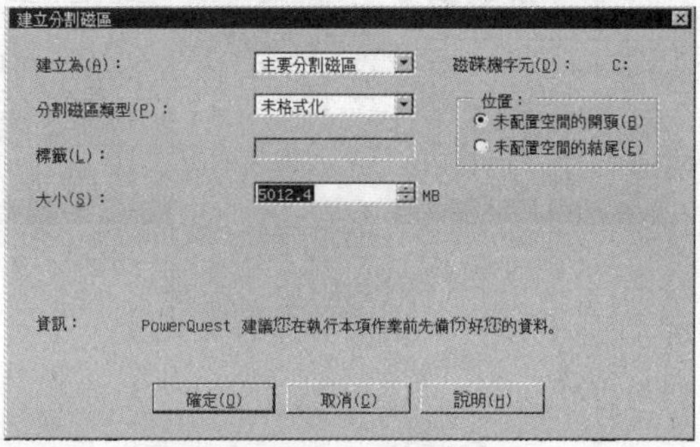

图 15.2　创建 C 盘

步骤 2：在未分配的区域创建新“逻辑分割分区”。设置类型及大小，设置方法同上，如图 15.3 所示。

步骤 3：执行挂起操作。如图 15.4 所示，单击“执行”按钮，在弹出的确认对话框中单击“是”按钮，如图 15.5 所示。系统将执行以上刚才相应的操作，如图 15.6 所示，执行完成后单击“确定”按钮即可。

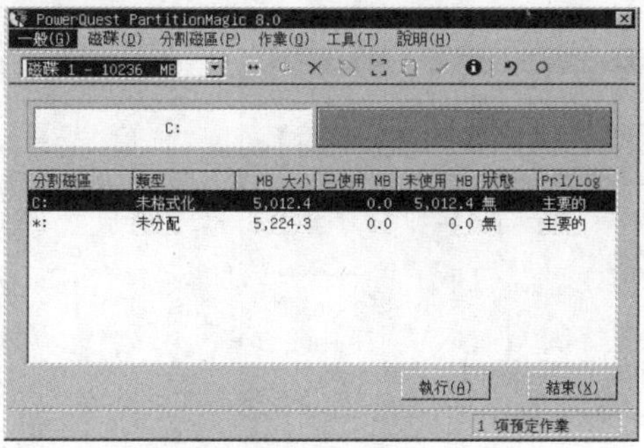

图 15.3　创建 D 盘

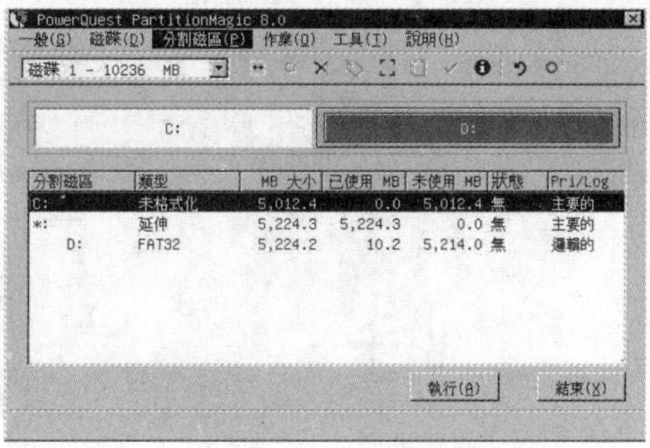

图 15.4　执行挂起的任务

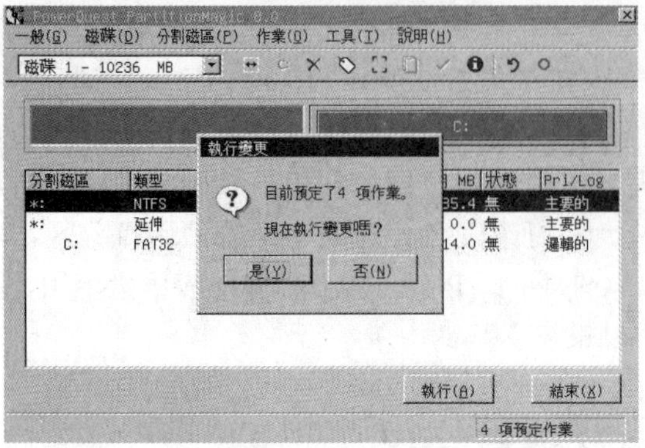

图 15.5　确认执行

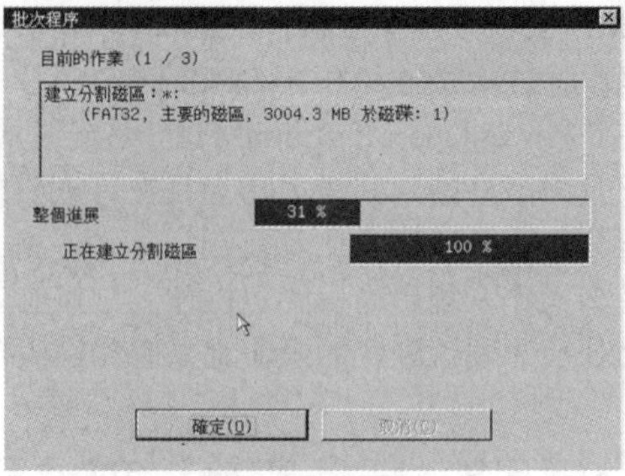

图 15.6　执行过程中

2. 调整分区大小

由于原来在分区时考虑欠妥或在应用中有新的需要等原因，经常会出现某个分区容量不够的情况，使用 PQ 可以很方便地解决这类问题。

步骤 1：如图 15.7 所示，在菜单栏中选择“作业”然后选择“调整大小/移动”命令。在弹出的调整分区容量向导，单击“下一步”按钮，选择要调整的分区，单击“下一步”进入调整容量的分区，如图 15.8 所示。

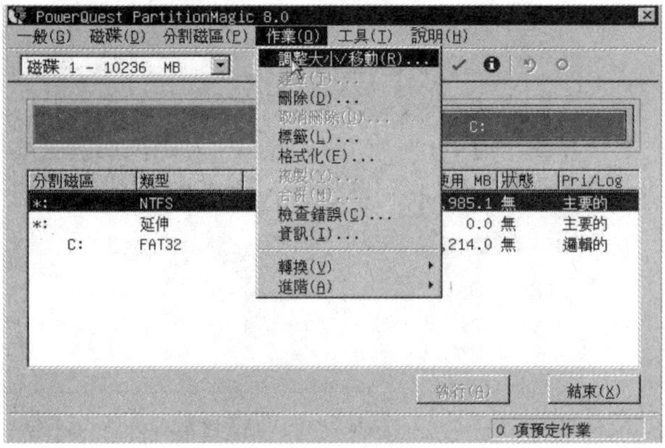

图 15.7　调整分区大小

图 15.8　设置分区大小

步骤 2：设置新的分区大小，注意最大值不能超过容量上限，单击“确定”按钮。如果要对分区进行格式化，同样选择“作业”然后选择“格式化”命令，在弹出的对话框中选择文件类型，输入“OK”表示确认，如图 15.9 所示。对以上操作需要执行时，单击“执行”按钮，方法参见创建分区的步骤 3。

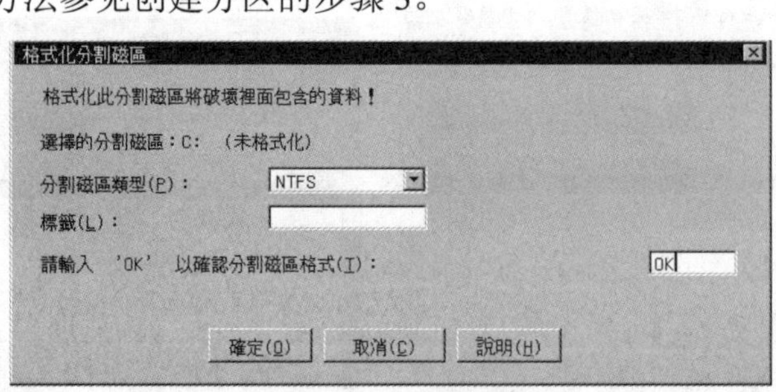

图 15.9　格式化分区

3. 合并分区

在 PQ 主界面中，选择要合并的分区，然后单击右键，如图 15.10 所示，在弹出的快捷菜单中选择“合并”命令，打开如图 15.11 所示的“合并相邻的分割分区”对话框。在合并选项中选择要合并的分区，然后在“文件夹名称”处指定用于存放合并分区数据的文件夹名称，单击“确定”按钮。

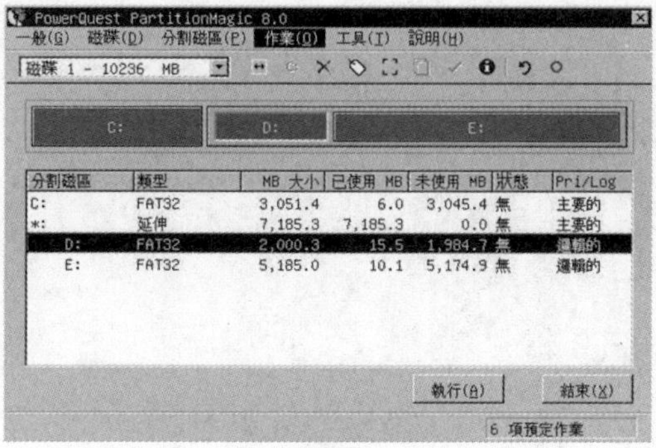

图 15.10 选择分区

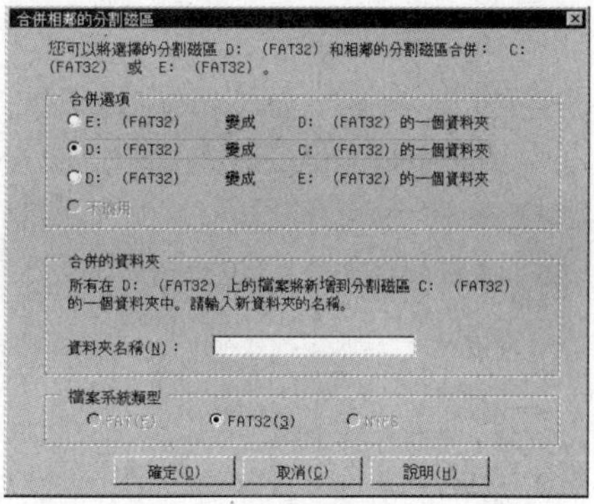

图 15.11 设置合并方式

4. 转换分区

分区的类型有两种类型：主分区和逻辑分区。我们可以使用 PQ 方便地实现分区类型的转换。选择要转换的目标分区，单击右键，在弹出的快捷菜单中选择“转换”命令，打开如图 15.12 所示的转换分区格式的对话框，可以将逻辑分区转换成主分区，或者将主分区转换成逻辑分区。做这些操作要注意，一般一个硬盘中存在一个主分区，可以分若干个逻辑分区，而且在相互转换中，可能会造成文件的丢失。

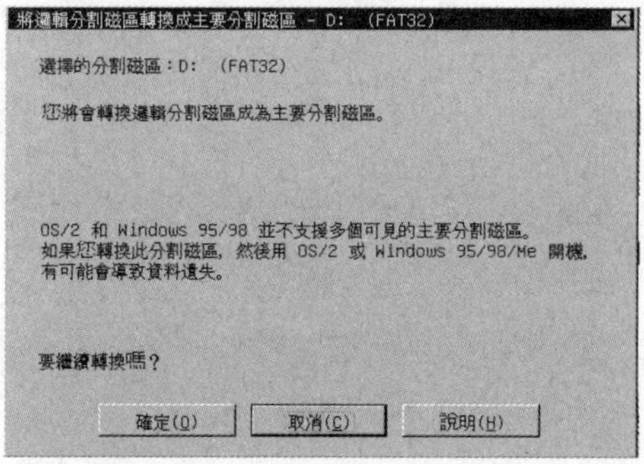

图 15.12 转换分区

以上是 PQ 常用的功能，除此之外还有复制分区、转换分区的格式等操作，操作方式基本类似。

习 题

一、简答题

1. 常见的分区工具软件有哪些？各有什么作用？

2．常见的分区操作有哪些？

二、实训题

1．网络调查。

在网上调查各类常见的分区工具软件，并比较各工具软件功能、使用方法上的区别。

2．工具软件应用。

（1）创建分区。

（2）合并分区。

（3）调整分区大小。

（4）格式化硬盘分区。

（5）改变分区文件系统格式。

任务16

安装 Windows 7 系统

知识目标

- 熟悉操作系统的相关知识；
- 熟悉操作系统的安装方式；
- 熟悉操作系统安装过程中的注意事项。

技能目标

- 能安装不同版本的操作系统；
- 能应用不同的安装方式安装操作系统。

16.1 任务描述

在对硬盘进行分区并格式化完成后，就可以开始安装操作系统了。操作系统的版本有很多，用户可以根据自己的喜好来进行选择，但安装的步骤是类似的。目前，用户最常用的是 Windows 7 操作系统旗舰版（32 位/64 位）。

16.2 相关知识

16.2.1 Windows 7 操作系统

Windows 7 是由微软公司（Microsoft）开发的操作系统，核心版本号为 Windows NT 6.1，分为基于 x86（原 32 位操作系统）及 64 位核心的两个平台的操作系统。这两个平台的操作系统的主要区别是在内存和 CPU 上的区别。32 位的 CPU（准确地说是运行在 32 位模式下的 CPU）只能寻址最大 4GB 的内存，受制于此，32 位的操作系统也只能识别最大 4GB 的内存，由于在系统中，除了内存之外，还有很多存储设备，因此，真正可以利用的内存空间肯定小于 4GB，也就是我们看到系统属性中显示的 3.xxGB。

但 64 位 CPU 则有了很大改变，64 位 CPU 的最大寻址空间为 2 的 64 次方 Bytes，计算后其可寻址空间达到了惊人的 16TB（TreaBytes），即 16384GB。当然，这只是理论值，从实际应用上，Windows 7 64bit 的各版本能识别的最大内存分别为 8GB、16GB 和 192GB，其中，家庭普通版能支持 8GB 内存，家庭高级版能支持 16GB 内存，而 64 位的 Windows 7 专业版、企业版和旗舰版最高可支持 192GB 内存。

理论上，64 位平台上的运行性能要远超过 32 位平台。原因在于 64 位平台可以运行 64 位数据指令，处理器一次可提取 64 位数据（只要两个指令，一次提取 8 个字节的数据），比 32 位（需要四个指令，一次提取 4 个字节的数据）提高了一倍，理论上性能会相应提升一倍。但是需要注意的是，现在很多应用程序对 64 位操作系统支持不够，所以在很多安装了 64 位操作系统的计算机中，会出现应用软件兼容性的问题。

Windows 7 可供家庭及商业工作环境、笔记本电脑、平板电脑、多媒体中心等使用。2009 年 7 月 14 日 Windows 7 RTM （Build 7600.16385）正式上线，版本类型有以下几个。

（1）Windows 7 家庭普通版（Windows 7 Home Basic）。

主要新特性：无限应用程序、增强视觉体验（没有完整的 Aero 效果）、高级网络支持（ad-hoc 无线网络和因特网连接支持 ICS）、移动中心（Mobility Center）。

（2）Windows 7 家庭高级版（Windows 7 Home Premium）。

主要特性：Aero Glass 高级界面、高级窗口导航、改进的媒体格式支持、媒体中心和媒体流增强（包括 Play To）、多点触摸、更好的手写识别等。

包含功能：玻璃特效；多点触控功能；多媒体功能；组建家庭网络组。

（3）Windows 7 专业版（Windows 7 Professional）。

该版本替代 Vista 下的商业版，支持加入管理网络（Domain Join）、高级网络备份等数据保护功能、位置感知打印技术（可在家庭或办公网络上自动选择合适的打印机）等。

包含功能：加强网络的功能，比如域加入；高级备份功能；位置感知打印；脱机文件夹；移动中心（Mobility Center）；演示模式（Presentation Mode）。

（4）Windows 7 企业版（Windows 7 Enterprise）。

该版本提供一系列企业级增强功能：BitLocker，内置和外置驱动器数据保护；AppLocker，锁定非授权软件运行；DirectAccess，无缝连接基于 Windows Server 2008 R2 的企业网络；BranchCache，Windows Server 2008 R2 网络缓存，等等。

（5）Windows 7 旗舰版（Windows 7 Ultimate）。

该版本拥有 Windows 7 家庭高级版和 Windows 7 专业版的所有功能，当然硬件要求也是最高的。

要想流畅地使用 Windows 7 操作系统的强大功能，计算机的硬件配置就必须满足一定的要求，Windows 7 操作系统的配置需求如表 16.1 和表 16.2 所示。

表 16.1 Windows 7 操作系统安装最低配置要求

设备名称	基本要求	备 注
CPU	1GHz 及以上	
内存	1GB 及以上	现行安装程序不允许低于 1GB 的物理内存
硬盘	15GB 以上可用空间	
显卡	有 WDDM1.0 或更高版驱动的集成显卡，显存 64MB 以上	显存 128MB 为打开 Aero 最低配置，不打开的话 64MB 也可以
其他设备	DVD-R/RW 驱动器或者 U 盘等其他储存介质	安装使用。如果需要可以用 U 盘安装 Windows 7，这需要制作 U 盘引导

表 16.2 Windows 7 操作系统安装推荐配置要求

设备名称	基本要求	备 注
CPU	2GHz 及以上的 32 位或 64 位处理器	
内存	2GB（32 位）/2GB（64 位）	最低允许 1GB
硬盘	20GB 以上可用空间	不要低于 16GB
显卡	有 WDDM1.0 驱动的支持 DirectX 10 以上级别的独立显卡	显卡支持 DirectX 9 就可以开启 Windows Aero 特效
其他设备	DVD R/RW 驱动器或者 U 盘等其他储存介质	安装使用

16.2.2 操作系统的安装方式

一般来说，中文版 Windows 7 旗舰版的安装方式可以分为三种：升级安装、多系统共存安装和全新安装。

1. 升级安装

当用户需要以覆盖原有系统的方式进行升级安装时，可在以前的 Windows XP 或 Windows 2003 这些操作系统的基础上升级到中文版 Windows 7 旗舰版，不过需要注意的是，Windows XP 和 Windows 2003 操作系统的平台是基于 x86（32 位）的核心代码，而 Windows 7 操作系统的核心代码分为 32 位和 64 位，如果要安装的是 32 位 Windows 7 操作系统，进行升级安装，可以将 Windows XP/2003 顺利升级为 Windows 7 操作系统，但是如果想安装 64 位的 Windows 7 操作系统，那么可能会遇到一些问题，毕竟 32 位系统和 64 位系统之间的用户设置是有一定的差别的，因此不推荐采用升级安装的方式，建议选择第三种方式进行安装。

2. 多系统共存安装

当用户需要以双系统共存的方式进行安装，即保留原有的系统时，可以将中文版 Windows 7 旗舰版安装在一个独立的分区中，与计算机中原有的系统相互独立，互不干扰。双系统共存安装完成后，会自动生成开机启动时的系统选择菜单。需要说明的是，如果用户原有的操作系统不是中文版的，而现在所安装的 Windows 7 旗舰版为中文版，则由于语言版本不同，只能进行双系统共存安装，而不能进行升级安装。

3. 全新安装

如果硬盘没有安装其他操作系统，那么就可以直接通过 Windows 7 安装光盘直接进行全新安装，建议尽量采用全新安装的方式安装 Windows 7 操作系统。

在安装操作系统之前，需要注意以下几点。

（1）考虑用户需求，选择性地安装操作系统。每种操作系统所提供的服务略有不同，根据需求选择适当的操作系统。

（2）如果要装多个操作系统，则每个系统单独占用一个分区。安装时，按照先低版本后高版本的顺序进行安装。

（3）如果重新安装操作系统，注意备份系统盘的重要数据及硬件驱动程序。某些软件要在注册表中写入数据，系统的重新安装也可能导致软件不能继续使用。

（4）如果计算机的物理内存大于 4GB，建议采用 64 位的操作系统，因为 32 位的操作系统最大可识别的物理内存只有 3.25GB。

16.3 任务实施：安装 Windows 7 操作系统

步骤 1：首先，准备一张 Windows 7 旗舰版（32 位）的安装光盘，在 BIOS 中设置使用光盘启动计算机，然后将 Windows 7 的安装光盘放在光驱中，启动计算机。

步骤 2：计算机启动之后，如图 16.1 所示，按任意键从光盘进入安装界面。

图 16.1　按任意键进入光盘安装界面

步骤 3：光盘启动后，开始加载安装程序文件，如图 16.2 所示。

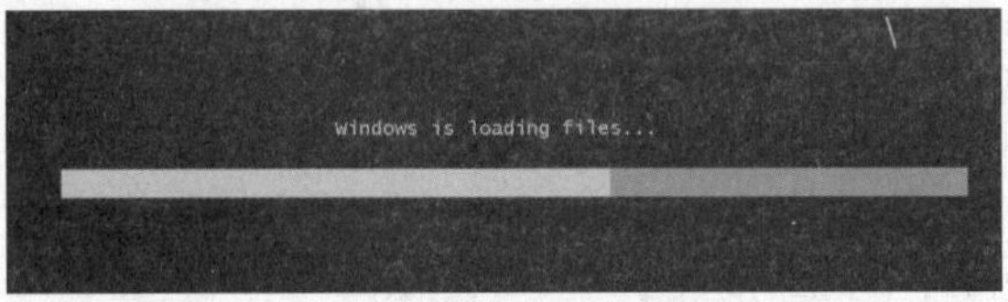

图 16.2　系统加载安装文件界面

步骤 4：安装程序文件加载完成后出现 Windows 7 安装界面，因为 Windows 7 安装光盘是简体中文版的，所以这里全部选择默认值，点击“下一步”按钮，如图 16.3 所示。

步骤 5：点击“现在安装”按钮开始安装，如图 16.4 所示。

步骤 6：出现许可协议条款，在“我接受许可条款”选项前面打勾，接着点击“下一步”按钮，如图 16.5 所示。

步骤 7：出现安装类型选择界面，因为我们不是升级安装，所以选择“自定义（高级）”选项，如图 16.6 所示。

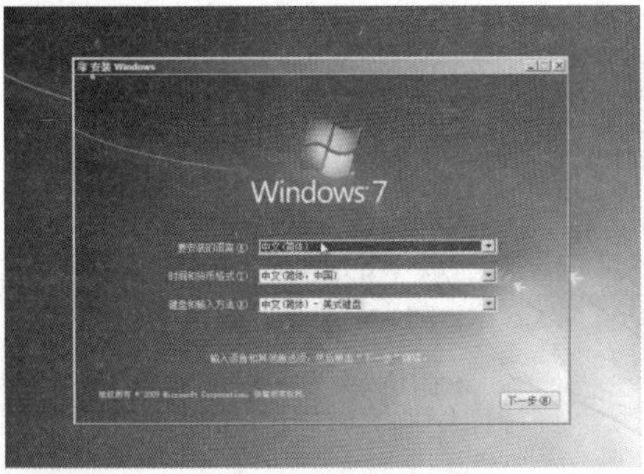

图 16.3　选择系统安装语言界面

图 16.4　确认无误开始安装界面

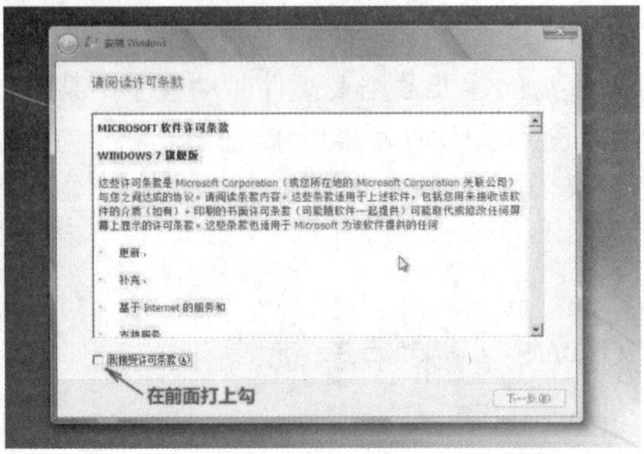

图 16.5　选择是否同意安装条款界面

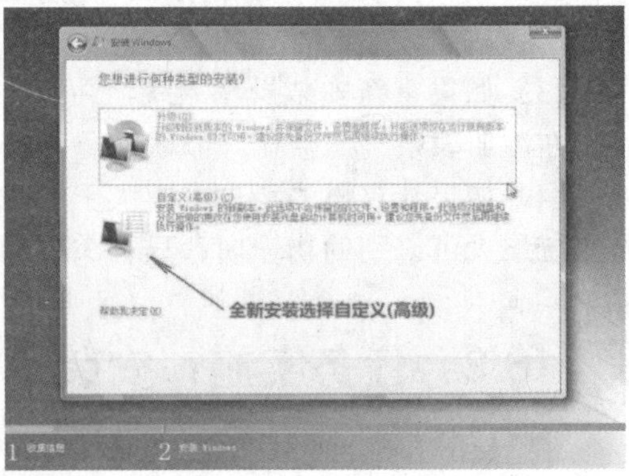

图 16.6　选择安装类型界面

步骤 8：出现安装位置选择界面，在这里选择安装系统的分区，如果要对硬盘进行分区或格式化操作，点击“驱动器选项（高级）”选项如图 16.7 所示。

步骤 9：这里可以对硬盘进行分区，也可对分区进行格式化。选择好安装系统的分区后，点击“下一步”按钮。由于 Windows 7 在安装时会自动对所在分区进行格式化，所以这里我们可以无需对安装系统的分区进行格式化，如图 16.8 所示。

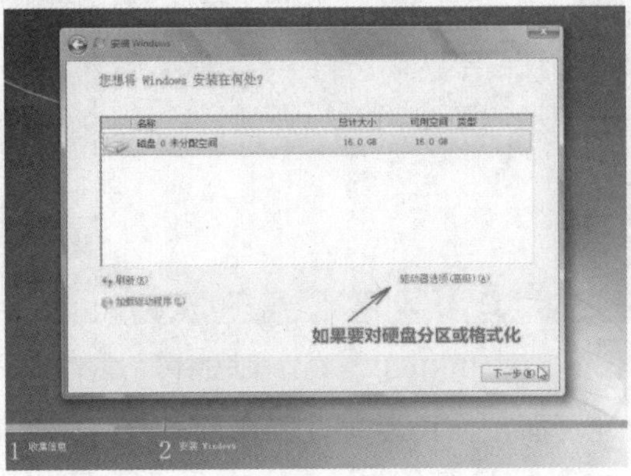

图 16.7　选择安装系统的分区界面

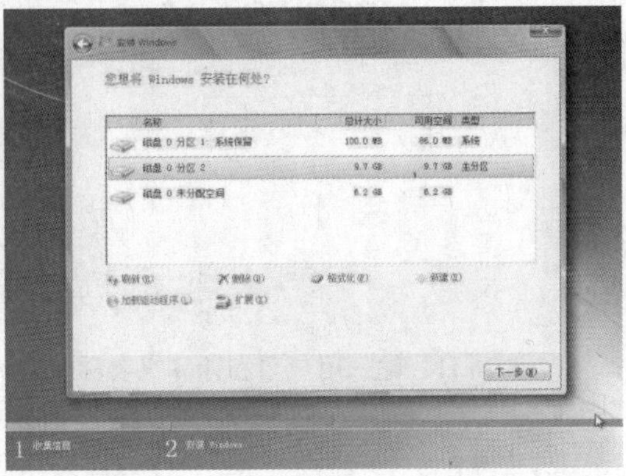

图 16.8　分区进行格式化界面

步骤 10：Windows 7 开始安装，如图 16.9 所示。

步骤 11：安装完成后，计算机需要重新启动，如图 16.10 所示。

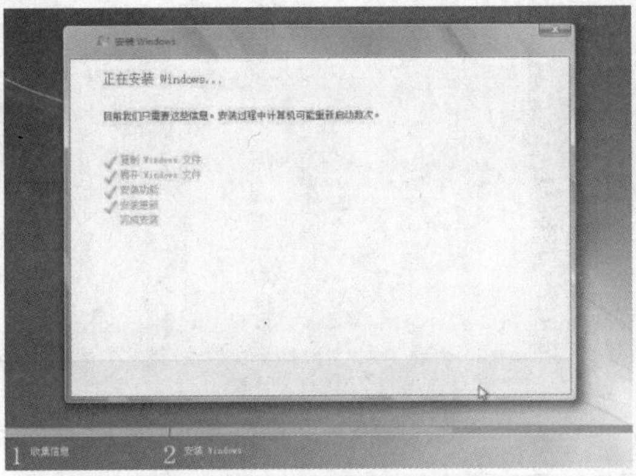

图 16.9　正在安装系统界面

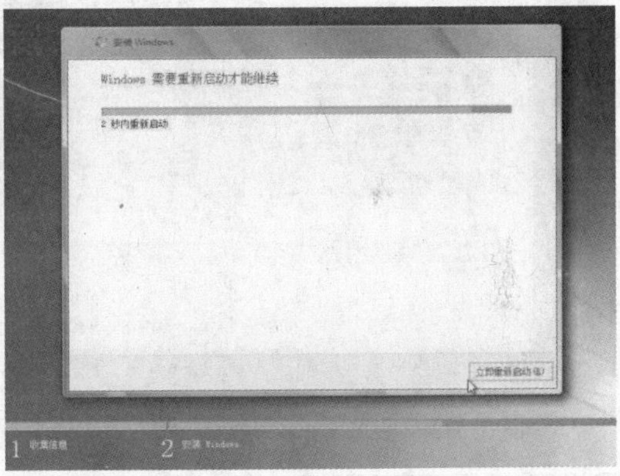

图 16.10　安装成功后重启计算机界面

步骤 12：计算机重新启动后开始更新注册表设置。

步骤 13：启动服务。

步骤 14：这时才进入最后的完成安装阶段，完成安装阶段完成后，计算机需要再次重新启动。

步骤 15：计算机重新启动后，安装程序为首次使用计算机做准备，输入用户名和计算机名称，点击“下一步”按钮。如图 16.11 所示。

步骤 16：为账户设置密码，如果这里不设置密码（留空），以后计算机启动时就不会出现输入密码的提示，而是直接进入系统，如图 16.12 所示。

步骤 17：设置系统更新方式，建议选择推荐的选项，如图 16.13 所示。

步骤 18：设置计算机的日期和时间，如图 16.14 所示。

步骤 19：设置网络位置，有家庭、工作和公用三个选项，其中家庭网络的系统设置最宽松，公用网络最严格，根据自己的实际情况进行选择，如图 16.15 所示。

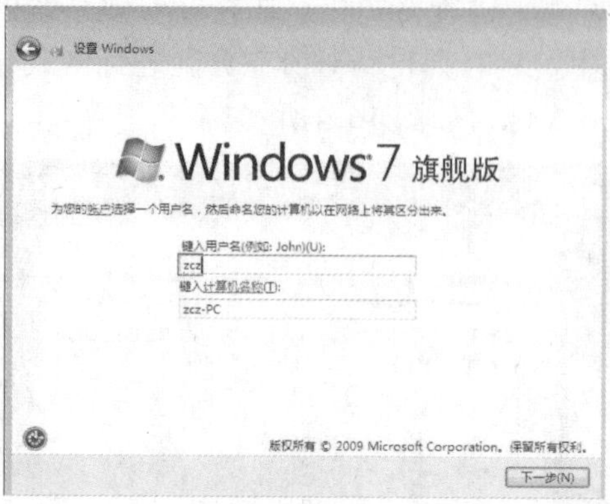

图 16.11　输入用户名和计算机名称

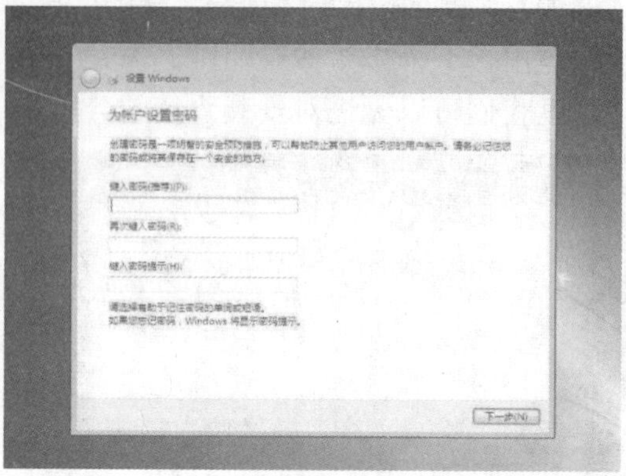

图 16.12　设置账户密码

步骤 20：完成设置，准备桌面，出现欢迎页面，如果没有设置登录密码，进入系统桌面，如图 16.16 所示。因为 64 位的 Windows 7 与 32 位的 Windows 7 安装方法相同，就不再累述。

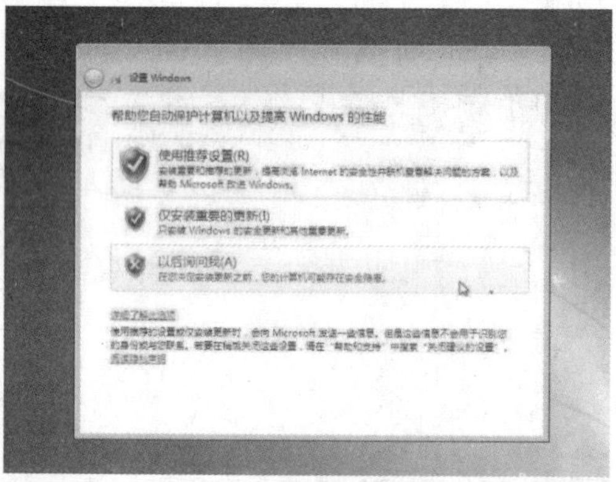

图 16.13　设置系统更新方式界面

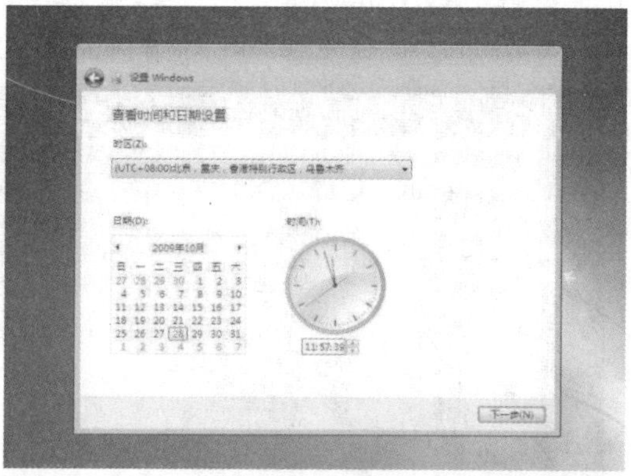

图 16.14　设置系统时间界面

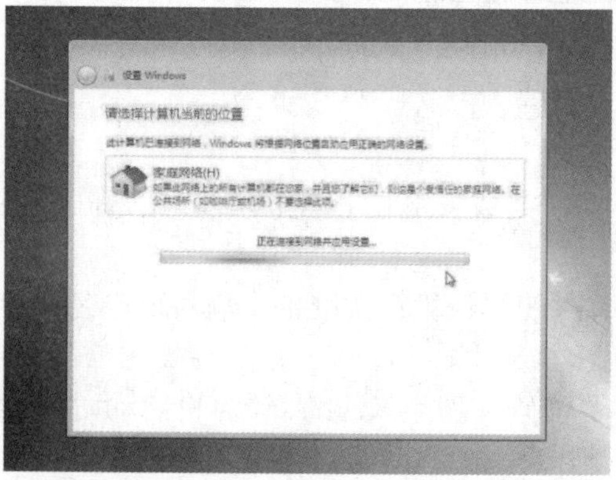

图 16.15　设置网络环境界面

图 16.16　系统桌面

习　题

一、选择题

1. 下列选项属于操作系统的安装方式的是（　　）。

A．完全安装　　B．升级安装

C．多系统共存安装　　D．自动安装

2. 以下不是文件系统类型的选项是（　　）。

A．FAT　　B．DOS　　C．FAT32　　D．NTFS

3. 美国 Microsoft 公司推出了操作系统 Windows 7，它是（　　）位的操作系统。

A．16 位　　B．32 位　　C．64 位　　D．32+64 位

二、填空题

1. 安装 Windows 7 操作系统时，CPU 至少需要达到________GHz，内存至少需要________GB，至少有________GB 可用硬盘空间。

2. Windows 7 操作系统常见的版本有________、________、________、________、________等。

三、判断题

1. 一台计算机可以同时安装多个操作系统。（　　）

2. 一个硬盘分区后，每个分区都可以安装一种操作系统。（　　）

3. 不同的操作系统有不同的文件系统。（　　）

4. 操作系统为用户提供的操作界面是指用户可以用某种方式和命令启动、控制和操作计算机。（　　）

5. 没有安装任何软件的计算机被称为裸机。（　　）

6. 如果在微型计算机系统中安装了一块以上的硬盘，则需要将硬盘的主、从跳线进行设置，否则系统不能进行确认。（　　）

7. Windows XP 可以顺利升级为任意 Windows 7 系统。（　　）

8. Windows 7 操作系统可以支持 4GB 以上的物理内存。（　　）

四、简答题

1. 试简述正常安装操作系统的一般过程。

2. 操作系统安装时需注意哪些事项？

3. 如何将已安装的 Windows XP 系统换成 Windows 7 系统？

五、实训题

安装 Windows 7 操作系统：

（1）将系统光盘放入光驱中，开机，等待系统从光盘引导；

（2）根据提示，按任意键进入光盘安装界面；

（3）按安装界面提示一步步往下进行。

任务 17

安装硬件驱动程序

知识目标

- 理解驱动程序的概念；
- 熟悉驱动程序的格式；
- 熟悉安装驱动程序的方法。

技能目标

- 能安装硬件驱动程序；
- 能更新硬件驱动程序。

17.1 任务描述

在操作系统安装成功之后，为保证各硬件设备都能正常工作了，并发挥其最佳性能，应及时安装各硬件设备的驱动程序。

17.2 相关知识

17.2.1 驱动程序的概念

驱动程序实际上是一段能让计算机与各种硬件设备通话的程序代码，通过它操作系统才能控制计算机上的硬件设备。如果一个硬件只依赖操作系统而没有驱动程序，这个硬件就不能发挥其特有的功效。换言之，驱动程序是硬件和系统之间的一座桥梁，由它把硬件本身的功能告诉给系统，同时也将标准的操作系统指令转化成特殊的外设专用命令，从而保证硬件设备的正常工作。

17.2.2 驱动程序的存储格式

其实在 Windows 操作系统中，驱动程序一般由.dll、.drv、.vxd、.sys、.exe、.386、.ini、.inf、.cpl、.dat、.cat 等扩展名的文件组成，大部分文件都存放在“Windows System”目录下。还有的驱动程序文件存放在“Windows”和“Windows\System32”目录下。

其中，以.inf 为扩展名的文件被称为描述性文件。它是从 Windows 95 时代开始引入的专门记录、描述硬件设备安装信息的文件，包括设备的名称、型号、厂商，以及驱动程序的版本、日期等，是以纯文本的方式并用特定的语法格式来记载的。通过读取这些文件信息，操作系统就知道安装的是什么设备、应当如何安装驱动程序及要拷贝哪些文件等。

其余扩展名的文件被称为实体文件，这些文件是直接跟硬件设备打交道的。要注意，.cat 文件是微软数字签名文件，存放在“Windows\System\CatRoot”目录中。

17.2.3 查看设备信息和驱动程序信息

要想了解驱动程序的信息，必须先知道计算机中都装有哪些硬件设备，并且对这些设备的型号、厂商等要做进一步的了解。通常情况下，我们可以通过计算机中的设备管理器来对其进行详细查看。由于操作系统的版本不同，查看各个硬件信息和驱动程序文件的方法略有不同。

在 Windows 7/8 下查看：在桌面的“计算机”上单击右键，在弹出的快捷菜单中选择“属性”命令，在弹出的“系统属性”对话框中单击“设备管理器”标签项，将会弹出“设备管理器”窗口。如图 17.1 所示，这时看到的都是当前系统中的所有硬件设置。

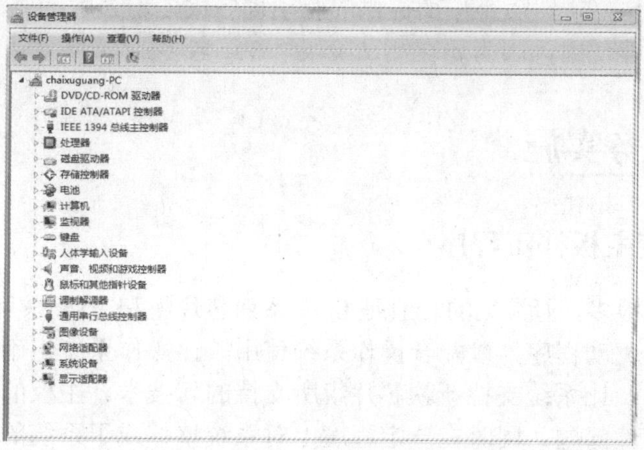

图 17.1 Windows 7/8 下的设备管理器

17.2.4 查看资源冲突

在“资源管理器”窗口中，双击某个设备，在弹出的设备属性对话框中单击“资源”标签项，如图 17.2 所示，可以在该对话框窗口中了解到该设备当前的工作状态。如果发现有冲突，可以在资源设备列表中选择资源类型，例如中断的请求、I/O 端口等，只需要选中，然后单击“更改设置”按钮就可以进行选择了，只需要把其相关的值改为没有被其他设备占用的数值即可。

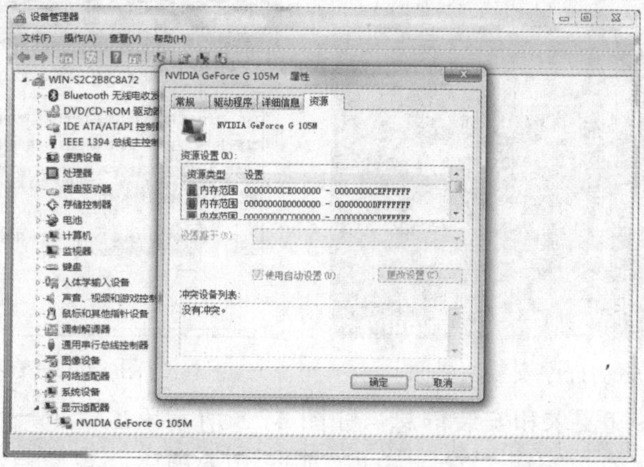

图 17.2 “资源”标签页

17.2.5 安装驱动程序的原则

驱动程序是驱动硬件工作的特殊程序，安装驱动程序是软件安装过程的必经步骤。安装时，可以遵循以下的原则。

（1）安装顺序。安装完 Windows 操作系统后应当立即安装主板芯片组驱动程序。驱动程序安装的顺序应以主板驱动程序为先，首先安装板载设备，然后是内置板卡，最后才是外围设备。即主板驱动→显卡驱动→声卡驱动→其他板卡驱动→外设驱动。

（2）驱动程序的版本。安装主板驱动程序一般是新版本优先，一般来说新版的驱动程序应该比旧版的更好，然后是厂商提供的驱动程序优先于公版的驱动程序。但 Beta 版驱动程序一般不推荐使用，因为还在测试阶段，Bug 较多。

17.3 任务实施

17.3.1 安装主板补丁程序

主板的芯片组很多，但常见的一般是 Intel 系列芯片组和 VIA 系列芯片组。芯片厂商提供了相关的主板驱动程序，以配合操作系统使用，让操作系统正确识别新推出的主板芯片组以充分应用；让系统支持新款芯片组所支持的新技术。主板的驱动程序不仅解决硬件与软件的兼容性问题，同时在一定程度上对系统整体或子系统的性能进行了优化，一个芯片组的性能发挥如何，与它的驱动程序完善程度有极大的关系，下面以 Intel 系列芯片组为例，介绍主板驱动程序的安装方法。

步骤 1：首先，准备一张主板的驱动光盘，将主板所附带的驱动程序 CD 放入光驱中，系统自动弹出驱动程序安装窗口，请按顺序安装主板的驱动程序。如图 17.3 所示，选择“安装主板补丁程序”选项，进入欢迎安装界面。

步骤 2：单击“下一步”按钮在许可协议界面，接受协议，单击“是”按钮，如图 17.4 所示。

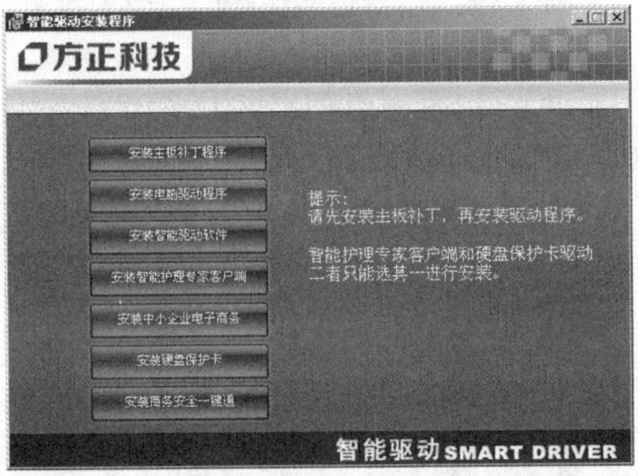

图 17.3 主板驱动程序安装主界面

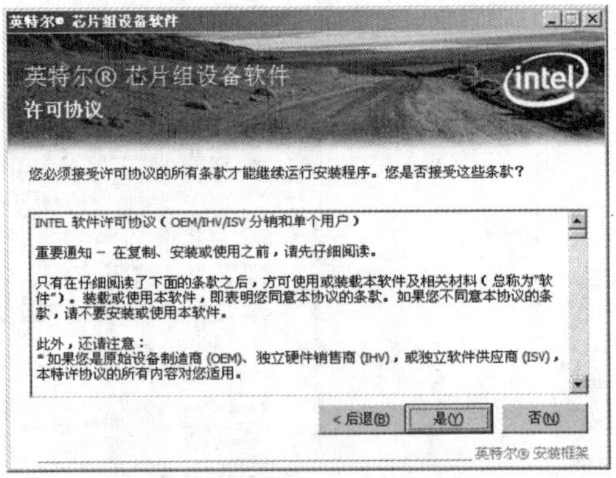

图 17.4 安装许可协议

步骤 3：查看系统要求和安装信息，如图 17.5 所示单击“下一步”按钮，程序开始复制文件，单击“完成”按钮，安装完成，如图 17.6 所示，重新启动计算机。

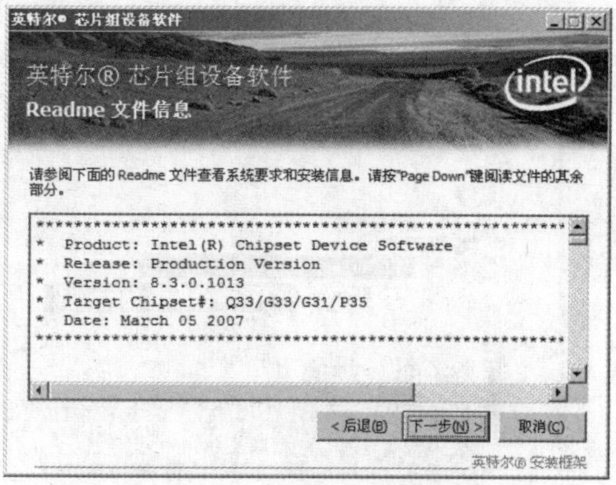

图 17.5 自述文件信息

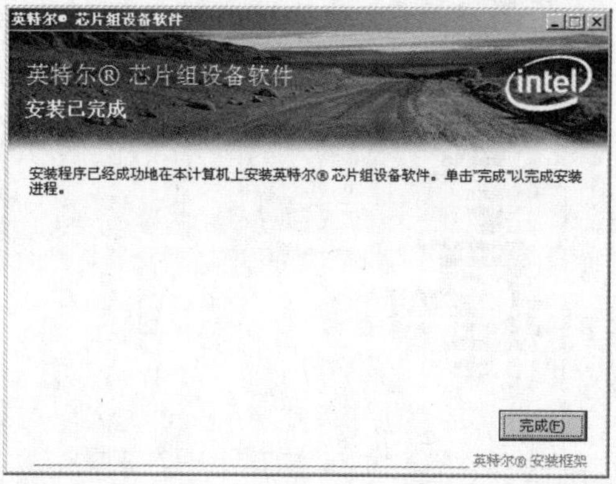

图 17.6 安装完成提示信息

17.3.2 安装主板驱动程序

大多主板驱动程序光盘都支持自动播放，以方正电脑驱动光盘为例。在光盘自动运行之后，出现如图 17.7 所示的安装计算机驱动程序界面，在界面中可以看到系统检测驱动程序的结果，在要安装的驱动程序项目上打对钩，单击“下一步”按钮，开始复制安装文件，复制文件完成后，单击“重启动计算机”按钮，完成安装工作，如图 17.8 所示。其他硬件设备的驱动程序类似，逐一安装即可。

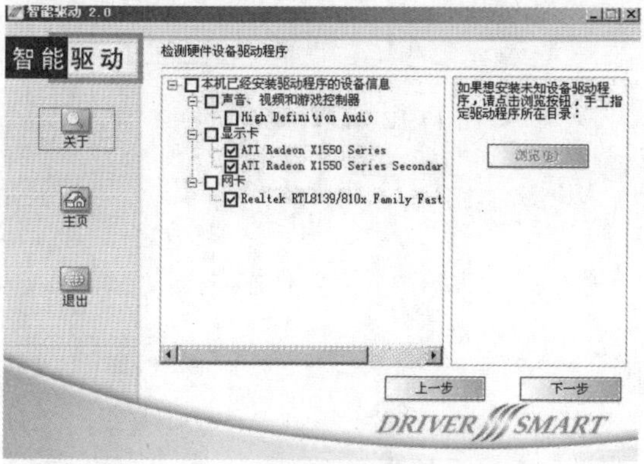

图 17.7 智能驱动主界面

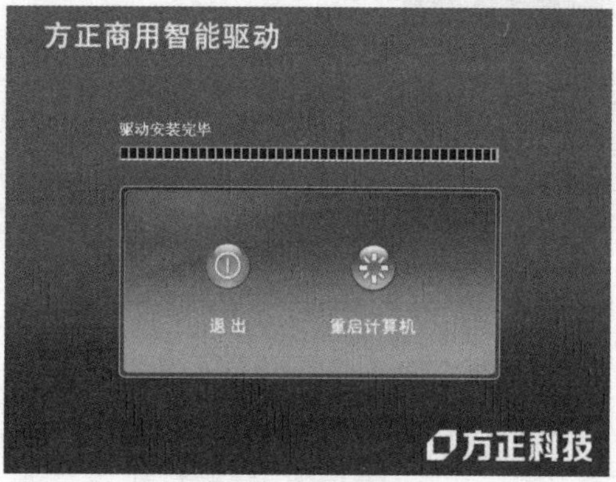

图 17.8 完成安装

17.3.3 自动安装驱动程序

有的主板驱动程序光盘中提供了很多种不同型号硬件的驱动程序，如果不确定具体用哪个型号的驱动程序时，我们可以采用让计算机自己搜索驱动程序的安装方法。

步骤 1：右键单击“计算机”，在弹出的快捷菜单中选择“属性”命令，在弹出的窗口中单击“设备管理器”选项，打开“设备管理器”窗口，如图 17.9 所示。

步骤 2：如果在设备名称处有黄色叹号表示硬件存在，但缺少驱动程序。右键单击目标设备，如图 17.10 所示，在弹出的快捷菜单中选择“更新驱动程序”命令，进入“硬件更新向导”，可以选择“自动安装软件（推荐）”选项，如图 17.11 所示。也可以选择“从列表或指定位置安装（高级）”选项，指定安装文件的模式，如图 17.12 所示。复制文件完成后重新启动计算机。

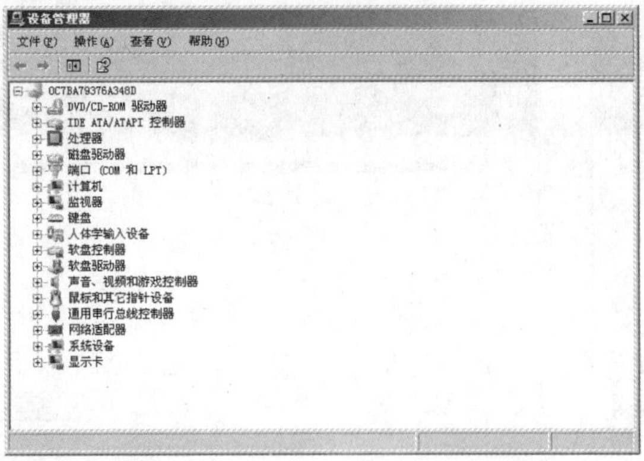

图 17.9 “设备管理器”主界面

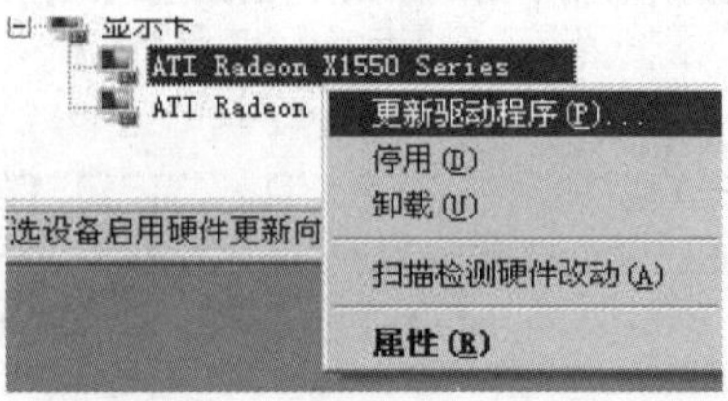

图 17.10 “更新驱动程序”命令

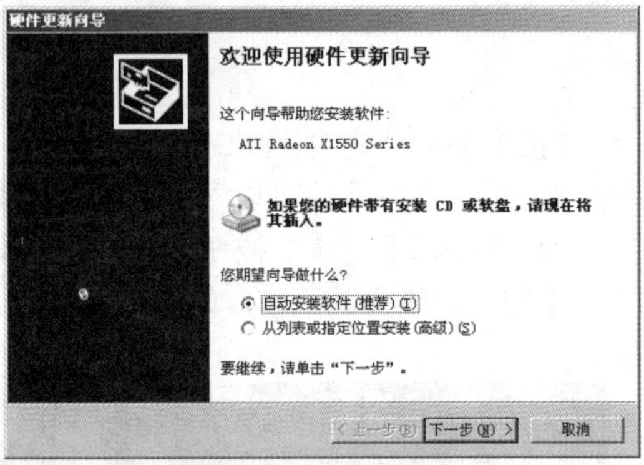

图 17.11 硬件更新向导 1

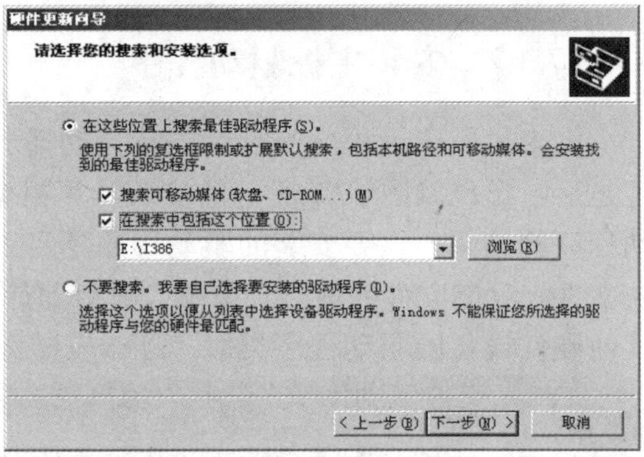

图 17.12 硬件更新向导 2

习 题

一、选择题

1．安装驱动程序时，一般情况下用户都要（　　）。

A．先重启计算机　　B．安装好后重启计算机

C．安装好后不用重启计算机　　D．关闭计算机后重启计算机

2．下面（　　）是不需要安装驱动程序的。

A．CPU　　B．USB 设备　　C．网卡　　D．主板

3．关于驱动程序，下面说法错误的是（　　）。

A．驱动程序是用来向操作系统提供一个访问、使用硬件设备的接口。

B．驱动程序是实现操作系统和系统中所有硬件设备之间的通信程序。

C．驱动程序能告诉系统硬件设备所包含的功能。

D．驱动程序是一个不可以升级的程序。

二、填空题

1．驱动程序有________、________和________3 种类型。

2．驱动程序的安装模式有两种，分别是________和________。

3．驱动程序安装过程遵循的一般原则是________，就是先安装________的驱动程序，然后再安装________和________等驱动程序。

4．硬件需要驱动程序才能正常工作，一般来说，驱动程序有________、________和________等3个功能。

5．对________设备，只要根据生产厂商的使用说明，将要添加的设备安装在计算机上，然后启动操作系统， 则该系统会自动检测出新安装的设备并安装该设备所需的相应驱动程序。

三、简答题

1．什么是驱动程序？其作用是什么？

2．驱动程序的存储格式有哪些？

3．硬件驱动程序的常见安装方法有哪些？

任务 18

备份与恢复操作系统

知识目标

- 熟悉系统备份及恢复工具；
- 了解系统备份的意义；
- 熟悉系统备份及恢复的注意事项。

技能目标

- 能使用 Ghost 工具对操作系统进行备份及恢复；
- 能使用“一键 Ghost”工具对操作系统进行备份及恢复。

18.1 任务描述

在系统和驱动程序安装完成后对系统进行备份，当系统崩溃、系统运行缓慢或者不能清除病毒的入侵时，能及时地恢复到备份时的系统状态，这样可以免去安装操作系统与驱动程序的烦琐步骤。

18.2 相关知识

18.2.1 备份及恢复工具介绍

（1）Ghost 是 Symantec 公司推出的一个用于系统、数据备份与恢复的工具，提供数据定时备份、自动恢复与系统备份恢复的功能；能够提供对系统的完整备份和恢复；支持的磁盘文件系统格式包括 FAT、FAT32、NTFS、Ext2、Ext3、Ext4、Linux swap 等；还能够对不支持的分区进行扇区到扇区的完全备份。

Ghost 8.x 系列分为两个版本，Ghost（在 DOS 下面运行）和 Ghost32（在 Windows 下面运行），两者具有统一的界面，可以实现相同的功能，但是 Windows 系统下面的 Ghost 不能恢复 Windows 操作系统所在的分区，因此在这种情况下需要使用 DOS 下的 Ghost。

（2）一键 Ghost 有四种版本（硬盘版/光盘版/U 盘版/软盘版）的启动盘，适应各种用户需要，既可独立使用，又能相互配合。主要功能包括：一键备份 C 盘；一键恢复 C 盘；中文向导。

（3）Ghost11.0。一键 Ghost，高智能的 Ghost，只需按一个键，就能实现全自动无人值守操作。

18.2.2 备份及恢复注意事项

（1）在备份系统时，单个的备份文件最好不要超过 2GB。

（2）在备份系统前，最好将一些无用的文件删除以减少 Ghost 文件的体积。通常无用的文件有：Windows 的临时文件夹、IE 临时文件夹下的临时文件及 Windows 的内存交换文件。这些文件通常要占去很大的硬盘空间。

（3）在备份系统前，整理目标盘和源盘，以加快备份速度。

（4）在备份系统前及恢复系统前，最好检查一下目标盘和源盘，纠正磁盘错误。

（5）在恢复系统时，最好先检查一下要恢复的目标盘是否有重要的文件还未转移。

（6）在选择压缩率时，建议不要选择最高压缩率，因为最高压缩率非常耗时，而压缩率又没有明显的提高。

（7）在新安装了软件和硬件后，最好重新制作备份映像文件，否则很可能在恢复后出现一些莫名其妙的错误。

18.3 任务实施：备份与恢复系统软件

1. 系统的备份

步骤 1：首先，将计算机启动方式设成光盘启动，然后将 Ghost 光盘放到光驱中，让计算机从光盘启动，启动 Ghost 之后，会出现如图 18.1 所示画面。单击“OK”按钮，进入 Ghost 的主菜单，如图 18.2 所示。

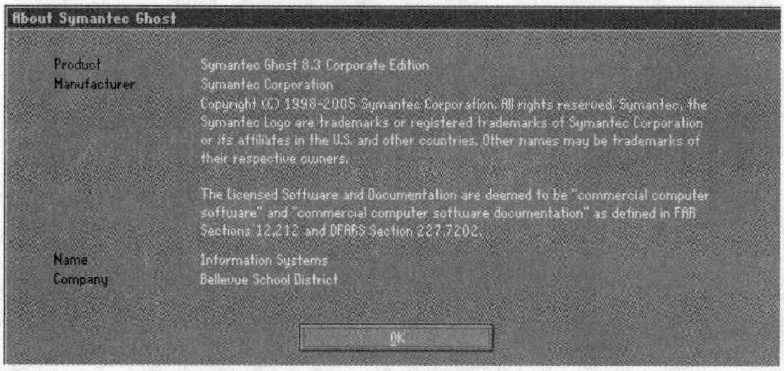

图 18.1　启动 Ghost 界面

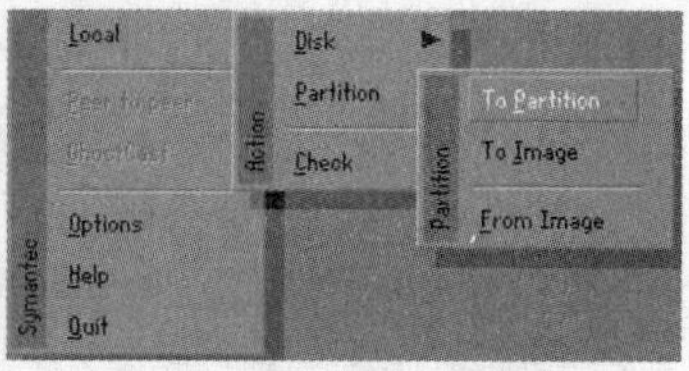

图 18.2　Ghost 主界面

在主菜单中，有以下几项：

- Local：本地操作，对本地计算机中的硬盘进行操作。
- Peer to peer：通过点对点模式对网络计算机上的硬盘进行操作。
- Ghost Cast：通过单播/多播或者广播方式对网络计算机上的硬盘进行操作。
- Option：使用 Ghost 时的一些选项，一般使用默认设置即可。
- Help：关于使用 Ghost 的帮助信息。
- Quit：退出 Ghost 程序。

步骤 2：选择“Local→Partition→To Image”菜单命令，对分区进行备份，如图 18.2 所示。

- To Partition：将一个分区的内容复制到另外一个分区。
- To Image：将一个或多个分区的内容复制到镜像文件中，一般备份系统均选择此操作。

- From Image：将镜像文件恢复到分区中。当系统备份后，可选择此项操作来恢复系统。

步骤 3：选择要备份分区所在的硬盘，如图 18.3 所示。现在计算机中只安装了一块硬盘，直接按<Enter>键即可。如果安装了多块硬盘，则必须谨慎选择硬盘，以免出错。

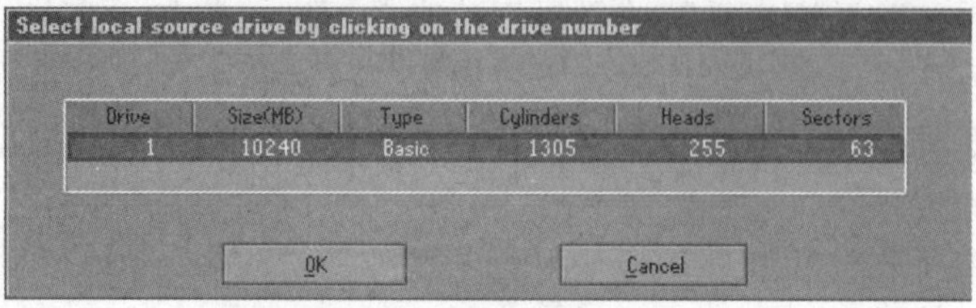

图 18.3　选择目标硬盘

步骤 4：选择所要备份的分区，如图 18.4 所示。用上下光标键将蓝色定位条定位到需要制作镜像的分区上，按<Enter>键即可。如果选择多个分区，再移动键光标定位到下一个分区上按<Enter>键，选择完成后按<Tab>键切换光标至<OK>按钮上按<Enter>键，如图 18.5 所示。

步骤 5：设定镜像文件存放的位置，并设置保存名称，按<Enter>键，如图 18.6 所示。

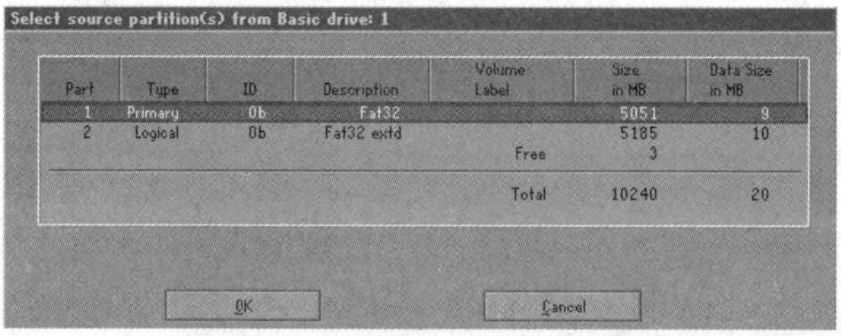

图 18.4　选择单个分区

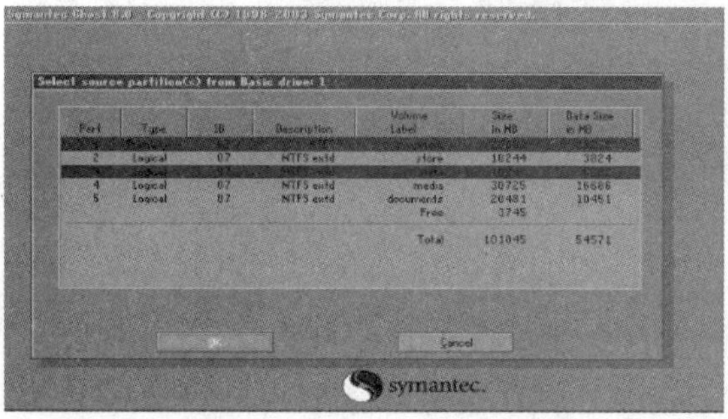

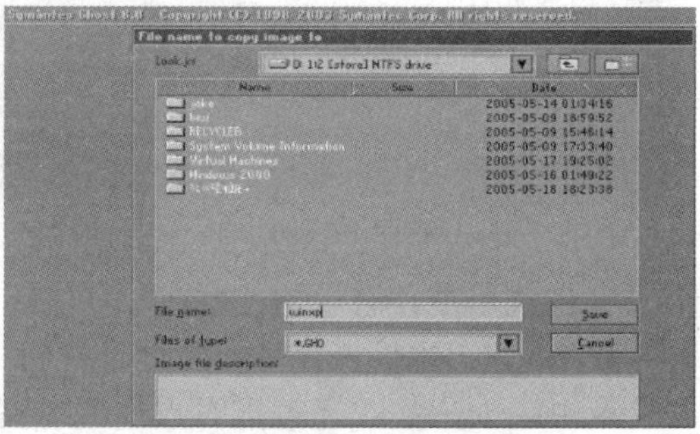

图 18.5　选择多个目标分区　　图 18.6　设置保存位置和名称

步骤 6：选择压缩比例。在选择压缩比例时，因压缩比例越大，压缩就越慢，为了加快备份速度，一般选择“No”，如图 18.7 所示。单击“No”按钮，开始复制文件，如图 18.8 所示。在备份的过程中，如果空间不够，会给出如图 18.9 所示的提示

2. 使用 Ghost 进行系统恢复

步骤 1：选择“Local→Partition→From Image”菜单命令，对分区进行恢复如图 18.2 所示。

步骤 2：选择已有的镜像文件，如图 18.10 所示。

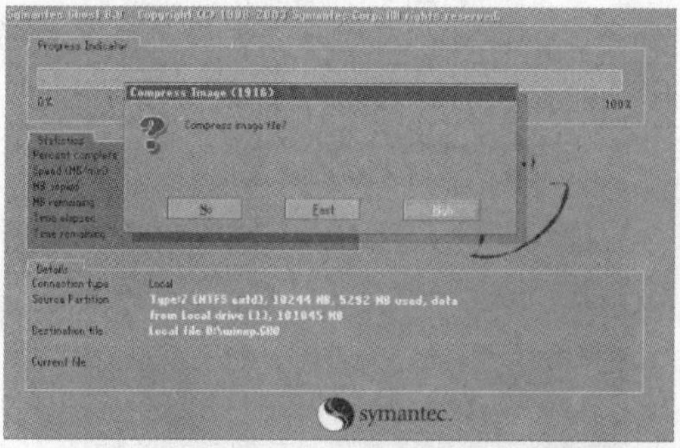

图 18.7　选择压缩比例

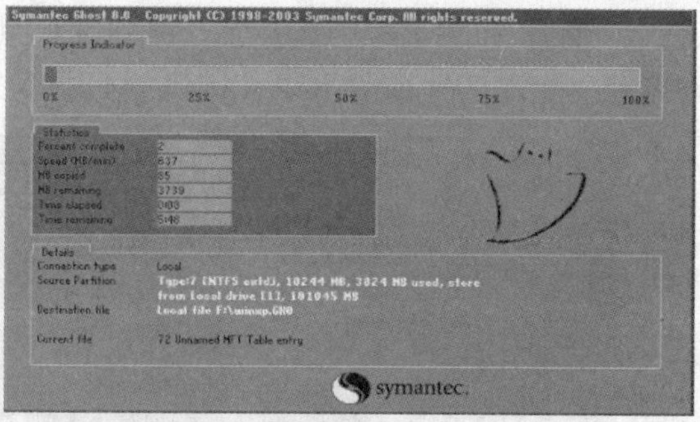

图 18.8　开始复制文件

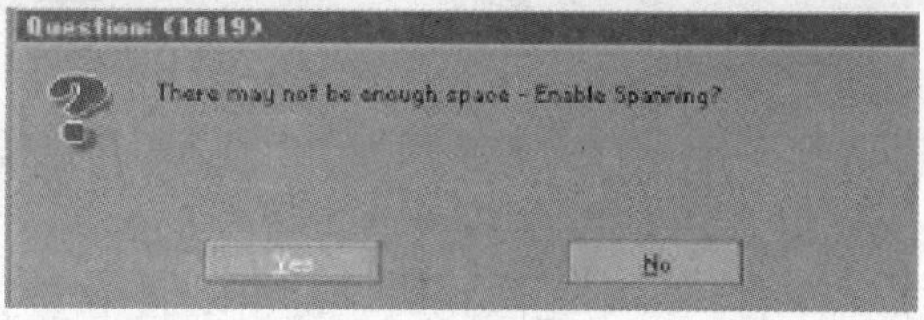

图 18.9　空间不足

步骤 3：选择镜像文件中的分区，需要注意的是镜像文件可能含有多个分区。

步骤 4：选择目标硬盘，如图 18.11 所示。单击“OK”按钮，选择目标的分区如图 18.12 所示。单击“Yes”按钮确认恢复，如图 18.13 所示。复制文件结束计算机重新启动，操作系统又回到备份时的状态。

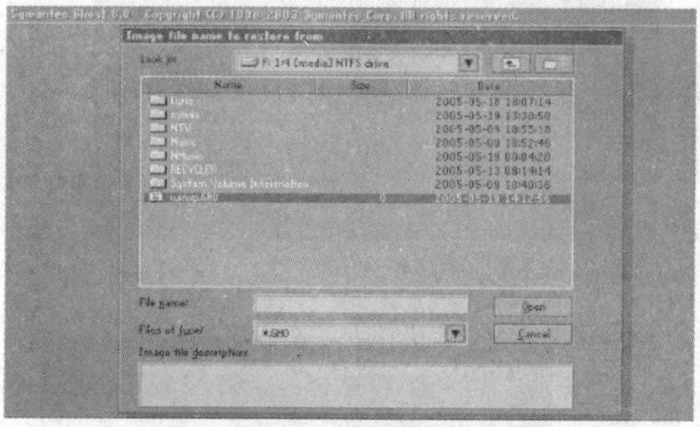

图 18.10　选择镜像文件

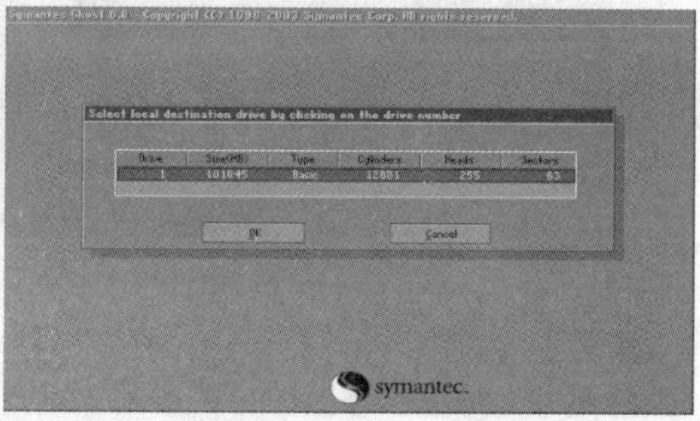

图 18.11　选择目标硬盘

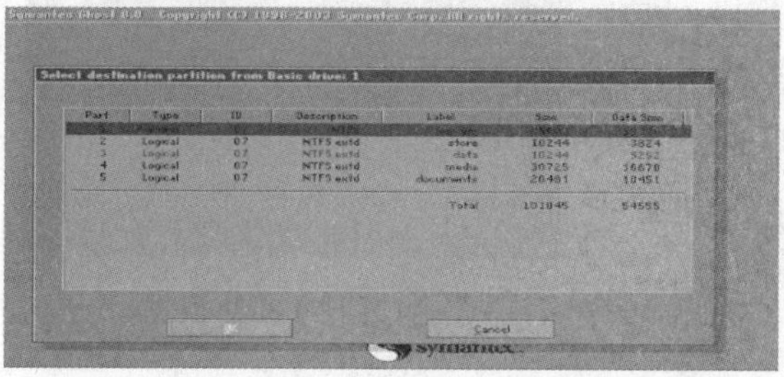

图 18.12　选择目标分区

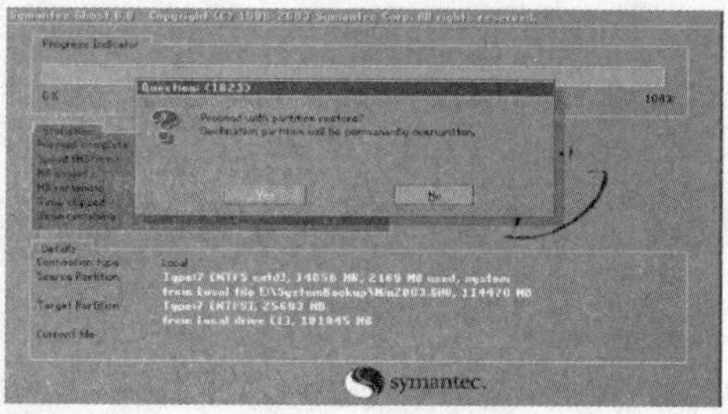

图 18.13　确认恢复

3. 使用一键 Ghost 进行系统备份及恢复

步骤 1：下载一键 Ghost 程序并在 Windows 7 系统下安装，程序安装完成后会自动生成双重启动菜单，重启后按提示选择“1KEY GHOST 8.2 Build 050706”即可进入 DOS 系统，如图 18.14 所示。

步骤 2：在主菜单中选择“一键备份 C 盘”命令，如图 18.15 所示。如果是恢复系统则选择“一键恢复 C 盘”。“一键恢复 C 盘”操作是建立在已经备份过 C 盘的基础上的。

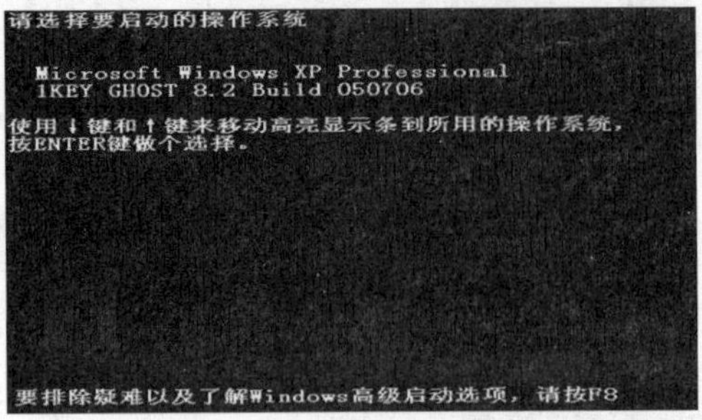

图 18.14　启动选择界面

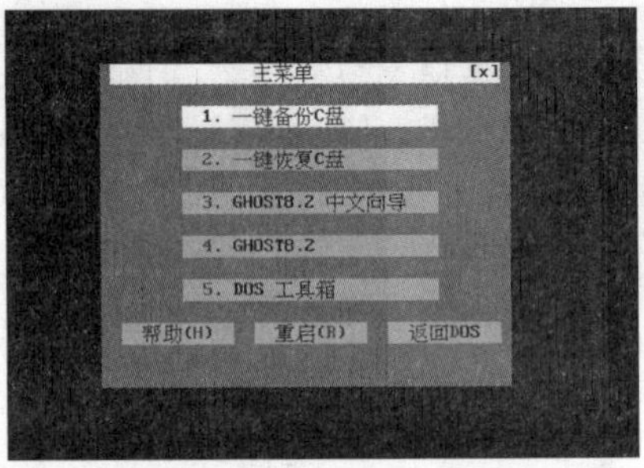

图 18.15　一键恢复主界面

步骤 3：在弹出的对话框中把光标定位到“确定”按钮上并按<Enter>键，如图 18.16 所示。程序自动启动 Ghost 将系统 C 盘备份到“D:\c_pan.gho”。备份前要保证 D 盘有足够空间并不要更改 GHO 文件名，否则无法完成一键自动备份/恢复。

步骤 4：程序一键备份操作，默认将备份文件保存在第二个分区中，也可以自行指定备份路径和文件名。在如图 18.15 所示的对话框中选择“Ghost8.2 中文向导”命令，在弹出对话框中选择“1.备份向导”（恢复则选择“恢复向导”），如图 8.17 所示。

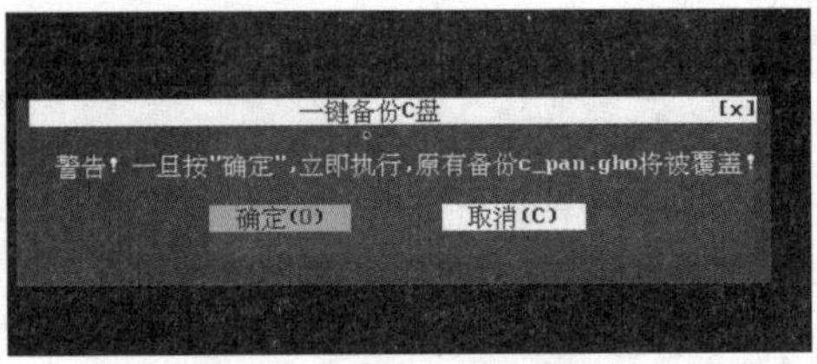

图 18.16　确认备份

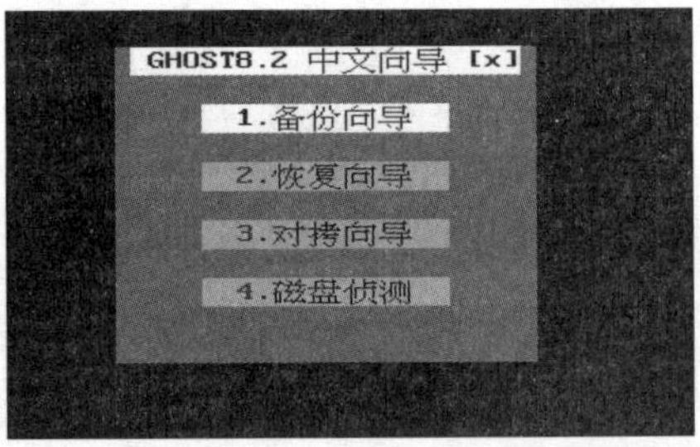

图 18.17　中文向导

步骤 5：在弹出的对话框中，将鼠标移动到需要修改的地方，按提示修改即可，单击“确定”按钮，程序开始自动备份，如图 18.18 所示。修改了默认参数后，恢复时要选择备份文件的正确位置。为了系统安全，还可勾选密码保护项，开始备份前，程序会弹出一个密码设置窗口，按提示设置即可，这样，下次恢复系统时就需要输入在此设置的密码了。

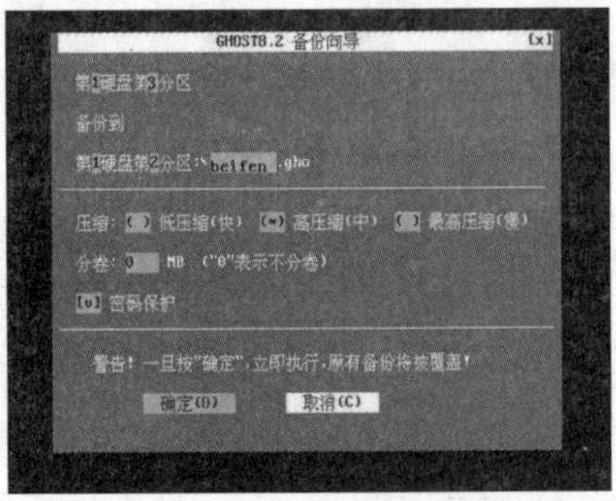

图 18.18　备份向导

习　题

一、填空题

1. 在恢复系统时一定要先检查一下________盘是否有重要的文件。

2. Symantec Ghost 磁盘备份可以在各种不同的存储系统间进行，支持________、________、________、________等系统下的硬盘备份。

3．在 Symantec Ghost 中如果要备份多个分区，按住________键单击可以选择多个分区。

4．Symantec Ghost 恢复操作完成后，目标磁盘或分区将________，其中的数据将________恢复。

5．使用启动盘启动计算机后，直接在 DOS 提示符下键入________，然后按<Enter>键便会运行 Symantec Ghost。

6．在 DOS 版 Symantec Ghost 主操作界面中有 4 个主菜单：________、________、________、________。

7．在 DOS 版 Symantec Ghost 中 Local 选项下包括________、________、________3 项功能。

二、简答题

1．常用的系统备份与恢复工具有哪些？

2．系统备份与恢复时有哪些注意事项？

3．Ghost 工具软件的作用有哪些？

任务19

搭建虚拟系统实验平台

知识目标

- 熟悉什么是 VMware 虚拟机；
- 熟悉虚拟机与虚拟系统的区别；
- 熟悉为什么要使用虚拟机；
- 熟悉 VMware 虚拟机的基本配置；
- 熟悉 Windows Server 2008 的安装过程；
- 熟悉 Virtual PC 虚拟机安装工具。

技能目标

- 能够安装 VMware 虚拟机；
- 能进行虚拟机的基本配置；
- 能够在 VMware 中新建虚拟机；
- 能够在新建的虚拟机下安装 Windows Server 2008 系统；
- 能使用 Virtual PC 工具安装虚拟机。

19.1 任务描述

随着计算机技术的不断发展，新技术层出不穷，有些时候我们需要同时跨多个操作系统进行数据的采集传输等。因此，虚拟化的技术越来越多地被人们所用，当我们想要学习 Linux 或者 UNIX 而又不想要重装系统时便可以使用虚拟系统实验平台，这样既不用重装系统，又可以达到学习或者搭建相应测试环境的目的。目前主流的虚拟系统实验平台有 VMware Workstation 和 Windows Virtual PC。

19.2 相关知识

19.2.1 什么是虚拟机

虚拟机（Virtual Machine）指通过软件模拟的具有完整硬件系统功能的、运行在一个完全隔离环境中的完整计算机系统。通过虚拟机软件，您可以在一台物理计算机上模拟出两台或多台虚拟的计算机，这些虚拟机完全像真正的计算机那样进行工作，例如您可以安装操作系统、安装应用程序、访问网络资源等。对于您而言，它只是运行在您物理计算机上的一个应用程序，但是对于在虚拟机中运行的应用程序而言，它就是一台真正的计算机。因此，当您在虚拟机中进行软件评测时，可能系统一样会崩溃，但是，崩溃的只是虚拟机上的操作系统，而不是物理计算机上的操作系统，并且，使用虚拟机的“Undo”（恢复）功能，您可以马上恢复虚拟机到安装软件之前的状态

19.2.2 虚拟系统与虚拟机区别

虚拟系统是通过生成现有操作系统的全新虚拟镜像，它具有真实 Windows 系统完全

一样的功能，进入虚拟系统后，所有操作都是在这个全新的独立的虚拟系统里面进行的，可以独立安装运行软件，保存数据，拥有自己的独立桌面，不会对真正的系统产生任何影响，而且具有能够在现有系统与虚拟镜像之间灵活切换的一类操作系统。虚拟系统和传统的虚拟机（VMware、VirtualBox、Virtual PC）不同，虚拟系统不会降低计算机的性能，启动虚拟系统不需要像启动 Windows 系统那样耗费时间，运行程序更加方便快捷。

19.3 任务实施

19.3.1 配置与安装 VMware 虚拟机

VMware 虚拟机的配置与安装，这里选用现在 VM 的主流产品 VMware Workstation 8.0。

步骤 1：首先准备好 VMware Workstation 8.0 软件，在您的计算机上找到合适的安装位置，并建立文件夹（用来安装 VM），然后双击安装文件，出现如图 19.1 所示的欢迎界面，单击“Next”按钮。

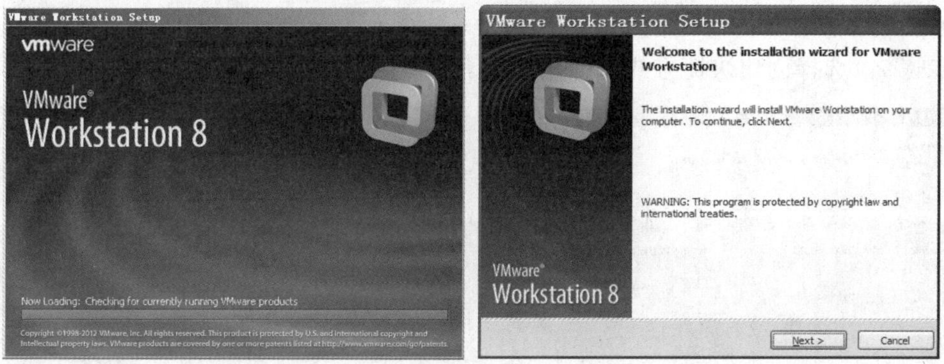

图 19.1 VMware Workstation 8.0 虚拟机安装界面

步骤 2：在 Setup Type 选项中单击“Custom”按钮进行用户的自定义安装，当然可以根据自己的需求来进行更多的设置，如图 19.2 所示。

步骤 3：对要安装的组件进行选择，单击“Next”按钮进入下一步，如图 19.3 所示。

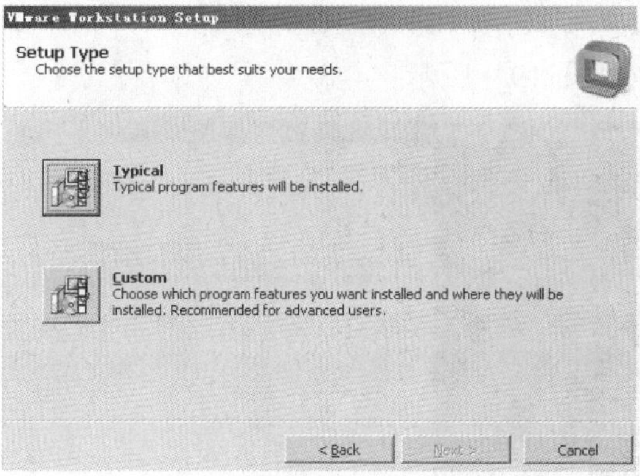

图 19.2 选择安装方式

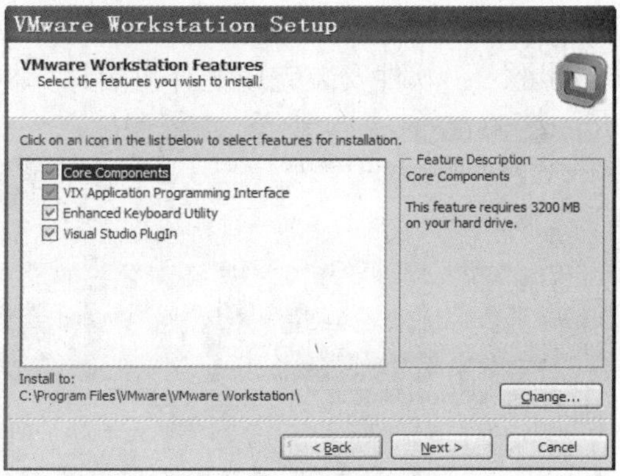

图 19.3 组建安装选择

步骤 4：请先在除 C 盘以外的磁盘分区中建立一个新文件夹，例如：E:\VMware。这里单击“Change...”按钮选择安装路径，如图 19.4 所示。

步骤 5：改变工作区域所监听的端口，当然也可以通过单击“Change”按钮改变工作区域配置所在的存储位置，然后单击“Next”按钮，如图 19.5 所示。

图 19.4　选择安装的路径

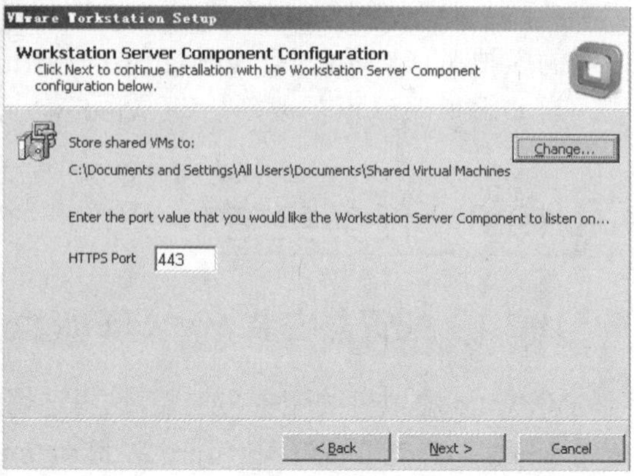

图 19.5　改变工作区域所监听的端口

步骤 6：安装软件的检测与更新，可以通过复选按钮进行选择，然后单击“Next”按钮，如图 19.6 所示。

步骤 7：选择创建快捷方式，如图 19.7 所示。

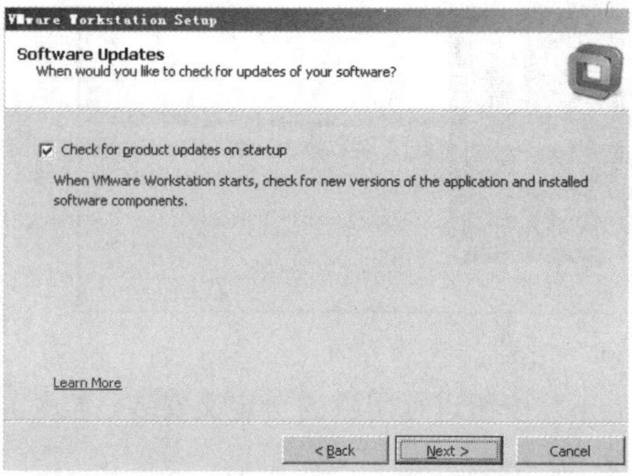

图 19.6　安装软件的检测更新

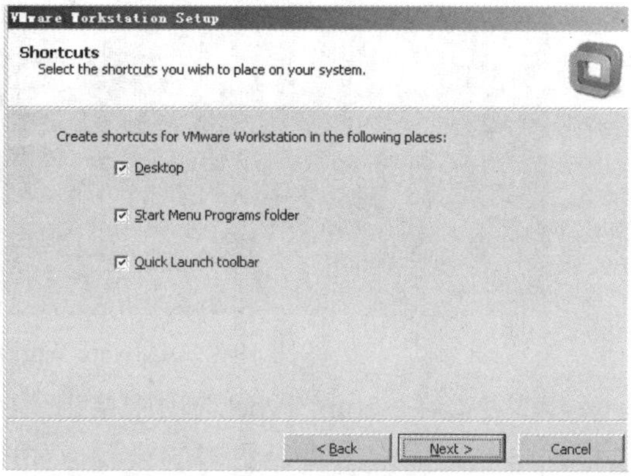

图 19.7　创建快捷方式

步骤 8：VMware Workstation 8.0 软件安装中，如图 19.8 所示。

步骤 9：软件安装完成选择重启计算机，如图 19.9 所示

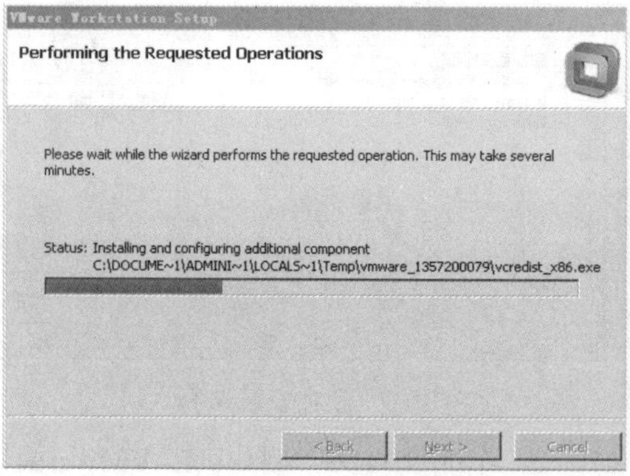

图 19.8　软件安装中

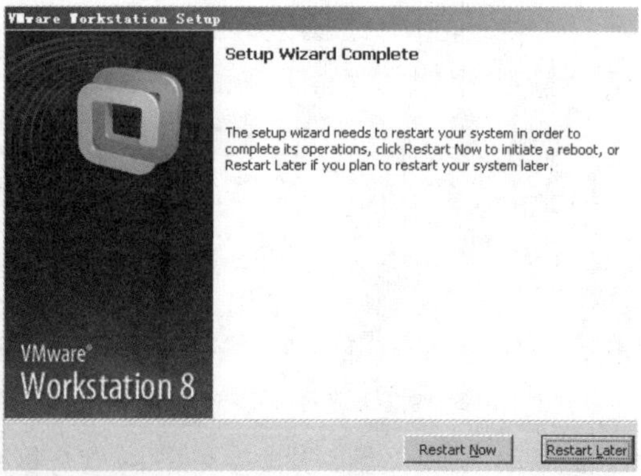

图 19.9　安装完成选择重启计算机

步骤 10：安装完成后在桌面上双击快捷图标，进入如图 19.10 所示界面。

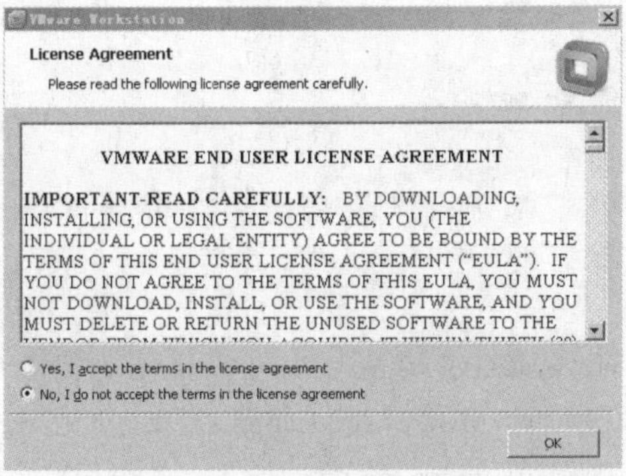

图 19.10　启动 VMware Workstation 8.0

步骤 11：选择接受协议并单击“OK”按钮，进入 VMware Workstation 8.0 的工作环境，如图 19.11 所示。

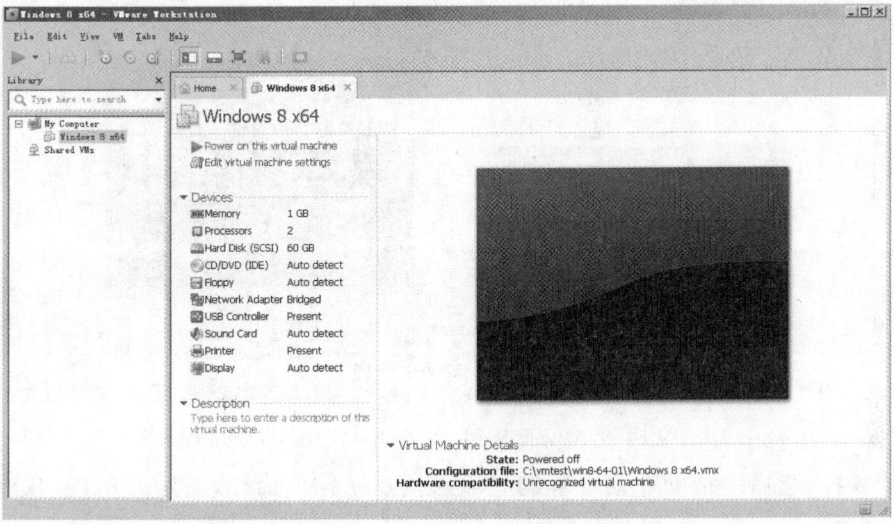

图 19.11　VMware Workstation 8.0 工作区域

步骤 12：找到下载的 VMware Workstation8.0-471780 汉化包。启动汉化包安装，单击选择主程序 VMware.exe，然后点击确认无误，安装软件会自动进行汉化。其步骤如图 19.12 和图 19.13 所示。

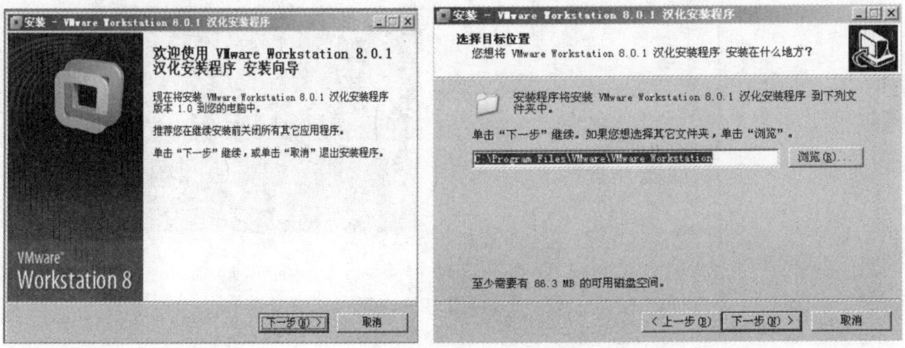

图 19.12　VMware Workstation 8.0 汉化过程（1）

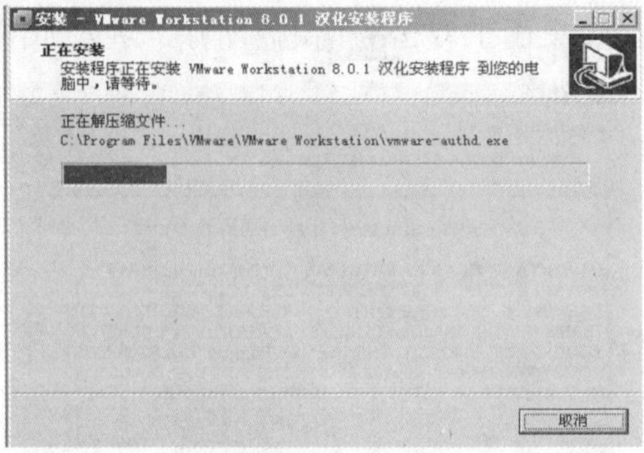

图 19.13　VMware Workstation 8.0 汉化过程（2）

步骤 13：汉化之后的界面如图 19.14 所示。

图 19.14　VMware Workstation 8.0 汉化后工作区域

步骤 14：选择“帮助”菜单下的“输入授权密钥”命令，打开进行授权向导，如图 19.15 所示。

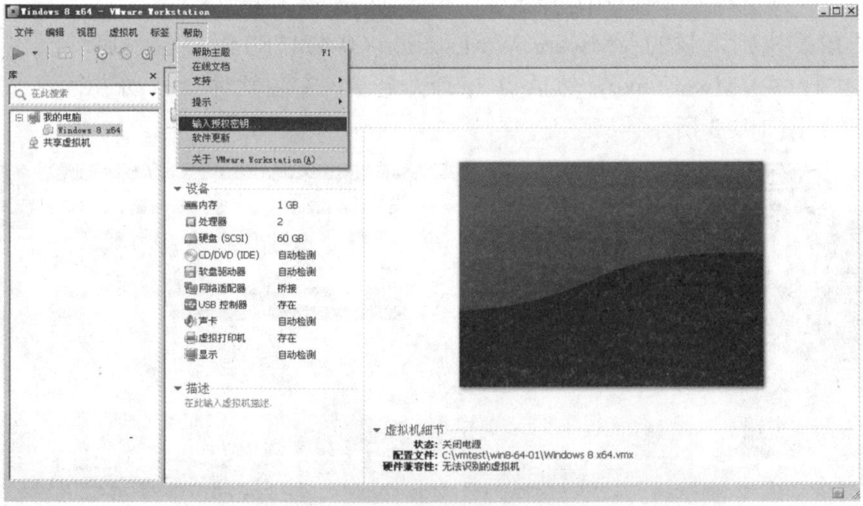

图 19.15　VMware Workstation 8.0 授权

步骤 15：进入授权界面后单击“输入许可密钥”按钮，进入如图 19.16 所示界面。

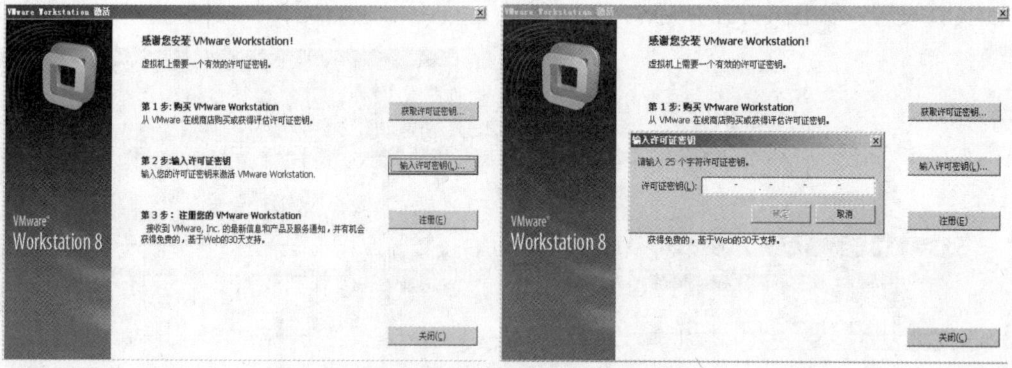

图 19.16　VMware Workstation 8.0 授权过程

步骤 16：选择 VMware Workstation 8.0 工作环境下的虚拟机设置，进入如图 19.17 所示对话框。

步骤 17：虚拟机和普通的计算机一样，也由一些基本的硬件组成。可以单击“添加”或者“移除”按钮进行基本硬件的增删，如图 19.18 所示。

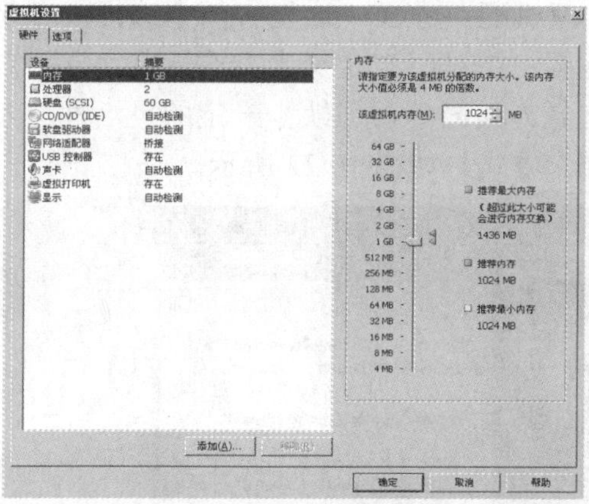

图 19.17　虚拟机的基本设置

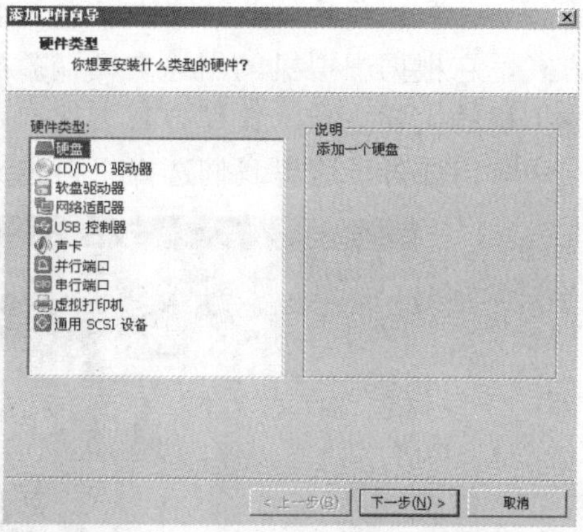

图 19.18　虚拟机的基本硬件的增删

步骤 18：虚拟机和普通的计算机一样，也可以进行基本的网络设置，也可以设置 IP 地址、网桥、网关、DNS，如图 19.19 所示。

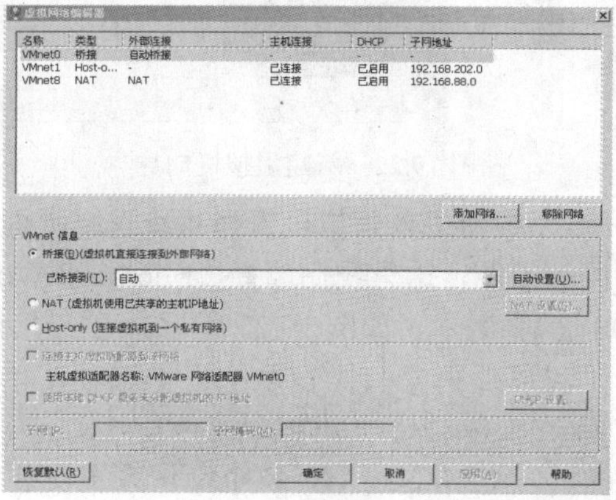

图 19.19　虚拟机的基本网络设置

步骤 19：单击“添加网络”按钮，弹出对话框如图 19.20 所示，选中一个网络后选择 DHCP 设置，如图 19.21 所示。

图 19.20　添加网络

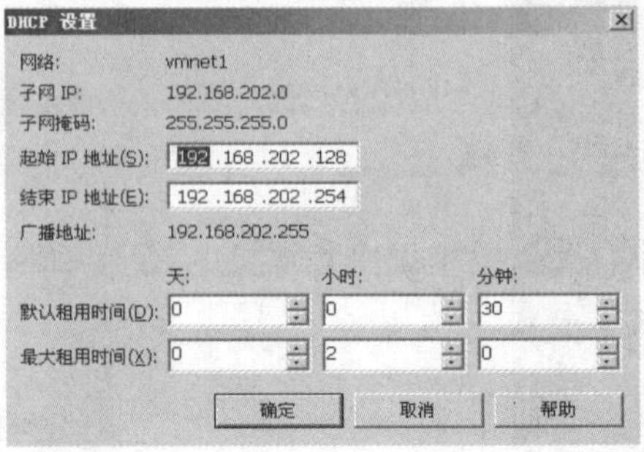

图 19.21　虚拟机的网络参数设置

19.3.2　在 VMware 中安装 Windows Server 2008

步骤 1：首先准备好 Windows Server 2008 的镜像安装文件，并启动 VMware Workstation 8.0，在其主界面“主页”标签页中单击“新建虚拟机”按钮打开新建向导。

步骤 2：单击“下一步”按钮，进入虚拟机配置界面，这里有两个选择：一是“典型”方式，它根据虚拟机的用途自动调整配置；二是“自定义”方式，它允许用户自行设置虚拟机的主要参数。典型方式要比自定义方式简单，但缺少一定的灵活性。为了更好地完成学习任务，这里我们选择“自定义”方式，如图 19.22 所示。

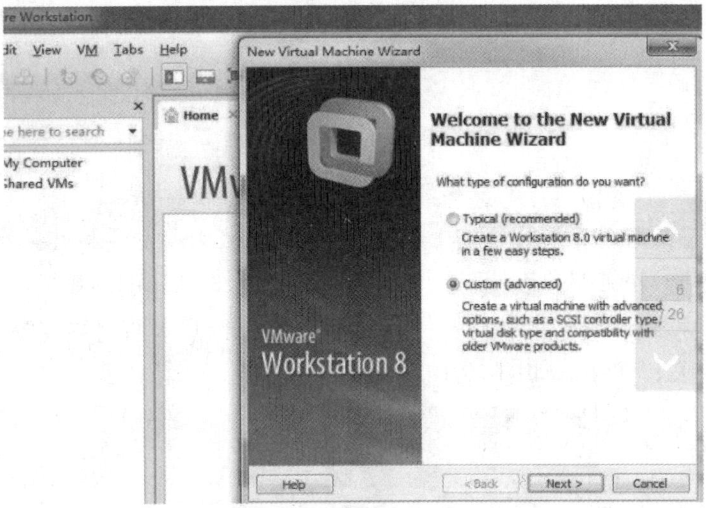

图 19.22　新建虚拟机向导

步骤 3：单击“下一步”按钮进入虚拟机操作系统选择界面，可以看到 Windows、Linux、Novell 等多种不同的系统，这里我们选择“Microsoft Windows”单选项，然后选择“Windows Server 2008 x64”版本，如图 19.23 所示。单击“下一步”按钮，在选择安装程序来源的位置选择“我以后再安装操作系统”单选项，单击“下一步”按钮，如图 19.24 所示。

步骤 4：指定虚拟机的名称及存放位置，整个操作系统安装完成后预计大小在 40GB 以内，所以最好选择有足够空间的磁盘分区。单击“下一步”按钮，如图 19.25 所示。

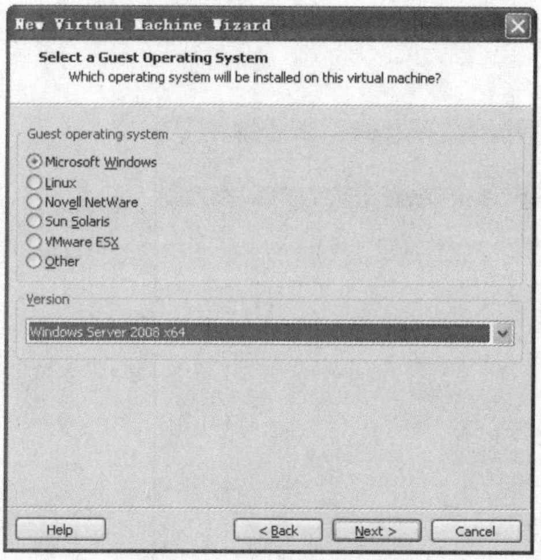

图 19.23　操作系统类型选择

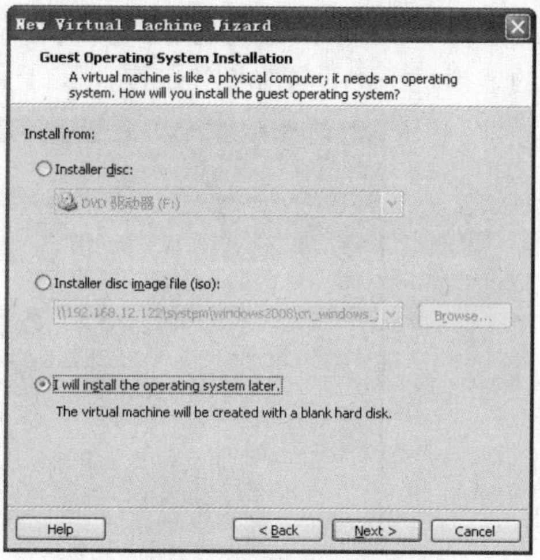

图 19.24　操作系统版本选择

步骤 5：指定虚拟机磁盘空间大小，选择默认大小，然后单击“下一步”按钮，如图 19.26 所示。

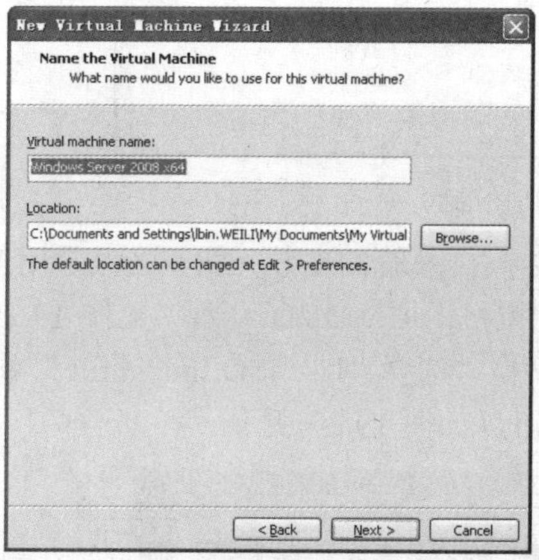

图 19.25　指定虚拟机的名称和存放位置

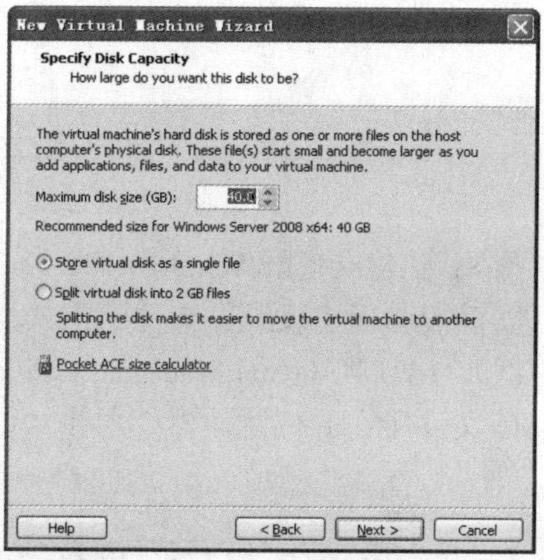

图 19.26　指定虚拟机磁盘大小

步骤 6：确认配置参数，单击“完成”按钮确认创建虚拟机，如图 19.27 所示。

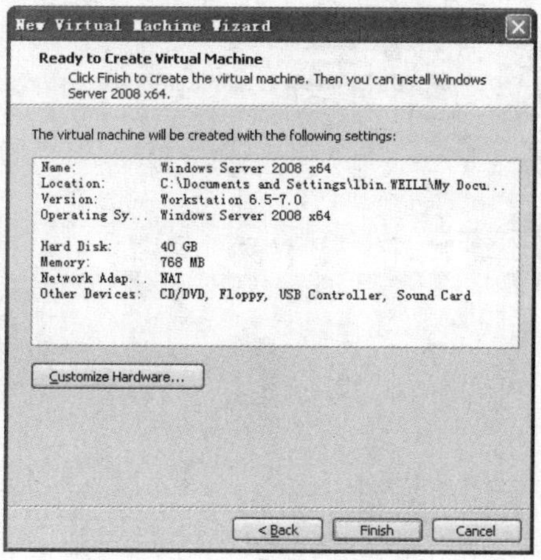

图 19.27　确认配置参数

步骤 7：虚拟机创建成功，单击“Power on the virtual machine”选项就可以启动刚创建的虚拟机了，设置如图 19.28 所示。

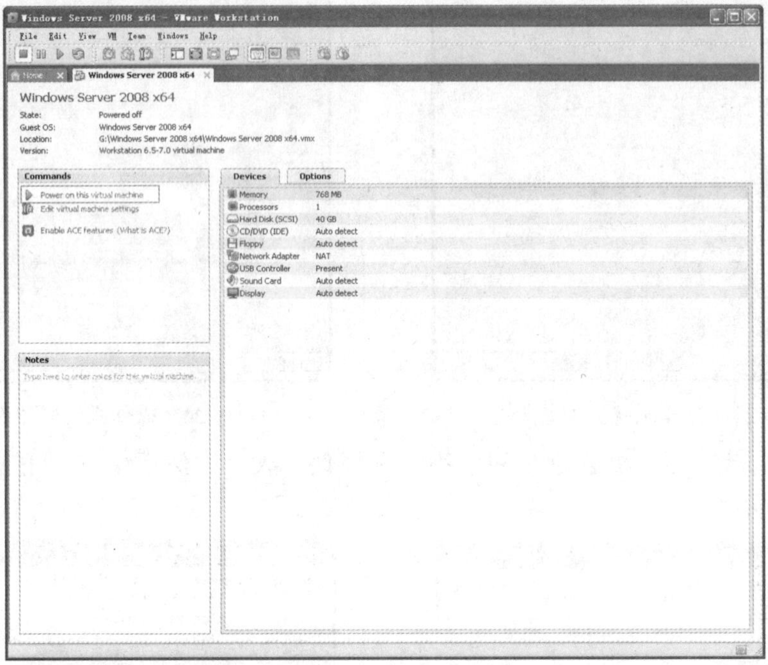

图 19.28　虚拟机初始界面

步骤 8：创建准备好 Windows Server 2008 R2 操作系统的安装光盘。这里是用 ISO 文件，可以直接选择挂载镜像文件的方式。双击虚拟机的 CD/DVD 设备（见图 19.29 中的红色方框），出现“Virtual Machine Settings”对话框。选择“Use ISO Image file”单选项，指定 ISO 文件所在的位置，然后单击“OK”按钮，如图 19.29 所示。

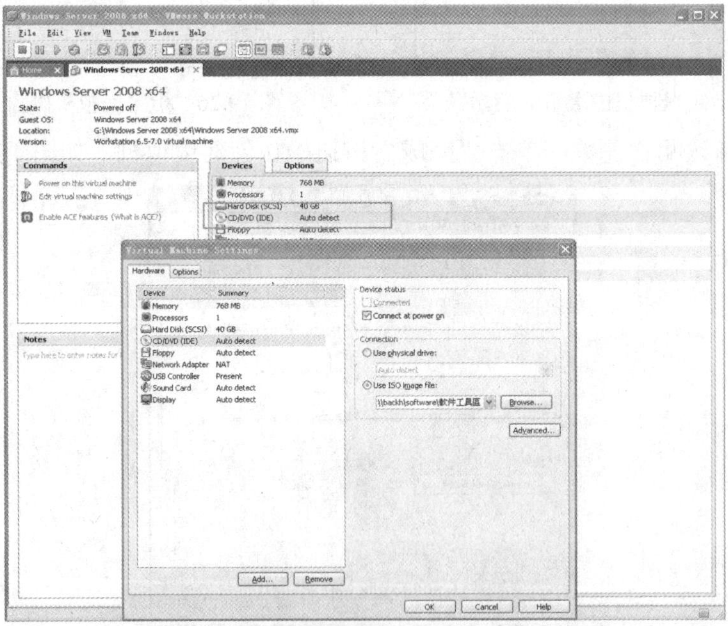

图 19.29　指定 ISO 文件所在位置

步骤 9：单击“Power on the virtual machine”选项，启动 Windows Server 2008 x64 虚拟机，如图 19.30 所示。

步骤 10：配置地区选项，这里选择默认值，然后单击“下一步”按钮，如图 19.31 所示。

图 19.30　启动安装文件

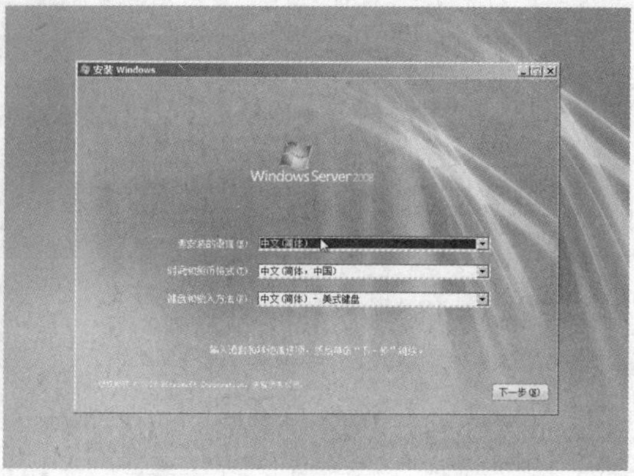

图 19.31　Windows Server 2008 初始信息

步骤 11：单击“现在安装”按钮，确认安装过程开始，图 19.32 所示。

步骤 12：选择服务器类型，这里选择“Windows Server 2008 R2 Standard（完全安装）”，然后单击“下一步”按钮，如图 19.33 所示。

图 19.32　选择开始安装界面

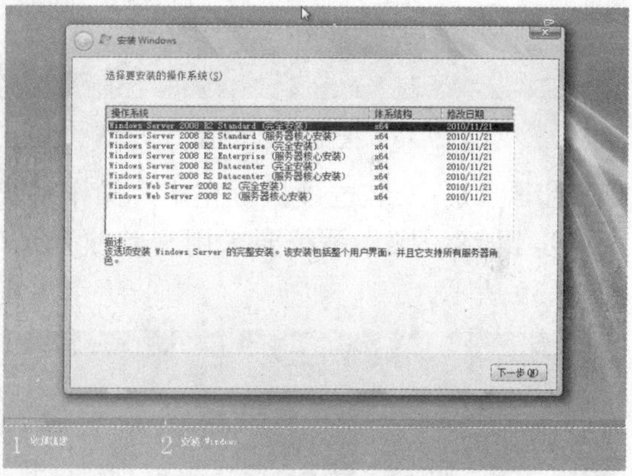

图 19.33　选择服务器类型

步骤 13：确认软件许可条款，选择“我接受许可条款”复选项，然后单击“下一步”按钮，如图 19.34 所示。

步骤 14：选择安装类型，选择“自定义（高级）”选项，安装 Windows 的新副本，如图 19.35 所示。

步骤 15：选择操作系统安装到哪一个磁盘分区，这个需要根据实际情况确定。选择完成后，单击“下一步”按钮，如图 19.36 所示。

步骤 16：安装程序开始复制文件并进行安装，这个过程时间比较长，虚拟机使用默认配置，耗时在 30 分钟左右，如图 19.37 所示。

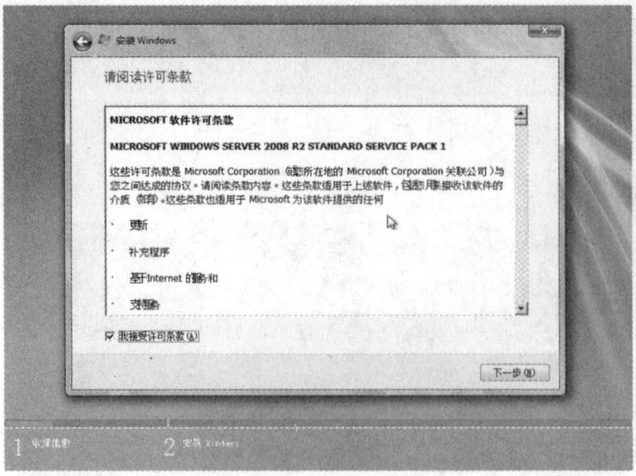

图 19.34　接收协议条款

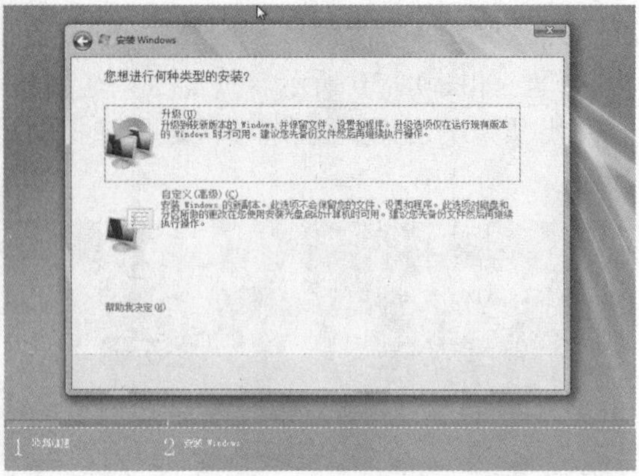

图 19.35　选择自定义安装

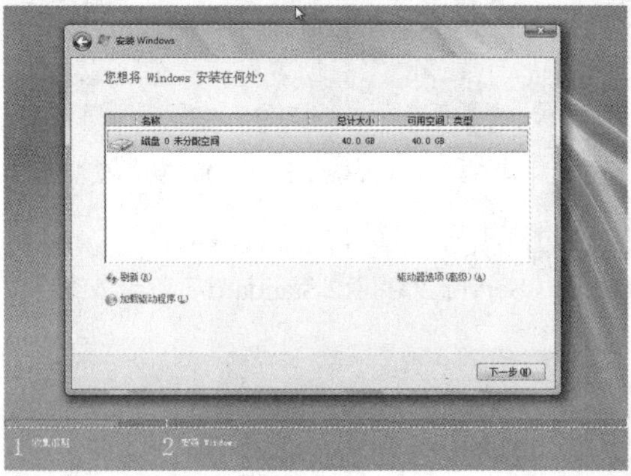

图 19.36　指定安装位置

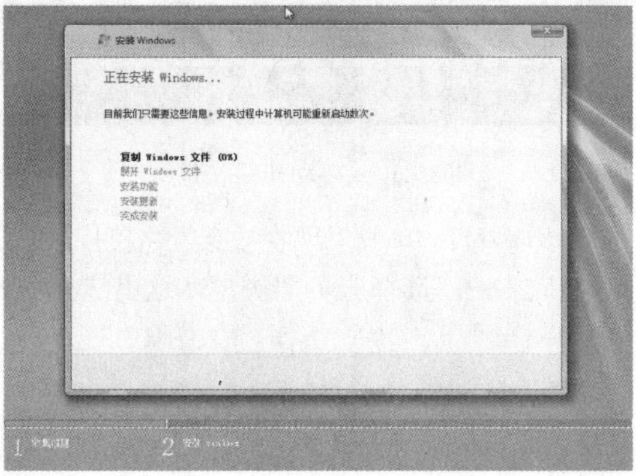

图 19.37　复制文件

步骤 17：安装过程执行完毕，操作系统自动重启，如图 19.38 所示。

步骤 18：操作系统要求用户首次登录之前必须修改密码，单击“确定”按钮，如图 19.39 所示。

图 19.38　系统自动重启

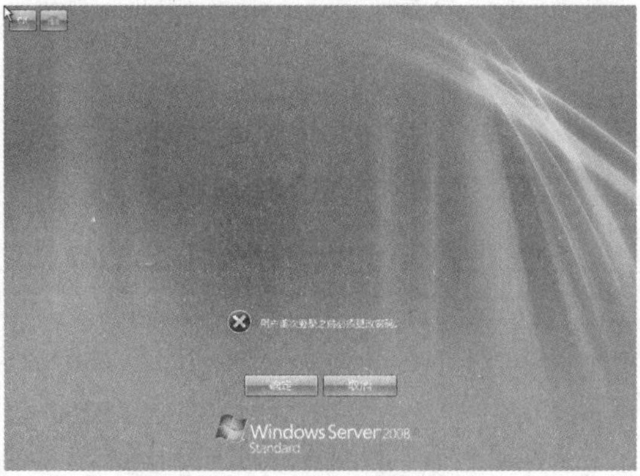

图 19.39　首次登录

步骤 19：输入管理员 Administrator 的新密码，然后单击密码输入框旁边的蓝色确认按钮，如图 19.40 所示。

步骤 20：管理员密码修改成功，单击“确定”按钮，如图 19.41 所示。

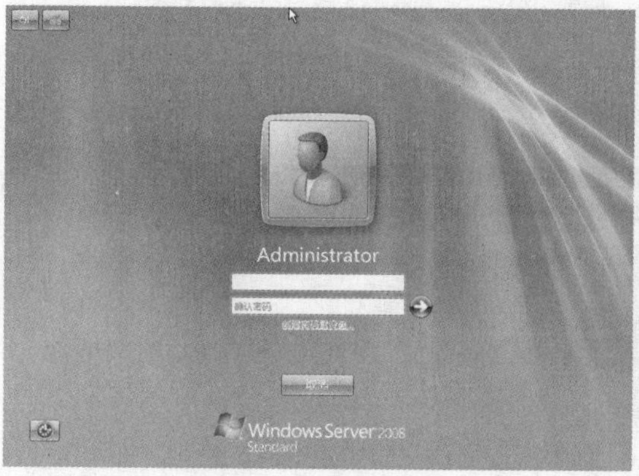

图 19.40　登录界面

图 19.41　密码修改成功

步骤 21：操作系统初始化管理员个人设置，如图 19.42 所示。

步骤 22：初始化设置完毕，就可以看到管理员的个人桌面了，如图 19.43 所示。

图 19.42　初始化设置

图 19.43　Windows Server 2008 个人桌面

步骤 23：在安装好虚拟机之后，需要进行共享文件夹的设定，进行共享文件夹设定时必须先安装好 VMware tools 工具。在虚拟系统中，选择虚拟机上的 tools 菜单，选中其中的“install tools”菜单。安装好 tools 工具之后，在虚拟机菜单中选中“选项”→“共享文件夹”，添加一个本机目录并且设置为“总是启用”，共享的名字随便起。在虚拟机中，右击“我的电脑”或“网上邻居”，在弹出的快捷菜单中选择“映射网络驱动器”，“浏览”——“VMware Shared Floders”，找到本机共享的文件夹。然后打开“我的电脑”，就会看到一个网络驱动器的选项，即可打开虚拟机与主机间的共享文件夹。

步骤 24：刚安装完成的 Windows Server 2008 R2 是没有激活的，还需要执行激活程序。下载 Windows Loader.exe 激活程序，通过步骤 23 设置的共享文件夹，将激活程序复制到虚拟机中，然后运行该激活程序，单击“Install”按钮。此过程会花几分钟时间，执行完毕后重启虚拟机，如图 19.44 所示。

步骤 25：查看 Windows Server 2008 R2 是否已被激活，如图 19.45 所示。

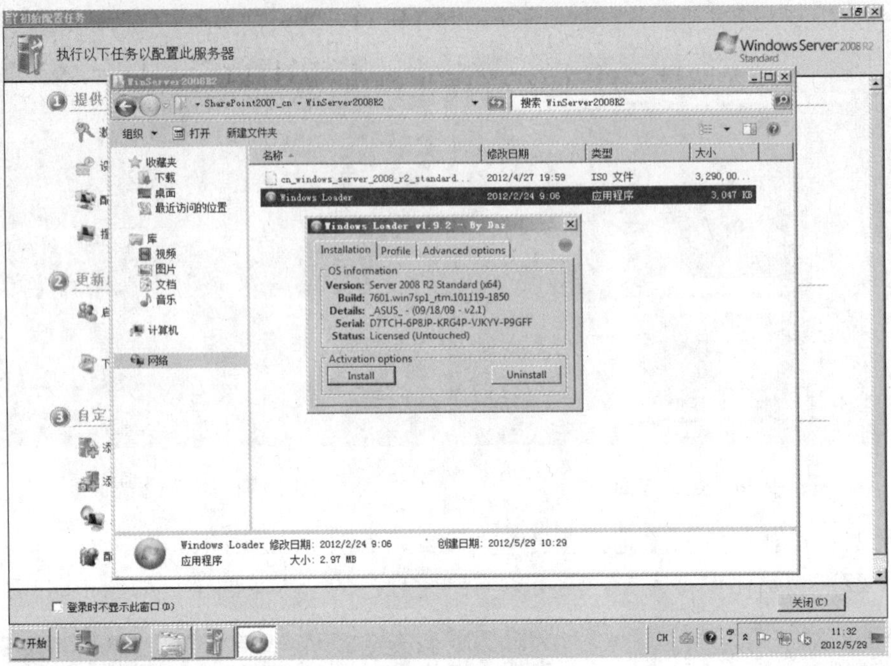

图 19.44　Windows Server 2008 激活界面

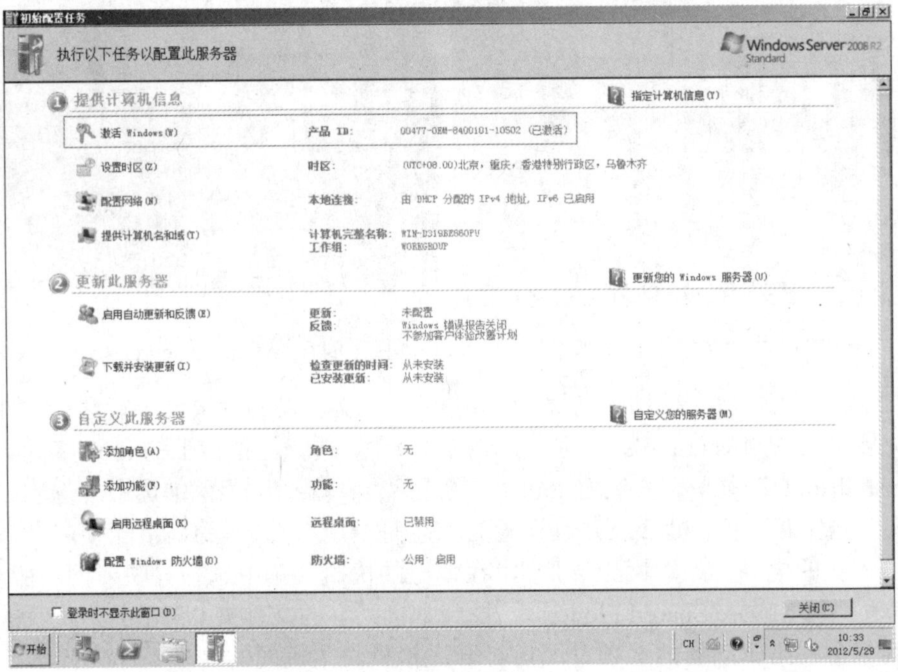

图 19.45　查看 Windows Server 2008 激活界面

19.3.3　安装与配置 Virtual PC 虚拟机

步骤 1：从网上下载 Windows Virtual PC 2007 安装文件，按照默认设置即可安装成功。

步骤 2：创建一个新的虚拟机，设置名称及磁盘位置，如图 19.46 所示。

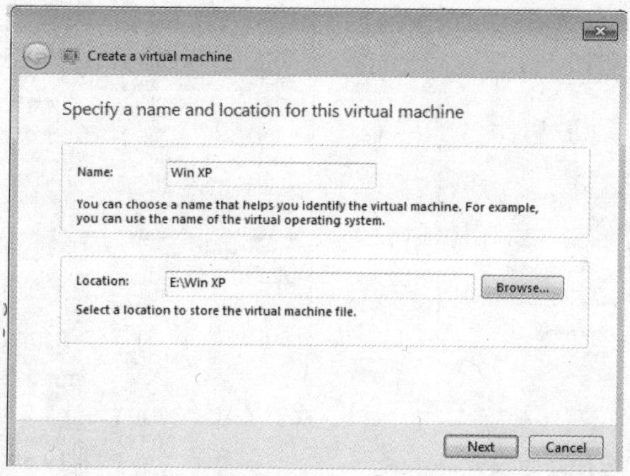

图 19.46　新建一个虚拟机

步骤 3：为虚拟机设置内存大小及网络连接方式，如图 19.47 所示。

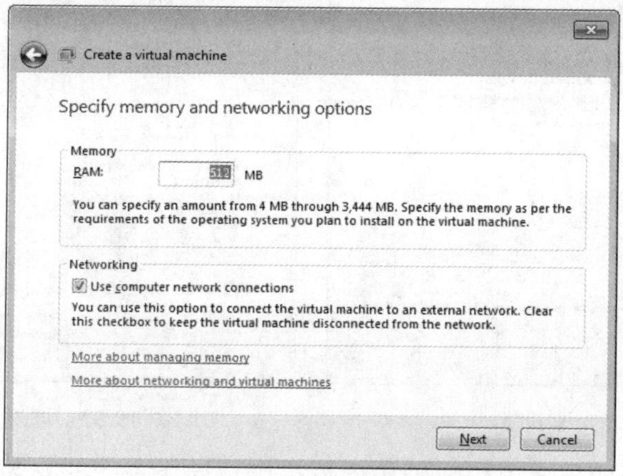

图 19.47　设置内存及网络环境

步骤 4：设定虚拟机的磁盘及保存位置，如图 19.48 所示。

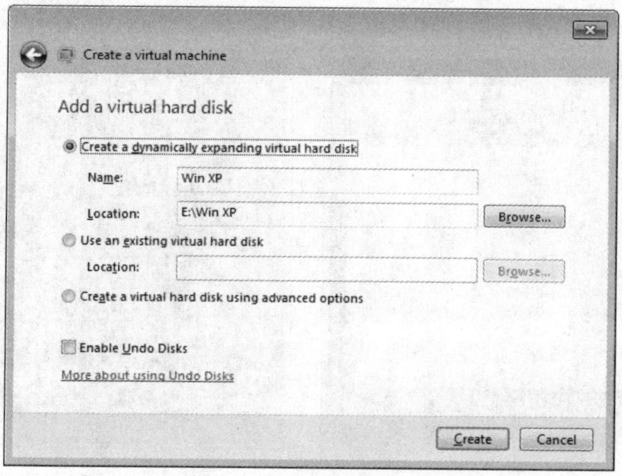

图 19.48　设置虚拟机的磁盘及保存位置

步骤 5：右键单击虚拟机，在弹出的快捷菜单中选择高级设置，设置内存等属性，如图 19.49 和图 19.50 所示。

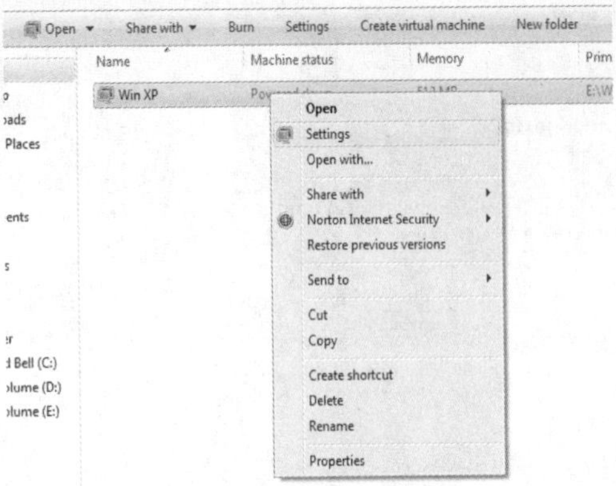

图 19.49　选择高级设置

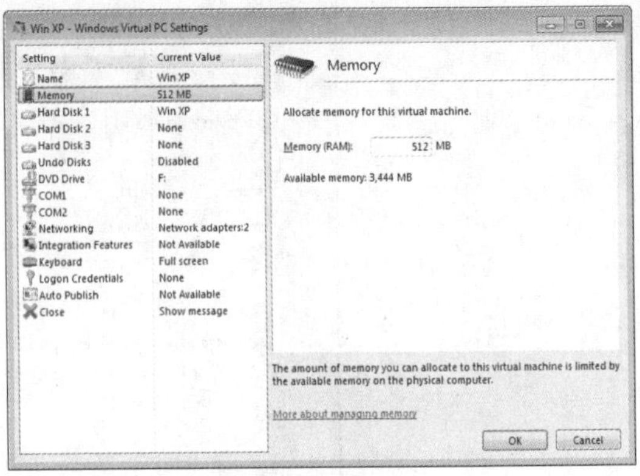

图 19.50　设置内存

步骤 6：也可以进行光驱、网卡及联网方式的设置，如图 19.51 和图 19.52 所示。

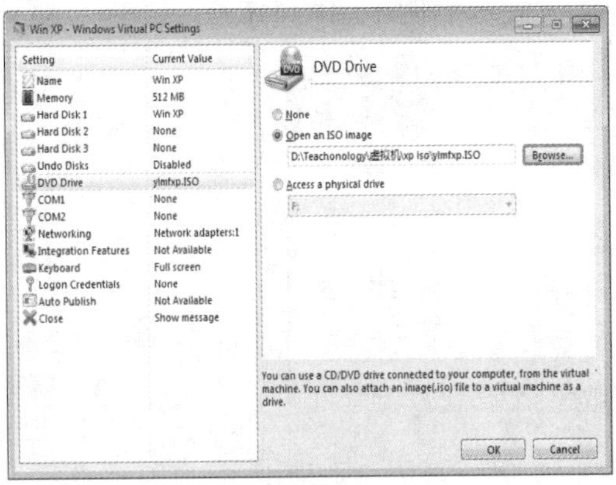

图 19.51　光驱设置

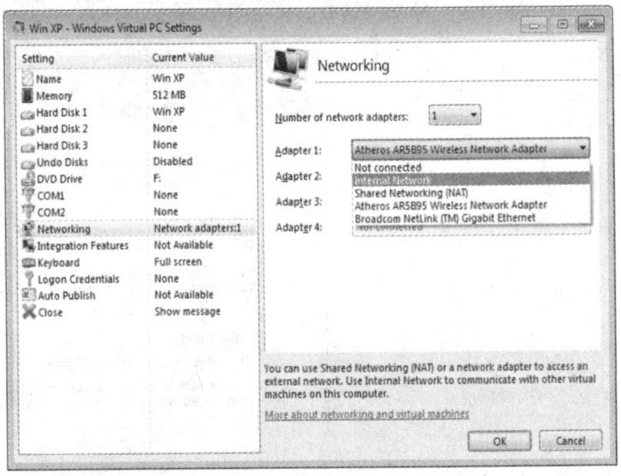

图 19.52　联网方式设置

步骤 7：设置完成后，就可以使用虚拟机进行操作系统的安装，比如，调用虚拟机打开 XP 的 Ghost 安装光盘，选择“安装 Ghost XP SP3 到 C 盘”，将安装操作系统，如图 19.53 与图 19.54 所示。

图 19.53　选择安装的方式

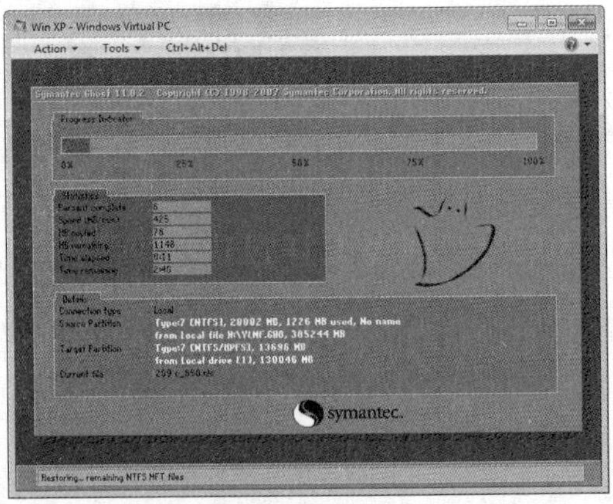

图 19.54　开始安装

步骤 8：安装好系统后，再安装集成化组件 Integration Component，如图 19.55 所示。

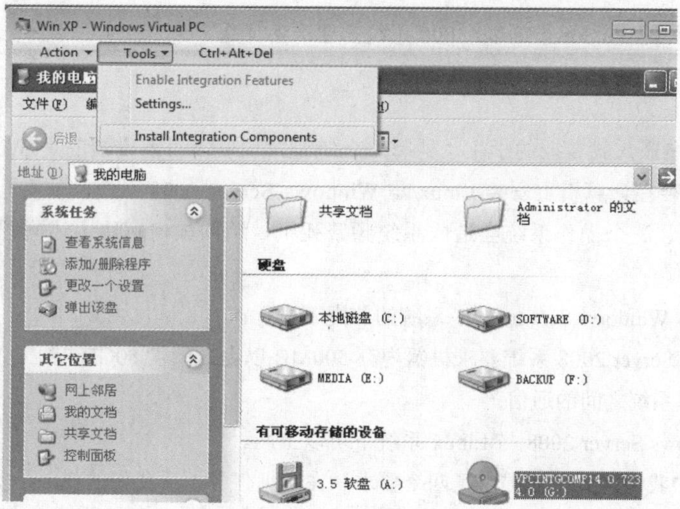

图 19.55　安装集成化组件

步骤 9：双击光驱进行组件的安装，安装好后，Virtual PC 在最大化时就能全屏显示了，并且在插入 USB 设备时也可以被虚拟机识别到并使用了，如图 19.56 与图 19.57 所示。

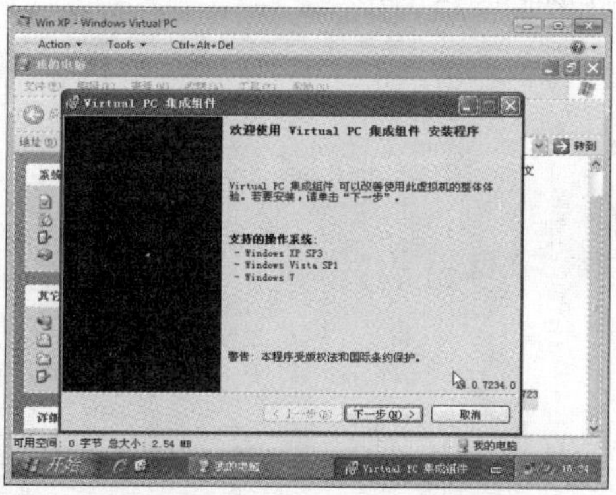

图 19.56　开始安装组件

图 19.57　全屏显示

习　　题

一、简答题

1．什么是虚拟机？
2．常用的虚拟机有哪些产品？
3．使用虚拟机有什么好处？
4．虚拟机与虚拟系统有哪些区别？
5．VMware 虚拟机下如何设置 BIOS？
6．如何实现虚拟机下系统与实际计算机系统中鼠标的切换？
7．如何实现虚拟机操作系统中的截图？
8．如何去掉虚拟机下的开机软驱检测？

9．虚拟机下安装 Windows Server 2008 系统需要准备什么？

二、实训题

1．王博是一名嵌入式专业的学生，他有一台笔记本电脑，目前安装的是 Windows Server 2003 系统，由于学习需要在计算机上安装 Linux 与 Windows Server 2008 系统，他实验多次，如果在自己的计算机上同时安装三个操作系统会造成系统频繁死机，请问如何解决上述问题？王博同学有如下要求：

（1）在不破坏 Windows Server 2003 系统的前提下进行；

（2）Windows Server 2008 系统要求机器内存 500MB 以上，硬盘 80GB 以上；

（3）能够实现系统之间的通信；

（4）在 Windows Server 2008 与 Linux 系统下可以上网。

2. 在实训 1 中我们提到王博提出了四个要求，在实训任务 1 后我们的任务是安装、创建并且设置一个虚拟机环境，本次的实训任务则如下：

（1）创建一个 mywin8 虚拟机；

（2）完成在 mywin8 虚拟机上安装 Windows Server 2008 操作系统；

（3）创建一个 mylinux 虚拟机；

（4）查阅资料完成在 mylinux 虚拟机上安装 Redhat Linux 6.0 操作系统。

任务20

使用常用工具软件

知识目标

- 熟悉下载工具的工作原理；
- 熟悉压缩文件的格式；
- 熟悉光盘的种类和光盘刻录的方式；
- 熟悉计算机病毒的特点、危害、种类、预防方法；
- 熟悉计算机病毒的检测方法和清除方法；
- 熟悉常见即时通信软件和主要功能；
- 熟悉常见的音频格式和音频工具软件；
- 熟悉常见的视频格式和视频工具软件。

技能目标

- 能使用下载工具下载网络资源；
- 能使用压缩工具对文件进行压缩和解压缩；
- 能够运用刻录工具制作不同类型的光盘。

20.1 任务描述

在日常使用计算机的过程中，经常需要涉及各种应用，如从网上下载各种网络资源、压缩打包各种文件、将数据文件刻录成光盘进行存储、查杀计算机感染的病毒和木马、使用即时通信软件进行网上交流、播放音乐和观看视频、恢复丢失的文件等。

随着应用软件市场的不断发展，各类应用软件都很丰富，功能也不尽相同，用户需要掌握如何选择合适的工具软件并熟练运用各种工具软件。

20.2 相关知识

20.2.1 下载工具简介

当需要从网络中下载各种网络资源时，直接下载的速度往往很慢，需要的时间较长，而借助下载工具则能起到加快下载速度的作用。那么，如何使用下载工具下载网络资源呢？下面将介绍几种常见的下载工具及其主要功能。

用下载工具下载资源之所以比直接下载快，是因为下载工具一般都采用了“多点连接（分段下载）”技术，充分利用了网络上的多余带宽；采用“断点续传”技术，随时接续上次中断部位继续下载，有效避免了重复劳动，这大大节省了下载者的连线下载时间。

常见下载工具软件有以下几种。

（1）迅雷。迅雷针对宽带用户做了特别的优化，能够充分利用宽带上网的特点，更在用户文件管理方面提供了比较完备的支持，尤其是对于用户比较关注的配置、代理服务器、文件类别管理、批量下载等方面进行了扩充和完善，使得迅雷可以满足中、高级下载用户的大部分专业需求。

（2）超级旋风。超级旋风是腾讯公司推出的多任务下载工具，是由原腾讯 TT 浏览器中独立出来的版本。超级旋风支持多个任务同时进行，每个任务使用多地址下载、多线程、断点续传、线程连续调度优化等。

（3）网际快车 FlashGet。网际快车采用基于业界领先的 MHT 和 P4S 下载技术，完全改变了传统下载方式，下载速度是普通下载的 8～10 倍以上，跨越了 HTTP、FTP、BT 等常见协议和多种流媒体协议，网际快车还支持嵌入式一键杀毒保证下载安全。

（4）网络蚂蚁。网络蚂蚁可进行多点传输，支持断点续传，支持剪贴板的点击，支持外挂资源包，支持 IE 的 HTML 文本拖放，处理 HTML 文本文件等多项功能，全部任务完成后自动退出。对 FTP ASCII Mode 提供较好的支持，任务下载完毕后，双击任务列表中的条目将自动执行本地文件。根据下载过程中的重定向信息动态改变本地存放的文件名。

另外，还有一些下载工具应用也比较广泛，包括 TuoTu（脱兔）、BitComet（BT）、KuGou（酷狗）、eMule（电驴）、BT 发动机、网络传送带、比特精灵等，用户可根据自己的使用习惯和软件的特性来进行选择。当前最流行的下载工具是迅雷。

20.2.2　压缩工具简介

数据压缩是指应用一种或多种算法对源数据进行处理来减少源数据的数量。解压缩也要运用一种或多种算法，对被压缩过的数据进行处理，复原原来数据。数据压缩分为无损压缩和有损压缩。衡量压缩算法的优劣是压缩比。人们利用各种各样的压缩算法研制出来了许多压缩工具，常见的压缩工具软件如下。

1. WinRAR 压缩软件

WinRAR 是一款功能强大的文件压缩解压缩工具，它支持目前绝大多数的压缩文件格式，包含强力压缩、分卷、加密和自解压模块。

WinRAR 具有简单易用、压缩比率高、压缩速度快的特点，压缩比率高达 50%以上，是压缩/解压 RAR 格式文件的首选软件。WinRAR 既可以解开 ZIP 格式的压缩文件，又可以生成 ZIP 压缩格式的文件。RAR 格式一般要比 WinZIP 的 ZIP 格式高出 10%～30%的压缩率。

WinRAR 完全支援市面上最通用的 RAR 及 ZIP 压缩格式，并且还可以支持 CAB、ARJ、LZH、TAR、GZ、ACE、UUE、BZ2、JAR、ISO 等多种类型的压缩文件。除了支持这些压缩格式的解压缩功能外，还有分片压缩、资料恢复、资料加密等功能，并且可以将压缩文件储存为自动解压缩文件，方便他人使用。

2. 好压（HaoZip）压缩软件

HaoZip 压缩软件是一款强大的压缩文件管理器，是完全免费的新一代压缩软件，相比其他压缩软件占用更少的系统资源，有更好的兼容性，压缩率比较高。

HaoZip 压缩软件的功能包括强力压缩、分卷、加密、自解压模块、智能图片转换、智能媒体文件合并等功能。使用非常简单方便，配置选项不多，在资源管理器中就可以完成所有工作，并且具有估计压缩功能，可以在压缩文件之前得到用 ZIP、7Z 两种压缩工具各三种压缩方式下的大概压缩率；还具有强大的历史记录功能、固实压缩、智能图片压缩和多媒体文件处理功能。

此外，还有微压、360 压缩、快压、WinZip、2345 好压等多达数十种压缩工具，用户可以根据自己的使用习惯和软件的功能特性进行选择。

20.2.3 刻录工具简介

为了更好地将各种类型的数据文件保存起来，可以采用光盘存储的方式，借助光盘刻录软件可以很方便地实现数据的光盘存储。由于刻录机的工作是通过刻录软件来实现的，所以刻录机的工作状态和刻录软件有着非常密切的关系。目前刻录软件中较为出名的有：Nero Burning Rom 和 Adaptec Easy CD Crenter 等。

（1）Nero Burning Rom。这是功能非常全面的刻录软件，支持的刻录机数目最多，从内置到外置都能很好地支持。该软件更新速度很快，能使用所有系列的刻录机。可以说 Nero Burning Rom 是目前支持光盘格式最丰富的刻录工具之一，它可以制作数据 CD、Audio CD 或包含音轨和数据两种模式的混合 CD；还可以制作 Video CD、Super Video CD、可引导系统的启动光盘、Hybrid 格式 CD 和 UDF 格式 CD 等。它还支持长文件名的烧录，可以将所有的文件直接存成.nrg 的 ISO Image 文档，方便多次烧录及保存资料。

（2）Adaptec Easy CD Creator。Adaptec Easy CD Creator 是较为简单的刻录软件，能完成大部分的工作，但对外置刻录机的支持度就稍微差一些，如并口和 USB 接口的都不太理想，经常在关闭盘片时停顿或失败。

20.2.4 杀毒工具简介

计算机病毒是指一种能够通过自身复制传染，起破坏作用的计算机程序，它通过非授权入侵并隐藏在可执行程序或数据文件中，在特定的条件下开始运行并对计算机系统进行破坏。

目前，国内外的杀毒软件有很多，比较常用的有金山毒霸、瑞星、江民 KV 系列、赛门铁克、卡巴斯基等，在使用杀毒软件时一定要及时更新其病毒库，以保证能对最新的病毒进行查杀。

（1）金山毒霸。金山毒霸（Kingsoft Antivirus）是中国著名的反病毒软件。金山毒霸融合了启发式搜索、代码分析、虚拟机查毒等经业界证明成熟可靠的反病毒技术，使其在查杀病毒种类、查杀病毒速度、未知病毒防治等多方面达到世界先进水平，同时金山毒霸具有病毒防火墙实时监控、压缩文件查毒、查杀电子邮件病毒等多项先进的功能。紧随世界反病毒技术的发展，为个人用户和企事业单位提供完善的反病毒解决方案。从 2010 年 11 月 10 日 15 点 30 分起，金山毒霸（个人简体中文版）的杀毒功能和升级服务永久免费。目前最新版本是新毒霸（悟空）。

（2）瑞星杀毒软件。瑞星杀毒软件（Rising Antivirus，简称 RAV）采用获得欧盟及中国专利的六项核心技术，形成全新软件内核代码。其“整体防御系统”可将所有互联网威胁拦截在用户计算机以外。深度应用“云安全”的全新木马引擎、“木马行为分析”和“启发式扫描”等技术保证将病毒彻底拦截和查杀。再结合“云安全”系统的自动分析处理病毒流程，能第一时间极速地将未知病毒的解决方案实时提供给用户。

20.2.5 即时通信软件简介

即时通信软件自 1998 年面世以来，其功能日益丰富，逐渐集成了电子邮件、博客、音乐、电视、游戏和搜索等多种功能。即时通信软件不再是一个单纯的聊天工具，它已经发展成集交流、咨询、娱乐、搜索、电子商务、办公协作和企业客户服务等为一体的综合化信息平台。

常见的即时通信软件包括 ICQ、QQ、Skype、阿里旺旺、网易泡泡、UcSTAR、E 话通、UC、商务通、盛大圈圈等。

（1）ICQ。ICQ 是世界上第一款即时通信软件，这款软件一经推出，即刻全球响应，凭借着前所未有的创意很快地在全世界拥有了大批的用户，主要是在欧洲和美国，是目前世界上最大的即时通信系统。

（2）QQ。QQ 是深圳市腾讯计算机系统有限公司开发的一款基于 Internet 的即时通信（IM）软件。腾讯 QQ 支持在线聊天、视频电话、点对点断点续传文件、共享文件、网络硬盘、自定义面板、QQ 邮箱等多种功能，并可与移动通信终端等多种通信方式相连。QQ 是目前使用最广泛的聊天软件。

（3）阿里旺旺。阿里旺旺是淘宝和阿里巴巴为商人、网购用户量身定做的免费网上商务沟通软件，可以帮助用户轻松找客户，发布、管理商业信息，及时把握商机，随时洽谈做生意，简捷方便。它包含阿里旺旺（淘宝版）与阿里旺旺（贸易通版）、阿里旺旺（口碑网版）三个版本，这三个版本之间支持用户互通交流。它提供了互通聊天、动态表情、截屏发图等功能，已经被越来越多的商业用户、网购用户所使用。

随着移动互联网的发展，互联网即时通信也在向移动化扩张。目前，UcSTAR、微软、AOL、Yahoo 等重要即时通信提供商都提供通过手机接入互联网即时通信的业务，用户可以通过手机与其他已经安装了相应客户端软件的手机或计算机收发消息。

20.2.6 音视频播放软件简介

音频和视频是用户日常生活中经常接触到的多媒体文件格式，通常所说的音频是指存储在计算机或网络中的声音文件，可以用音频软件进行播放，常见的音频文件格式包括：CD、WAVE、AIFF、AU、MP3、MIDI、WMA、RealAudio、VQF、OggVorbis、AAC、APE、AMR 等。通常所说的视频又称影片、视讯、视像、录像、动态影像，包括在计算机本地和网络中播放两种类型，常见的视频文件格式包括 DAT、RA、RM、RMVB、MOV、AVI、WMV、MPG、MPEG、FLV、F4V、FLV1、3GP、MP4、AMV、SWF、ASF、DIVX、XVID、3GP2、MPEG1、MPEG2、MPEG3、MPEG4、H264 等。

1. 常见音频播放软件

常见的音频播放软件有百度音乐、QQ 音乐、酷我音乐盒和酷狗等。

（1）百度音乐（原千千静听）。百度音乐是百度公司针对千千静听重新打包整合的一个全新音乐类客户端产品，目前已涵盖数百万正版MV资源，可以给用户提供全方位的音乐体验。

（2）腾讯QQ音乐。QQ音乐是腾讯公司推出的网络音乐平台，是中国互联网领域领先的正版数字音乐服务的领先平台，同时也是一款免费的音乐播放器，始终走在音乐潮流最前端，向广大用户提供方便流畅的在线音乐和丰富多彩的音乐社区服务。

（3）酷我音乐盒。酷我音乐盒是一款融歌曲和MV搜索、在线播放、同步歌词为一体的音乐聚合播放器，是国内首创的多种音乐资源聚合的播放软件，具有“全”、“快”、“炫”三大特点。

（4）酷狗。酷狗（KuGou）是国内最大也是最专业的P2P音乐共享软件。酷狗主要提供在线文件交互传输服务和互联网通信，采用了P2P的先进构架设计研发，为用户设计了高传输效果的文件下载功能，通过它能实现P2P数据分享传输，还有支持用户聊天、播放器等完备的网络娱乐服务，好友间也可以实现任何文件的传输交流，通过酷狗，用户可以方便、快捷、安全地实现音乐查找、即时通信、文件传输、文件共享等网络应用。

此外，还有虾米音乐、微软Zune播放器、Winamp播放器、多米音乐、搜狗音乐盒、谷歌音乐盒等多种音频播放工具软件，用户可以根据自己的习惯和偏好来选择音频播放软件。

2. 常见视频播放软件

常见的视频播放软件有快播、暴风影音、迅雷看看、QQ影音、百度影音等。

（1）快播。快播是深圳市快播科技有限公司自主研发推出的一款基于准视频点播（QVOD）内核的、多功能、个性化的播放器软件。快播集成了全新播放引擎，不但支持自主研发的准视频点播技术，而且还是免费的BT点播软件，用户只需通过几分钟的缓冲即可直接观看丰富的BT影视节目。快播具有的资源占用低、操作简捷、运行效率高、扩展能力强等特点，目前是国内最受欢迎的万能播放器，支持RMVB、WMV、ASF、AVI、MPG、MP4、3GP等400多种视频文件格式。

（2）暴风影音。暴风影音软件是由北京暴风网际科技有限公司推出的视频播放软件，采用NSIS封装，为标准的Windows安装程序，提供对常见绝大多数影音文件和流的支持。

（3）迅雷看看。迅雷看看是迅雷公司推出的一款基于P2P Streaming技术的播放软件，向用户提供包括电影、电视剧、动漫、综艺等各类节目、电视台线上直播、高清晰下载等服务。

（4）QQ影音。QQ影音是由腾讯公司最新推出的一款支持任何格式影片和音乐文件的本地播放器。QQ影音首创轻量级多播放内核技术，安装包小、CPU占用少、播放更加流畅清晰，支持所有的视频和音乐文件格式。QQ影音同时还支持视频截图、剧情连拍、视频截取、GIF截取、音视频转码、音视频压缩和合并等功能。

（5）百度影音。百度影音是由百度公司推出的一款播放器，支持主流媒体格式的视频、音频文件，可实现本地播放和在线点播，提供视频截取、自动添加相似视频文件、边下载边播放等功能。

此外，还有各大视频网站推出的视频播放工具，如优酷客户端、搜狐视频客户端、PPS 影音、PPTV 客户端、CNTV 客户端等视频播放工具，用户可以根据自己的偏好和习惯来选择视频播放软件。

20.3 任务实施

20.3.1 使用下载工具

本节将以目前应用较多的迅雷为例，介绍下载工具的主要功能。

要想更好地使用迅雷，应在使用之前对其进行相关设置。迅雷是通过常用工具栏按钮和参数设置对话框来实现的。下面通过参数设置对话框介绍迅雷的常用设置，以目前最新版本迅雷 7 为例，迅雷 7 的主界面如图 20.1 所示。

步骤 1：设置下载目录。单击工具栏中的配置按钮图标，打开“配置中心”窗口，在此处选择左侧菜单“我的下载→任务默认属性”命令，如图 20.2 所示，单击“选择目录”按钮可设置存储目录。

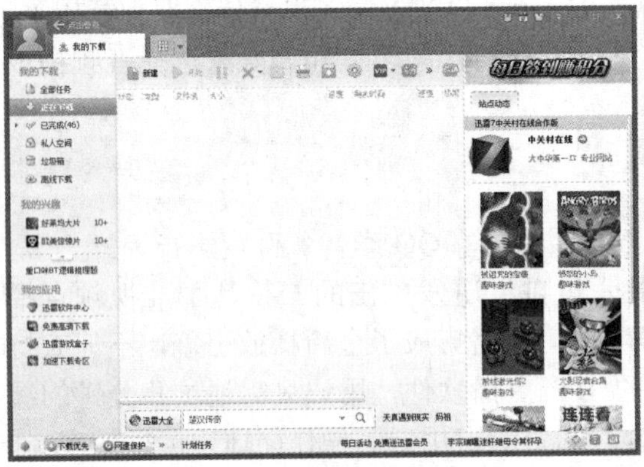

图 20.1 迅雷 7 主界面

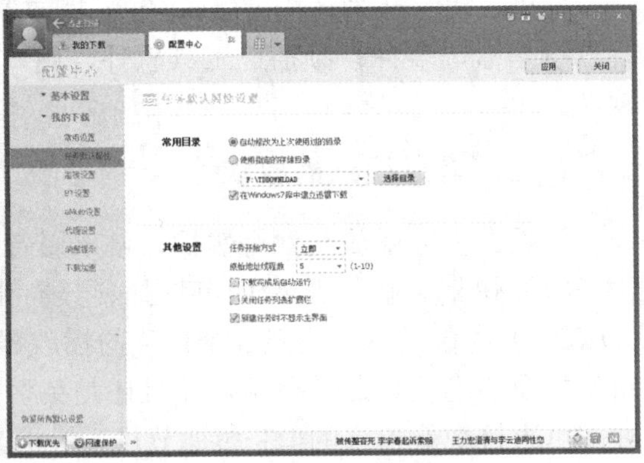

图 20.2 配置中心界面

步骤 2：在“任务默认属性”选项中还可以设置任务线程数，每个线程表示一个下载通道，线程越多，速度越快。一般用户可以选择迅雷默认设置，也可以根据自己的实际需求来设置。

步骤 3：在“配置中心”窗口中还可以对迅雷的各项参数进行更详细的配置。如在“我的下载→常用设置”选项中可以设置启动后是否自动开启未完成的任务、同时运行的最大任务数、磁盘缓存大小、连接管理、界面管理等，如图 20.3 所示。

此外，“我的下载”选项中还包括“监视设置”、“BT 设置”、“eMule 设置”、“代理设置”、“消息提示”、“下载加速”等选项卡，可分别对监视面板相关参数、BT 下载相关参数、eMule 下载相关参数、代理服务器及端口、系统消息提示信息、下载相关参数进行设置。

步骤 4：在“基本设置”选项中，还有“常规设置”、“安全设置”、“外观设置”、“消息提示”等选项卡，可以设置开机启动模式、下载模式、同时连接的任务数及上传/下载的速度等，如图 20.4 所示。

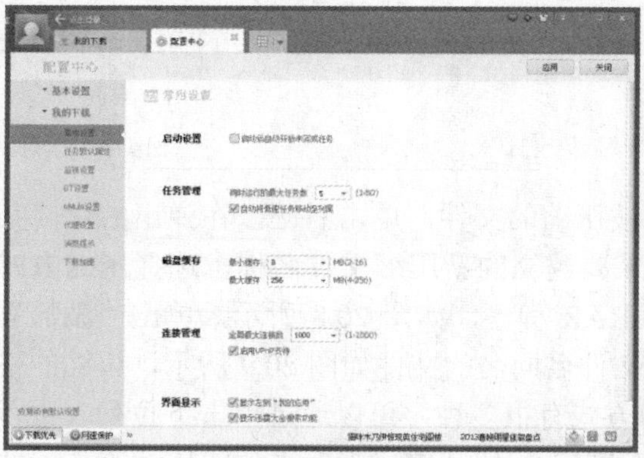

图 20.3　常用设置

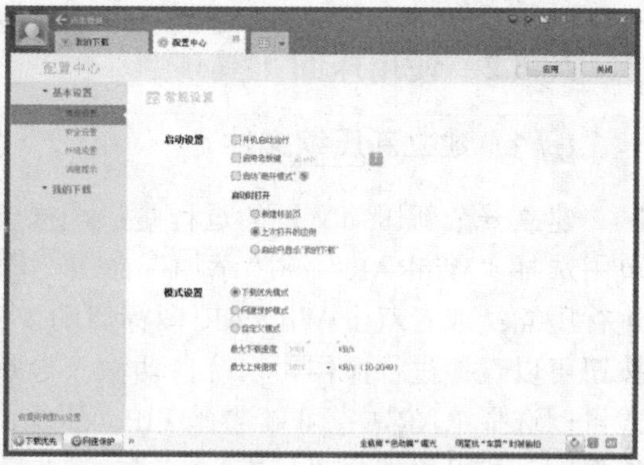

图 20.4　基本设置

步骤 5：在熟悉迅雷相关参数配置以后点击网页上的链接即可启动迅雷程序下载资源了。在网页中直接单击下载链接弹出如图 20.5 所示对话框。用户也可以在迅雷主界面中单击“新建”按钮，弹出如图 20.6 所示的对话框，输入所要下载资源的 URL 地址来进行下载。

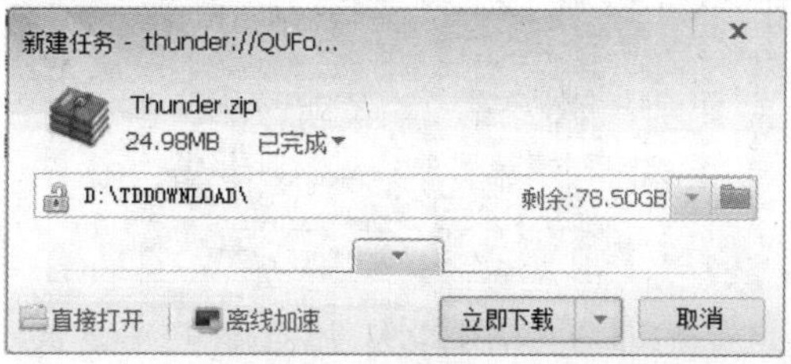

图 20.5　下载文件

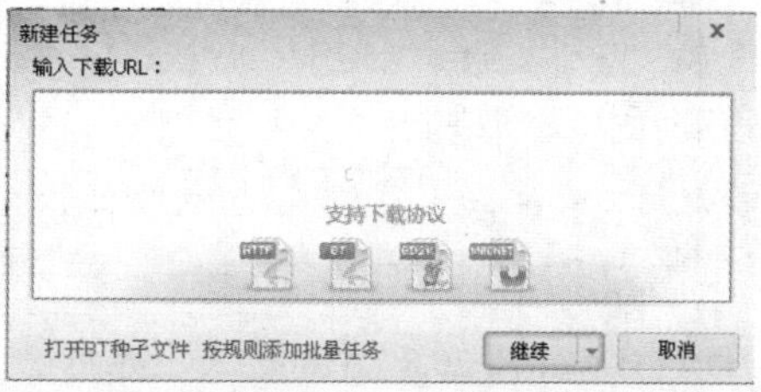

图 20.6　新建任务

此外，迅雷还有很多功能，比如 FTP 资源探测器，如图 20.7 所示，在此处可以建立 FTP 站点并自动扫描该 FTP 站点的所有资源，供用户进行下载。

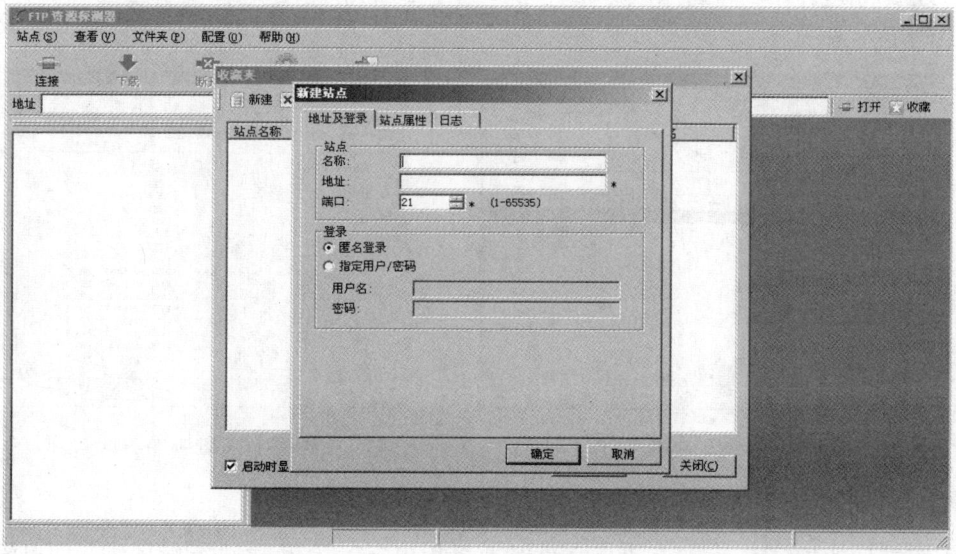

图 20.7　FTP 资源探测器

20.3.2 使用压缩工具

1. 建立新压缩文件

建立一个新压缩文件的过程是：选择要被压缩的文件，单击右键，在弹出的快捷菜单中选择“WinRAR”→“添加”命令，输入要建立的新压缩文件名称，选择压缩方式进行压缩；或者双击 WinRAR 图标启动 WinRAR 程序，如图 20.8 所示，单击“添加”按钮可以直接进行操作。系统自动输入与原文件名同名的文件如图 20.9 所示，压缩的格式可以选择 RAR，也可以选择 ZIP；压缩的方式有很多种，可以通过单击下拉列表进行选择，一般可以选择“标准”方式。单击“确定”按钮就完成了对文件的压缩工作，并得到压缩文件如图 20.10 所示。

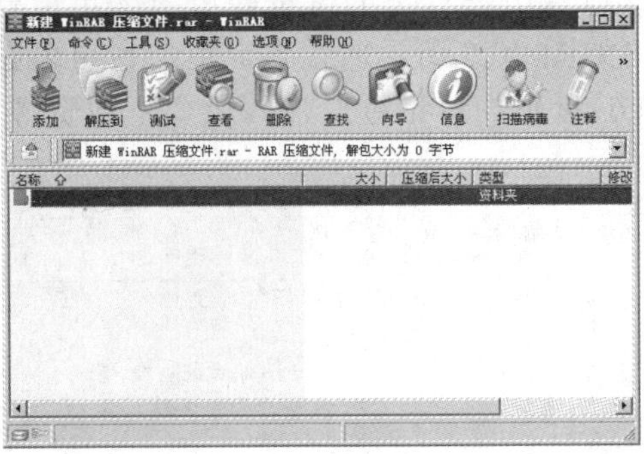

图 20.8　WinRAR 主界面

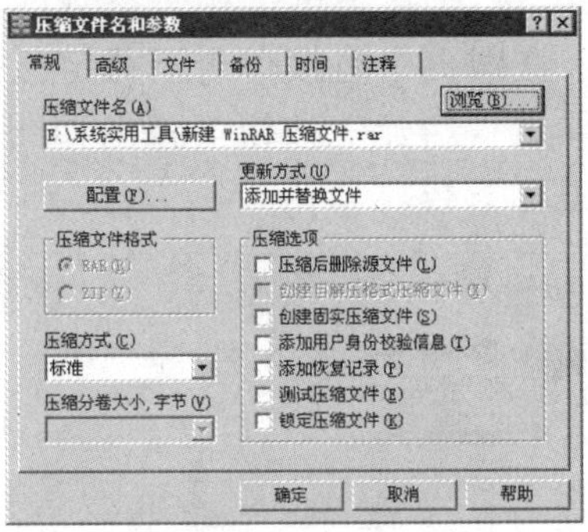

图 20.9　压缩文件

2. 解压缩文件

压缩文件的目的是传输时减少文件的尺寸。压缩文件只有传输和保存时有用，真正使用时还要将其解开，即还原成原来样子，如图 20.11 所示，选择要解压缩的目标地址，单击“确定”按钮。

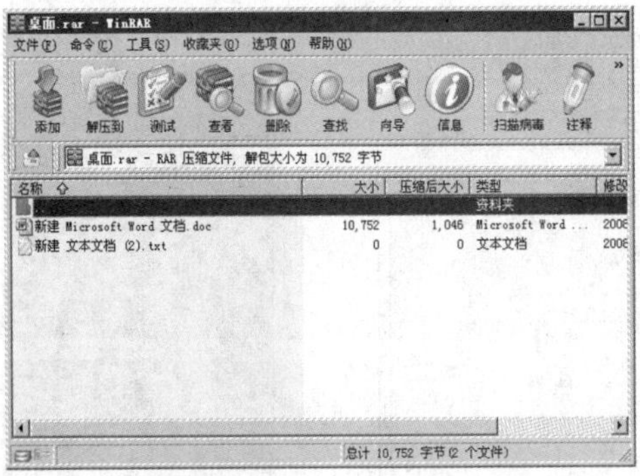

图 20.10　压缩文件

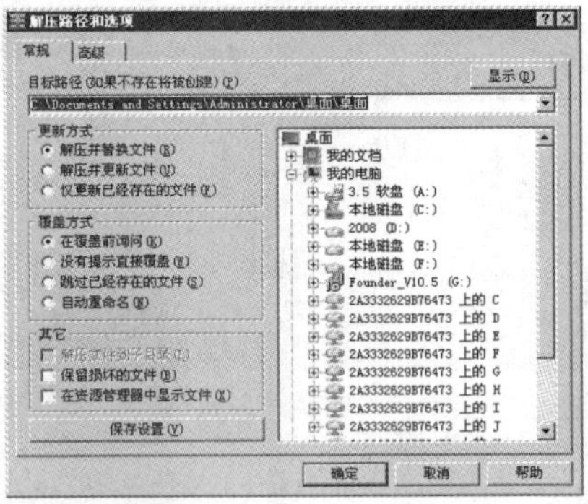

图 20.11　解压缩文件

3. 创建自解压缩文件

压缩文件的扩展名是.rar，该类文件需要使用 WinRAR 程序进行解压缩，如果没有安装 WinRAR 程序，就无法解压缩。WinRAR 提供了一种自解压缩功能，它首先将 RAR 文件转换成 EXE 文件，直接执行 EXE 文件就能自动解压缩，如图 20.12 所示。

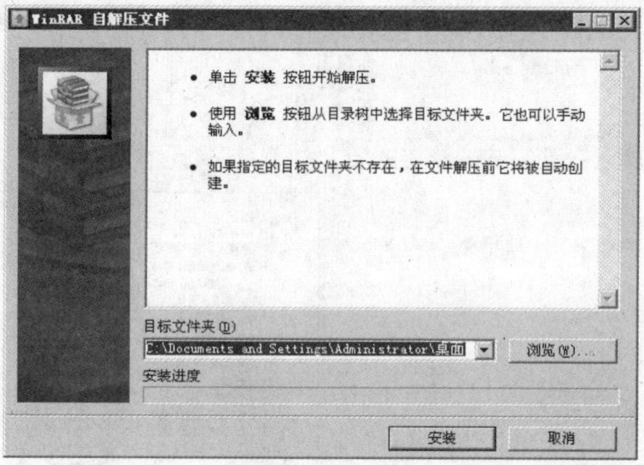

图 20.12　自解压缩文件

在压缩文件时，在“压缩选项”中的创建自解压前面打对钩，创建的压缩文件就成为自解压缩文件了。

双击自解压缩文件，设置解压缩的目的地址即可得到压缩前的文件，如图 20.12 所示。

20.3.3　使用刻录工具

1. 刻录数据光盘

在 Nero 最基本的数据刻录功能中，提供了 CD、DVD、Blu-ray 光盘的刻录，也提供了复制光盘和 DVD，可以根据自己的实际需要来进行选择。本节以 Nero Burning ROM 12 版本为例予以介绍。

步骤 1：在工具栏上单击“新建”按钮，如图 20.13 所示，在左侧上面的列表中选择刻录的盘片类型（CD/DVD/Blu-ray），选择光盘数据类型为“CD-ROM (UDF)”，单击右侧的“新建”按钮，如图 20.14 所示，将需要刻录的文件或文件夹拖曳到左边的列表中，在列表底部可查看到已经添加的数据容量，容量一定不要超过刻录盘的指定容量，否则将无法进行刻录。

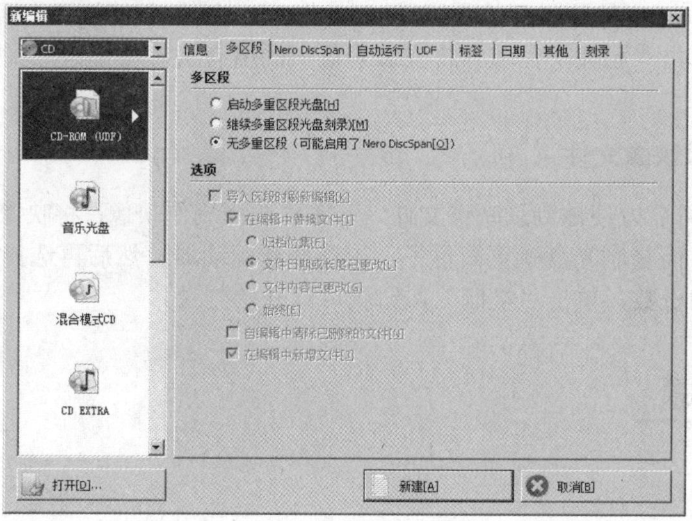

图 20.13　刻录光盘

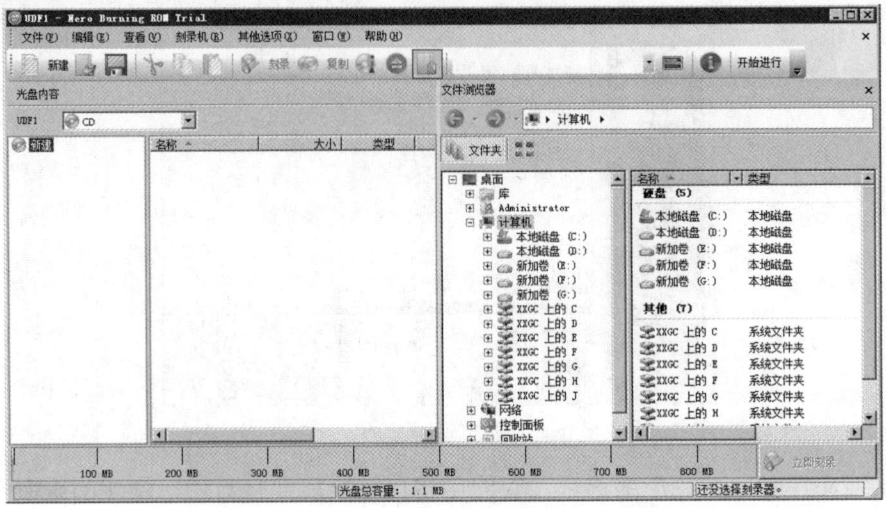

图 20.14　添加数据

步骤 2：选择工具栏上刻录器列表中的刻录器，单击底部的“立即刻录”按钮即可开始刻录了。在刻录的过程中请尽量不要执行其他操作，以免影响刻录的正常运行而导致刻录失败。

2. 制作音频 CD

Nero 可制作的音频 CD 包括普通的音频光盘、MP3 光盘和 WMA 光盘。Nero 内置了 WMA、MP3、AAC、VQF、PCM、WAV 等常用的音频格式编码器，可直接用它来进行音频转换，以制作各种格式的音频光盘。

刻录音频 CD 的方法和刻录普通数据光盘的方法类似，选择刻录的光盘数据类型为“音乐光盘”，只是将普通的数据文件换成音频文件即可。

3. 制作启动 CD

选择刻录的光盘数据类型为“CD-ROM（启动）”，选择“启动”选项卡，设置映像文件（默认为 Nero 安装路径下的 DosBootimage.IMA 文件），切换到“标签”选项卡，设置光盘名称，单击“新建”按钮，将安装光盘中的所有文件全部添加到文件列表中即可开始刻录。

4. 刻录映像文件

利用 Nero 可以方便地刻录映像文件，只需要选择制作映像，将映像文件添加，选择速率即可刻录。而复制光盘就更简单了，先选择源驱动器，然后再选择目标驱动器，在下面选择刻录的份数，单击“复制”按钮就可以开始刻录。

习　题

一、选择题

1. 连入 Internet 后，使用网络工具（　　）可以下载文件。

A．FoxMail　　B．WinZip　　C．FlashGet　　D．ACDSee

2．迅雷下载工具不具备的功能是（　　）。

A．上传文件　　B．下载文件　　C．断点续传　　D．支持多线程下载

3．NeroBurning Rom 主界面的底部是刻录光盘大小与进度标尺条，标尺条上有一条黄线和一条红线，黄线表示光盘的大小为（　　）。

A．600MB　　B．650MB　　C．700MB　　D．750MB

4．下列选项中（　　）不是杀毒软件。

A．赛门铁克　　B．金山毒霸　　C．ZoneAlarm　　D．瑞星

二、填空题

1．使用 WinZip________处理 RAR 格式的压缩文件。

2．使用 WinZip 对文件进行压缩后，其扩展名为________。

3．在 WinRAR 的“档案文件名字和参数”对话框中，通过选中________选项来生成或压缩后的 EXE 文件，这样即使在没有 WinRAR 的计算机上也可以对该文档进行解压缩。

4．WinRAR 可以解压缩________格式的文件。

三、简答题

1．常见的下载工具软件有哪些？它们各有什么特点？

2．典型的文件下载方式有哪几种？

3．常见的文件压缩工具软件有哪些？它们各有什么特点？

4．常见的文件压缩方式有哪几种？

5．常见的刻录工具软件有哪些？它们各有什么特点？

6．试说明即时通信软件的常用功能有哪些。

7．试列举几种常用的音频播放软件，并说明它们各有什么特点。

8．试列举几种常用的视频播放软件，并说明它们各有什么特点。

学习情境4

维护计算机硬件系统

从前面的3个情境中我们认识了计算机的主要硬件；学习了硬件的组装与拆卸过程；学会了计算机系统的安装与维护。在现实生活中同样的计算机不同的人使用可能寿命及计算机的速度都是不一样的，这就涉及计算机硬件的维护。计算机硬件系统维护分为3个任务。

任务21

日常维护计算机硬件

知识目标

- 了解硬件维护的基本知识；
- 了解计算机使用的日常注意事项。

技能目标

- 能熟练使用常用的清洁、维护工具；
- 能对计算机硬件进行日常维护操作。

21.1 任务描述

对一台家用台式计算机的各个主要部件进行基本的硬件维护操作，以保证计算机长期稳定地工作。

21.2 相关知识

同型号的计算机有人用了几年都照样运转良好，而有人用了不到半年就经常发生蓝屏、死机甚至不能启动等状况，关键就在于日常对计算机的维护和保养有没有做好。这里主要介绍计算机硬件日常使用过程的注意事项及如何对硬件进行日常的保养和维护操作，以保证计算机能长时间正常地工作。

21.2.1 注意事项

环境对计算机寿命的影响是不可忽视的，要使自己的计算机长期稳定运行，必须注意如下事项。

（1）控制温度。计算机理想的工作温度是 10℃～21℃，太高或太低都会影响计算机配件的寿命。计算机应摆放在宽敞的空间内，周围要保留散热空间，不要与其他杂物混放。

（2）防尘。空气中灰尘含量对计算机影响也较大，灰尘太多，天长日久就会腐蚀各配件和电路板；含量过少，则会产生静电反应。显示器是一个极强的“吸尘器”，显示器内部灰尘厚积，天气转潮时，容易导致线路板短路等损坏显示器的事故。

计算机应放置于整洁的房间内，尤其是计算机工作台要定期除尘。灰尘几乎会对计算机的所有配件造成不良影响，从而缩短其使用寿命或影响其性能。应定期对机箱内部、滚轮鼠标的滚轮和滚轴、光电鼠标的底部四个护垫等进行除尘。不要用酒精或洗衣粉等擦拭显示器屏幕，如果有需要您可以用清水，但清水一定要吸附于纸巾或抹布之上，不可以让清水流进任何配件之内。

（3）防磁。计算机周围严禁磁场。磁场会对显示器、磁盘等造成严重影响。音箱尽量不要置于显示器附近，不要将磁盘放置于音箱之上。电磁干扰来源主要是音响设备、电机、大功能电器、电源，以及较大功率的变压器如 UPS、电视机、电冰箱，甚至日光灯等。定期（如一个月等）使用显示器上的消磁按钮进行消磁，但注意千万不要反复地使用它。

（4）控制湿度。理想的湿度环境为 30%～80%的相对湿度。湿度太高会影响一些配件性能的发挥，甚至造成一些配件的短路；湿度太低则容易产生静电。不要在电脑桌上放置茶杯，更不能将其置于主机、显示器、键盘之上，一旦水洒，后果严重。

另外，计算机在长时间没有使用的情况下，由于潮湿或灰尘、汗渍等原因，会引起计算机配件的损坏。建议定期开机运行一下，以便驱除主机内的潮气。

（5）防静电。环境干燥的情况下，应谨防静电对计算机配件的影响。此时您若需直接接触电路板，请首先对自身放电（例如用手摸摸水管等）或采取其他绝缘措施（如戴上接地手套）。

（6）防震。计算机工作时不要搬动主机箱或使其受到冲击震动，对于硬盘来讲这是非常危险的动作。

（7）正确开机和关机。开机的顺序是：先外设（如打印机，扫描仪，UPS 电源，Modem 等），显示器电源不与主机相连的，还要先打开显示器电源，然后再开主机。关机顺序则相反：先关主机，再关外设。其原因在于尽量地减少对主机的损害。因为在主机通电时，关闭外设的瞬间，会对主机产生较强的冲击电流。关机时，应注意先退出 Windows 操作系统，关闭所有程序，再按正常关机顺序退出，否则有可能损坏应用程序。

不能频繁地开、关机，因为这样对各配件的冲击很大，尤其是对硬盘的损伤更严重。一般关机后距下一次开机时间至少应为 10 秒钟。

特别注意当计算机工作时，应避免进行关机操作。如计算机正在读写数据时突然关机，很可能会损坏驱动器（硬盘，光驱等）；更不能在机器正常工作时搬动机器。如果电压不够稳定，最好给计算机配一个稳定的电源。如果经常停电，考虑数据的安全，最好给计算机配一个 UPS 电源，有些 UPS 电源还具备稳压功能。不要对各种配件或接口在开机的状态下插拔（支持热插拔的设备除外，如 USB 设备），否则，可能会造成烧毁相关芯片或电路板的严重后果。

（8）保管相关物品。应妥善保管计算机各种板卡及外设的驱动程序光盘及说明书，尤其是主板说明书。

21.2.2 清洁专用工具

（1）防静电毛刷。主要用于清洁各种元器件，不会损坏元器件。

（2）皮老虎（或小型吸尘器、吹气球）。主要用于清除灰尘、毛发等污物。

（3）清洁剂。去除难清洁的污垢，保证部件正常工作。

（4）清洁小毛巾/镜头试纸。一般配合清洁剂擦拭，可以保持各部件的清洁和正常功能。

（5）铁刷。去除电路、铁丝、引脚上的一些锈蚀物，或是部件上日久积聚的难清洁的污物。

21.3 任务实施：维护计算机的主要部件

步骤 1：清除主机中的灰尘。切断电源，将主机与外设之间的连线拔掉，用十字螺丝刀打开机箱，将电源盒拆下。用吹气球或者皮老虎细心地吹拭板卡上的灰尘，特别是面板进风口的附近和电源盒（排风口）的附近，以及板卡的插接部位，同时可用台扇吹风，以便将被吹气球吹起来的灰尘和机箱内壁上的灰尘带走。

步骤 2：清除电源中的灰尘。将电源拆下，计算机的排风主要靠电源风扇，因此电源盒里的灰尘最多，用吹气球仔细清扫干净后装上。另外还需注意电风扇的叶子有没有变形，特别是经过夏季的高温，塑料的老化常常会使噪声变大，很可能就是这方面的原因。机箱内其他风扇也可以按照这个方法做清理。经常清除风扇上的灰尘可以最大限度地延长风扇寿命。

步骤 3：清洁光驱。将曲别针展开，插入光驱前面板上的应急弹出孔，稍稍用力，光驱托盘就打开了。用镜头试纸将所及之处轻轻擦拭干净，注意不要探到光驱里面去，也不要使用影碟机上的“清洁盘”进行清洁。

步骤 4：如果要拆卸板卡，再次安装时要注意位置是否准确，插槽是否插牢，连线是否正确等。

步骤5：用镜头试纸将显示器擦拭干净。

步骤6：将鼠标的后盖拆开，取出小球，用清水洗干净，晾干。光电鼠标可以免去这个步骤，但是光电鼠标的底部四个护垫很容易粘上桌面上的灰尘和油渍，而影响它的顺滑度，用户可以使用硬塑料，将附着在护垫上的污渍剥掉，使鼠标重新恢复好的手感。夏天建议使用适当规格的鼠标垫，可以很大程度地延长鼠标的使用寿命。

步骤7：用吹气球将键盘键位之间的灰尘清理干净。

步骤8：涂抹硅脂。建议每5个月给CPU重新涂抹一次硅脂，硅脂虽然使用的是沸点较高的油脂作为介质，但是，难免在使用中挥发，油脂挥发，会影响到它与散热片之间的衔接与导热，所以，一般5个月左右，重新涂抹一次硅质，可以让硅脂的导热能力时刻保持在最好的状态。当然，如果您使用的是质地比较好的硅脂，比如北极银等，更换硅脂的时间可以延长一些。

习　题

一、选择题

1. 对微型计算机工作影响最小的是（　　）。

   A．温度　　B．噪声　　C．灰尘　　D．磁铁

2. 硬盘工作时应特别注意避免（　　）。

   A．噪声　　B．磁铁　　C．震动　　D．环境污染

3. 计算机机房的相对湿度一般要求在（　　）。

   A．30%～50%　　B．60%～85%　　C．10%～70%　　D．40%～70%

4. 我们使用计算机时，通常关机的顺序与开机的顺序正好相反，即（　　）。

   A．先关闭打印机的电源，再关闭显示器的电源，最后关闭主机的电源

   B．先关闭显示器的电源，再关闭主机的电源

   C．先关闭显示器的电源，再关闭打印机的电源，最后关闭主机的电源

   D．先关闭主机电源，再依次关闭外围设备的电源

5. 在使用微型计算机时，（　　）会对计算机产生影响。

   A．温度　　B．品牌　　C．价格　　D．生产厂商

6. 在计算机的使用过程中，对于硬盘的保养与维护，应该注意（　　）。

   A．避免震动　　B．不要频繁地对硬盘进行读写操作

   C．不要进行高级格式化　　D．不必进行磁盘文件的整理

二、判断题

1. 机房最好采用无色透明的窗户玻璃，不要安装窗帘，以增加太阳光的照射。（　　）
2. 机房室内温度最好保持在18℃～27℃，相对湿度保持在30%～55%。（　　）
3. 计算机工作时可以随意搬动主机箱或使其受到 冲击震动。（　　）
4. 正确的开机顺序应该是先主机后外设。（　　）
5. 计算机周围严禁磁场。（　　）

三、简答题

1．计算机日常使用过程有哪些注意事项？

2．计算机硬件日常维护过程中有哪些常用工具？

四、实训题

观察实验室或家用台式计算机，选用合适的工具，对计算机各配件进行一次全面的维护工作，维护任务完成之后，开机检查计算机能否正常工作。

1．计算机工作环境监测。

（1）运用提供的工具监测计算机外部工作环境。

（2）开机进入 CMOS 设置程序，查看计算机内部工作环境。

2．计算机外部清洁维护。

（1）清洁显示器外壳。

（2）清洁显示器屏幕。

（3）清洁机箱。

（4）清理维护键盘。

（5）清理维护鼠标。

3．计算机内部清洁维护。

（1）板卡清理维护。

（2）电源清理维护。

（3）CPU 风扇清理维护。

任务22

处理计算机常见硬件故障

知识目标

- 熟悉常见的硬件故障现象；
- 熟悉硬件故障检测的常用工具；
- 理解硬件故障检测的基本原则；
- 熟悉硬件故障检测的基本方法。

技能目标

- 能熟练使用常用故障检测工具；
- 能熟练运用各种方法检测硬件故障。

22.1 任务描述

运用硬件故障检测的一般原则和方法，判断计算机硬件故障产生的原因及故障点，并排除典型的主机硬件故障。

22.2 相关知识

对于微型计算机经常出现的各种故障，首先要解决两个问题：第一不要怕，第二要理性地处理。要敢于动手排除故障。很多人认为微型计算机是电气设备，不能随便拆卸，以免触电。事实上，微型计算机只有输入电源是 220V 的交流电，但是从微型计算机电源出来的用于给其他各部件供电的直流电源插头最高仅为 12V。因此，除了在修理微型计算机电源时应防止触电外，微型计算机内部其他部件是不会对人体造成伤害的，相反，人们带有的静电有可能把微型计算机主板和芯片击穿并造成损坏。

22.2.1 硬件故障检测原则

要理性地处理就是要杜绝无知和盲目的野蛮维修。有些人倒是敢于动手，但是，当他们遇到问题时，往往不善于冷静地根据工作原理进行分析、判断和琢磨，而是到处怀疑、胡乱拆卸，结果是问题越弄越多。正确解决问题的思路是：首先，根据故障特点和工作原理进行分析、判断；然后，逐个排除怀疑有故障的部位或部件。工作的要点是：在排除怀疑对象的过程中，要留意原来的结构和状态，即使故障无法排除，保证能够恢复原来的状态，切忌故障范围的不断扩大。具体的故障排除原则有 5 条。

1. 由表及里

故障检测时先从表面现象（如机械磨损、接插件接触是否良好、有无松动等）及计算机的外部部件（如开关、引线、插头、插座等）开始检查，然后再检查内部部件。在内部检查时，也要按照由表及里的原则，即直观的检查有无灰尘、器件烧坏及器件接插异常情况等。

2. 先软后硬

即当微型计算机出现故障时（尤其是某些故障，从现象看既可能是软件故障，也可能是硬件故障），首先应排除软件故障，然后再从硬件上逐步分析导致故障的可能原因。

例如：微型计算机不能正常启动，要首先根据故障现象或错误信息判断微型计算机是启动到哪一步死机的，是系统软件的问题，还是主机硬件（CPU、内存）的问题？可能仅仅是不能正常显示的显示系统问题等。

首先应排除 CMOS 设置、操作系统等软件部分的故障。对于硬件故障，如果系统还勉强能够正常工作，可使用 Norton、BCMDiagnostics、PerformanceTest、WinBench 2000 等硬件检测工具来帮助确定硬件的故障部位，这样，可以起到事半功倍的效果。

当然，有一定维修经验后，一般根据故障现象和提示信息就可以确定硬件故障的可能部位，也就没有必要严格地遵循本条规则。

3. 先外设后主机

如果微型计算机系统的故障表现在相关的外设上，如不能打印、不能上网等，应遵循先外设后主机的原则，即利用外部设备自身提供的自检功能或微型计算机系统内安装的设备检测。首先检查外设本身是否工作正常，然后检查外设与微型计算机的连接及相关的驱动程序是否正常，最后检查微型计算机本身相关的接口或板、卡。这样由外到内逐步缩小故障范围，直到找出故障点。

4. 先电源后负载

微型计算机内的电源是机箱内部各部件（如主板、硬盘、光驱等）的动力来源，电源的输出电压正常与否直接影响到相关设备的正常运行。因此，当出现上述设备工作不正常时，应首先检查电源是否工作正常，然后再检查设备本身。

5. 先简单后复杂

先解决简单容易的故障，后解决难度较大的问题。因为，在解决简单故障的过程中，难度大的问题往往也可能变得容易解决；或在排除简易故障时受到启发，难题也会变得比较容易解决。

22.2.2 维修过程中的禁忌

在微型计算机系统维修过程中，应注意如下两条维修禁忌。

（1）在拆卸过程中要注意观察和记录原来的结构特点，严禁不顾结构特点的野蛮拆卸，以免造成更严重的损坏。

（2）在维修过程中，禁忌带电插、拔各种板卡、芯片和各种外设的数据线（USB 接口和 IEE1394 接口连接的设备除外）。因为带电插拔控制卡会产生较高的感应电压，足以将外设或卡上、主板上的接口芯片击穿并造成损坏。同样，带电插拔打印数据线、键盘、串行口外设连线，常常是造成相应接口电路芯片损坏的直接原因。

22.2.3 故障检测及维修工具

在检测并排除计算机故障的过程中经常需要用到各种软、硬件工具，大致可以分为防静电工具、硬件测试工具、测试软件、维修工具等几大类。

1. 防静电工具

（1）防静电地线：主要用于释放积聚的静电，形成静电释放通路。

（2）静电手套：主要用于隔离人体的静电对元器件的影响。

（3）防静电环：主要用于释放人体静电，形成静电释放电路，避免积聚的人体静电对元器件造成伤害。

（4）防静电桌布：主要是减少积聚的静电对放置在桌上的部件造成伤害，与防静电地线连接，构成释放通路。

2. 硬件测试工具

（1）Debug 测试卡：也叫诊断卡或 POST 卡，主要用于寻找硬件的故障点。Debug 卡通过读取 BIOS80H 地址内的 POSTCODE 值，并经译码器译码，最后由数码管显示故障原因，只要有主板、CPU、内存、显卡 4 个基本配件，就可以轻易地找到故障原因。

（2）BGA 返修台：主要用于主板上的 BGA 封装的芯片的拆、装工作，例如主板上的南桥、北桥芯片的更换，以及各种 BGA 封装的内存或显示芯片的更换。

（3）数据恢复机：主要用于硬盘数据的复制、拷贝，可以完成数据的读写分析、安全拷贝、纠正扇区等工作。有坏道、扇区标记错误、读写困难的硬盘，可以先进行修复处理，然后按照物理的方式把数据从硬盘复制出来。

（4）RAMCHECK：是一款专业的内存测试仪器，能够快速地测试出内存条的故障位置，显示数据线故障、数据位坏区检测、地址故障等，多达上百项的测试能够在极端的环境下考验内存的品质。

（5）DDD-SI：是 IBM 公司开发的一款专门针对 IBM 的 IDE 硬盘、SCSI 硬盘、笔记本电脑硬盘等进行修复的硬件工具。针对专业维修人员使用，在功能、操作步骤上相当复杂和严谨。

（6）显卡显存颗粒测试仪：可以精确地测出显卡每个颗粒的好坏。

（7）逻辑笔：在维修数字逻辑电路时，使用逻辑笔来测试数字电路的逻辑状态，可以测试芯片的一个引脚，或一个检测点，或者电路板上的一条印刷线的逻辑状态（电平）。

（8）示波器：是电子产品在开发、生产、调试和维修中不可缺少的测量仪器，是用示波管显示信号波形的设备，主要应用于检测电子设备中的各种信号的波形。在电子设备中有很多用来传输、存储或处理各种信号的电路，在检查、调试或维修这些设备时，往往需要检测电路的输入或输出信号的波形。通过对信号波形的观测，判断电路是否正常或通过波形将电路调整到最佳状态。

3. 测试软件

（1）Cpu-Z：是一套 CPU 测试及分析软件。可以提供全面的 CPU 相关信息报告，包括有处理器的名称、厂商、时钟频率、核心电压、超频检测，以及 CPU 所支持的多媒体指令集等。新版本还增设了主板、内存、PCI-Express 接口等信息的检测。

（2）DisplayX：是一个显示器的测试工具，尤其适合测试液晶屏，它可以用来评测显示器能力。例如，查找 LCD 坏点；检查 LCD 的响应时间；屏幕基本测试等。

（3）SysAnalyser：是一套完整的计算机硬件配备信息的软件，包括 BIOS 版本、CPU 厂商及速度、DOS 版本、Windows 版本、内存、显卡、AGP、显示器、网络、IDE、ATAPI、CD-ROM、DVD、Rs232、鼠标、键盘、Modem、ISDN、声卡、硬盘、PCMCIA、SCSI、PCI、AMP、IRQ、DMA、CMOS 等完整的信息，可以将检测出的硬件配备信息打印出来或储存成文件。

（4）SiSoftSandra：即系统分析诊断和报告助手，是一套系统诊断和调试工具。它能对 CPU、Modem、BIOS、驱动器、显卡、DOS 等不同硬件和子系统进行诊断、调试和优化，可以随时监控系统环境，包括温度、风扇转速、电压、CPU 功耗等；可以列出在本地注册的所有关键应用程序和所有硬盘上安装的所有程序。

4. 维修工具

（1）标准十字螺丝刀：主要用于拆装部件，拆装固定螺钉。

（2）标准一字螺丝刀：主要用于拆装部件，拆装固定螺钉。

（3）梅花螺丝刀：主要用于拆装部件，拆装固定螺钉。

（4）吸锡电烙铁：主要用于元器件的拆卸或焊接。

（5）焊锡丝、吸锡网线：配合焊烙工具进行元器件焊接。

（6）集成块起拔器（最好具有绝缘功能）：用于拆卸各种集成块或其他元器件。

（7）镊子（最好具有绝缘功能）：由于机箱内部结构紧凑，部件之间的空隙较小，对一些较小的连线和接口需要镊子的帮助，例如硬盘跳线帽的安插设置就需要镊子来完成。

（8）尖嘴钳（最好具有绝缘功能）：由于机箱内部结构紧凑，部件之间的空隙较小，一些接线插头的插拔需要依靠尖嘴钳来进行，还可以处理变形的档片，引脚等。

（9）IC 导入器（最好具有绝缘功能）：安插集成块时，用于引导集成块的多个引脚的对位安插。

（10）刮刀一套（包含各种形状）：主要用于去除导线，引脚上的氧化层。

22.2.4 硬件故障检测方法

目前，计算机故障的检测方法一般可分为诊断程序检测法、人工检测法和专门仪器检测法三种。

1. 诊断程序检测法

随着各种集成电路的广泛应用，焊接工艺越来越复杂。同时，随机配套的硬件技术资料较缺乏，仅靠硬件维修手段往往很难找出故障所在。而通过随机诊断程序、专用维修诊断卡及根据各种技术参数（如接口地址）和自编专用诊断程序来辅助硬件维修，则可达到事半功倍之效。程序测试法的原理是，用软件发送数据、命令，通过读线路状态及某个芯片（如寄存器）状态来识别故障部位。此法往往用于检查各种接口电路故障及具有地址参数的各种电路。但此法应用的前提是CPU及总线基本运行正常，能够运行有关诊断软件，能够运行安装在I/O总线插槽上的诊断卡等。编写的诊断程序应严格、全面、有针对性，能够让某些关键部位出现有规律的信号，能够对偶发故障进行反复测试及能显示记录出错情况。软件诊断法要求具备熟练编程技巧，熟悉各种诊断程序与诊断工具（如Debug、DM等），掌握各种地址参数（如各种I/O地址）及电路组成原理等。尤其掌握各种接口单元正常状态的各种诊断参考值是有效运用软件诊断法的前提和基础。

2. 人工检测法

人工检测法是指人工通过具体的方法和手段进行检查，最后综合分析判断故障部位的方法。人工检测法主要有以下几种。

（1）原理分析法。按照微型计算机的基本工作原理，根据计算机启动过程中的时序关系，结合有关的提示信息，从逻辑上分析和观察各个步骤应具有的特征，进而找出故障的原因和故障点，这种方法被称为原理分析法，这也是排除故障的基本方法。

（2）直接观察法。直接观察法即“看、听、闻、摸”。

“看”即观察系统板卡的插头、插座是否歪斜，电阻、电容引脚是否相碰，表面是否烧焦，芯片表面是否开裂，主板上的铜箔是否烧断。还要查看是否有异物掉进主板的元器件之间（造成短路），也应查看板上是否有烧焦变色的地方，印制电路板上的走线（铜箔）是否断裂等。

“听”即监听电源风扇、硬盘电机或寻道机构、显示器变压器等设备的工作声音是否正常。另外，系统发生短路故障时常常伴随着异常声响。监听可以及时发现一些事故隐患和帮助在事故发生时及时采取措施。

“闻”即辨闻主机、板卡中是否有烧焦的气味，便于发现故障和确定短路所在处。

“摸”即用手按压管座的活动芯片，查看芯片是否松动或接触不良。另外，在系统运行时用手触摸或靠近CPU、显示器、硬盘等设备的外壳，根据其温度可以判断设备运行是否正常；用手触摸一些芯片的表面，如果发烫，则该芯片可能损坏。

（3）拔插法。计算机故障的产生原因很多，例如，主板自身故障、I/O总线故障、各种插件板故障均可导致系统运行不正常。采用拔插法是确定主板或I/O设备故障的简捷方法。该方法的具体操作步骤是：关机将插件板逐块拔出，每拔出一插件板就开机观察机器运行状态，一旦拔出某插件板后计算机运行正常，那么，故障原因就是该插件板有故障或相应I/O总线插槽及负载电路有故障，若拔出所有插件板后，系统启动仍不正常，则故障很可能就在主板上。

拔插法的另一含义是，一些芯片、板卡与插槽接触不良，将这些芯片、板卡拔出后再重新正确插入，便可解决因安装接触不良引起的计算机部件故障。

（4）交换法。将同型号插件板与总线方式一致、功能相同的插件板或同型号芯片相互交换，根据故障现象的变化情况，判断故障所在的位置。此法多用于易拔插的维修环境，例如，如果内存自检出错，可交换相同的内存芯片或内存条来判断故障部位，若无故障芯片之间进行交换，则故障现象依旧；若交换后故障现象变化，则说明交换的芯片中有一插件板是坏的，可进一步通过逐块交换而确定部位。如果能找到相同型号的计算机部件或外设，那么，使用交换法可以快速判定是否是元件本身的质量问题。

交换法也可以用于以下情况：没有相同型号的计算机部件或外设但有相同类型的计算机主机，可以把计算机部件或外设插接到该同型号的主机上判断其是否正常。

（5）比较法。运行两台或多台相同或相类似的计算机，根据正常计算机与故障计算机在执行相同操作时的不同表现，可以初步判断故障产生的部位。

（6）震动敲击法。用手指轻轻敲击机箱外壳，有可能发现因接触不良或虚焊造成的故障问题。然后，可进一步检查故障点的位置并排除故障。

（7）升温降温法。人为升高计算机运行环境的温度，可以检验计算机各部件（尤其是 CPU）的耐高温情况，从而及早发现事故隐患。

人为降低计算机运行环境的温度，如果计算机的故障出现率大大减少，则说明故障出在高温或不能耐高温的部件中。使用该方法可缩小故障诊断范围。

事实上，升温降温法采用的是故障促发原理，以制造故障出现的条件来促使故障频繁出现，从而观察和判断故障所在的位置。

（8）清洁法。对于机房使用环境较差或使用较长时间的计算机，应首先进行清洁。可用毛刷轻轻刷去主板、外设上的灰尘。如果灰尘已清理掉或无灰尘，就进行下一步的检查。另外，由于板卡上一些插卡或芯片采用插脚形式，所以，震动、灰尘等其他原因常会造成引脚氧化，接触不良，可用橡皮擦擦去表面氧化层，重新插接好后，开机检查故障是否已被排除。

3. 专门仪器检测法

专门仪器检测法是指利用专门的仪器对特定的部件进行检测的方法，例如，可以用专门的仪器来校正软驱的磁头位置等。

4. 计算机启动步骤

计算机系统在正常启动的过程中一般是按照如下步骤进行的。

（1）开启计算机电源，此时可以看到机箱前面板、键盘、显示器上的指示灯闪烁。

（2）检测显卡，此时显示器上会出现显卡的相关信息，比如显卡型号。

（3）检测内存，此时显示器上会出现内存的相关信息，比如内存的种类、容量等信息。

（4）执行 BIOS，此时显示器上会出现简略的 BIOS 信息，比如 BIOS 版本。

（5）检测其他设备，此时显示器上会依次出现其他设备的信息，比如硬盘、光驱等。注意，在整个过程中，主板 BIOS 程序完成了各个硬件的检测、配置、初始化等工作，一旦发生错误，将会给出提示信息或发出报警声。

（6）执行操作系统的初始化文件，将存储在 ROM 中的 Bootstrap Loader 程序和自诊断程序加载到 RAM 中去执行。

（7）载入操作系统文件，随着 Bootstrap Loader 的运行，操作系统将系统文件传送到 RAM 中去执行，出现系统启动画面。

22.3 任务实施：检测硬件故障

主机硬件故障多种多样，初学者在计算机出现故障时往往感到无从下手。其实，由于计算机是按一定的顺序启动的，当某一个步骤不能通过时，便会出现相应的故障，并伴随某些故障现象，在诊断时根据故障出现的现象进行判断即可。具体实施如下。

步骤1：依次打开外设和主机的电源。

步骤2：观察显示器上是否显示信息，如果没有任何信息显示（黑屏），则可能是主板、CPU、内存、电源、显卡或显示器出现故障，注意查看是否因为数据线、电源线未正常连接导致的假故障。

步骤3：查看显示器上的信息，如果有出错信息，根据提示信息作出相应的处理即可。

步骤4：观察是否载入操作系统文件，即是否出现系统启动画面，如果未出现启动画面，可能为硬盘引导故障（硬盘本身的故障或操作系统故障）。

步骤5：系统开始启动后，是否出现死机的现象，如果出现载入后死机现象，则原因比较复杂，常见的有内存错误、设置错误等。

步骤6：系统正常启动后，测试光驱是否工作正常，如果发生读/写异常，可归结为驱动器故障。

步骤7：观察各板卡工作是否正常，主要包括显卡（是否存在花屏等现象）、声卡、网卡、内置Modem等，如果某方面的功能不正常，都可判断为相应板卡的故障。

一旦经过检测确定因某个部件产生的故障，则应根据故障现象作出进一步的处理。

习　　题

一、选择题

1．由于运行环境不符合要求或操作人员的操作不当而引起的部件故障是（　　）。

A．人为故障　　B．疲劳性故障

C．外界干扰故障　　D．器件故障

2．由于带电拔插打印机与计算机相连的通信电缆而引起的打印机不打印的故障属于（　　）。

A．人为故障　　B．疲劳性故障

C．外界干扰故障　　D．器件故障

3．计算机在某个时刻出现“死机”的现象，而且难以确定故障，此时，应该采取（　　）解决最为有效。

A．拔插法　　B．替换法

C．交换法　　D．比较法

4．根据诊断维修经验或诊断程序提供的错误信息，直接对有关部件进电压、电阻、电流和波形测量来确定故障的部位，这种维修方法是（　　）。

A．直接测量法　　B．间接测量法

C．静态测量法　　D．动态测量法

5. 检查故障前先向用户了解使用情况，以及发生故障前后的异常现象属于（　　）。

A. 直接观察法　　B. 测量法

C. 交换法　　D. 比较法

6. 在微型计算机的故障诊断中，板卡级诊断是指故障诊断限定在计算机的（　　）上。

A. 板、卡或组件　　B. 主板

C. 系统　　D. CPU 板

7. 在微型计算机的使用过程中，如果键盘、鼠标操作不灵，光驱读盘不畅，或机器出现报警提示，这表明出现了（　　）。

A. 硬件故障　　B. 磁盘故障

C. 硬件故障和软件故障同时出现 D. 主机故障

8. 在微型计算机的使用过程中，如果听到异常响动或闻到焦糊味，这表明故障非常严重，此时应当（　　）。

A. 立即关掉显示器电源　　B. 立即关掉打印机电源

C. 立即切断电源　　D. 立即退出 Windows 操作系统

二、填空题

1. 计算机故障包括________和________。

2. 计算机硬件故障检测原则是________、________、________、________和________。

3. Debug 测试卡也叫诊断卡或________，主要用于寻找硬件的________。

4. 计算机故障的检测方法一般可分为________、________和________三种。

三、判断题

1. 由计算机病毒引起的故障应属于软件故障。（　　）

2. 软件本身设计不完善存在潜在的错误会影响计算机正常运行，这种故障属于软件故障。（　　）

3. 硬件故障是指由于计算机的某些部位受到物理失效、损害或者电气参数偏离允许值范围所造成的故障。（　　）

4. 由于硬盘等存储介质损伤导致数据丢失或保管环境不当造成的故障是器件故障。（　　）

5. 当计算机系统硬件出现不正常现象时，应该先从外围设备查起。（　　）

6. 拔插法是通过插件板或芯片逐个“拔出”或“插入”寻找故障原因的一种方法。（　　）

7. 替换法是用相同的插件板或器件互相交换观察故障变化情况，以便判断寻找故障原因的一种方法。（　　）

8. 即使坏的板卡未出现电源与地线短路的情况，那么将坏的板卡插入好的计算机上，也会将好的计算机损坏。（　　）

9. 比较法是为了确定故障部位，可以在维修一台计算机时，准备好另一台型号相同的计算机作比较。（　　）

10. 程序诊断法又称软件分析法，包括简易程序测试法、检查诊断程序测量法和高级诊断法。（　　）

11. 若计算机工作时出现时好时坏的现象，可能是由于某个元件的管脚虚焊或接触不良所致，应使用降温法与升温法来检查。（　　）

四、简答题

1．计算机硬件故障检测应遵循哪些原则？

2．计算机硬件故障检测及维修工具有哪些？它们各有什么作用？

3．计算机硬件故障检测方法有哪些？

4．计算机硬件故障维修有哪些注意事项？

五、实训题

1．计算机无法正常启动，开机后显示器不亮，扬声器不停地发出报警声，试排除该故障。

2．计算机自检时显示“Primary master hard disk fail”，然后出现死机的症状，试排除该故障。

3．开机后计算机显示器指示灯显示正常，但屏幕上没有图像，硬盘指示灯亮，通过系统启动的声音判断，操作系统已经启动，试排除该故障。

4．在启动计算机时出现提示“Keyboard Error，please press F1 to Continue”，按<F1>键不能继续启动，键盘不能正常使用，试排除该故障。

任务23

维护计算机外设

知识目标

- 熟悉外设维护的基本知识；
- 熟悉外设使用的日常注意事项。

技能目标

- 能对外设进行日常维护操作。

23.1 任务描述

对常见的外设——打印机和扫描仪进行基本的维护操作。

23.2 相关知识

打印机和扫描仪是桌面办公系统中最重要的外设，尤其是在一些办公室中，打印机和扫描仪的使用频率很高，但如果不注意正确使用和日常维护的话，那将会使打印机和扫描仪的故障率增加，一旦出现故障，如果不能及时排除，将给工作带来麻烦并有可能造成经济上的损失。这里主要介绍打印机和扫描仪的正确使用和日常维护方法。

23.2.1 打印机的维护

许多用户由于不懂得基本的维护常识，在打印机的使用过程中常无缘无故出现这样或那样的毛病，其实只要稍微懂得一些维护常识，便可维护打印机。目前的打印机分为三个大类：针式打印机、喷墨打印机和激光打印机。这三类打印机在使用和维护上既有共同之处，又有各自的特点。当前针式打印机使用很少，在这里只介绍喷墨打印机和激光打印机的维护常识。

1. 喷墨打印机的维护

喷墨打印机是在针式打印机之后发展起来的，与针式打印机相比，喷墨打印机的最大特点是噪声低、体积小、打印质量好。近年来，由于喷墨打印机技术的进步，逐渐克服了墨水溢漏、喷嘴易堵、印迹渗化、斑点等缺点，再加上销售价格的大幅度下降，不少办公和家庭用户开始配置了喷墨打印机。使用喷墨打印机时，应注意以下的一些问题。

（1）使用时必须将打印机放在一个平稳的水平面上，而且要避免震动和摇摆。

（2）在开启喷墨打印机电源开关后，电源指示灯或联机指示灯将会闪烁，这表示喷墨打印机正在预热，在此期间用户不要进行任何操作，待预热完毕后指示灯不再闪烁时用户方可进行操作。

（3）在正式打印之前，用户一定要根据纸张的类型、厚度及手动、自动的送纸方式等情况，调整好打印机的纸介质调整杆和纸张厚度调整杆的位置。

（4）由于喷墨打印机结构紧凑小巧，所支持的打印幅面有限，所以一定要对所打印的纸张幅面进行适当设置。若使用的纸张比设置值小，则有可能打印到打印平台上而弄脏下一张打印纸。如果出现打印平台弄脏的情况，要随时用柔软的布擦拭干净，以免影响打印效果。对于比喷墨打印机所支持的打印幅面大的文件，只能用“缩小打印”功能实现打印输出。

（5）使用单页打印纸时，在放置到送纸器之前，一定要将纸充分翻拨，然后在排放整齐后装入，以免打印机将数张纸一齐送出。此外，也不要使用过薄的纸张，否则也有可能造成数张纸一齐送出的故障。在打印透明胶片时，必须单张送入打印，而且打印好的透明胶片要及时从纸托盘中取出，等到它完全干燥后方可保存。

（6）必须注意打印机周围环境的清洁。如果使用环境灰尘过多，很容易导致纸车导轴润滑不良，使打印头在打印过程中运动不畅，引起打印位置不准确，或者造成死机。

（7）必须注意正确使用和维护打印头。打印机在初始位置的时候，通常处于机械锁定状态，这时不能用手去强行用力移动打印头，否则不但不能使打印头离开初始的位置，而且还会造成打印机机械部分损坏，更不要人为地去移动打印头来更换墨盒，以免发生故障，从而损坏打印机。如果确实需要移动打印头，一定要使用清洗键来移动，当然这会消耗少量的墨水。并且在使用时一定要禁止带电插拔打印电缆，不然会损害打印机的打印口及计算机的并行口，严重的时候，甚至有可能会击穿计算机的主板。在安装或更换打印头时，要注意取下打印头的保护胶带，并一定要将打印头和墨水盒安装到位。

（8）打印机使用了一段时间后，如果打印质量下降，比如输出不清晰，出现了纹状或其他缺陷，可利用自动清洗功能清洗打印头，清洗时可通过计算机利用打印机附带软件中的打印头清洗工具，也可通过打印机自身控制面板上的按钮，进行打印头的清洗，但这会消耗少量的墨水。如果连续清洗几次之后，打印效果仍不满意，这时就得考虑更换墨水了。

（9）有些喷墨打印机的操作面板功能很强，几乎可以实现喷墨打印机的所有功能，如果发现打印结果与面板的设定不一样，有可能是由于软件的设置与面板设置不一样所致，而软件的设置是优先于面板设置的，所以使用时两者必须统一。

2. 激光打印机的维护

（1）激光打印机是三种打印机中最为昂贵，也是结构最复杂，部件精细度最高的打印机。因此在一般情况下除了硒鼓以外，不要轻易地去动其他的部件。

（2）对于一些部件由于使用时间较长（如电极丝、定影器等）而积有一些墨粉和污垢而影响打印效果的问题，可用脱脂棉花轻轻擦拭干净，但操作时要小心，不要改变它们原有的位置。

（3）对激光打印机来说最重要的就是维护硒鼓。作为有机硅光导体，硒鼓有部件疲劳性，连续工作的时间不易过长。如果要打印量很大的话，建议连续打印 50 张左右应休息 10 分钟左右。

（4）对硒鼓表面做清洁工作时应注意，可用脱脂棉蘸上专用清洁剂轻轻擦拭，擦拭时应用螺旋画圈法，而不应横向或纵向直接擦拭。

（5）在更换墨粉时请将废粉收集仓内的废粉清除干净，以免废粉过多发生漏粉的现象。同时请注意，对硒鼓的所有维护操作尽量在避光的环境下进行（不是冲印胶卷时的暗房环境，一般只要拉上窗帘，关闭电灯即可）。

（6）激光打印机内部电晕丝上电压高达 6kV，不要随便接触，以免造成人身伤害。大多数激光打印机上都装有一些安全开关，还有不少保险丝和自动电路保护装置，以便对一些重要的部件进行保护。定影轧辊在打印机出纸通道的尽头，正常操作时，不可触及轧辊，以免烫伤。

（7）打印机中的激光也具有危险性，激光束能伤害眼睛，当正常运转时，切不可用眼睛朝打印机内部窥看。

23.2.2 扫描仪的维护

（1）不要经常插拔电源线与扫描仪的接头。经常插拔电源线与扫描仪的接头，会造成连接处的接触不良，导致电路不通，正确的电源切断应该是拔掉电源插座上的直插式电源变换器。

（2）不要随意热插拔数据传输线。在扫描仪通电后，如果随意热插拔接口的数据传输线，会损坏扫描仪或计算机的接口，更换起来就比较麻烦了。

（3）不要中途切断电源。由于镜组在工作时运动速度比较慢，当扫描一幅图像后，它需要一部分时间从底部归位，所以在正常供电的情况下不要中途切断电源，等到扫描仪的镜组完全归位后，再切断电源。现在有一些扫描仪为了防止运输中的震动，还对镜组部分添加了锁扣。

（4）长时间不用时要切断电源。有些扫描仪并没有在不使用时完全切断电源开关的设计，当长久不用时，扫描仪的灯管依然是亮着的，由于扫描仪灯管也是消耗品，所以建议用户在长久不用时切断电源。

（5）注意保持清洁和控制适度。扫描仪在工作中会产生静电，时间长了会吸附灰尘进入机体内部影响镜组的工作，所以尽量不要在靠窗或容易吸附灰尘的位置使用扫描仪，另外还要保持扫描仪使用环境的湿度，减少浮尘对扫描仪的影响。

（6）放置物品时要一次定位准确。有些型号的扫描仪是可以扫描小型立体物品的，在使用这类扫描仪时应当注意：放置物品时要一次定位准确，不要随便移动以免刮伤玻璃，更不要在扫描的过程之中移动物品。

（7）不要在扫描仪上面放置物品。因为办公或家庭空间的限制，而扫描仪又比较占地方，所以有些用户常将一些物品放在扫描仪上面，时间长了，扫描仪的塑料遮板因中空受压将会导致变形，影响使用。

（8）机械部分的保养。扫描仪长久使用后，要拆开盖子，用浸有缝纫机油的棉布擦拭镜组两条轨道上的油垢，擦净后，再将适量的缝纫机油滴在传动齿轮组及皮带两端的轴承上面，可降低噪声。

23.3 任务实施

23.3.1 喷墨打印机

维护喷墨打印机按照以下步骤进行。

步骤 1：清洁打印机内部。打开喷墨打印机的盖板，仔细清洁内部，清除打印机内部灰尘、污迹、墨水渍和碎纸屑。尤其要重视小车传动轴的清洁，可用干脱脂棉签擦除导轴上的灰尘和油污，清洁后可在传动轴上滴两滴缝纫机油。在做清洁工作时注意不要擦拭齿轮、打印头及墨盒附近的区域，不要移动打印头，也不能使用稀释剂、汽油等挥发性液体，以免加速打印机机壳或其他部件的老化甚至损坏。

步骤 2：清洗打印头。现在的喷墨打印机开机后都会自动清洗打印喷头，并设有对打印喷头的清洗按钮，也可通过计算机中打印驱动选项来清洗喷头，清洗方法依据不同机型方法也有所区别，大家可以参照喷墨打印机操作手册中的步骤进行。

如果使用打印机的自动清洗功能还不能解决问题，就需要对打印喷头进行手工清洗。先取下打印小车，除去墨盒及护盖，用脱脂棉将喷头擦拭干净。将喷头放进一个盛满清水（最好是蒸馏水）的小容器，浸泡八小时左右，再将墨盒装进喷头上继续浸泡三小时左右。然后用医用针筒装入没有杂质的清水对准喷头上面的供墨孔，慢慢注入清水，切记要慢。观察喷头上出墨孔的出水情况，清水如果能从每个喷孔喷洒而出，就可以确定打印喷头已经畅通。在清洗过程中动作准确，用力适度，不要触碰打印车的电气部分，更不要沾上水。如有少量的水洒在上面时，应尽快用柔软的布擦除并晾干。

23.3.2 激光打印机

维护激光打印机按照以下步骤进行。

步骤 1：清洁硒鼓。用软毛刷轻扫，重点扫除硒鼓两端、清洁辊、废粉仓口这些部位，若硒鼓上不慎沾上了手印或油污，可用高级镜头纸（或脱脂棉）蘸无水酒精或蘸墨粉沿一个方向擦除。清洁硒鼓时应避免手指甲或尖锐物体划伤硒鼓表面。

步骤 2：清洁转印电晕丝。可用软毛刷或蘸有少量酒精（或清水）的棉签清洁电晕丝周围的区域，清洁时要特别小心，不要弄断电晕丝。有些打印机自带电晕丝清洁装置，只需来回轻轻推拉清洁装置即可。

步骤 3：清洁输纸导向板。用蘸有清水的软布（要求拧干，不能滴水）擦净即可。

步骤 4：清洁静电消除器。用小毛刷扫描其周围的纸屑与碳粉即可。

23.3.3 扫描仪

维护扫描仪按照以下步骤进行。

步骤 1：用一块干软布把扫描仪的外壳（不包括平板玻璃）擦拭一遍，去除表面的浮尘；然后用一块拧干的湿布细擦，对污垢多的地方，可蘸一些清洁剂擦拭。

步骤 2：将扫描仪盖板取下，检查并清洁上罩玻璃板上的灰尘，特别是基准白处，应仔细清除干净。

步骤 3：打开扫描仪的外壳后，如果发现里面的灰尘比较多，可以用吹气皮囊自内向外吹起，用小型吸尘器效果更佳。

步骤 4：在扫描仪的光学组件中找到发光管、反光镜，将脱脂棉蘸少许蒸馏水或专用清洁剂，小心地在发光管和反光镜上擦拭，不要按压改变光学配件的位置或划伤镜头和透镜。

步骤 5：清洁完后，把上罩装好，再用一块干净的布把扫描仪重新擦拭一遍。

习　题

一、判断题

1．在打印机的使用中，允许带电插拔打印机的信号电缆。（　）

2．在打印机的使用中注意，打印机在工作状态下，不要转动走纸旋钮，最好用走纸键送纸。（　）

3．在打印机的使用中注意，不要在打印机处于打印过程中关闭电源，更不要用拔电源线的方式关闭打印机。（　）

4．搬动显示器时，不要忘记将电源线和信号线拔掉，而插拔电源线和信号线时，应先关机，以免损坏接口电路的元器件。（　）

二、简答题

1．如何对喷墨打印机进行维护？

2．如何对激光打印机进行维护？

3．如何对扫描仪进行维护？

三、实训题

1．激光打印机在打印时出现卡纸的现象，该如何处理？

2．在使用扫描仪时发现扫描出来的图像非常模糊，该如何处理？

学习情境5

选购平板电脑及笔记本电脑

随着科技的发展，平板电脑及笔记本电脑越来越普及，但是存在着品牌繁多、功能复杂、价格不确定的问题，这些问题给选购者带来了很大的困惑，为了了解相关的选购常识，下面通过2个任务的学习来掌握平板电脑及笔记本计算机的选购知识。

任务24

选购平板电脑

知识目标

- ■ 了解平板电脑与笔记本电脑的区别；
- ■ 熟悉平板电脑的主要参数；
- ■ 熟悉如何选购平板电脑。

技能目标

- ■ 能熟练挑选平板电脑；
- ■ 能给别人推荐合适的平板电脑。

24.1 任务描述

在信息化高度发展的今天，人们已经离不开计算机离不开网络了。台式机进入千家万户让人们都用上了计算机并且和世界取得了阶段性的联系；笔记本电脑的诞生与普及使人们逐渐熟悉了移动娱乐与办公；随着苹果、三星、联想、华硕等国际大品牌的推波助澜，爱国者、纽曼、爱立顺、台电、昂达等国内品牌的进入，平板电脑在 2013 年显得如火如荼，方兴未艾。但随着品牌的增加，产品线的丰富，消费者在选择平板电脑时却增加了很多的困惑，各种处理器、各种尺寸、各种操作系统、各种屏幕类型的平板电脑让人雾里看花，无从下手。如何辨别平板电脑的参数与性能？如何选择一款适合自己的平板电脑呢?

24.2 相关知识

24.2.1 与笔记本电脑的区别

平板电脑是介于笔记本电脑和手机之间的一种电子产品。平板电脑是一种小型、方便携带的个人计算机，以触摸屏作为基本的输入设备。它拥有的触摸屏允许用户通过手指、触控笔或数字笔来进行作业而不是传统的键盘或鼠标。下面从几个方面说明平板电脑与笔记本电脑的区别。

第一，屏幕的角度，平板电脑的屏幕是触摸屏，而且还是多点触摸的，而笔记本电脑显示屏不可触摸。

第二，重量方面，平板电脑的重量几百克，而笔记本电脑相对沉重。

第三，携带方面，笔记本电脑的到来给台式计算机带来了不小的压力，因为它携带方便，出差等都可随身携带，但平板电脑的到来，又给笔记本电脑带来了压力，平板电脑的机身更小，重量更轻。

第四，平板电脑与笔记本电脑相比相当于玩具，如果不玩大游戏，不做 3 维图形图像处理，只是聊天，看看视频，玩小游戏，做做文本处理，选平板电脑没有问题。

第五，功能的延伸，新一代的平板电脑已经有了打电话的功能，更有 GPRS 导航功能，Wi-Fi 上网更方便。

就目前而言，平板电脑和笔记本电脑的区别具体可以根据用户的用途来看，因为其功能各有侧重，所以目前可以和平共处。

24.2.2 与上网本的区别

市面上绝大多数的平板电脑与上网本有着本质的区别。大多数上网本采用的是传统的“x86 架构”，为安装 Windows 操作系统的架构，所以它与传统意义的笔记本电脑差别不大，只是屏幕尺寸和体积比较小而已。

而平板电脑从屏幕尺寸上来讲与上网本类似，但市面上现售的大多数平板电脑都是采用 Android 或 Apple iOS 操作系统的。从操作系统的角度来看，它更像一个大个的智能手机，当然整体配置要比智能手机高得多。Pad 平板电脑，就是一款采用 Android 操作系统的平板电脑。

24.2.3 选购步骤

步骤 1：看用途。购买平板电脑首先应该了解自己的需求，就是您要买这台计算机干什么？并针对您的目标进行选购。我们使用平板电脑，按用途一般分成如下几种。

针对经常出差或在外，有较多移动环境下办公需求的商务平板电脑：一般需要大屏幕，便携性好，配置强悍，外观时尚。使用上强调能流畅地运用 Office 办公软件，收发邮件及浏览网页方便快捷，并在众多时候能取代笔记本电脑，起一些商务演示作用。

影音娱乐类平板电脑：在不考虑价格的情况下，iPad 非常优秀。而考虑性价比的话，还是推荐爱国者、纽曼这样的国产品牌。配置中档，价位一般在 1500 元以内，8～9.7 英寸的多点电容屏，足够胜任在线网页视频、在线网页偷菜、在线听歌、在线看书等功能，且在产品质量、售后服务上面，均有相当保障。

另外平板电脑按照用途分类，还有以游戏为主的娱乐性平板电脑；带 3G 通话功能的平板电脑；以股票交易为主的平板电脑；GPS 型平板电脑；特殊用途的平板电脑等。可以根据功能的需求来确定平板电脑的选购。

步骤 2：看配置。和台式机、笔记本电脑一样，选购平板电脑的第一步是查看其 CPU、显卡、内存等基本配置。

一看 CPU，由于平板电脑多采用的是 ARM 处理器，并不是我们普通计算机上的 x86 架构处理器。

二看内存，和台式机、笔记本电脑一样，平板电脑的程序运行的时候都要占用内存，所以内存的大小从某种意义上决定了平板电脑运行的快慢。

三看硬盘，平板电脑的硬盘都采用固态硬盘，具有读写速度快、低功耗、无杂音、体积小等特点。

步骤 3：看操作系统。平板电脑按操作系统划分，分为三大阵营：即 90%以上品牌采用的 Android（安卓）系统，苹果 iPad 采用的 iOS 系统，小部分产品运行的是 Windows 系统。

步骤 4：看屏幕与操控。选定了操作系统，接着需要关注的便是产品的屏幕设计。目前市场上常见的 MID/平板产品的屏幕尺寸主要有 7 英寸、9 英寸及以上，而屏幕的操控方式，只有电容式和电阻式两类。7 英寸屏幕是当今平板的主流。

在屏幕的操控方式方面，传统的平板多采用电阻式触摸屏，可用任何硬物触控，触控精度高，适于手写和绘画等；其屏幕表面为软质材料，易划花，但较电容屏抗冲击性强，其质量较轻，成本较低。

步骤 5：看网络连接。目前，消费市场上流行的平板电脑上网方式，主要有 Wi-Fi 无线连接与 3G 移动网络连接两大方式，两种上网方式有其不同的特点和适用范围，选择平板电脑产品的时候可以根据自己的需求做好选择。

步骤 6：看扩展应用。如果说，无线互联是平板的基本价值，那么，端口扩展则是平板的溢出价值。随着平板设备的性能越来越强大，其实现“大而全”的可能性就越来越高，要把手上的平板电脑性能发挥到极致，设备就要具有相当的扩展性。其中，最简单、最常用的扩展，自然就是存储与 USB 的扩展，多数平板电脑可支持扩展卡，少数产品还可以通过 USB-HOST，支持硬盘或其他 USB 设备，如 U 盘、摄像头、USB 键盘、3G 数据卡等。

习　题

一、简答题

1．试简述平板电脑与笔记本电脑的区别。

2．试简述平板电脑与上网本的区别。

3．平板电脑的主要性能参数有哪些？

4．选购平板电脑应该主要从哪几个方面考虑？

二、实训题

张强是一名公司白领，但是家离单位有 30km 的距离，每天要乘坐地铁上下班；每天下班回家想懒懒地在床上看看电影、购购物，休闲一下；另外张强还会经常出差，在火车上也想用手机之外的工具更好地享受网络带来的乐趣。

请根据张强的需求为张强选购一款合适的平板电脑。

任务 25

选购笔记本电脑

知识目标

- 熟悉笔记本电脑的用途、特点及类型；
- 熟悉笔记本电脑的主要参数；
- 掌握如何选购笔记本电脑；
- 学会如何验货。

技能目标

- 能熟练挑选笔记本电脑；
- 能进行对新购笔记本电脑的验货。

25.1 任务描述

随着电子技术的发展和产品的价格飞降，现在越来越多的人选择购买笔记本电脑。现在市场上笔记本电脑品牌众多，型号更是让人眼花缭乱，新名词新技术层出不穷，到底怎样挑选一款合适的笔记本电脑呢？这个问题对于绝大多数在电脑城外徘徊的持币待购者来说，是他们心中最关注的问题。

25.2 相关知识

25.2.1 买前须知

（1）笔记本电脑购买应采用够用即可的原则，即满足自己的使用习惯即可。

（2）笔记本电脑主板及 CPU 的型号决定了它属于哪一代产品（是次时代还是主流还是淘汰品）。

（3）笔记本电脑基本上内存和硬盘是可以更换的，所以挑选的时候只有 CPU 和显卡型号是重点。尤其是显卡，因为高、中、低档都有，且更新换代较快，所以让人挑得眼花缭乱。

25.2.2 选购原则

挑选笔记本电脑要从自己的需求出发，大概有如下几个考虑因素。

（1）品牌：如果自己有中意的品牌，或者对某个品牌有好感，又或者可以拿到某个品牌的优惠价格，那就得考虑这个因素。不过每个品牌都有自己的独特之处，不能因为某一点就完全屏蔽整个产品线。

（2）价格：不同的消费水平会有不同的心理价位。

（3）质量：使用环境的恶劣程度可能会对笔记本电脑的质量有要求，或者个人容易摔东西就需要选择外壳够坚硬的了。

（4）性能：这点至关重要，很多人买到的笔记本电脑之所以不称心如意，就是因为不是买了太好的就是太差的——这都属于糟蹋钱的行为。

（5）外观：个人审美观点的不同，对外观也有一定的需求。

（6）服务：大城市还好，很多小的城市维修网点不全，导致可能每一次检测维修都要花费太多的工夫，或者保修政策的不同，以及维修人员的服务态度和质量都应该纳入考虑的范围之内。

剩下的还有屏幕尺寸、电池使用时间及旅行重量等都应该适当地考虑进去。

25.2.3 选购步骤

步骤 1：需求定位。在正式挑选笔记本电脑前，您最先要决定的是两件事：需求（要做什么）和预算（有多少钱）。这两个方面是相互关联又相互制约的，在不同的价位中因需求不同选择也不同，预算也是个大概的范围，也不要卡得死死的，比如预算 2500 元以下的，上 4000 元就不看。

买笔记本电脑首先要知道自己的需求是什么，这点至关重要。有些人买笔记本电脑根本就不知道要做什么，只知道越贵越好，但笔记本电脑品牌不同，价位不同，配置不同，性能也不同，不是一个越贵越好就能搞定的。买笔记本电脑是只买对的，不买贵的，一定要定位清晰。

步骤 2：屏幕选择。选笔记本电脑的第一件事就是选屏幕大小。很多人不知道该选个多大的屏幕。笔记本电脑屏幕大小，牵扯到便携性、游戏性、娱乐性几方面。总之，您需要多大屏，就选多大的屏。

步骤 3：品牌选择。现在笔记本电脑品牌，一流的有：惠普（HP）、戴尔（DELL）、索尼（SONY）、三星（SAMSUNG）、东芝（Toshiba）、ThinkPad。二流的有：华硕（ASUS）、宏碁（ACER）、微星（MSI）、明基（BENQ）、联想（LENOVO）、神舟（HASEE）、长城（Greatwall）、新蓝（SALO）、方正（founder），GATEWAY。

目前排名前 10 位的笔记本电脑代工厂分别是广达（Quanta）、仁宝（Compal）、纬创（Wistron）、英业达（Inventec）、和硕、精英（ECS）、大众（FIC）、华宇（ARIMA）、神基（Mitac）、蓝天（Clevo），其中的前 5 大厂商大约占了出货总量 90%以上的份额。

步骤 4：CPU 选择。目前 CPU 主要分为两大系列：Intel 与 AMD，如图 25.1 所示。

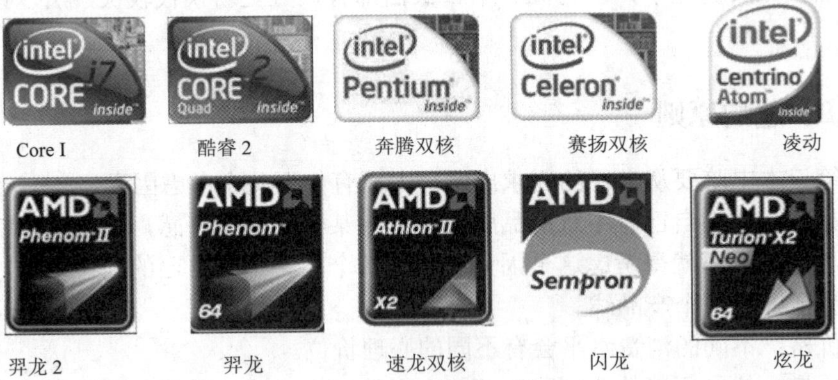

图 25.1 计算机 CPU

步骤 5：其他主要硬件。

（1）内存：虽然内存有 2GB 已是很够用了，但是如果加装到 4GB，运行 Windows 8 操作系统就比较顺了，目前市场上的主流内存为 DDR3。

（2）硬盘容量：目前笔记本电脑的硬盘容量基本都在 500GB 以上，而主流机型则搭配 1TB 或更大的硬盘。

（3）光盘驱动器：目前的笔记本电脑的光驱应该都是 RW-DVD 了，也就是都带读盘与刻盘的功能。

（4）电池和电源适配器：尽可能选购锂电池，而对于电源适配器（AC Adapter），在选购时要应该注意在长时间工作以后，如果温度太高就不正常。

（5）网络功能：也就是您的笔记本电脑是否支持 802.1 协议，是否支持 Wi-Fi，当然这些功能已经是一台笔记本电脑必备功能了。

（6）扩充性：应充分考虑产品的扩充性能和可升级性。使用最频繁的 USB 接口，有多个较好用，可以很轻易地接上数码相机、扫描仪、鼠标等各种外设。

步骤 6：新购验机。买笔记本电脑的时候，要买新机，但并不等于封条还好好贴着的笔记本电脑就一定是新机，也不等于拆过箱的笔记本电脑就不能购买。

总之，看笔记本电脑是不是新机，不能以是否外包装箱被打开过一概而论。打开过的不一定不是好笔记本电脑，相反，样机一般都是最可靠的笔记本电脑。倒是完好包装内的笔记本电脑，要多加小心地鉴别。挑选的时候最重要的是细心。

习　　题

一、简答题

1．试简述选购笔记本电脑的注意事项。

2．试简述选购笔记本电脑应该考虑的几个问题。

3．笔记本电脑 CPU 的两大系列是什么？每个系列都有哪几款？

4．新购笔记本电脑如何验机？

二、实训题

小王是一名大学生，所学专业是电子商务，她学习的课程主要有 Photoshop、ASP.NET、3D 动画等。现在她想买一台笔记本电脑，主要用于学习，也供偶尔放松下心情用。

请根据小王的需求为她选购一款合适的笔记本电脑。

参 考 文 献

[1] 褚建立，张小志，计算机组装与维护情境实训. 北京：电子工业出版社，2010.
[2] 褚建立. 计算机组装与维护技能实训教程（第四版）. 北京：电子工业出版社，2011.
[3] 侯冬梅. 微机组装与维护案例教程. 北京：清华大学出版社，2011.
[4] 史秀璋. 微机组装与维护教程. 北京：电子工业出版社，2011.
[5] 陈国先. 计算机组装与维护（第 4 版）. 北京：电子工业出版社，2014.
[6] 李瑞江，曹志宏. 计算机组装与维护项目式教程. 北京：电子工业出版社，2014.
[7] 陈志民. 电脑组装与维护完美互动手册. 北京：清华大学出版社，2014.

《计算机组装与维护情境实训（第 2 版）》读者意见反馈表

尊敬的读者：

感谢您购买本书。为了能为您提供更优秀的教材，请您抽出宝贵的时间，将您的意见以下表的方式（可从 http://www.hxedu.com.cn 下载本调查表）及时告知我们，以改进我们的服务。对采用您的意见进行修订的教材，我们将在该书的前言中进行说明并赠送您样书。

姓名：________________ 电话：________________

职业：________________ E-mail：________________

邮编：________________ 通信地址：________________

1．您对本书的总体看法是：

□很满意　□比较满意　□尚可　□不太满意　□不满意

2．您对本书的结构（章节）：□满意　□不满意　改进意见________________

3. 您对本书的例题：　□满意　□不满意　改进意见________________

4．您对本书的习题：　□满意　□不满意　改进意见________________

5．您对本书的实训：　□满意　□不满意　改进意见________________

6．您对本书其他的改进意见：

7．您感兴趣或希望增加的教材选题是：

请寄：100036　北京市万寿路 173 信箱高职教育分社　收

电话：010-88254569　　E-mail：xuehq@phei.com.cn